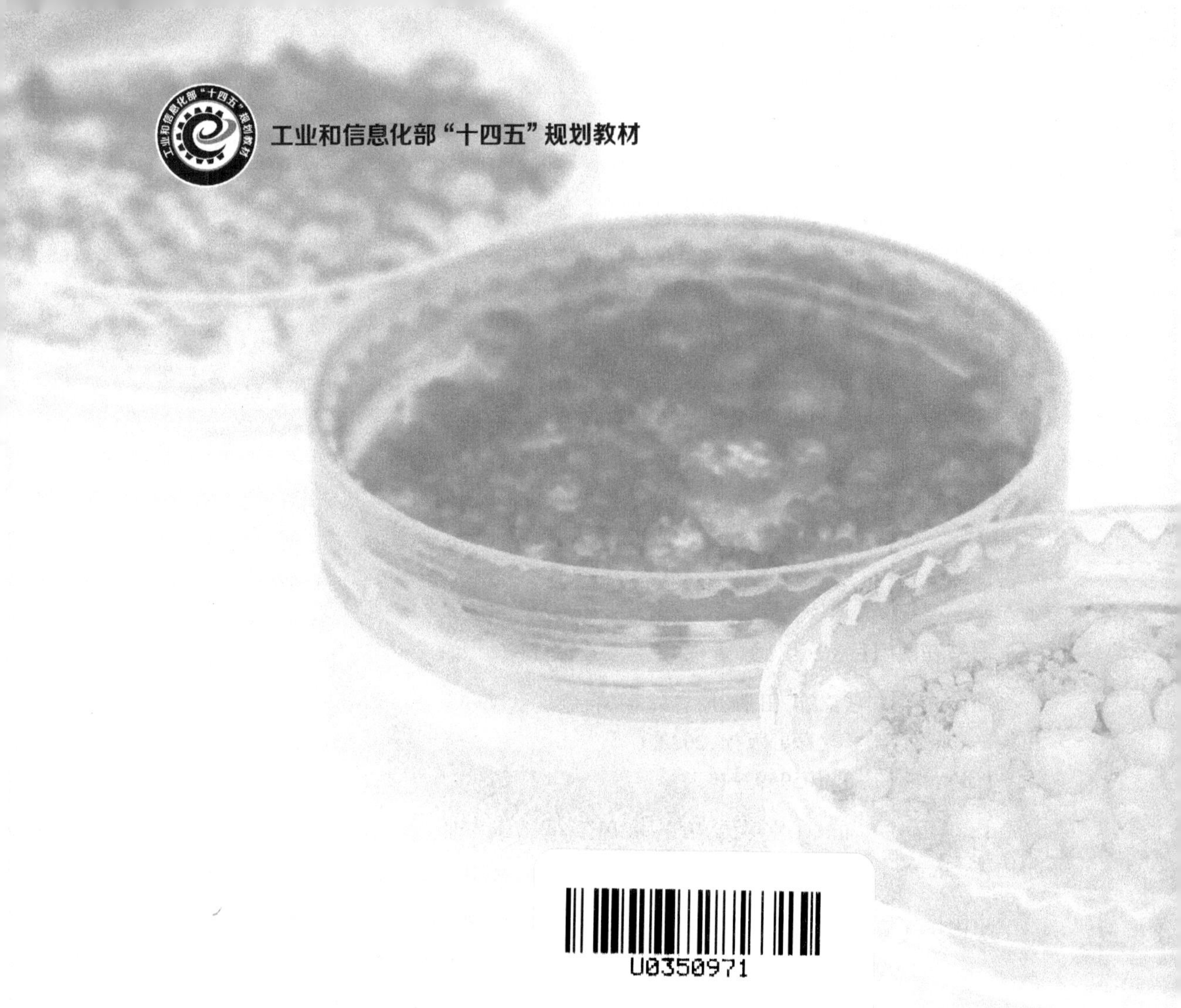

工业和信息化部“十四五”规划教材

Solid-State Optics
固体光学

主　编　宫德维　田浩　周忠祥
副主编　孟庆鑫

中国教育出版传媒集团
高等教育出版社·北京

内容提要

本书内容由浅入深、逐层递进，包括固体光学宏观理论、晶体的线性光学性质与非线性光学性质及其应用、固体材料的发光、发光材料的制备与发光特性测试、固体光学中的性能检测等。本书既保留了固体光学领域的经典理论，又紧密结合固体光学领域的最新科研成果，以及我国相关产业在时代发展下的知识需求，系统介绍了固体光学领域的前沿发展。读者通过阅读本书能快速而全面地掌握固体光学领域的相关知识。

本书可作为光学相关专业研究生和本科生的教材，也可供相关科研人员参考。

图书在版编目(CIP)数据

固体光学 / 宫德维，田浩，周忠祥主编；孟庆鑫副主编. --北京：高等教育出版社，2023.6

ISBN 978-7-04-059597-0

Ⅰ. ①固… Ⅱ. ①宫… ②田… ③周… ④孟… Ⅲ. ①固体-光学-教材 Ⅳ. ①O482.3

中国国家版本馆 CIP 数据核字(2023)第 008665 号

GUTI GUANGXUE

策划编辑	马天魁	责任编辑	马天魁	封面设计	张　楠	版式设计	张　杰
责任绘图	杨伟露	责任校对	窦丽娜	责任印制	赵义民		

出版发行	高等教育出版社	网　址	http://www.hep.edu.cn
社　址	北京市西城区德外大街4号		http://www.hep.com.cn
邮政编码	100120	网上订购	http://www.hepmall.com.cn
印　刷	北京中科印刷有限公司		http://www.hepmall.com
开　本	787mm×1092mm 1/16		http://www.hepmall.cn
印　张	14.75		
字　数	350千字	版　次	2023年6月第1版
购书热线	010-58581118	印　次	2023年6月第1次印刷
咨询电话	400-810-0598	定　价	36.60元

本书如有缺页、倒页、脱页等质量问题，请到所购图书销售部门联系调换

物 料 号　59597-00

前　言

人们对固体光学性质的研究和应用在人类拥有智慧时就已经开始。在经典光学时期，人们对固体材料的折射、反射和吸收，固体材料的色散与分光，以及固体材料双折射的产生和检测等都进行了研究，并最终给出了光在固体材料中传输与作用的经典电磁理论。但是随着科学的发展，各种新的光学现象和光学材料不断涌现，越来越多的非经典光学效应及由此带来的光学器件革命正逐渐改变着人们的生活。为了应对这些情况，适应新时代、新技术、新产业、新业态、新模式对人才培养的新需求，我们融合固体光学领域内的经典理论与时代发展的最新研究成果，编写了本书。本书以本科阶段的“光学”“电磁学”“电动力学”“量子力学”等课程为基础，先从固体光学性质相关宏观理论入手，采用由浅入深、逐层递进的方法，由晶体的线性光学性质过渡到非线性光学性质，并进一步过渡到固体材料的发光领域，系统地介绍相关内容。在本书编写过程中，我们既注意保留固体光学领域的经典理论，又紧密结合最新科研成果，以及我国相关产业在时代发展下的最新知识需求，系统介绍了固体光学领域的前沿发展。因此，本书具有覆盖范围广、讲授内容明确的特色，内容包括固体材料的宏观光学性质、光在晶体中传输的线性性质与非线性性质及相关应用、固体材料的发光性质、固体材料光学性质检测及应用等，同时将国内外最新发展与经典固体光学理论相结合，实现了经典与现代的衔接。

首先，本书讲述了固体光学性质的相关理论，让学生对固体的光学性质有一个深层次的认识。这部分内容包括复折射率、复介电常数、电介质的洛伦兹(Lorentz)模型、金属的德鲁德(Drude)模型、电磁波在固体材料中传输时的相关量子理论等。

其次，本书从晶体的线性光学性质出发，过渡到非线性光学性质，再过渡到最新的相关理论与实际应用，让学生对光在各种类型固体材料中的传输有更完备的理论知识储备和更直观的物理图像。

再次，本书对固体材料的发光现象进行讲述，介绍了相应的固体发光理论与应用前景，让学生对固体发光领域有全面的了解。

最后，本书介绍了在固体光学领域中对材料性质进行测试的方法与原理和发展趋势。

本书是为光学相关专业研究生和本科生编写的教材，编写本书的目的是使学生能够对固体光学相关基础理论进行全面的学习，了解国内外相关领域的新进展，获悉所学知识的应用领域，并对相关固体光学材料性能测试方法进行知识储备。本书也可供从事物理学和光学研究的科研人员参考。

由于科技的日新月异，相关领域的理论与实验也在快速发展，加上时间仓促，本书内容如有不当之处，请读者予以指正，编者将不胜感激。

宫德维

2022 年 3 月

目　录

第一章　固体光学性质的宏观描述

电磁波如何在固体材料中进行传播,这是固体光学中一个很重要的问题。本章将从麦克斯韦(Maxwell)方程组出发,通过推导给出有吸收时的波动方程,并引入复折射率和复介电常数来解释有吸收情况时,电磁波如何在固体材料中进行传播,并对电磁波在固体材料中的吸收系数和穿透深度进行讨论,给出相应的表达式,最后讨论复折射率和复介电常数的实部与虚部之间的克拉默斯-克勒尼希(Kramers-Kronig)变换关系。

1.1　复折射率在固体光学中的应用

本节将从光的波动理论出发,即将光看成一种平面电磁波,并假设光波沿着直角坐标系中的 z 轴方向传播,其电场分量方向为 x 轴方向。这时可以采用经典的电磁理论来处理光在固体材料中的传播问题,即相关物理量满足麦克斯韦方程组:

$$\begin{aligned}
&\nabla\times\boldsymbol{E}=-\frac{\partial \boldsymbol{B}}{\partial t}\\
&\nabla\times\boldsymbol{H}=\boldsymbol{J}+\frac{\partial \boldsymbol{D}}{\partial t}\\
&\nabla\cdot\boldsymbol{H}=0\\
&\nabla\cdot\boldsymbol{D}=\rho
\end{aligned}\tag{1-1}$$

这里,$\boldsymbol{E}$ 和 $\boldsymbol{D}$ 分别为电磁波的电场强度矢量和电位移矢量,$\boldsymbol{B}$ 和 $\boldsymbol{H}$ 分别为电磁波的磁感应强度矢量和磁场强度矢量,$\boldsymbol{J}$ 为固体材料的传导电流,ρ 为固体材料的电荷体密度。

当电磁波在固体材料中传输时,由于电磁波与固体材料之间的相互作用,描述电磁波的相关物理量将与固体材料的性质密切相关,因此麦克斯韦方程组已不能完整地给出电磁波在固体材料中的传输情况,还需要描述固体材料性质的物质方程进行补充。

对于均匀的各向同性固体材料,物质方程可以写为

$$\begin{aligned}
&\boldsymbol{J}=\sigma\boldsymbol{E}\\
&\boldsymbol{B}=\mu_{\mathrm{r}}\mu_0\boldsymbol{H}\\
&\boldsymbol{D}=\varepsilon_{\mathrm{r}}\varepsilon_0\boldsymbol{E}
\end{aligned}\tag{1-2}$$

这里,σ 为固体材料的电导率,ε_0 和 ε_{r} 分别为真空中的介电常数和固体材料的相对介电常数,μ_0 和 μ_{r} 分别为真空中的磁导率和固体材料的相对磁导率。

对于固体电介质材料来说,$\rho=0$。根据公式(1-1)和公式(1-2),可得

$$
\begin{aligned}
&\nabla\times\boldsymbol{E}=-\mu_{\mathrm{r}}\mu_0\frac{\partial\boldsymbol{H}}{\partial t}\\
&\nabla\times\boldsymbol{H}=\sigma\boldsymbol{E}+\varepsilon_{\mathrm{r}}\varepsilon_0\frac{\partial\boldsymbol{E}}{\partial t}\\
&\nabla\cdot\boldsymbol{H}=0\\
&\nabla\cdot\boldsymbol{E}=0
\end{aligned}
\tag{1-3}
$$

公式(1-3)为电介质材料中的麦克斯韦方程组。从公式(1-3)可以看出,在方程中有三个物性参数 σ、ε_{r} 和 μ_{r},这三个物性参数决定了电磁波在固体材料中的传输情况。

将公式(1-3)中的第一式两边取旋度,然后将第二式代入其中,可得 $\nabla\times\nabla\times\boldsymbol{E}=-\mu_{\mathrm{r}}\mu_0\frac{\partial(\nabla\times\boldsymbol{H})}{\partial t}=-\left(\mu_{\mathrm{r}}\mu_0\sigma\frac{\partial\boldsymbol{E}}{\partial t}+\mu_{\mathrm{r}}\mu_0\varepsilon_0\varepsilon_{\mathrm{r}}\frac{\partial^2\boldsymbol{E}}{\partial t^2}\right)$。利用矢量运算法则:$\nabla\times\nabla\times\boldsymbol{F}=\nabla(\nabla\cdot\boldsymbol{F})-\nabla^2\boldsymbol{F}$($\boldsymbol{F}$ 为一矢量),并且对于电场来说有 $\nabla\cdot\boldsymbol{E}=0$,因此可以得到下式:

$$
\nabla^2\boldsymbol{E}=\mu_{\mathrm{r}}\mu_0\sigma\frac{\partial\boldsymbol{E}}{\partial t}+\mu_{\mathrm{r}}\mu_0\varepsilon_{\mathrm{r}}\varepsilon_0\frac{\partial^2\boldsymbol{E}}{\partial t^2}
\tag{1-4}
$$

利用类似的方法,将公式(1-3)中的第二式两边取旋度,然后将第一式代入其中,即可得

$$
\begin{aligned}
\nabla\times\nabla\times\boldsymbol{H}&=\nabla\times\left(\sigma\boldsymbol{E}+\varepsilon_{\mathrm{r}}\varepsilon_0\frac{\partial\boldsymbol{E}}{\partial t}\right)\\
&=-\sigma\mu_{\mathrm{r}}\mu_0\frac{\partial\boldsymbol{H}}{\partial t}+\varepsilon_{\mathrm{r}}\varepsilon_0\frac{\partial(\nabla\times\boldsymbol{E})}{\partial t}=-\sigma\mu_{\mathrm{r}}\mu_0\frac{\partial\boldsymbol{H}}{\partial t}-\mu_{\mathrm{r}}\mu_0\varepsilon_{\mathrm{r}}\varepsilon_0\frac{\partial^2\boldsymbol{H}}{\partial t^2}
\end{aligned}
\tag{1-5}
$$

再利用 $\nabla\times\nabla\times\boldsymbol{H}=\nabla(\nabla\cdot\boldsymbol{H})-\nabla^2\boldsymbol{H}$ 和 $\nabla\cdot\boldsymbol{H}=0$,可以得到

$$
\nabla^2\boldsymbol{H}=\mu_{\mathrm{r}}\mu_0\sigma\frac{\partial\boldsymbol{H}}{\partial t}+\mu_{\mathrm{r}}\mu_0\varepsilon_{\mathrm{r}}\varepsilon_0\frac{\partial^2\boldsymbol{H}}{\partial t^2}
\tag{1-6}
$$

公式(1-4)和公式(1-6)即电磁波在电介质中传输时的波动方程。公式(1-4)和公式(1-6)的解可以用傅里叶展开写成平面简谐波之和的形式,设平面简谐波的表达式为

$$
E=E_0\exp\left[-\mathrm{i}\omega\left(\frac{Nz}{c}-t\right)\right]
\tag{1-7}
$$

$$
H=H_0\exp\left[-\mathrm{i}\omega\left(\frac{Nz}{c}-t\right)\right]
\tag{1-8}
$$

这里,E_0 为电场强度振幅,H_0 为磁场强度振幅,ω 为平面简谐波的角频率,N 为电介质折射率,c 为真空中的光速。

在通常情况下,不考虑电介质对电磁波中磁场分量的影响,只考虑其对电场分量的影响,将公式(1-7)代入公式(1-4)可得

$$
-\frac{\omega N^2}{c^2}=-\omega\mu_{\mathrm{r}}\mu_0\varepsilon_{\mathrm{r}}\varepsilon_0+\mu_{\mathrm{r}}\mu_0\sigma\mathrm{i}
\tag{1-9}
$$

当光波在电介质中传输时,如果电介质的电导率 σ 不为零,其折射率 N 一定是一个复数,因此 N 通常叫做复数形式的折射率(简称复折射率),其形式可以写为

$$
N=n-\mathrm{i}\kappa
\tag{1-10}
$$

这里,n 为一个实数,即人们不考虑吸收时常称的折射率,κ 通常称为消光系数,它与材料对光波的吸收息息相关。n 和 κ 是描述电磁波在固体中传输的一组非常重要的参数。

将公式(1-10)代入公式(1-7),可以得到

$$E=E_0\exp\left[-\mathrm{i}\omega\left(\frac{Nz}{c}-t\right)\right]=E_0\exp\left(-\frac{\omega\kappa z}{c}\right)\exp\left[-\mathrm{i}\omega\left(\frac{nz}{c}-t\right)\right] \tag{1-11}$$

公式(1-11)可以分成两部分,$E_0\exp[-(\omega\kappa z)/c]$ 为电磁波在电介质中传输时的振幅项,$\exp[-\mathrm{i}\omega(nz/c-t)]$ 为传播项。

在电介质中传输时的光强为

$$I\propto |E|^2=E_0^2\exp\left(-\frac{2\omega\kappa z}{c}\right)=I_0\exp\left(-\frac{2\omega\kappa z}{c}\right) \tag{1-12}$$

这里,I_0 为 $z=0$ 时的光强。从公式(1-11)和公式(1-12)可知,光波在介质 z 轴方向传播过程中,其电场强度振幅以 $\exp[-(\omega\kappa z)/c]$ 的形式衰减,光强也以 $\exp[-(2\omega\kappa z)/c]$ 的形式衰减,这种现象称为光的吸收。可以看到,在这里 κ 是一个表征光被吸收强弱的物理量,这就是 κ 叫做消光系数的原因。

将公式(1-10)代入公式(1-9),可得

$$-\frac{\omega N^2}{c^2}=-\frac{\omega(n-\mathrm{i}\kappa)^2}{c^2}=-\frac{\omega}{c^2}(n^2-\kappa^2)+\frac{\omega}{c^2}\cdot 2n\kappa\mathrm{i} \tag{1-13}$$

比较公式(1-13)与公式(1-9),利用实部与虚部分别相等,有

$$\omega\mu_{\mathrm{r}}\mu_0\varepsilon_{\mathrm{r}}\varepsilon_0=\frac{\omega}{c^2}(n^2-\kappa^2) \tag{1-14}$$

$$\mu_{\mathrm{r}}\mu_0\sigma=\frac{\omega}{c^2}\cdot 2n\kappa \tag{1-15}$$

对于非磁性材料,$\mu_{\mathrm{r}}\approx 1$,再利用 $c=1/\sqrt{\mu_0\varepsilon_0}$,可得

$$n^2-\kappa^2=\varepsilon_{\mathrm{r}} \tag{1-16}$$

$$2n\kappa=\frac{\sigma}{\omega\varepsilon_0} \tag{1-17}$$

我们曾学习过光的吸收问题。如图 1-1 所示,取入射界面处为 $z=0$,入射光强为 I_0 的单色平面波进入固体材料一段距离后,光强减弱为 I,再经过 $\mathrm{d}z$ 后变为 $I+\mathrm{d}I$,其中 $-\mathrm{d}I$ 正比于 $\mathrm{d}z$ 和 I,即

$$-\mathrm{d}I=\alpha I\mathrm{d}z \tag{1-18}$$

这里,α 为比例系数,与材料性质有关,称为材料的吸收系数。对公式(1-18)进行积分,则通过厚度为 z 的材料后,光强可以写为

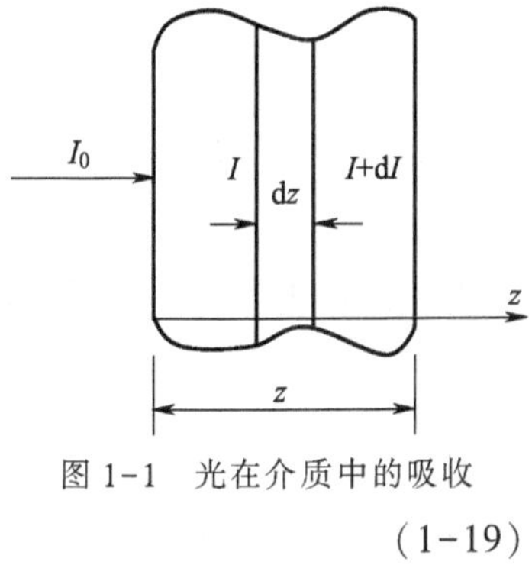

图 1-1 光在介质中的吸收

$$I=I_0\mathrm{e}^{-\alpha z} \tag{1-19}$$

这就是材料对光有吸收时的布格(Bouguer)定律或朗伯(Lambert)定律。

对比公式(1-12)和公式(1-19),可得

$$\alpha=2\omega\kappa/c=4\pi\kappa/\lambda_0 \tag{1-20}$$

这里，λ_0 为真空中电磁波波长。

从吸收系数出发还可以引入穿透深度的概念，其定义为 $\eta=\alpha^{-1}$，结合公式(1-17)，穿透深度可以表示为

$$\eta=\alpha^{-1}=\frac{c}{2\kappa\omega}=\frac{\lambda_0}{4\pi\kappa}=\frac{\lambda_0}{4\pi}\frac{2n\omega\varepsilon_0}{\sigma}=\frac{n\varepsilon_0 c}{\sigma} \tag{1-21}$$

下面对电磁波在固体材料中传输时的穿透深度进行讨论。

(1) 当电导率 $\sigma\to 0$ 时，从公式(1-21)可知，穿透深度趋于无穷大，这时固体材料对电磁波的吸收可以认为是0，材料是透明的。

(2) 当电导率 $\sigma\to\infty$ 时，从公式(1-21)可知，穿透深度趋于0，这时固体材料对电磁波的吸收可以认为是无穷大，材料是不透明的。

从公式(1-14)和公式(1-15)可以求解出 n 和 κ：

$$n^2=\frac{1}{2}\varepsilon_r\left\{\left[1+\left(\frac{\sigma}{\omega\varepsilon_r\varepsilon_0}\right)^2\right]^{1/2}+1\right\} \tag{1-22}$$

$$\kappa^2=\frac{1}{2}\varepsilon_r\left\{\left[1+\left(\frac{\sigma}{\omega\varepsilon_r\varepsilon_0}\right)^2\right]^{1/2}-1\right\} \tag{1-23}$$

这就是两个光学参数之间的关系式，在实际中经常用到。

根据公式(1-22)和公式(1-23)，可以对电磁波在固体材料中的传输情况进行进一步讨论。

(1) 当电导率 $\sigma\to 0$ 时，可对公式(1-22)和公式(1-23)进行泰勒(Taylor)展开，即

$$n^2=\frac{1}{2}\varepsilon_r\left[2+\frac{1}{2}\left(\frac{\sigma}{\varepsilon_r\varepsilon_0\omega}\right)^2+\cdots\right]\to\varepsilon_r \tag{1-24}$$

$$\kappa^2=\frac{1}{2}\varepsilon_r\left[\frac{1}{2}\left(\frac{\sigma}{\varepsilon_r\varepsilon_0\omega}\right)^2-\frac{1}{8}\left(\frac{\sigma}{\varepsilon_r\varepsilon_0\omega}\right)^4+\cdots\right]\approx\frac{1}{\varepsilon_r}\left(\frac{\sigma}{2\varepsilon_0\omega}\right)^2\to 0 \tag{1-25}$$

这时折射率与相对介电常数相关，同时固体材料的吸收系数趋于0，材料对于电磁波几乎是透明的，例如不导电的电介质材料。

(2) 当电导率 $\sigma\to\infty$ 时，从公式(1-22)和公式(1-23)可知，$n=\kappa\to\sqrt{\dfrac{\sigma}{2\omega\varepsilon_0}}$，这时固体材料的折射率和消光系数都很大，这就意味着电磁波在固体材料内很快会被吸收掉，材料不透明，例如导电的金属材料。

1.2 复介电常数在固体光学中的应用

固体材料中电磁波的特性除了可以用上面提到的复折射率进行描述外，还可以用复介电常数进行描述。同复折射率一样，复介电常数也存在实部和虚部，因此相当于两个参数。

从平面简谐波形式的解公式(1-7)和公式(1-8)可以看出，$\partial/\partial t$ 与 $\mathrm{i}\omega$ 等价，$\partial/\partial z$ 与 $(\mathrm{i}\omega n)/c$ 等价，即有

$$\frac{\partial \boldsymbol{E}}{\partial t}=\mathrm{i}\omega\boldsymbol{E} \tag{1-26}$$

$$\frac{\partial \boldsymbol{H}}{\partial t}=\mathrm{i}\omega \boldsymbol{H} \tag{1-27}$$

将公式(1-26)代入麦克斯韦方程组(1-3)中第二式,可得

$$\nabla\times\boldsymbol{H}=\sigma\boldsymbol{E}+\mathrm{i}\omega\varepsilon_{\mathrm{r}}\varepsilon_0\boldsymbol{E} \tag{1-28}$$

这时,可以形式上引入复介电常数:

$$\varepsilon'=\varepsilon-\mathrm{i}\varepsilon_{\mathrm{i}}=\varepsilon_{\mathrm{r}}\varepsilon_0-\mathrm{i}\frac{\sigma}{\omega} \tag{1-29}$$

这里,$\varepsilon=\varepsilon_{\mathrm{r}}\varepsilon_0$,$\varepsilon_{\mathrm{i}}=\frac{\sigma}{\omega}$。

这样公式(1-28)就可以写成

$$\nabla\times\boldsymbol{H}=\mathrm{i}\omega\varepsilon'\boldsymbol{E} \tag{1-30}$$

利用公式(1-26),公式(1-30)可写为

$$\nabla\times\boldsymbol{H}=\mathrm{i}\omega\varepsilon'\boldsymbol{E}=\varepsilon'\frac{\partial \boldsymbol{E}}{\partial t} \tag{1-31}$$

取公式(1-31)的旋度,可得

$$\nabla\times\nabla\times\boldsymbol{H}=\varepsilon'\frac{\partial(\nabla\times\boldsymbol{E})}{\partial t}=-\varepsilon'\mu_{\mathrm{r}}\mu_0\frac{\partial^2\boldsymbol{H}}{\partial t^2} \tag{1-32}$$

利用 $\nabla\times\nabla\times\boldsymbol{H}=\nabla(\nabla\cdot\boldsymbol{H})-\nabla^2\boldsymbol{H}$ 和 $\nabla\cdot\boldsymbol{H}=0$,可以得到下式:

$$-\nabla^2\boldsymbol{H}=-\varepsilon'\mu_{\mathrm{r}}\mu_0\frac{\partial^2\boldsymbol{H}}{\partial t^2} \tag{1-33}$$

同理,将麦克斯韦方程组(1-3)中第一式两边取旋度,然后将公式(1-31)代入,可得

$$\nabla\times\nabla\times\boldsymbol{E}=-\nabla^2\boldsymbol{E}=-\mu_{\mathrm{r}}\mu_0\frac{\partial(\nabla\times\boldsymbol{H})}{\partial t}=-\varepsilon'\mu_{\mathrm{r}}\mu_0\frac{\partial^2\boldsymbol{E}}{\partial t^2} \tag{1-34}$$

从公式(1-33)和公式(1-34)可得

$$\begin{aligned}\nabla^2\boldsymbol{E}-\varepsilon'\mu_{\mathrm{r}}\mu_0\frac{\partial^2\boldsymbol{E}}{\partial t^2}=0\\ \nabla^2\boldsymbol{H}-\varepsilon'\mu_{\mathrm{r}}\mu_0\frac{\partial^2\boldsymbol{H}}{\partial t^2}=0\end{aligned} \tag{1-35}$$

在不考虑吸收时,固体材料中的平面电磁波的波动方程为

$$\begin{aligned}\nabla^2\boldsymbol{E}-\frac{1}{u^2}\frac{\partial^2\boldsymbol{E}}{\partial t^2}=0\\ \nabla^2\boldsymbol{H}-\frac{1}{u^2}\frac{\partial^2\boldsymbol{H}}{\partial t^2}=0\end{aligned} \tag{1-36}$$

这里,u 为固体材料中的光速。

公式(1-36)的解为

$$\begin{aligned}E=E_0\exp\left[-\mathrm{i}\omega\left(\frac{nz}{c}-t\right)\right]\\ H=H_0\exp\left[-\mathrm{i}\omega\left(\frac{nz}{c}-t\right)\right]\end{aligned} \tag{1-37}$$

对比可知，从形式上看起来公式(1-35)与不考虑吸收时的波动方程(1-36)是一样的，因此有

$$\varepsilon'\mu_r\mu_0=\frac{1}{u^2} \tag{1-38}$$

对比不考虑吸收时的平面电磁波的波动方程(1-36)的解公式(1-37)，可以给出公式(1-35)的解：

$$E=E_0\exp[-\mathrm{i}\omega(z\sqrt{\varepsilon'\mu_r\mu_0}-t)] \tag{1-39}$$

$$H=H_0\exp[-\mathrm{i}\omega(z\sqrt{\varepsilon'\mu_r\mu_0}-t)] \tag{1-40}$$

比较公式(1-7)与公式(1-39)，或者公式(1-8)与公式(1-40)，可得

$$\sqrt{\mu_r\mu_0\varepsilon'}=\sqrt{\mu_r\mu_0\left(\varepsilon_r\varepsilon_0-\mathrm{i}\frac{\sigma}{\omega}\right)}=\frac{n-\mathrm{i}\kappa}{c} \tag{1-41}$$

公式(1-41)可以变形为

$$\mu_r\mu_0\varepsilon_r\varepsilon_0c^2-\mathrm{i}\mu_r\mu_0c^2\frac{\sigma}{\omega}=n^2-\kappa^2-\mathrm{i}\cdot 2n\kappa \tag{1-42}$$

对比公式(1-42)左右两侧的实部和虚部，可得

$$n^2-\kappa^2=\mu_r\mu_0\varepsilon_r\varepsilon_0c^2 \tag{1-43}$$

$$2n\kappa=\mu_r\mu_0c^2\frac{\sigma}{\omega}=\frac{\mu_r\sigma}{\varepsilon_0\omega} \tag{1-44}$$

对于非磁性材料，$\mu_r\approx1$，公式(1-43)和公式(1-44)可以进一步写为公式(1-16)和公式(1-17)的形式。

公式(1-43)和公式(1-44)的结果与公式(1-14)和公式(1-15)完全一致。因此可知，公式(1-29)的实部表示的是电磁波在介质中的能量无衰减传输，虚部表示的是电磁波能量的衰减。进一步分析可知，实部代表位移电流的贡献，这部分不会引起电磁波能量的衰减，虚部代表传导电流的贡献，这部分会引起电磁波能量的衰减。

1.3 克拉默斯-克勒尼希(Kramers-Kronig)关系

在前面，我们介绍了有吸收情况下的一些复数形式的物理量，用这些复数形式的物理量对固体材料的光学性质进行了描述，一般情况下这些复数形式的物理量的实部与虚部之间并不是完全独立的。20世纪20年代，克拉默斯(Kramers)和克勒尼希(Kronig)各自独立地研究了相关问题，并从因果关系出发得出了相同的结论，这就是克拉默斯-克勒尼希关系。从克拉默斯-克勒尼希关系出发，可以从复数形式的物理量中实部或虚部的任意一个推导出另外一个，这就提供了一种得到一些实验上比较难测量参数的方法，比如对于固体材料来说，折射率和吸收系数两者相比，折射率的测量比吸收系数更麻烦，这时就可以先测量固体材料随波长变化的吸收系数，然后通过克拉默斯-克勒尼希关系计算出折射率和波长的关系，即给出色散关系。

克拉默斯-克勒尼希关系在很多领域中都有应用，可以实现很多量之间的变换，如在材料领域中有折射率和消光系数之间的变换关系，极化率和介电常数之间的变换关系等。这里只给出折射率和消光系数之间的变换关系，不给出具体推导过程。

复折射率 $N=n-\mathrm{i}\kappa$ 中的 n 和 κ 是入射电磁波频率 ν 的函数，因此可写为 $n(h\nu)$ 和 $\kappa(h\nu)$ 的形式。根据克拉默斯-克勒尼希关系，$n(h\nu)$ 和 $\kappa(h\nu)$ 之间的变换关系可表示为

$$n(h\nu)=\frac{2}{\pi}\mathrm{P}\int_0^{\infty}\frac{h\nu'\kappa(h\nu')}{(h\nu')^2-(h\nu)^2}\mathrm{d}(h\nu')+1 \tag{1-45}$$

$$\kappa(h\nu)=2\mathrm{P}\int_0^{\infty}\frac{h\nu' n(h\nu')}{(h\nu')^2-(h\nu)^2}\mathrm{d}(h\nu') \tag{1-46}$$

这里，P 为柯西（Cathy）积分主值，$\mathrm{P}\int_0^{\infty}\equiv\lim\limits_{\delta\to 0}\left(\int_0^{\omega-\delta}+\int_{\omega+\delta}^{\infty}\right)$。

根据公式（1-20），可得

$$\alpha(h\nu')=\frac{4\pi\kappa(h\nu')}{\lambda_0}=\frac{4\pi\nu\kappa(h\nu')}{c}=\frac{4\pi h\nu\kappa(h\nu')}{hc} \tag{1-47}$$

从公式（1-47）中解出 $\kappa(h\nu')$ 并代入公式（1-45），可得

$$n(h\nu)=\frac{hc}{2h\nu\pi^2}\mathrm{P}\int_0^{\infty}\frac{\alpha(h\nu')}{(h\nu')^2-(h\nu)^2}\mathrm{d}(h\nu')+1 \tag{1-48}$$

从上面分析可知，只要实验上测得吸收系数 $\alpha(h\nu')$，就可以从上式求出折射率的色散关系。

第一章参考文献

第二章 固体光学性质的理论描述

前面我们介绍了对固体材料进行描述的一些光学常数，这些常数对于每种固体材料来说都是不同的，而不同的固体材料是由不同的元素通过不同微观结构组成的，因此这些光学常数与固体材料的组成元素和微观结构有一定联系。为了找到它们之间的联系，很多科学家提出了不同的理论模型。本章将从经典谐振子理论和量子跃迁理论出发，对固体材料的光学性质进行理论分析。

2.1 固体光学的经典理论描述

20 世纪初，在量子力学建立之前，洛伦兹（Lorentz）和德鲁德（Drude）从经典牛顿力学出发，利用谐振子理论分别建立了对电介质和金属材料的光学性质进行描述的两个具有代表性的经典模型。这两个模型的特点是简单易懂，能够定性解释固体材料的一些光学性质。

2.1.1 电介质的洛伦兹（Lorentz）模型

在 20 世纪初，科学家虽然已经发现了电子并提出了各种各样的物质微观结构模型，但对物质微观结构的认识还不是很清晰，这个时候，洛伦兹将宏观的机械振动模型套用到微观领域，在 1909 年提出了电介质的洛伦兹模型，并用这种模型对电介质材料一些光学性质进行了解释。

在洛伦兹模型中，电介质在微观上被看成是由很多振子组成的，而振子由质量占比较大的带正电的部分（当时质子和中子还未被发现，因此还不清楚是什么）和质量占比较小的带负电的电子组成，因此在这个模型中，当电磁波照射到固体材料上时，振子在电磁场作用下做受迫振动。由于带正电部分质量较大，通常无法跟上电磁波的振荡频率，所以是以电子的受迫振动为主，由于每个振子中都有多个电子，所以振子中负电荷中心的振动是多个电子振动的平均效果。这里我们依然采用经典的牛顿力学对负电荷中心的运动进行分析。当电场分量方向为直角坐标系中 x 轴方向的电磁波沿着 z 轴方向入射到电介质材料上时，振子中的电子受到三个力的作用。第一个是振子之外的其他振子的作用力，这个力属于阻尼力，和经典振子的形式类似，与电子速度成正比，可写成 $-2\pi m\tau\,\mathrm{d}x/\mathrm{d}t$（$m$ 为电子质量，τ 为阻尼系数）。第二个是电子受到电磁波作用离开其平衡位置后，受到的原子核和其他电子的电磁力，这个力的作用是使电子回到平衡位置，所以是回复力，这个力与电子离开平衡位置的距离 x 成正比，可以写成 $-m\omega_0^2x$（ω_0 为与回复力有关的系数）。第三个是入射光的电场对电子的作用力，根据经典电磁学理论，这个力与电磁波中的电场强度大小成正比，可以写成 $-eE_0\exp(\mathrm{i}\omega t)$（$e$ 为电子电荷量，E_0 为入射光电场强度的振幅），这个力就是驱动力。再根据经典力学理论，每个电子的运动方程可以写为

$$m\frac{d^2x}{dt^2}+2\pi m\tau\frac{dx}{dt}+m\omega_0^2x=-eE_0\exp(i\omega t) \tag{2-1}$$

公式(2-1)的解可以写为

$$x=-\frac{e}{m}\cdot\frac{(\omega_0^2-\omega^2)-i\cdot 2\pi\tau\omega}{(\omega_0^2-\omega^2)^2+4\pi^2\tau^2\omega^2}\cdot E_0\exp(i\omega t) \tag{2-2}$$

若电子密度为 N,则利用电极化强度的宏观表示式 $\boldsymbol{P}=\varepsilon_0\chi_e\boldsymbol{E}$ 可以得到极化率χ_e:

$$\chi_e=\frac{-Nex}{\varepsilon_0E_0\exp(i\omega t)}=-\frac{Ne^2}{m\varepsilon_0}\cdot\frac{(\omega_0^2-\omega^2)-i\cdot 2\pi\tau\omega}{(\omega_0^2-\omega^2)^2+4\pi^2\tau^2\omega^2} \tag{2-3}$$

再利用各向同性电介质的关系式 $\boldsymbol{D}=\varepsilon'\boldsymbol{E}=\varepsilon_0\boldsymbol{E}+\boldsymbol{P}=\varepsilon_0(1+\chi_e)\boldsymbol{E}$,可得

$$\varepsilon'=\varepsilon_0(1+\chi_e) \tag{2-4}$$

$$\frac{\varepsilon'}{\varepsilon_0}=1+\left[\frac{Ne^2}{m\varepsilon_0}\cdot\frac{(\omega_0^2-\omega^2)-i\cdot 2\pi\tau\omega}{(\omega_0^2-\omega^2)^2+4\pi^2\tau^2\omega^2}\right] \tag{2-5}$$

对比公式(1-29)和公式(2-5)的实部与虚部,可得如下结果:

$$\frac{\varepsilon}{\varepsilon_0}=\varepsilon_r=1+\frac{Ne^2}{m\varepsilon_0}\cdot\frac{\omega_0^2-\omega^2}{(\omega_0^2-\omega^2)^2+4\pi^2\tau^2\omega^2} \tag{2-6}$$

$$\sigma=\frac{Ne^2}{m\varepsilon_0^2}\cdot\frac{2\pi\tau\omega^2}{(\omega_0^2-\omega^2)^2+4\pi^2\tau^2\omega^2} \tag{2-7}$$

将公式(2-6)和公式(2-7)的结果代入公式(1-16)和公式(1-17)即可以求出相应的参数 n 和 κ,可以发现参数 n 和 κ 是 ω 的函数。图 2-1 给出了 n 和 κ 随 ω 的变化关系曲线。现将 n 和 κ 随 ω 的变化关系分成 A、B、C、D 四个区域进行讨论。

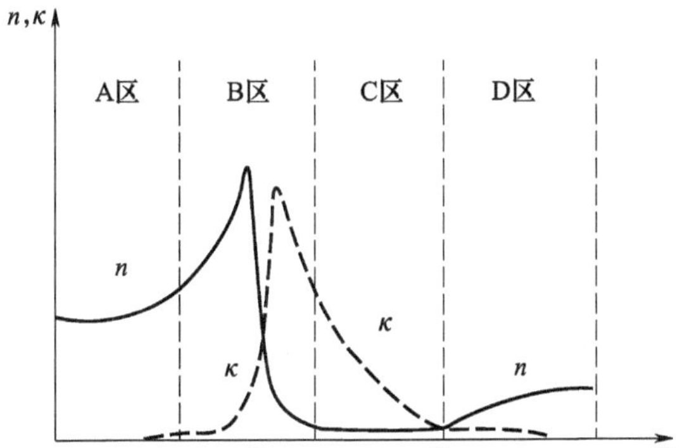

图 2-1　洛伦兹模型中 n 和 κ 随 ω 的变化关系曲线

(1) A 区。

在这个区域,$\omega \ll \omega_0$。根据公式(1-16)、公式(1-17)、公式(2-6)和公式(2-7)可知,在这个角频率范围内,$\sigma\to0$,$\kappa\to0$。这表明电介质对于电磁波是不吸收的,因此电介质是透明的。这时复折射率的实部 n 随入射波频率增大而增大,体现出电介质对电磁波满足正常色散关系。

(2) B 区。

在这个区域,$\omega\approx\omega_0$。这时 n 和 κ 都先随角频率的增大而增大,达到某一极值后,再随角

频率的增大而减小，但两者步调并不完全一致。n 和 κ 的变化表明电介质的色散关系是先正常色散，然后变成反常色散。消光系数 κ 在这一区域的值都很大，因此这一区域是电介质对电磁波吸收最强烈的区域。这个结果与经典谐振子的共振现象类似，电子通过共振对电磁波能量进行强烈吸收。

(3) C 区。

在这个区域，$\omega_0<\omega<\omega_p$，其中，$\omega_p=Ne^2/m\varepsilon_0$。从公式(2-6)和公式(2-7)可知，$\varepsilon_r<0,\sigma\approx0$，这时电介质对电磁波完全反射，电磁波不能在电介质中传输。

(4) D 区。

在这个区域，$\omega_0\ll\omega,\kappa\approx0$，因此电介质的吸收可以忽略，电介质再次变成透明的，且这一区域折射率满足正常色散关系，这与电介质材料的实际测量结果基本一致。

洛伦兹模型的本质依然是经典力学在电磁学领域的应用，而且洛伦兹模型在处理电磁波在电介质中传输的过程中做了很多简化，只把电介质中电子在入射电磁波作用下的运动看成简单谐振子的运动，忽略了电子周围环境的影响，即忽略了入射电磁波作用下电子周围的原子可能产生极化场的影响。而实际电磁波和电介质相互作用的过程用量子理论来解释更加合理，即吸收过程对应电子终态与初态之间能量差为 $h\nu$ 的跃迁。但对于电介质来说，其核外电子能级还是很复杂的，内层电子受到外界环境影响较小，具有分立的能级，外层价电子受到外界环境影响较大，其能级常常因外界环境的影响而连续分布，即出现一定的能带结构。当电介质受到电磁波照射时，可以将外层价电子看成能量连续分布的谐振子，即经典的谐振子模型是适用的。

图 2-2 是单晶硅的 n 和 κ 随入射电磁波波长的变化曲线，将其与洛伦兹模型对比后可以发现，理论和实验数据吻合得还是很好的。

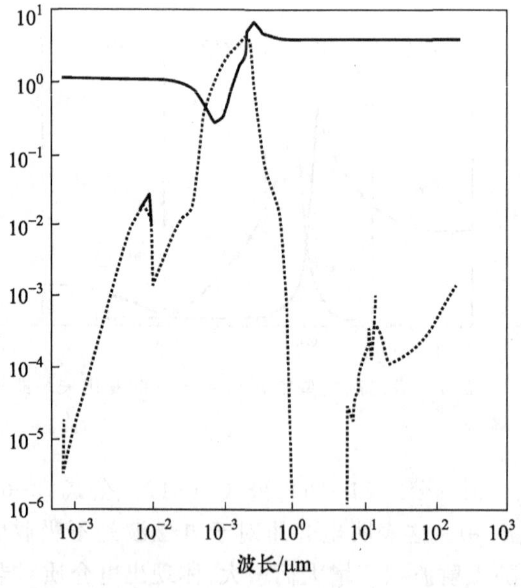

图 2-2　单晶硅的 n 与 κ 随波长变化曲线

n—实线；κ—虚线

虽然洛伦兹模型是一个很好的理论模型，但也要注意到洛伦兹模型过于简单，给出的理论结果无法解释由于内层电子跃迁和晶格振动引起的在高频和低频波段出现的精细结构。这就表明洛伦兹模型有优点，也有缺点。

2.1.2 金属的德鲁德（Drude）模型

从历史发展来看，德鲁德模型是1900年提出的，早于洛伦兹模型，其适用对象是金属。对于金属来说，其原子中的外层电子基本可以看成是自由的，这样金属相当于原子实浸泡在自由电子的海洋中。当电子受到入射电磁波中电场分量的作用离开原来位置时，没有回复力存在，只需在洛伦兹模型的基础上进行简化，去掉回复力，洛伦兹模型即变成了德鲁德模型。这就是没有按历史先后顺序而先讨论洛伦兹模型的原因。

在德鲁德模型当中，电子是自由的，因此也叫做自由电子模型。金属中的电子依然受到电磁波的驱动力与阻力的作用，回复力没有了，可以看成是由 $\omega_0=0$ 引起的。根据牛顿运动定律，这时的运动方程为

$$m\frac{\mathrm{d}^2x}{\mathrm{d}t^2}+2\pi m\tau\frac{\mathrm{d}x}{\mathrm{d}t}=-eE_0\exp(\mathrm{i}\omega t) \tag{2-8}$$

类似洛伦兹模型的求解过程，可得

$$\frac{\varepsilon'}{\varepsilon_0}=1+\frac{Ne^2}{m\varepsilon_0}\cdot\frac{\omega^2-\mathrm{i}\cdot 2\pi\tau\omega}{\omega^4+4\pi^2\tau^2\omega^2} \tag{2-9}$$

进一步求解，可得

$$\frac{\varepsilon}{\varepsilon_0}=\varepsilon_{\mathrm{r}}=1+\frac{Ne^2}{m\varepsilon_0}\cdot\frac{1}{\omega^2+4\pi^2\tau^2} \tag{2-10}$$

$$\sigma=\frac{Ne^2}{m\varepsilon_0}\cdot\frac{2\pi\tau}{\omega^2+4\pi^2\tau^2} \tag{2-11}$$

将公式(2-10)和公式(2-11)的结果代入公式(1-16)和公式(1-17)同样可以求出相应的参数 n 和 κ，可以发现参数 n 和 κ 依然是 ω 的函数。图2-3给出 n 和 κ 随 ω 的变化关系曲线。这里将 n 和 κ 随 ω 的变化关系分成A、B、C三个区域进行讨论。

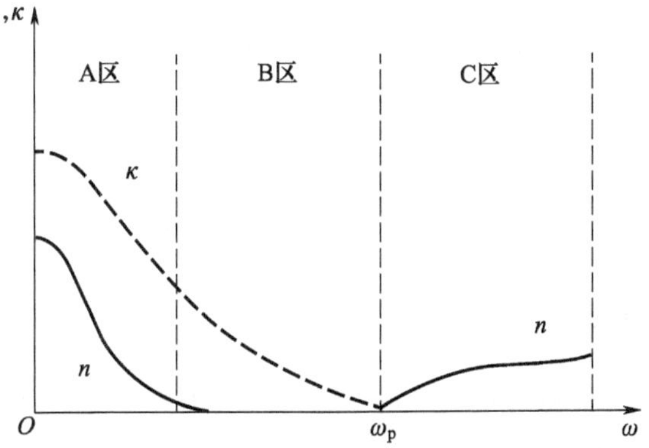

图2-3 德鲁德模型中 n 和 κ 随 ω 的变化关系曲线

(1) A 区。

在这个区域，n 和 κ 在角频率 ω 取最小值时取值最大，然后随角频率 ω 的增大而逐渐变小。消光系数 κ 是三个区域中最大的，表明在这个区域中金属对入射电磁波的吸收强烈。折射率 n 随角频率 ω 的增加而减小，满足反常色散关系。

(2) B 区。

在这个区域，$\sigma \approx 0$，$n \approx 0$。消光系数 κ 随角频率 ω 的增加而减小，最后在角频率为 ω_p 时变为 0，这时金属对入射波完全反射，光不能在金属中传输。

(3) C 区。

在这个区域，$\kappa \approx 0$。这时金属的吸收可以忽略，金属对电磁波是透明的，且在这一区域中折射率 n 满足正常色散关系。

图 2-4 给出金属铜的 n 与 κ 随波长的变化关系曲线，经过换算可知实验结果与德鲁德模型基本吻合。

同洛伦兹模型一样，德鲁德模型也无法解释由于内层电子跃迁和晶格振动引起的在高频和低频波段出现的精细结构，这就表明德鲁德模型同样也只适合于色散关系大趋势的研究。

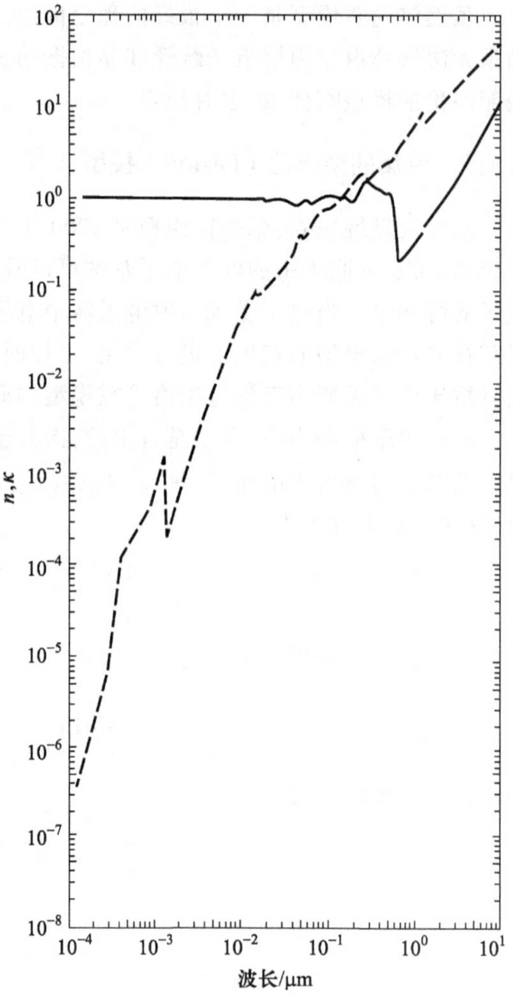

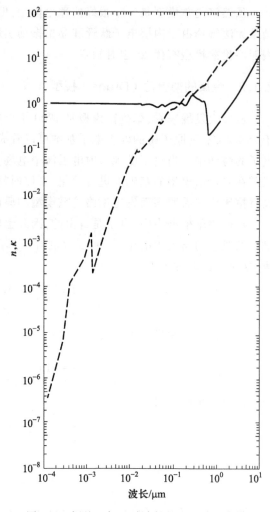

图 2-4 铜的 n 与 κ 随波长的变化关系曲线

n—实线；κ—虚线

2.2 固体光学的量子理论描述

在上一节中，我们将光看成一种波来研究其与固体材料之间的相互作用，这种处理方法能够解释很多实验现象，但是很多时候又必须把光看成由光子组成的光子流才能很好地从理论上对实验现象进行解释，即需要用量子化的思维来处理光和物质的相互作用。尤其是在处理物质吸收和辐射光的问题时，光子概念的引入更是必不可少，光子这一粒子概念的引入，使得相关描述理论也从波动理论过渡到量子理论。为了使得符号的含义与常用的文献保持一致，本节中符号的含义被重新定义。

2.2.1 含时间的微扰理论

光在被固体材料吸收和辐射的过程中，相关的量子力学跃迁理论能够很好地解释实验现象。

当没有光照射到固体材料上时，根据量子力学的相关知识，可以认为固体材料中的电子处于某一稳定状态，这一状态可以用定态薛定谔方程进行描述：

$$H_0\psi_n = \mathrm{i}\hbar\frac{\partial\psi_n}{\partial x}=\xi_n\psi_n \quad (n=0,1,2,3,\cdots) \tag{2-12}$$

这里，H_0 为能量哈密顿算符，ψ_n 为本征波函数，ξ_n 为能量本征值，$\hbar$ 为约化普朗克常量。

其中波函数为

$$\psi_n = u_n\exp[-\mathrm{i}(\xi_n/\hbar)t] \tag{2-13}$$

这里，u_n 为波函数中不含时的部分。

当光照射到固体材料上时，原来电子的稳定状态遭到了破坏，这种破坏可以看成原来状态的一种微扰。从量子力学的角度看待光时，光是光子组成的光子流，光子对电子原来状态的扰动过程就是光子被电子吸收的过程，这一扰动过程是一个与时间有关的过程，即含时间的微扰。这时薛定谔方程中的哈密顿算符要加上相应的微扰项 H_1。假设从电子和光子相互作用的时刻开始计时，薛定谔方程变为

$$(H_0+H_1)\varphi(t)=\mathrm{i}\hbar\frac{\partial\varphi(t)}{\partial t} \tag{2-14}$$

这里，$\varphi(t)$ 为有微扰时的波函数。根据量子力学相关理论，微扰后的波函数可以用微扰前的本征波函数 ψ_n 进行展开：

$$\varphi(t)=a_0(t)\psi_0+\sum_{n\neq 0}a_n(t)\psi_n \tag{2-15}$$

这里，$a_0(t)$ 和 $a_n(t)$ 为系数。

将公式(2-15)代入公式(2-14)，并对其进行整理可得

$$a_0(H_0\psi_0-\xi_0\psi_0)+\sum_{n\neq 0}a_n(t)(H_0\psi_n-\xi_n\psi_n)+H_1a_0(t)\psi_0-\mathrm{i}\hbar\sum\psi_n\frac{\partial a_n(t)}{\partial t}+H_1\sum_{n\neq 0}a_n(t)\psi_n=0 \tag{2-16}$$

公式(2-16)前两项是与定态薛定谔方程有关的项，根据公式(2-12)，这两项均为 0。由于采用的是微扰理论，H_1 与 $a_n(t)$ 均为小量，公式(2-16)最后一项属于二阶小量，可以忽略，于是有

$$H_1a_0(t)\psi_0=\mathrm{i}\hbar\sum\psi_n\frac{\partial a_n(t)}{\partial t} \tag{2-17}$$

将公式(2-17)乘以某一状态函数的复共轭 ψ_k^* $(k=0,1,2,3,\cdots)$，并利用本征波函数的正交特性 $\int\psi_k^*\psi_n\mathrm{d}V=\delta_{kn}$ 和 $a_0(t)\approx 1$，可得

$$\frac{\partial a_k(t)}{\partial t}=(\mathrm{i}\hbar)^{-1}\int\psi_k^*H_1\psi_0\mathrm{d}V \tag{2-18}$$

光子与系统作用时产生的微扰项 H_1 可以写为

$$H_1=\frac{e\hbar E_0}{2\pi m\nu}\left\{\begin{matrix}\exp(\mathrm{i}K\boldsymbol{q}\cdot\boldsymbol{r}-\omega t)\\-\exp(-\mathrm{i}K\boldsymbol{q}\cdot\boldsymbol{r}-\omega t)\end{matrix}\right\}\boldsymbol{\eta}\cdot\nabla \tag{2-19}$$

这里，m 为电子的质量，K 为入射光的波矢，$\boldsymbol{\eta}$ 是沿场极化方向的单位矢量，$\boldsymbol{q}$ 是沿波传播方向的单位矢量。将公式(2-19)代入公式(2-18)，得

$$\frac{\partial a_k(t)}{\partial t}=-\frac{\mathrm{i}eE_0}{2\pi m\nu}\left\{\begin{array}{l}\exp\left(\frac{\mathrm{i}}{h}2\pi\Omega^+ t\right)\cdot\int u_k^*\exp(\mathrm{i}K\boldsymbol{q}\cdot\boldsymbol{r})\boldsymbol{\eta}\cdot\nabla u_0\mathrm{d}V\\-\exp\left(\frac{\mathrm{i}}{h}2\pi\Omega^- t\right)\cdot\int u_k^*\exp(-\mathrm{i}K\boldsymbol{q}\cdot\boldsymbol{r})\boldsymbol{\eta}\cdot\nabla u_0\mathrm{d}V\end{array}\right\}\tag{2-20}$$

这里的

$$\Omega^+=\xi_k-\xi_0-h\nu\tag{2-21}$$

$$\Omega^-=\xi_k-\xi_0+h\nu\tag{2-22}$$

对公式(2-20)进行时间积分后，得到

$$a_k(t)=-E_0\left\{\begin{array}{l}M_{k0}^+\cdot\dfrac{1-\exp\left(\frac{\mathrm{i}}{h}2\pi\Omega^+t\right)}{\omega^+}\\-M_{k0}^-\cdot\dfrac{1-\exp\left(\frac{\mathrm{i}}{h}2\pi\Omega^-t\right)}{\omega^-}\end{array}\right\}\tag{2-23}$$

这里的

$$M_{k0}^+=\frac{e\hbar}{2\pi m\nu}\int u_k^*\exp(\mathrm{i}K\boldsymbol{q}\cdot\boldsymbol{r})\boldsymbol{\eta}\cdot\nabla u_0\mathrm{d}V\tag{2-24a}$$

$$M_{k0}^-=\frac{e\hbar}{2\pi m\nu}\int u_k^*\exp(-\mathrm{i}K\boldsymbol{q}\cdot\boldsymbol{r})\boldsymbol{\eta}\cdot\nabla u_0\mathrm{d}V\tag{2-24b}$$

M_{k0}^+ 与 M_{k0}^- 叫做跃迁矩阵元。

分析公式(2-23)可知，要想使得入射光对系统产生微扰，即 $a_k(t)$ 有一个可观的值，其括号内的两项至少有一项取值要可观，根据相关数学知识，这就要求

$$\Omega^+=\xi_k-\xi_0-h\nu=0\tag{2-25a}$$

或者

$$\Omega^-=\xi_k-\xi_0+h\nu=0\tag{2-25b}$$

公式(2-25a)对应的是电子吸收能量为 $h\nu$ 的光子从 ξ_0 能级跃迁到 ξ_k 能级的过程，而公式(2-25b)对应的是电子辐射能量为 $h\nu$ 的光子从 ξ_k 能级跃迁到 ξ_0 能级的过程。而跃迁矩阵元 M_{k0}^+ 是电子吸收能量为 $h\nu$ 的光子从 ξ_0 能级跃迁到 ξ_k 能级的过程，跃迁矩阵元 M_{k0}^- 是电子辐射能量为 $h\nu$ 的光子从 ξ_k 能级跃迁到 ξ_0 能级的过程。

在吸收光子的过程中，ξ_k 能级被占据的概率为

$$\begin{aligned}P_k(t,\nu)&=|a_k(t,\nu)|^2=\frac{E_0^2}{\hbar^2}|M_{k0}^+|^2\cdot\frac{2\hbar^2}{(\Omega^+)^2}\left(1-\cos\frac{\Omega^+}{\hbar}t\right)\\&=\frac{E_0^2}{\hbar^2}|M_{k0}^+|^2\cdot\frac{4\sin^2\left(\frac{\Omega^+}{\hbar}\cdot\frac{t}{2}\right)}{\left(\frac{\Omega^+}{\hbar}\right)^2}\end{aligned}\tag{2-26}$$

这里，ν 为入射电磁波频率。

从公式(2-26)可知，Ω^+的取值会决定概率 $P_k(t,\nu)$ 的大小。当 $\nu\to(\xi_k-\xi_0)/h$ 时，$\Omega^+\to0$，

根据洛必达法则，$P_k(t,\nu)\to$极大值。当入射光的频率 ν 远离$(\xi_k-\xi_0)/h$ 时，$|\Omega^+|$逐渐增加，相应的概率 $P_k(t,\nu)$迅速振荡并减小，最后当$|\Omega^+|\to\infty$ 时，概率 $P_k(t,\nu)\to 0$。在实际过程中，通常只考虑概率 $P_k(t,\nu)$第一次为 0 时，$|\Omega^+|<4\pi^2/th$ 频率范围内的入射光就可以了。由于 $\sin^2\left(\frac{\Omega^+}{\hbar}\cdot\frac{t}{2}\right)\Big/\left(\frac{\Omega^+}{\hbar}\right)^2$ 正比于数学上的 δ 函数，因此，公式(2-26)也可用 δ 函数来表达：

$$P_k(t,\nu)=\frac{E_0^2}{\hbar}|M_{k0}^+|^2\cdot 2\pi t\delta(\Omega^+) \tag{2-27}$$

根据量子力学的不确定关系，所有的光波都是准单色光，即有一定的谱线宽度，固体材料中电子的能级也是有一定宽度的能级，因此考虑吸收光子跃迁时，一定是对频率进行积分才有实际意义，而且对于 δ 函数只有积分才有意义。将公式(2-27)对时间求导就是单位时间的跃迁概率：

$$W_k=\frac{\mathrm{d}P_k(t,\nu)}{\mathrm{d}t}=\frac{E_0^2}{\hbar}|M_{k0}^+|\cdot 2\pi\delta(\Omega^+) \tag{2-28}$$

从公式(2-28)可看出，电场强度振幅 E_0、跃迁矩阵元 M_{k0}^+ 都会影响跃迁概率 W_k。

前面对吸收光子的过程进行了讨论，从公式(2-23)和公式(2-24)可以看出，辐射过程与吸收过程非常相似，我们这里就不单独进行讨论了。

2.2.2 跃迁矩阵元

由于跃迁矩阵元是影响跃迁概率 W_k 的重要因素，所以下面对其进行讨论。在讨论过程中，波函数在形式上可以大致分为两类。

第一类是固体材料内部存在杂质或缺陷。这个时候杂质或缺陷处的波函数表达形式类似于单个原子存在时的波函数，波函数适用的空间区域只在杂质或缺陷附近，因此也称为定域态波函数。在考虑吸收光子的过程时，公式(2-24a)中的 e 指数项可以按幂级数展开：

$$\begin{aligned}&\int u_k^*\exp[\mathrm{i}(2\pi/\lambda)\boldsymbol{q}\cdot\boldsymbol{r}]\boldsymbol{\eta}\cdot\nabla u_0\mathrm{d}V\\ =&\int u_k^*[1+\mathrm{i}(2\pi/\lambda)\boldsymbol{q}\cdot\boldsymbol{r}+\cdots]\boldsymbol{\eta}\cdot\nabla u_0\mathrm{d}V\\ =&\int u_k^*\boldsymbol{\eta}\cdot\nabla u_0\mathrm{d}V+\mathrm{i}\int u_k^*[(2\pi/\lambda)\boldsymbol{q}\cdot\boldsymbol{r}]\boldsymbol{\eta}\cdot\nabla u_0\mathrm{d}V+\cdots\end{aligned} \tag{2-29}$$

公式(2-29)右侧第一项是电偶极子作用项，第二项是电四极子和磁偶极子作用项，其后更高阶项则对应于更高阶极子的作用。如果公式(2-29)右侧第一项起主要作用，这时跃迁称为电偶极跃迁。如果第二项起主要作用，这时跃迁称为电四极和磁偶极跃迁。在一般情况下，展开式中越往后的项影响越小。

由于 u_k^* 在 k 取不同值时，其表达式是不同的，所以它是一个影响跃迁矩阵元的重要因素。如果激发态的 u_k^* 与基态的 u_0 均是球对称分布的，计算公式(2-24a)中的积分可以得到 $M_{k0}^+=0$，这说明从相应基态到激发态是不允许的，即跃迁是禁忌的。这一点与单原子光谱的选择定则非常相似。

第二类是固体材料内部的价带或导带。这个时候电子处于近自由状态，如金属中的电子。

电子在金属内部各个位置都可能出现，因此其波函数也称为扩展态波函数，即布洛赫波函数。为了使跃迁矩阵元可能有明显的值，要求

$$\boldsymbol{K}'-\boldsymbol{K}-\boldsymbol{k}=0 \tag{2-30}$$

这里，$\boldsymbol{K}'$与$\boldsymbol{K}$分别为跃迁末态与初态的电子的波矢，$\boldsymbol{k}$为光子的波矢。这就是跃迁过程中的波矢守恒定律。由于电子波矢远大于光子波矢（一般是几个数量级），所以光子波矢常可以忽略，我们在后面会更加深入地进行讨论。

2.2.3 量子理论下的光学常数表达式

公式(2-28)给出了单位时间内电子从基态ξ_0能级跃迁到激发态ξ_k能级的跃迁概率W_k。对W_k求和，即

$$W=\sum_k W_k \tag{2-31}$$

单位时间内单位体积固体材料由于光跃迁而吸收的总能量为单位体积固体材料中基态的个数N与相应光子能量$h\nu$还有跃迁概率W三者的乘积，即$Nh\nu W$。对于固体材料来说，入射光在其中传播时，用电导率σ来表示的单位体积功率损耗为$(1/2)\sigma E_0^2$，于是有

$$Nh\nu W=\frac{1}{2}\sigma E_0^2 \tag{2-32}$$

从公式(2-32)中解出电导率，并将公式(2-28)代入，可得

$$\sigma=\frac{2Nh\nu W}{E_0^2}=\frac{4\pi N}{\hbar}\sum_k |M_{k0}^+|^2\cdot 2\pi\nu\delta(\Omega^+) \tag{2-33}$$

以上推导没有考虑电子在各激发态间的跃迁问题（弛豫问题），但在实际过程中，其在各态上的寿命都是有限的，经过一段时间后，电子总会有一定概率跃迁到其他的状态，因此要对公式(2-33)进行一定的修正。考虑弛豫后，电导率可以写为

$$\sigma=\frac{4\pi N}{\hbar}\sum_k |M_{k0}^+|^2\frac{2\tau\nu}{(\nu_{k0}+\nu)^2+\tau^2} \tag{2-34}$$

这里，ν_{k0}为从基态跃迁到k激发态吸收光子的频率，τ为前面定义的阻尼系数，即弛豫时间的倒数。

对于实际的固体材料，在考虑其中的电子跃迁时，不但要考虑吸收光子的过程，还要考虑辐射光子的过程，即从激发态ξ_k向基态ξ_0的跃迁过程，两者共同考虑后，电导率可以写成

$$\sigma=\sum_k\frac{4\pi N\nu_{k0}}{h}|M_{k0}^+|^2\frac{\tau\nu^2}{(\nu_{k0}^2-\nu^2)^2+\tau^2\nu^2} \tag{2-35}$$

相对介电常数ε_r也可以通过量子理论进行推导得出：

$$\varepsilon_r=1+\sum_k\frac{4N\nu_{k0}}{\varepsilon_0 h}|M_{k0}^+|^2\frac{\nu_{k0}^2-\nu^2}{(\nu_{k0}^2-\nu^2)^2+\tau^2\nu^2} \tag{2-36}$$

如果引入振子强度

$$f_{k0}=\frac{8\pi^2|M_{k0}^+|^2 m\nu_{k0}}{e^2 h} \tag{2-37}$$

那么公式(2-36)又可写成

$$\varepsilon_{\mathrm{r}}=1+\sum_{k}\frac{Ne^{2}f_{k0}}{4\pi^{2}m\varepsilon_{0}}\cdot\frac{\nu_{k0}^{2}-\nu^{2}}{(\nu_{k0}^{2}-\nu^{2})^{2}+\tau^{2}\nu^{2}} \tag{2-38}$$

利用 $\omega=2\pi\nu$，公式(2-38)和公式(2-35)又可以写成角频率的形式：

$$\varepsilon_{\mathrm{r}}=1+\sum_{k}\frac{Ne^{2}f_{k0}}{m\varepsilon_{0}}\cdot\frac{\omega_{k0}^{2}-\omega^{2}}{(\omega_{k0}^{2}-\omega^{2})^{2}+4\pi^{2}\tau^{2}\omega^{2}} \tag{2-39}$$

$$\sigma=\sum_{k}\frac{4\pi N\omega_{k0}}{\hbar}\cdot|M_{k0}^{+}|^{2}\cdot\frac{2\pi\tau\omega^{2}}{(\omega_{k0}^{2}+\omega^{2})^{2}+4\pi^{2}\tau^{2}\omega^{2}} \tag{2-40}$$

如果将公式(2-39)与公式(2-6)、公式(2-40)与公式(2-7)进行比较，可以发现利用量子理论推导出的结论与利用经典谐振子理论推导出的结论很相近。

第二章参考文献

第三章　晶体的线性光学性质

前面两章讨论了光在固体材料中有吸收传播时的各种光学参数，这一章将由浅入深地利用经典波动理论，对弱光在固体材料中无吸收传播时的情况进行讨论，重点讨论的是晶体材料，即讨论晶体的线性光学性质。本章首先讨论各向同性光学晶体的线性光学性质，然后讨论各向异性光学晶体的线性光学性质，并给出光在晶体中的各种描述方法（即光学曲面），最后给出晶体引起的偏振光干涉、旋光性等光学现象。为了使符号的含义与常用的文献保持一致，本章中一些符号的含义被重新定义。

3.1　光波在各向同性介质中的传播

光波在电介质中传播时，电介质在光波电场分量作用下会被极化。入射光的强度不大时（弱光），光波的电场强度也不大，在一级近似条件下，电介质主要表现出线性光学性质，这时电介质的电极化强度 $\boldsymbol{P}$ 与光波电场强度 $\boldsymbol{E}$ 的一次方成正比，即

$$\boldsymbol{P}=\varepsilon_0\chi_e\boldsymbol{E} \tag{3-1}$$

式中，χ_e 为电极化率。由于光波频率较高，晶体的电极化主要是由电子极化引起的，并且电子极化所辐射的次级波与入射光场频率相同，所以当光透过电介质时，光波频率保持不变，透射光中不会产生其他频率的光波。

光波在电介质中传输时，依然满足麦克斯韦方程组。电介质内无自由电荷时，$\rho=0$。对于各向同性的透明非磁性电介质，$\sigma=0$，$\mu_r\approx1$，相对介电常数 ε_r 是与方向无关的标量，因此公式（1-4）和公式（1-6）可简化为

$$\nabla^2\boldsymbol{E}-\frac{\varepsilon_r}{c^2}\frac{\partial^2\boldsymbol{E}}{\partial t^2}=0 \tag{3-2}$$

$$\nabla^2\boldsymbol{H}-\frac{\varepsilon_r}{c^2}\frac{\partial^2\boldsymbol{H}}{\partial t^2}=0 \tag{3-3}$$

公式（3-2）和公式（3-3）即无吸收情况下电磁波在电介质中传输时的波动方程。单色平面波函数是上述波动方程的特解，各场量波函数如下所示：

$$\left.\begin{matrix}\boldsymbol{E}\\ \boldsymbol{D}\\ \boldsymbol{H}\end{matrix}\right\}=\left\{\begin{matrix}\boldsymbol{E}_0\\ \boldsymbol{D}_0\\ \boldsymbol{H}_0\end{matrix}\right\}\exp[\mathrm{i}(\omega t-\boldsymbol{k}\cdot\boldsymbol{r})] \tag{3-4}$$

式中，ω 为光波角频率，$\boldsymbol{r}$ 为光波传播到电介质中某一空间点时，空间点对应的位矢，$\boldsymbol{k}$ 为光波的波矢，可表示为

$$k=\frac{2\pi}{\lambda}K=\frac{\omega n}{c}K \tag{3-5}$$

这里,λ 为光波在电介质中传播的波长,n 为电介质的折射率实部,$\boldsymbol{K}$ 为波法线方向的单位矢量。

公式(3-4)中,$\omega t-\boldsymbol{k}\cdot\boldsymbol{r}$ 为光波的相位,其传播的速度称为相速(度),通常用 v_p 表示,从公式(3-5)可知其数值为

$$v_p=\frac{\omega}{k}=\frac{c}{\sqrt{\varepsilon_r\mu_r}} \tag{3-6}$$

从上式可知折射率为 $n=\sqrt{\varepsilon_r\mu_r}$,对于非磁性电介质,有

$$n=\sqrt{\varepsilon_r\mu_r}\approx\sqrt{\varepsilon_r} \tag{3-7}$$

在各向同性电介质中,相对介电常数 ε_r 是与方向无关的标量,因此折射率 n 和相速 v_p 也与方向无关。

从单色平面波解公式(3-4)可以看出,$\frac{\partial}{\partial t}\boldsymbol{D}=\mathrm{i}\omega\boldsymbol{D}$,$\frac{\partial}{\partial t}\boldsymbol{H}=\mathrm{i}\omega\boldsymbol{H}$,即微分算符$\frac{\partial}{\partial t}$与$(\mathrm{i}\omega)$等价,$\frac{\partial}{\partial x_i}$与$(-\mathrm{i}\omega K_{x_i}n/c)$等价,利用这个等价性可以得出

$$\begin{aligned}&\frac{\partial}{\partial t}\boldsymbol{D}=\mathrm{i}\omega\boldsymbol{D}\\&\nabla\times\boldsymbol{E}=\mathrm{i}\frac{\omega n}{c}\boldsymbol{K}\times\boldsymbol{E}\\&\nabla\times\boldsymbol{H}=-\mathrm{i}\frac{\omega n}{c}\boldsymbol{K}\times\boldsymbol{H}\end{aligned} \tag{3-8}$$

利用公式(3-4)可将麦克斯韦方程组中的两个旋度方程写为

$$\begin{aligned}&\boldsymbol{D}=\varepsilon_0\varepsilon_r\boldsymbol{E}=-\frac{n}{c}\boldsymbol{K}\times\boldsymbol{H}\\&\boldsymbol{H}=-\frac{n}{c\mu_0}\boldsymbol{K}\times\boldsymbol{E}\end{aligned} \tag{3-9}$$

再用 $\boldsymbol{K}$ 对公式(3-9)取标积,可得

$$\boldsymbol{K}\cdot\boldsymbol{D}=\boldsymbol{K}\cdot\boldsymbol{H}=0 \tag{3-10}$$

从公式(1-2)、公式(3-9)和公式(3-10)等出发,可以得出如下结论:

(1) 各向同性电介质中电场强度 $\boldsymbol{E}$ 与电位移矢量 $\boldsymbol{D}$ 方向相同,磁感应强度 $\boldsymbol{B}$ 和磁场强度 $\boldsymbol{H}$ 方向相同。

(2) 电场波是横波。电位移矢量 $\boldsymbol{D}$ 和磁场强度 $\boldsymbol{H}$ 总是垂直于 $\boldsymbol{K}$ 方向,$\boldsymbol{D}$、$\boldsymbol{H}$ 和 $\boldsymbol{K}$ 是满足右手螺旋关系的三个矢量。

对于光波来说,能流密度矢量 $\boldsymbol{S}$(即坡印亭矢量)为

$$\boldsymbol{S}=\boldsymbol{E}\times\boldsymbol{H} \tag{3-11}$$

可以看出,在各向同性电介质中能流传播方向与波的传播方向相同,其大小为

$$S=EH=\sqrt{\frac{\varepsilon_0\varepsilon_r}{\mu_0\mu_r}}E^2=\sqrt{\frac{\mu_0\mu_r}{\varepsilon_0\varepsilon_r}}H^2 \tag{3-12}$$

从能流密度的定义可知，坡印亭矢量 $\boldsymbol{S}$ 是单位时间内通过垂直于光波传播方向单位面积上的电磁场能量密度，因此其可以写为

$$\boldsymbol{S}=w\boldsymbol{v}_{\mathrm{t}} \tag{3-13}$$

其中，w 表示能量密度，$\boldsymbol{v}_{\mathrm{t}}$ 表示能流速度。

根据电磁学知识，能量密度可以写为

$$w=\varepsilon_0\varepsilon_{\mathrm{r}}E^2=\mu_0\mu_{\mathrm{r}}H^2 \tag{3-14}$$

结合公式(3-12)、公式(3-13)和公式(3-14)，可得

$$\boldsymbol{v}_{\mathrm{t}}=\frac{1}{\sqrt{\varepsilon_0\varepsilon_{\mathrm{r}}\mu_0\mu_{\mathrm{r}}}}\boldsymbol{K}=\frac{c}{n}\boldsymbol{K} \tag{3-15}$$

从公式(3-15)可以看出，能流速度和光波的相速度相同。

3.2 光波在各向异性介质中的传播

对于各向异性的电介质，其各向异性特征会使得光波在其中传输时出现各向异性，电场强度 $\boldsymbol{E}$ 与电位移矢量 $\boldsymbol{D}$，磁感应强度 $\boldsymbol{B}$ 与磁场强度 $\boldsymbol{H}$ 的关系不再像各向同性电介质那么简单。为了对这时光波在电介质中的传播进行描述，需要引入张量。电场强度 $\boldsymbol{E}$ 和电位移矢量 $\boldsymbol{D}$ 之间用介电常数张量连接，磁感应强度 $\boldsymbol{B}$ 和磁场强度 $\boldsymbol{H}$ 之间用磁导率张量连接：

$$\begin{aligned}D_i&=\varepsilon_0\varepsilon_{\mathrm{r}ij}E_j=\varepsilon_{ij}E_j\\B_i&=\mu_0\mu_{\mathrm{r}ij}H_i=\mu_{ij}H_i\end{aligned}\quad(i,j=1,2,3) \tag{3-16}$$

这里，$\varepsilon_{\mathrm{r}ij}$ 为相对介电常数张量元，ε_{ij} 为介电常数张量元，$\mu_{\mathrm{r}ij}$ 为相对磁导率张量元，μ_{ij} 为磁导率张量元。根据动力学系数对称性的一般原理，介电常数张量和磁导率张量都应为对称张量，因此有 $\varepsilon_{ij}=\varepsilon_{ji}$，$\mu_{ij}=\mu_{ji}$。

当研究对象是透明的各向异性非磁性晶体时，其相对磁导率 μ_{r} 约为 1，因此公式(3-16)可写为

$$\begin{aligned}D_i&=\varepsilon_{ij}E_j\\B_i&=\mu_0H_j\end{aligned} \tag{3-17}$$

利用麦克斯韦方程组前两个旋度方程得到电位移矢量、磁场强度和单位波矢之间的关系，同样可以得到公式(3-9)的结果，这意味着在各向异性非磁性晶体中，$\boldsymbol{D}$、$\boldsymbol{E}$ 和 $\boldsymbol{K}$ 三个矢量都处于一个垂直于 $\boldsymbol{H}$ 的平面内，并且 $\boldsymbol{D}$ 和 $\boldsymbol{K}$ 相互垂直。

从坡印亭矢量定义可以看出，坡印亭矢量 $\boldsymbol{S}$ 的方向与 $\boldsymbol{K}$ 的方向并不一致，它们之间的夹角定义为离散角。各矢量的关系如图 3-1 所示。

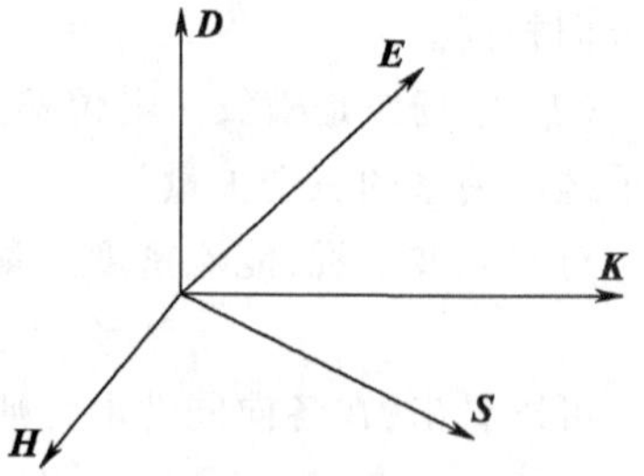

图 3-1　各向异性介质中各矢量的关系

利用公式(3-9)中的两式消去 $\boldsymbol{H}$，可以得到

$$\boldsymbol{D}=[n^2\boldsymbol{E}-n\boldsymbol{K}(n\boldsymbol{K}\cdot\boldsymbol{E})]\varepsilon_0 \tag{3-18}$$

再利用公式(3-16)，从公式(3-18)可以得到

$$n_i^2E_i=n^2[E_i-K_i(\boldsymbol{E}\cdot\boldsymbol{K})] \tag{3-19}$$

分量形式为

$$
\begin{aligned}
&[n_1^2-n^2(1-K_1^2)]E_1+n^2K_1K_2E_2+n^2K_1K_3E_3=0\\
&n^2K_1K_2E_1+[n_2^2-n^2(1-K_2^2)]E_2+n^2K_2K_3E_3=0\\
&n^2K_1K_3E_1+n^2K_2K_3E_2+[n_3^2-n^2(1-K_3^2)]E_3=0
\end{aligned}
\tag{3-20}
$$

上述方程有非零解的条件是久期方程为零,即

$$
\begin{vmatrix}
[n_1^2-n^2(1-K_1^2)] & n^2K_1K_2 & n^2K_1K_2\\
n^2K_1K_2 & [n_2^2-n^2(1-K_2^2)] & n^2K_2K_3\\
n^2K_1K_3 & n^2K_2K_3 & [n_3^2-n^2(1-K_3^2)]
\end{vmatrix}=0
\tag{3-21}
$$

如果已知折射率在三个主轴方向的分量 n_1、n_2 和 n_3,由此久期方程可以得到 n^2 的两个实根 n'和 n'',从而得到电场振动矢量的两组值(E_1',E_2',E_3')和(E_1'',E_2'',E_3''),再根据物质方程可以得到相应的 D'和 D''。

下面按照从简单到复杂的顺序讨论不同对称等级各向异性电介质中光波的传输情况。

3.2.1 高级对称晶体族中光的传播

对于立方晶系这样的高级对称晶体族,其晶体介电常数张量为

$$
\begin{bmatrix}\varepsilon&0&0\\0&\varepsilon&0\\0&0&\varepsilon\end{bmatrix}\quad\text{或}\quad\begin{bmatrix}n_o^2&0&0\\0&n_o^2&0\\0&0&n_o^2\end{bmatrix}
\tag{3-22}
$$

这里,ε 为三个主轴方向的介电常数,n_o 为 o 光折射率。

从公式(3-20)和公式(3-22)可以看出,对于立方晶系,有

$$
n_1=n_2=n_3=n_o \tag{3-23}
$$

这类晶体具有高度的对称性,在三个轴方向都具有相同的折射率。

将其代入公式(3-21)并利用 $\boldsymbol{K}$ 是单位矢量,即 $K_1^2+K_2^2+K_3^2=1$,可以得到

$$
(n^2-n_o^2)^2=0 \tag{3-24}
$$

满足公式(3-24)的两个实根为

$$
n'^2=n''^2=n_o^2 \tag{3-25}
$$

上式表明两个根 n'和 n''相等,都等于 n_o,这说明在立方晶系晶体中,任何晶体中传输的光波均有相同的折射率,立方晶系晶体等同于各向同性介质,光波在晶体中传输时不产生双折射现象。

3.2.2 中级对称晶体族中光的传播

对于三方、四方、六方晶系这样的中级对称晶体族,其晶体介电常数张量为

$$
\begin{bmatrix}\varepsilon_1&0&0\\0&\varepsilon_1&0\\0&0&\varepsilon_3\end{bmatrix}\quad\text{或}\quad\begin{bmatrix}n_o^2&0&0\\0&n_o^2&0\\0&0&n_e^2\end{bmatrix}
\tag{3-26}
$$

这里,ε_1 和 ε_3 为不同主轴方向的介电常数,n_e 为 e 光折射率。

从公式(3-20)和公式(3-26)可以看出,

$$n_1=n_2=n_o,\quad n_3=n_e \tag{3-27}$$

这类晶体具有轴对称性,其对称轴即晶体的光轴。如果假定入射光单位波矢与 x_3 轴成 θ 角,$\boldsymbol{K}$ 位于 x_2x_3 平面内,这时单位波矢 $\boldsymbol{K}$ 可以表示为

$$\boldsymbol{K}(K_1,K_2,K_3)=\boldsymbol{K}(0,\sin\theta,\cos\theta) \tag{3-28}$$

将其代入久期方程可以得到

$$(n^2-n_o^2)^2[n^2(n_o^2\sin^2\theta+n_e^2\cos^2\theta)-n_e^2n_o^2]=0 \tag{3-29}$$

满足公式(3-29)的两个不等的实根分别为

$$\begin{aligned}n'^2&=n_o^2\\ n''^2&=\frac{n_o^2n_e^2}{n_o^2\sin^2\theta+n_e^2\cos^2\theta}\end{aligned} \tag{3-30}$$

首先,把第一个实根 $n'^2=n_o^2$ 代入方程(3-20),得到

$$\begin{aligned}&(n_o^2-n_o^2)E_1=0\\ &(n_o^2-n_o^2\cos^2\theta)E_2+n_o^2\sin\theta\cos\theta E_3=0\\ &n_o^2\sin\theta\cos\theta E_2+(n_o^2-n_o^2\sin^2\theta)E_3=0\end{aligned} \tag{3-31}$$

为了保证公式(3-31)中后两个式子成立,必须有 $E_2=E_3=0$。对于公式(3-31)中第一个式子,由于 $n_o^2-n_o^2$ 是等于零的,所以对 E_1 没有任何限制。要保证有光波在晶体中传输,一定有 $E_1\neq0$,由此得

$$\boldsymbol{E}=(E_1,0,0) \tag{3-32}$$

根据公式(3-18)可以得出电位移矢量为

$$\boldsymbol{D}=(\varepsilon_0n_o^2E_1,0,0) \tag{3-33}$$

由于入射光波单位波矢与 x_3 轴成 θ 角,且 $\boldsymbol{K}$ 位于 x_2x_3 平面内,所以

$$\boldsymbol{E}\cdot\boldsymbol{K}=0 \tag{3-34}$$

从公式(3-32)、公式(3-33)和公式(3-34)可以看出,光波在晶体中传输,当折射率为 n_o 时,$\boldsymbol{D}$ 和 $\boldsymbol{E}$ 方向相同,且垂直于晶体主截面,这个光波就是 o 光。

将公式(3-30)中的第二个实根代入方程(3-20),得到

$$\begin{aligned}&\left(n_o^2-\frac{n_o^2n_e^2}{n_o^2\sin^2\theta+n_e^2\cos^2\theta}\right)E_1=0\\ &\left(n_o^2-\frac{n_o^2n_e^2\cos^2\theta}{n_o^2\sin^2\theta+n_e^2\cos^2\theta}\right)E_2+\frac{n_o^2n_e^2\sin\theta\cos\theta}{n_o^2\sin^2\theta+n_e^2\cos^2\theta}E_3=0\\ &\frac{n_o^2n_e^2\sin\theta\cos\theta}{n_o^2\sin^2\theta+n_e^2\cos^2\theta}E_2+\left(n_e^2-\frac{n_o^2n_e^2\cos^2\theta}{n_o^2\sin^2\theta+n_e^2\cos^2\theta}\right)E_3=0\end{aligned} \tag{3-35}$$

求解方程组(3-35),可得 $E_1=0$;在第二、第三式中,因为系数行列式等于零,E_2 和 E_3 有非零解,所以

$$\boldsymbol{E}=(0,E_2,E_3) \tag{3-36}$$

根据公式(3-18)可以得出相应的电位移矢量为

$$\boldsymbol{D}=(0,\varepsilon_0n_o^2E_2,\varepsilon_0n_e^2E_3) \tag{3-37}$$

结合公式(3-36)和公式(3-37)可以看出,这时光波也是线偏振光,其 $\boldsymbol{D}$ 和 $\boldsymbol{E}$ 都在 x_2x_3 平面内,但方向不相同,这个光波就是 e 光。

下面考虑 $\theta=0$ 的情况,这时 $\boldsymbol{K}=(0,0,1)$, $n'^2=n''^2=n_o^2$,将其代入方程(3-20)可得

$$
\begin{aligned}
&(n_o^2-n_o^2)E_1=0\\
&(n_o^2-n_o^2)E_2=0\\
&n_o^2E_3=0
\end{aligned}
\tag{3-38}
$$

公式(3-38)中的第三式成立的条件是 $E_3=0$,而第一式和第二式对 E_1 和 E_2 没有限制,因此电场强度为

$$\boldsymbol{E}=(E_1,E_2,0) \tag{3-39}$$

根据公式(3-18)可以得出相应的电位移矢量为

$$\boldsymbol{D}=(\varepsilon_0 n_o^2E_1,\varepsilon_0 n_o^2E_2,0) \tag{3-40}$$

可以看出,不同偏振态的光沿这个方向入射进晶体后,不会发生分光现象,这个方向即中级对称晶体族的光轴方向,由于中级对称晶体族的光轴方向只有一个,所以中级对称晶体族是单轴晶体。

3.2.3 低级对称晶体族中光的传播

对于正交、单斜、三斜晶系这样的低级对称晶体族,其晶体介电常数张量为

$$
\begin{bmatrix}\varepsilon_1 & 0 & 0\\ 0 & \varepsilon_2 & 0\\ 0 & 0 & \varepsilon_3\end{bmatrix}
\quad 或 \quad
\begin{bmatrix}n_1^2 & 0 & 0\\ 0 & n_2^2 & 0\\ 0 & 0 & n_3^2\end{bmatrix}
\tag{3-41}
$$

其中,主轴方向的介电常数 $\varepsilon_1\neq\varepsilon_2\neq\varepsilon_3$,这导致三个主折射率 $n_1\neq n_2\neq n_3$。这时依然同上面两种情况的求解过程一样,先将入射光波 $\boldsymbol{K}$ 分解成三个分量 K_1、K_2、K_3,连同 n_1、n_2、n_3 一起代入公式(3-21)求出 n'和 n''两个实根,再将其代入公式(3-20),即可求出电场强度的三个分量,并通过公式(3-18)给出电位移矢量的三个分量。

通过进一步分析介电常数张量可知,在低级对称晶体族的 x_1x_3 平面内的 x_3 轴两侧对称位置上有两个特殊方向,不同偏振态的光波沿着这两个方向中的任一方向传播,折射率都相等,这两个方向称为低级对称晶体族的第一类光轴方向,常用 C_1 和 C_2 来表示,因此低级对称晶体族也叫双轴晶体。

3.3 光在晶体中传播的几何法描述——光学曲面

利用上节介绍的方法可以给出光波在晶体中传播时,晶体中的 $\boldsymbol{E}$、$\boldsymbol{D}$、$\boldsymbol{H}$ 和 $\boldsymbol{K}$ 等量的大小和方向,但这样得到的结果,物理图像不够清晰明了。为了更加清晰明了地对光波在晶体中的传输情况进行描述,人们引入了光学曲面的方法。光学曲面能更直观地给出光波在晶体中传播时各个物理量之间的关系,以及与传播情况相关的光速和折射率等物理量的空间取值分布。

对晶体的光学性质进行描述时,光学曲面可以有很多种,下面对其中比较常用的几种加以介绍。

3.3.1 光率体

介电常数张量是一个连接晶体中 **E** 和 **D** 的张量,用它可以很好地对晶体的性质进行描述。根据张量的特点可以把公式(3-17)中 E 和 D 的位置进行互换,得到

$$E_i=\frac{1}{\varepsilon_0}\beta_{ij}D_j \tag{3-42}$$

这里,β_{ij} 是介电常数张量的逆张量元,其组成的张量$[\beta_{ij}]$叫做逆介电常数张量或介电不渗透张量,它的示性面就是光率体。介电常数张量$[\varepsilon_{ij}]$是二阶对称张量,因此逆介电常数张量$[\beta_{ij}]$也是二阶对称张量。

可以证明,$[\beta_{ij}]$和$[\varepsilon_{ij}]$之间满足

$$\varepsilon_{rij}\beta_{ik}=\delta_{jk}\quad(i,j,k=1,2,3) \tag{3-43}$$

对于光率体来说,其标准椭球方程为

$$\beta_{11}x_1^2+\beta_{22}x_2^2+\beta_{33}x_3^2+2\beta_{23}x_2x_3+2\beta_{31}x_3x_1+2\beta_{12}x_1x_2=1 \tag{3-44}$$

为了分析简便,一般采用主轴坐标系对晶体进行描述,光率体方程简化为

$$\beta_{11}x_1^2+\beta_{22}x_2^2+\beta_{33}x_3^2=1 \tag{3-45}$$

利用介电常数与折射率的关系式

$$n_i=\sqrt{\varepsilon_{ri}} \tag{3-46}$$

这里,n_i 为主折射率,ε_{ri} 为主轴相对介电常数张量元,可以得到三个主轴方向的主逆介电常数张量元、介电常数张量元和相应主折射率的关系:

$$\begin{aligned}\beta_1&=\frac{1}{\varepsilon_1}=\frac{1}{n_1^2}\\ \beta_2&=\frac{1}{\varepsilon_2}=\frac{1}{n_2^2}\\ \beta_3&=\frac{1}{\varepsilon_3}=\frac{1}{n_3^2}\end{aligned} \tag{3-47}$$

这里,β_1、β_2、β_3 为三个主逆介电常数张量元。

这时,光率体方程可以进一步写为

$$\frac{x_1^2}{n_1^2}+\frac{x_2^2}{n_2^2}+\frac{x_3^2}{n_3^2}=1 \tag{3-48}$$

图 3-2 是根据公式(3-48)给出的主轴坐标下的光率体示意图,这是一个椭球。对于椭球来说,通过球心的任意平面在椭球上的截面都是椭圆形,这一点对于光波在晶体中的传播特别重要。

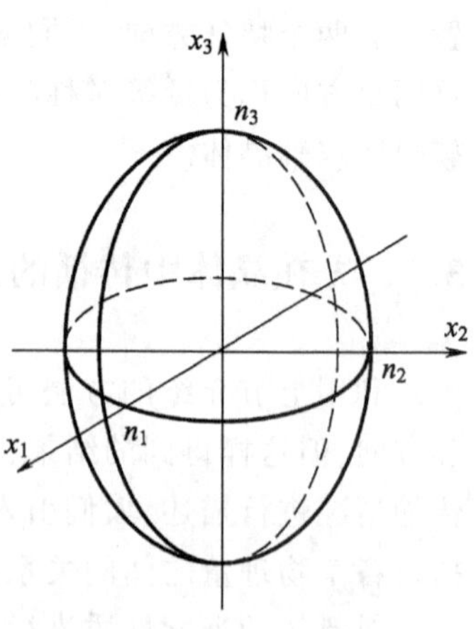

图 3-2 光率体示意图

当平面光波入射到晶体上时(图 3-3),其电位移矢量 **D** 在垂直于 **K** 的平面内。根据二阶张量的示性面性质可以知道,**D** 为垂直于 **K** 的平面上一个从光率体中心指向光率体表面的径矢 **r**,其大小常定义为沿 **r** 方向的折射率,等于沿该方向$[\beta_{ij}]$张量元数值 β 的平方根的倒数,即

$$r=1/\sqrt{\beta} \tag{3-49}$$

这里，$\beta=\sum_{i,j}\beta_{ij}l_il_j$，$l_i$ 为该径矢的方向余弦。

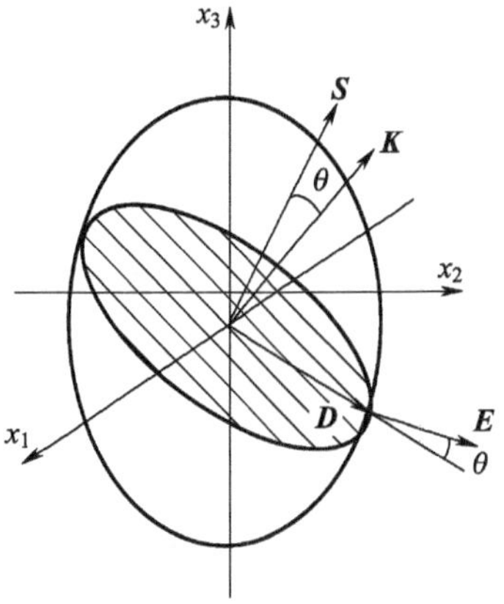

图 3-3　光率体上各矢量关系

D 可分解成光率体椭球截面上的长轴和短轴方向的两个分量 D'和 D''，其可以通过公式(3-19)求解出。将公式(3-19)中的各主轴方向的 E_i 用 D_i 表示：

$$E_i=D_i/\varepsilon_i=D_i/n_i^2 \tag{3-50}$$

就可以得到

$$D_i=\frac{K_i(\boldsymbol{K}\cdot\boldsymbol{E})}{1/n_i^2-1/n^2}\varepsilon_0 \tag{3-51}$$

这样 D'和 D''就可以写为分量的形式：

$$\begin{aligned}D'&=\left(\frac{K_1(\boldsymbol{K}\cdot\boldsymbol{E}')}{1/n_1^2-1/n^2}\varepsilon_0,\frac{K_2(\boldsymbol{K}\cdot\boldsymbol{E}')}{1/n_2^2-1/n^2}\varepsilon_0,\frac{K_3(\boldsymbol{K}\cdot\boldsymbol{E}')}{1/n_3^2-1/n^2}\varepsilon_0\right)\\D''&=\left(\frac{K_1(\boldsymbol{K}\cdot\boldsymbol{E}'')}{1/n_1^2-1/n^2}\varepsilon_0,\frac{K_2(\boldsymbol{K}\cdot\boldsymbol{E}'')}{1/n_2^2-1/n^2}\varepsilon_0,\frac{K_3(\boldsymbol{K}\cdot\boldsymbol{E}'')}{1/n_3^2-1/n^2}\varepsilon_0\right)\end{aligned} \tag{3-52}$$

利用公式(3-52)可以得出这两个分量的大小，进一步还可给出光波传输时两个相互垂直方向偏振光的折射率 n'和 n''。

D 与光率体交点处的法线方向即 **E** 矢量方向，通常其和 **D** 是不重合的，两者之间夹角称为离散角。对于光波来说，能流密度矢量即坡印亭矢量 $\boldsymbol{S}=\boldsymbol{E}\times\boldsymbol{H}$，因此 **S** 方向与 **K** 方向通常也是不重合的，两者之间夹角也等于离散角。**D** 径矢端点的坐标可以表示为(rl_1,rl_2,rl_3)，根据公式(3-50)可知，**E** 矢量的坐标可以表示为$(r\beta_1l_1,r\beta_2l_2,r\beta_3l_3)$，则离散角 θ 的余弦值可表示为

$$\cos\theta=\frac{\boldsymbol{D}\cdot\boldsymbol{E}}{|\boldsymbol{D}|\ |\boldsymbol{E}|}=\frac{n_2^2n_3^2l_1^2+n_3^2n_1^2l_2^2+n_1^2n_2^2l_3^2}{(n_2^4n_3^4l_1^2+n_3^4n_1^4l_2^2+n_1^4n_2^4l_3^2)^{1/2}} \tag{3-53}$$

从公式(3-53)可知，如果已知晶体主折射率 n_i 和光波 **D** 的方向余弦，就可以求出离散角，进而确定 **E** 的方向了。

下面利用光率体，进一步讨论不同类晶体的性质。

(1) 对于立方晶系这样的高级对称晶体族，由于 $n_1=n_2=n_3=n_o$，其光率体方程(3-48)可以写成

$$x_1^2+x_2^2+x_3^2=n_o^2 \tag{3-54}$$

从公式(3-54)可以看出，高级对称晶体族的光率体是一个半径为 n_o 的圆球面。因此，无论单位波矢 **K** 的方向如何，垂直于 **K** 的中心截面与圆球的交线均是半径为 n_o 的圆，不存在特定的长短轴，因而光学性质是各向同性的，**D** 与 **E** 方向重合，**S** 与 **K** 方向重合，离散角为零。

(2) 对于三方、四方、六方晶系这样的中级对称晶体族，其为单轴晶体，主折射率 $n_1=n_2=n_o$，$n_3=n_e$，此时光率体方程为

$$\frac{x_1^2}{n_o^2}+\frac{x_2^2}{n_o^2}+\frac{x_3^2}{n_e^2}=1 \tag{3-55}$$

从公式(3-55)可以看出，这时的光率体是一个相对于 x_3 轴旋转的椭球面。

根据光率体的形状,单轴晶体又可以分为正单轴晶体和负单轴晶体。当 $n_e>n_o$ 时,这种单轴晶体称为正单轴晶体[图 3-4(a)];当 $n_o>n_e$ 时,这种单轴晶体称为负单轴晶体[图 3-4(b)]。

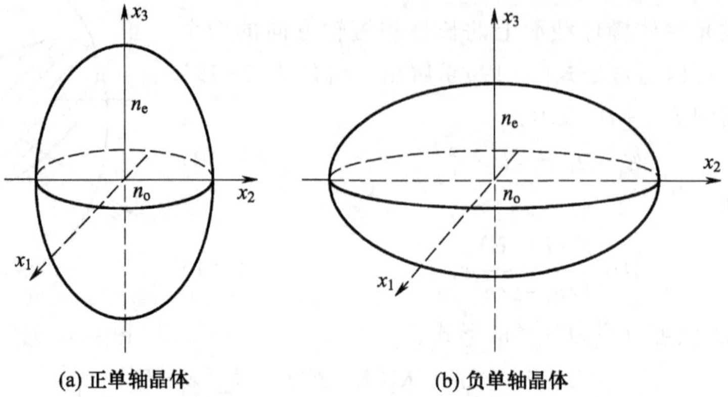

图 3-4 单轴晶体的光率体

下面以正单轴晶体为例,说明光波在晶体中如何传播。

当光波垂直于晶体界面入射时,可以分几种情况进行讨论。

① 晶体界面与光轴垂直。

如图 3-5 所示,入射光波的单位波矢 $\boldsymbol{K}$ 沿光轴方向入射到单轴晶体界面上,即光波沿着光轴方向(x_3 轴)入射,在晶体中 $\boldsymbol{K}$ 仍垂直于界面传播。在晶体界面处,公式(3-55)变为

$$x_1^2+x_2^2=n_o^2 \tag{3-56}$$

公式(3-56)表明,晶体界面截光率体得到的中心截面是一个圆截面,其半径为 n_o,晶体内的电位移矢量 $\boldsymbol{D}$ 无论在圆截面内的哪一个方向,折射率大小均为 n_o,不存在特定的长短轴,不发生双折射现象。$\boldsymbol{D}$ 与 $\boldsymbol{E}$ 方向重合,$\boldsymbol{S}$ 与 $\boldsymbol{K}$ 方向重合,离散角为零,因而光学性质是各向同性的。若一平行自然光入射,则晶体中仍是平行自然光;若一束线偏振光入射,则该线偏振光仍保持原来的振动方向沿垂直于晶体界面的光轴方向传播。

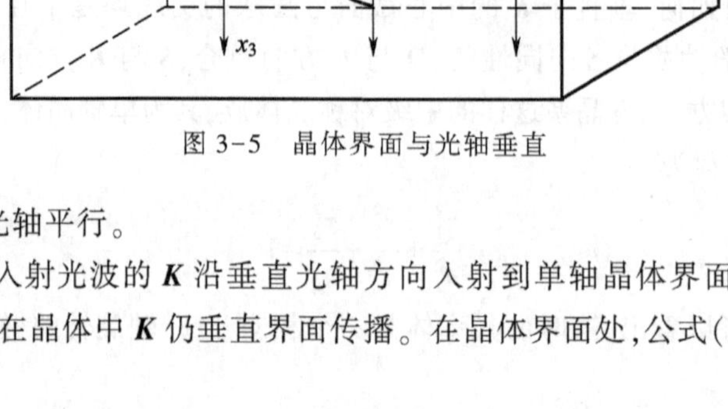

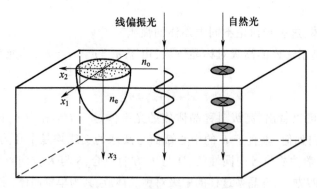

图 3-5 晶体界面与光轴垂直

② 晶体界面与光轴平行。

如图 3-6 所示,入射光波的 $\boldsymbol{K}$ 沿垂直光轴方向入射到单轴晶体界面上,即光波沿垂直光轴方向(x_3 轴)入射,在晶体中 $\boldsymbol{K}$ 仍垂直界面传播。在晶体界面处,公式(3-55)变为

$$\frac{x_2^2}{n_o^2}+\frac{x_3^2}{n_e^2}=1 \tag{3-57}$$

公式(3-57)表明,晶体界面截光率体得到的中心截面是一个椭圆截面,其长短轴半径分别为 $n_3(n_e)$ 和 $n_2(n_o)$。入射光波的 $\boldsymbol{D}$ 在晶体中可以分解成沿 x_3 轴和 x_2 轴方向的两个分量 $\boldsymbol{D}_3$(e 光)和 $\boldsymbol{D}_2$(o 光)。对于两个分量的光波来说,其 $\boldsymbol{D}_3$ 和相应的 $\boldsymbol{E}_3$ 方向重合,$\boldsymbol{D}_2$ 和相应的 $\boldsymbol{E}_2$ 方向重合,对应的离散角为零,这就使得相应的 $\boldsymbol{S}_3$、$\boldsymbol{S}_2$ 与 $\boldsymbol{K}$ 方向重合,o 光和 e 光两束光线均重合在 $\boldsymbol{K}$ 方向,宏观上只看见一束光线,但实际上是有快慢光之分的特殊双折射现象。

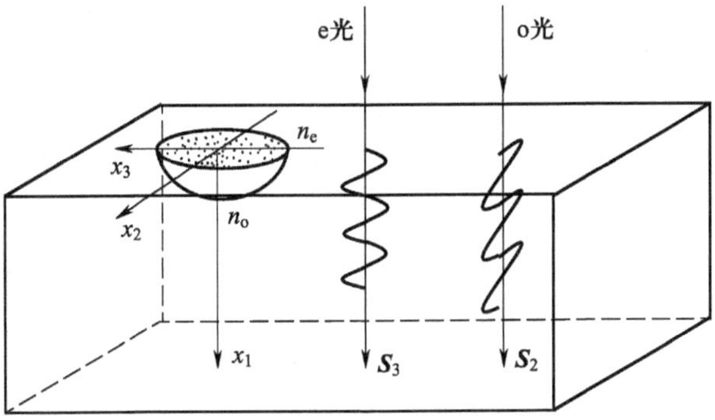

图 3-6　晶体界面与光轴平行

③ 晶体界面与光轴成一定角度。

入射光波 $\boldsymbol{K}$ 垂直于晶体界面入射到单轴晶体界面上,晶体界面与光轴成角度 ϕ,这时晶体中的 $\boldsymbol{K}$ 仍垂直于界面。如图 3-7 所示,晶体界面截光率体得到的中心截面是一个椭圆截面,其长短轴半径分别为 n_o 和 $n_e'(\phi)$,根据椭圆形的相应计算公式,可得

$$n_e'=\frac{n_o^2n_e^2}{n_o^2\sin^2\phi+n_e^2\cos^2\phi} \tag{3-58}$$

在晶体中,入射光波的 $\boldsymbol{D}$ 可以分解成沿椭圆截面长短轴方向的两个分量 $\boldsymbol{D}'$(x_1' 轴方向,即界面内与 x_2 轴垂直的方向)和 $\boldsymbol{D}_2$(x_2 轴方向)。对于两个分量的光波来说,$\boldsymbol{D}_2$ 与相应的 $\boldsymbol{E}_2$ 方向平行,离散角为零,其对应的坡印亭矢量 $\boldsymbol{S}_2$ 与 $\boldsymbol{K}$ 方向重合,满足折射定律,这就是 o 光。$\boldsymbol{D}'$ 与相应的 $\boldsymbol{E}'$ 方向不平行,有离散角,其对应的坡印亭矢量 $\boldsymbol{S}'$ 与 $\boldsymbol{K}$ 方向不重合,不满足折射定律,这就是 e 光。入射光波会发生分光现象。

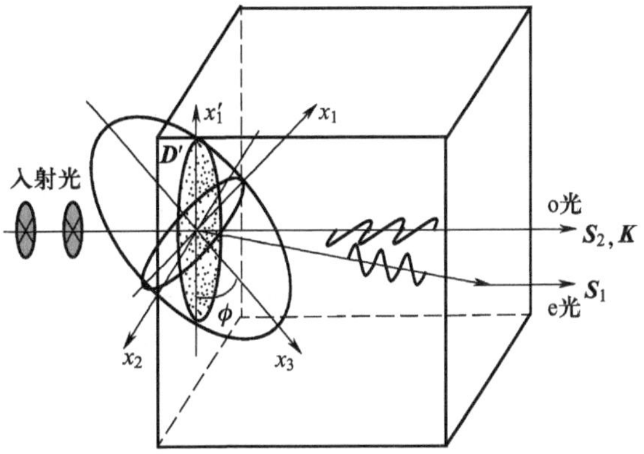

图 3-7　晶体界面与光轴成一定角度

(3) 对于正交、单斜、三斜晶系这样的低级对称晶体族,晶体的三个主介电常数 ε_1、ε_2、ε_3 互不相等,这导致三个主折射率 n_1、n_2、n_3 互不相等,因此其光率体是三个主轴长度不相等的椭球形。对于低级对称晶体族,三个主轴截面都是椭圆形,因此沿三个主轴方向传播的光波会存在传播速度不同的两个偏振光分量。

当光波垂直于晶体界面入射时,与单轴晶体类似,折射到晶体中的两束线偏振光波矢方向

与入射光的 **K** 一致，垂直于晶体界面方向。下面对几种不同情况下，入射光在晶体中的传输进行讨论。

① 晶体界面为主轴截面。

如图 3-8 所示，晶体界面截光率体得到的中心截面为包含两个主轴（x_1 轴和 x_2 轴）的主轴截面。其方程为

$$\frac{x_1^2}{n_1^2}+\frac{x_2^2}{n_2^2}=1 \tag{3-59}$$

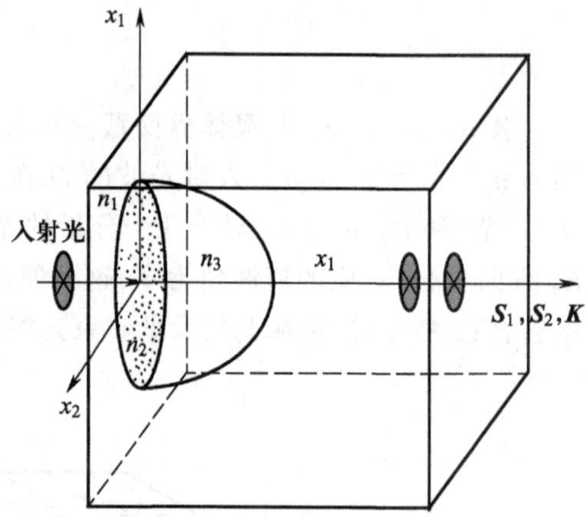

图 3-8　晶体界面为主轴截面

一平行光束若垂直入射到该界面上，则在晶体中可以分解成具有共同波法线的两束线偏振光，其电位移矢量分量 $\boldsymbol{D}_1$ 和 $\boldsymbol{D}_2$ 分别沿该主轴截面的长短轴方向，即光率体的两个主轴 x_1 轴和 x_2 轴方向。由于电位移矢量分量 $\boldsymbol{D}_1$ 和 $\boldsymbol{D}_2$ 大小不等，其相应的折射率 n_1 和 n_2 也就不相等，所以两线偏振光的传播速度不相等。这时电位移矢量分量 $\boldsymbol{D}_1$ 和 $\boldsymbol{D}_2$ 与相应的 $\boldsymbol{E}_1$ 和 $\boldsymbol{E}_2$ 方向重合，因此相应的离散角均为零。进一步有电位移矢量分量 $\boldsymbol{D}_1$ 和 $\boldsymbol{D}_2$ 也与相应的 $\boldsymbol{S}_1$ 和 $\boldsymbol{S}_2$ 方向重合，所以两束光宏观上看是传播方向相同的一束光。

② 晶体界面为半任意主轴截面。

如图 3-9 所示，晶体界面截光率体得到的中心截面为包含一个主轴（x_2 轴）的半任意截面。若一平行光束垂直入射到该界面上，同单轴晶体的晶体界面与光轴成一定角度时的情况类似，入射光波的电位移矢量 **D** 可以分解成沿椭圆截面长短轴方向的两个分量 $\boldsymbol{D}'$（x_1' 轴方向，即界面内与 x_2 轴垂直的方向）和 $\boldsymbol{D}_2$（x_2 轴方向），$\boldsymbol{D}_2$ 与相应的 $\boldsymbol{E}_2$ 方向平行，离散角为零，其对应的坡印亭矢量 $\boldsymbol{S}_2$ 与 **K** 方向重合。$\boldsymbol{D}'$ 与相应的 x_1' 轴方向不平行，有离散角，其对应的坡印亭矢量 $\boldsymbol{S}'$ 与 **K** 方向不重合。入射光波会分解为振动方向相互垂直的两个线偏振光。

③ 晶体界面为任意主轴截面。

如图 3-10 所示，晶体界面截光率体得到的中心截面为不包含任何一个主轴的任意截面。入射光波的电位移矢量 **D** 可以分解成沿椭圆截面长短轴方向的两个分量 $\boldsymbol{D}'$（x_1' 轴方向）和 $\boldsymbol{D}''$（x_2' 轴方向），这两个电位移矢量分量均不与相应的电场强度分量方向一致，因此相应的线偏

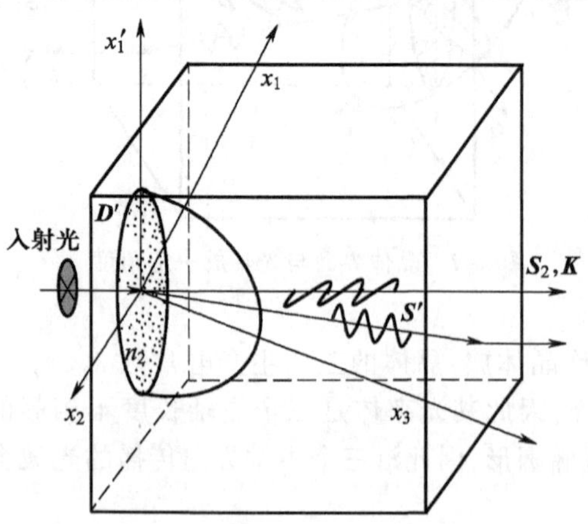

图 3-9　晶体界面为半任意主轴截面

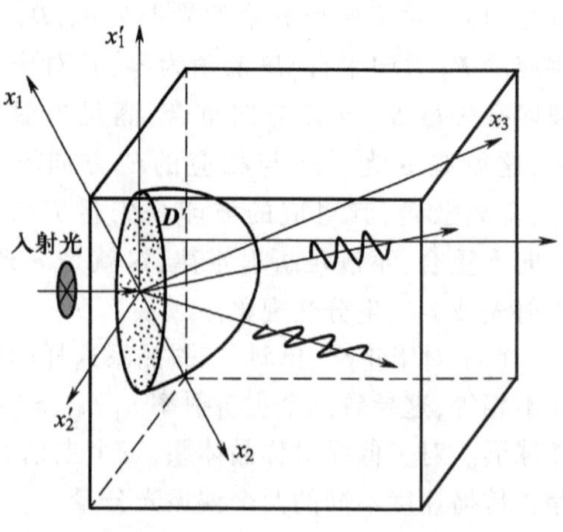

图 3-10　晶体界面为任意主轴截面

振光的传播方向均不满足折射定律，相应的坡印亭矢量分量也都不与 $\boldsymbol{K}$ 的方向一致，在晶体中形成两束折射偏振光。

④ 晶体界面为圆截面。

若假设晶体三个主折射率 $n_1<n_2<n_3$，取 $x_2=0$，则可得到光率体过中心截面 x_3x_1 的主轴方程：

$$\frac{x_1^2}{n_1^2}+\frac{x_3^2}{n_3^2}=1 \tag{3-60}$$

这是一个长短半轴长分别为 n_1 和 n_3 的椭圆。

如假设椭圆上任意一点的径矢 $\boldsymbol{r}$ 与 x_1 轴的夹角为 θ，长度为 n，则公式(3-60)可以写成

$$\frac{(n\cos\theta)^2}{n_1^2}+\frac{(n\sin\theta)^2}{n_3^2}=1 \tag{3-61}$$

从 $n_1<n_2<n_3$ 可知，n 的大小随着 θ 的变化在 n_1 和 n_3 之间变化，并且总是可以找到某一径矢 $\boldsymbol{r}_0$，其长度为 $n=n_2$。设此时径矢 $\boldsymbol{r}_0$ 与 x_1 轴的夹角为 θ_0，由式(3-61)可知，θ_0 应满足

$$\frac{1}{n_2^2}=\frac{\cos^2\theta_0}{n_1^2}+\frac{\sin^2\theta_0}{n_3^2} \tag{3-62}$$

由公式(3-62)可求出 θ_0：

$$\theta_0=\arctan\left(\pm\frac{n_3}{n_1}\sqrt{\frac{n_2^2-n_1^2}{n_3^2-n_2^2}}\right) \tag{3-63}$$

如果过光率体中心作一包含 x_2 轴和径矢 $\boldsymbol{r}_0$ 的截面，那么这个截面一定为一半径为 n_2 的圆形，因此光波垂直于这个圆形截面入射时，传播速度是相同的，这个方向即低级对称晶体族的第一类光轴方向。由于公式(3-63)右边有正负两个值，所以相应的圆截面也有两个，也就是说，此类晶体有两个光轴，通常用 C_1 和 C_2 来表示，称为双轴晶体，这与前面 3.2.3 节的分析一致。对于双轴晶体，当光波沿光轴方向入射时，其电位移矢量 $\boldsymbol{D}$ 与 $\boldsymbol{E}$ 方向不一致，此时在双轴晶体中就产生了特殊的双折射现象——内锥折射(图 3-11)。

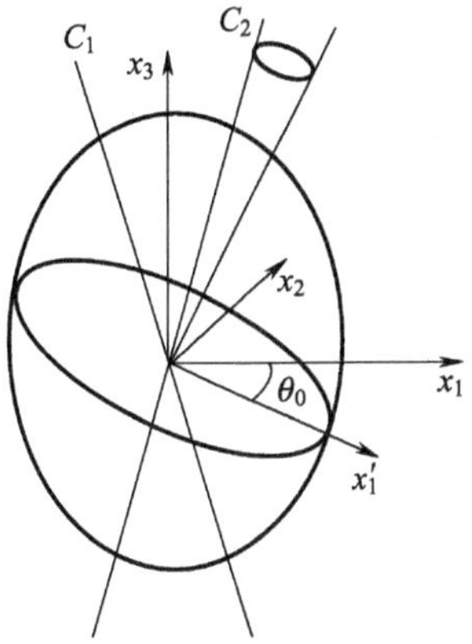

图 3-11　内锥折射示意图

3.3.2　折射率面

另一种比较常见的光学曲面是折射率面，折射率面的画法是：从坐标系的原点 O 引与单位波矢 $\boldsymbol{K}$ 平行的径矢，径矢的长度为光波在该方向传播时的折射率 n，径矢通常用 $\boldsymbol{r}=n\boldsymbol{K}$ 表示。在直角坐标系中，径矢 $\boldsymbol{r}$ 的坐标可以写成 $\boldsymbol{r}=(x_1,x_2,x_3)=(nK_1,nK_2,nK_3)$。用 $\boldsymbol{K}$ 作公式(3-51)的标积，并考虑 $\boldsymbol{D}\cdot\boldsymbol{K}=0$，则得

$$\frac{K_1^2}{\dfrac{1}{n^2}-\dfrac{1}{n_1^2}}+\frac{K_2^2}{\dfrac{1}{n^2}-\dfrac{1}{n_2^2}}+\frac{K_3^2}{\dfrac{1}{n^2}-\dfrac{1}{n_3^2}}=0 \tag{3-64}$$

用 $x_1=nK_1, x_2=nK_2, x_3=nK_3$ 替代上式中 $\boldsymbol{K}$ 的各个分量，并利用径矢长度 $n^2=x_1^2+x_2^2+x_3^2$，可得

$$(n_1^2x_1^2+n_2^2x_2^2+n_3^2x_3^2)(x_1^2+x_2^2+x_3^2)-[n_1^2(n_2^2+n_3^2)x_1^2+ n_2^2(n_3^2+n_1^2)x_2^2+n_3^2(n_1^2+n_2^2)x_3^2]+n_1^2n_2^2n_3^2=0 \tag{3-65}$$

这就是折射率面的方程。下面对各类晶体的折射率面形式进行讨论。

(1) 对于立方晶系这样的高级对称晶体族，有 $n_1=n_2=n_3=n_o$，因此折射率面方程(3-65)可以表示为

$$x_1^2+x_2^2+x_3^2=n_o^2 \tag{3-66}$$

从公式(3-66)可以看出，这个折射率面是一个半径为 n_o 的球面，在所有的 $\boldsymbol{K}$ 方向上，折射率都等于 n_o，因此光学性质是各向同性的。这时 $\boldsymbol{D}$ 与 $\boldsymbol{E}$ 方向重合，$\boldsymbol{S}$ 与 $\boldsymbol{K}$ 方向重合，离散角为零。

(2) 对于三方、四方、六方晶系这样的中级对称晶体族，$n_1=n_2=n_o$，$n_3=n_e$，晶体是单轴晶体，折射率面方程为

$$(x_1^2+x_2^2+x_3^2-n_o^2)[n_o^2(x_1^2+x_2^2)+n_e^2x_3^2-n_o^2n_e^2]=0 \tag{3-67}$$

公式(3-67)也可写成两个方程：

$$\left.\begin{array}{l} x_1^2+x_2^2+x_3^2=n_o^2 \\ \dfrac{x_1^2+x_2^2}{n_e^2}+\dfrac{x_3^2}{n_o^2}=1 \end{array}\right\} \tag{3-68}$$

从公式(3-68)可以看出，单轴晶体的折射率面是一个双层曲面，它是由一个半径为 n_o 的球面和一个半轴长度分别为 n_e 和 n_o 的旋转椭球面构成的。球面对应 o 光的折射率面，旋转椭球面对应 e 光的折射率面，这两个面在 x_3 轴(光轴)处相切，如图 3-12 所示。当 $n_e>n_o$ 时，晶体称为正单轴晶体，球面内切于椭球面；当 $n_e<n_o$ 时，晶体称为负单轴晶体，球面外切于椭球面。当与光轴夹角为 φ 的单位波矢 $\boldsymbol{K}$ 与折射率面相交时，根据相应的数学知识，$n_e(\varphi)$ 可由公式(3-68)求出：

$$n_e(\varphi)=\frac{n_on_e}{\sqrt{n_o^2\sin^2\varphi+n_e^2\cos^2\varphi}} \tag{3-69}$$

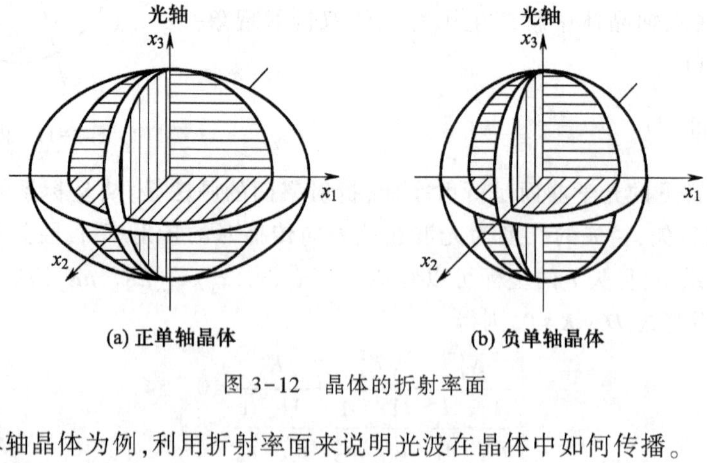

(a) 正单轴晶体　(b) 负单轴晶体

图 3-12　晶体的折射率面

下面以正单轴晶体为例，利用折射率面来说明光波在晶体中如何传播。

当光波垂直于晶体界面入射时，也是分几种情况进行讨论。

① 晶体界面与光轴垂直。

如图 3-13 所示，入射光波的 **K** 沿光轴方向正交入射到单轴晶体界面上，即光波沿着光轴方向（x_3 轴）入射，这时，$x_1=x_2=0$，公式（3-68）变为

$$x_3=n_o \tag{3-70}$$

可以看出，光线在晶体中传播时，**D** 与 **E** 方向重合，**S** 与 **K** 方向重合，离散角为零，晶体的光学性质与各向同性晶体相同。若一束平行自然光入射，则晶体中仍是平行自然光束；若入射光波为一束线偏振光，则晶体中折射光波仍保持原来的振动方向沿垂直于晶体界面的光轴方向传播，同光率体的结果一样。

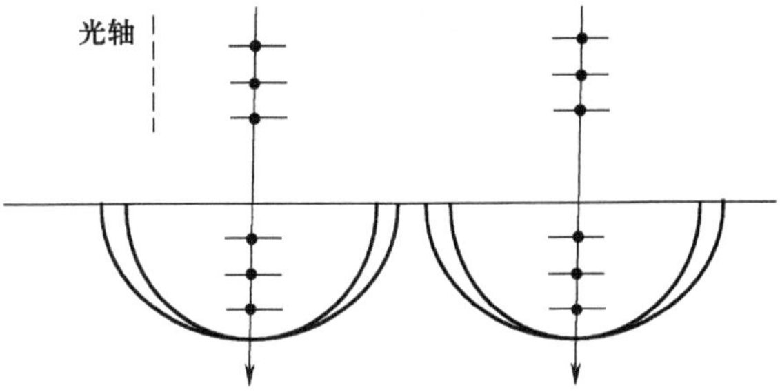

图 3-13　晶体界面与光轴垂直

② 晶体界面与光轴平行。

如图 3-14 所示，入射光波的 **K** 沿垂直于光轴方向入射到单轴晶体界面上，这时，$x_3=x_2=0$，公式（3-68）变为

$$\begin{aligned} x_1&=n_o \\ x_1&=n_e \end{aligned} \tag{3-71}$$

可以看出，光线在晶体中传播时，**D** 与 **E** 方向重合，**S** 与 **K** 方向重合，离散角为零。o 光和 e 光两束光线均重合在 **K** 方向。宏观上只看见一束光线，但实际上是有快慢光之分的特殊双折射现象。

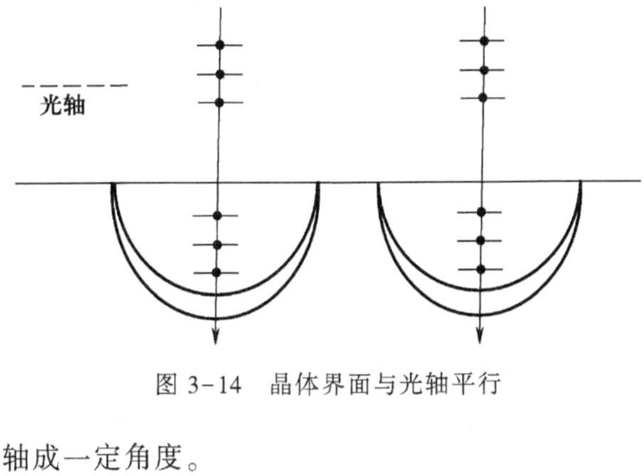

图 3-14　晶体界面与光轴平行

③ 晶体界面与光轴成一定角度。

如图 3-15 所示，光波与光轴成一定角度 $\pi/2-\phi$ 入射时，在晶体中 **K** 仍垂直于界面传播。但入射光波在晶体中传播时已经分为两束光，o 光和 e 光。其中 o 光传播方向依然是垂直于界

面的，而 e 光在晶体中出现偏折，其方向不满足折射定律，即入射光波发生分光现象。这个现象可以通过旋转放置于物体表面上的方解石晶体观察到。

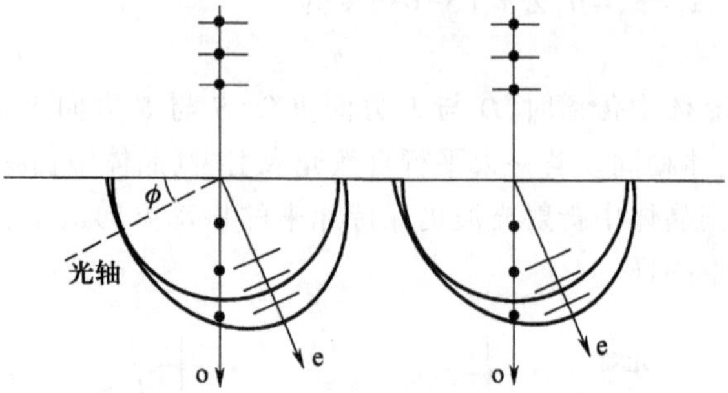

图 3-15　晶体界面与光轴成一定角度

当自然光倾斜于晶体界面入射时，也可以分几种情况。图 3-16 和图 3-17 分别给出了晶体界面与光轴平行和垂直时，o 光和 e 光在晶体中的传播情况，可以看出，无论是哪种情况，o 光和 e 光在晶体中都会出现分光现象。光轴与晶体界面成其他角度时的情况与前两种情况类似，在此就不具体进行讨论了。

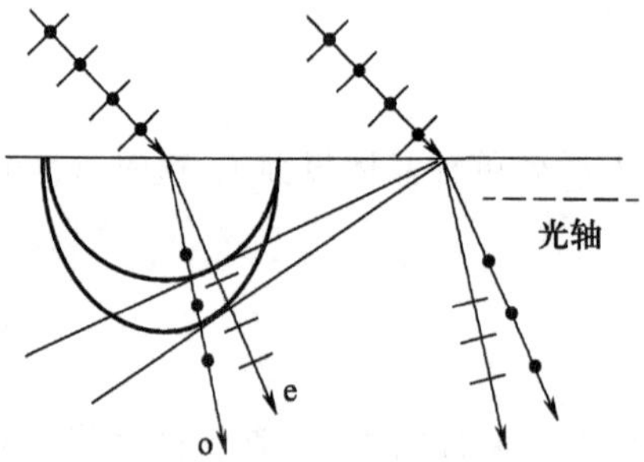

图 3-16　晶体界面与光轴平行

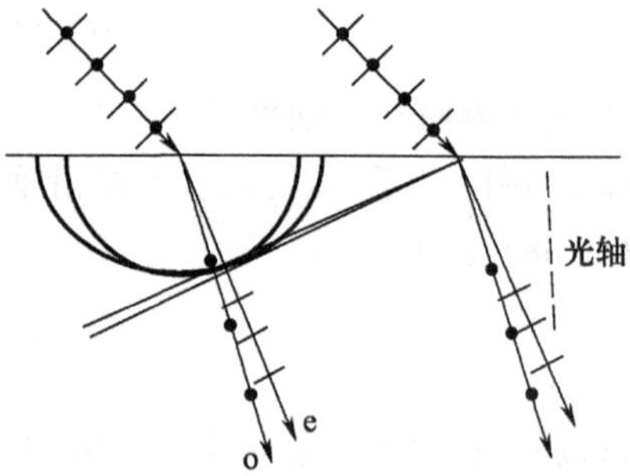

图 3-17　晶体界面与光轴垂直

(3) 对于正交、单斜、三斜晶系这样的低级对称晶体族，晶体的折射率面要比单轴晶体复杂得多。如图 3-18 所示，这时在直角坐标系中，三个主轴方向的折射率都不相同。

下面分别讨论在三个主截面上的投影图，即分别将 $x_1=0,x_2=0,x_3=0$ 代入公式(3-65)，就可得到折射率面在三个主轴截面上的投影方程：

$$\begin{aligned}(x_2^2+x_3^2-n_1^2)\left(\frac{x_2^2}{n_3^2}+\frac{x_3^2}{n_2^2}-1\right)&=0\\(x_3^2+x_1^2-n_2^2)\left(\frac{x_3^2}{n_1^2}+\frac{x_1^2}{n_3^2}-1\right)&=0\\(x_1^2+x_2^2-n_3^2)\left(\frac{x_1^2}{n_2^2}+\frac{x_2^2}{n_1^2}-1\right)&=0\end{aligned}\qquad(3-72)$$

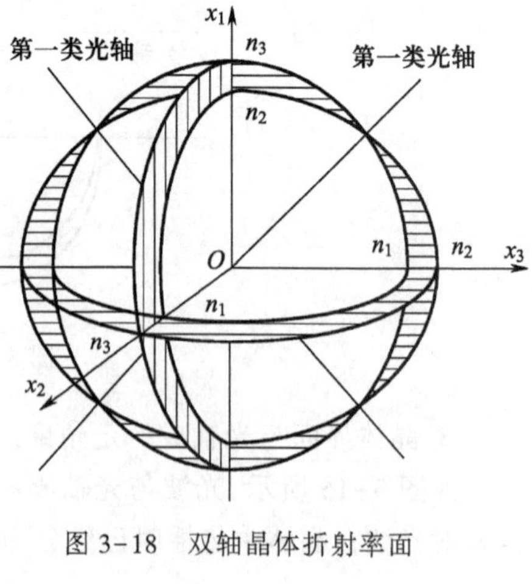

图 3-18　双轴晶体折射率面

由公式(3-72)可知，无论在哪个主轴截面上，折射率面的投影都是由一个圆和一个椭圆互相套在一起的。如果 $n_1<n_2<n_3$,那么在三个主轴截面中,x_1x_2 和 x_2x_3 两个主轴截面上的圆和椭圆不相交,x_3x_1 主轴截面上的圆和椭圆要相交(相交处的径矢长度为 n_2),三个主轴截面上的折射率面如图 3-19 所示。x_3x_1 主轴截面上的圆和椭圆相交的连线即第一类光轴。同样的道理,用折射率面表示的连线也有两个。

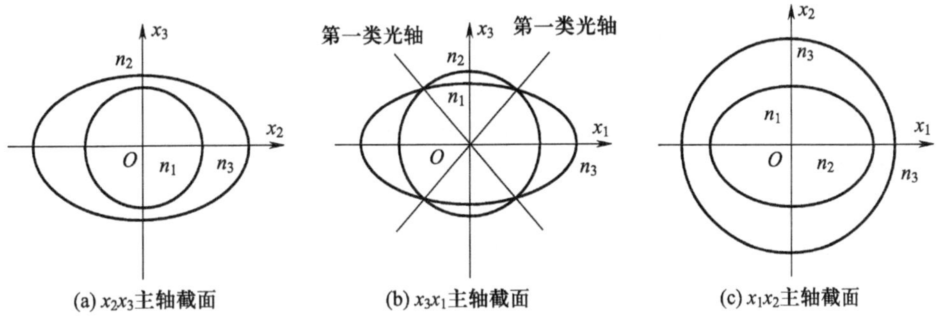

图 3-19　双轴晶体折射率面在主轴截面上的投影

光率体和折射率面都是对光波在晶体中的传播进行描述的方法,但两种方法有各自的优缺点。折射率面虽然可以将任一给定 $\boldsymbol{K}$ 方向所对应的两个折射率直接表示出来,但它没有直接给出光波的传播方向和偏振方向。因此,与光率体相比,折射率面对于光在界面上的折射、反射问题的讨论比较方便,而光率体用于处理偏振效应的问题比较方便。

3.3.3　其他光学曲面

除了上述常用的光率体和折射率面之外,还有一些其他形式的光学曲面,这里做一个简单的介绍。

1. 菲涅耳椭球

介电常数张量$[\varepsilon_{ij}]$的示性面称为菲涅耳椭球。在主轴坐标系中其方程为

$$\varepsilon_1 x_1^2+\varepsilon_2 x_2^2+\varepsilon_3 x_3^2=1 \tag{3-73}$$

由于$[\beta_{ij}]$和$[\varepsilon_{ij}]$是互逆的,所以在描述光的传播特性时,它与光率体的作图方法完全相同,只是以光线方向 $\boldsymbol{S}$ 取代波法线方向 $\boldsymbol{K}$。对于入射光波过光率体中心作垂直于 $\boldsymbol{S}$ 的平面,它与菲涅耳椭球相交,其截线也是椭圆,该椭圆的长短轴方向表示与 $\boldsymbol{S}$ 方向相应的两个特许线偏振光电场强度 $\boldsymbol{E}$ 的振动方向,半轴长度表示偏振光的光线速度。

2. 波法线面

波法线面几何作图的规定与折射率面相似,都是从坐标原点 O 引与 $\boldsymbol{K}$ 平行的径矢,但取径矢长度 $r=1/n$,这里 n 为与 $\boldsymbol{K}$ 对应的折射率值,从折射率和相速的关系可以看出,径矢 $\boldsymbol{r}$ 的长度实际上与光波的相速 v_p 成正比,即 $r=v_p/c$。波法线面也和折射率面一样,是双层面。

3. 光线面

光线面与光的能量传播有关,从坐标原点 O 引与 $\boldsymbol{S}$ 平行的径矢,而径矢长度与相对应的光线速度 v_t 成正比,即 $r=1/n=v_t/c$,这样的径矢端点连成的面称为光线面。光线面也是双层面。

3.4 光在晶体界面上的折射和反射

前面讨论的是光在晶体中传输时的情况,有了这些讨论就可以接着讨论光在晶体界面上的反射和折射。一束单色平面波从折射率为 n_1 的各向同性介质入射到晶体界面上,根据电磁学理论,在界面处要满足连续条件:

$$\begin{aligned} D_{1n}=D_{2n}, \quad B_{1n}=B_{2n} \\ E_{1t}=E_{2t}, \quad H_{1t}=H_{2t} \end{aligned} \tag{3-74}$$

这里,下角标中的 1 和 2 分别代表折射率为 n_1 和 n_2 的各向同性介质,下角标中的 n 和 t 分别代表界面的法向和切向分量。

考虑反射和折射后,电场强度的切向分量连续:

$$E_i+E_f=E_{z1}+E_{z2} \tag{3-75}$$

这里,E_i 为入射波电场强度切向分量,E_f 为反射波电场强度切向分量,E_{z1} 和 E_{z2} 为折射波电场强度切向分量。

其中,

$$\begin{aligned} E_i=E_i(0)\exp[-i(\omega_i t-\boldsymbol{k}_i\cdot\boldsymbol{r})] \\ E_f=E_f(0)\exp[-i(\omega_f t-\boldsymbol{k}_f\cdot\boldsymbol{r})] \end{aligned} \tag{3-76}$$

这里,$E_i(0)$ 为入射波在界面处的电场强度切向分量,$E_f(0)$ 为反射波在界面处的电场强度切向分量,ω_i 为入射波角频率,ω_f 为反射波角频率,$\boldsymbol{k}_i$ 为入射波波矢,$\boldsymbol{k}_f$ 为反射波波矢。

折射波电场强度切向分量可以写为

$$\begin{aligned} E_{z1}=E_{z1}(0)\exp[-i(\omega_{z1} t-\boldsymbol{k}_{z1}\cdot\boldsymbol{r})] \\ E_{z2}=E_{z2}(0)\exp[-i(\omega_{z2} t-\boldsymbol{k}_{z2}\cdot\boldsymbol{r})] \end{aligned} \tag{3-77}$$

这里,$E_{z1}(0)$ 为折射波 1 在界面处的电场强度切向分量,$E_{z2}(0)$ 为折射波 2 在界面处的电场强度切向分量,ω_{z1} 为折射波 1 角频率,ω_{z2} 为折射波 2 角频率,$\boldsymbol{k}_{z1}$ 为折射波 1 波矢,$\boldsymbol{k}_{z2}$ 为折射波 2 波矢。

由于界面处切向分量连续,所以界面上任一点处 $\boldsymbol{r}$ 均满足公式(3-75)、公式(3-76)和公式(3-77)的指数项要相等,即

$$\omega_i t-\boldsymbol{k}_i\cdot\boldsymbol{r}=\omega_f t-\boldsymbol{k}_f\cdot\boldsymbol{r}=\omega_{z1} t-\boldsymbol{k}_{z1}\cdot\boldsymbol{r}=\omega_{z2} t-\boldsymbol{k}_{z2}\cdot\boldsymbol{r} \tag{3-78}$$

由于在晶体界面上不考虑非线性光学效应和色散效应,各光波的频率值保持不变,所以有

$$\omega_i=\omega_f=\omega_{z1}=\omega_{z2}=\omega \tag{3-79}$$

$$\boldsymbol{k}_i\cdot\boldsymbol{r}=\boldsymbol{k}_f\cdot\boldsymbol{r}=\boldsymbol{k}_{z1}\cdot\boldsymbol{r}=\boldsymbol{k}_{z2}\cdot\boldsymbol{r} \tag{3-80}$$

其中,波矢 $\boldsymbol{k}$ 可以写成单位波矢的形式:

$$\boldsymbol{k}=\frac{2\pi}{\lambda}\boldsymbol{K}=\frac{n\omega}{c}\boldsymbol{K} \tag{3-81}$$

这里,n 为折射率,λ 为波长。

这样,公式(3-80)可以写为

$$n_i\boldsymbol{K}\cdot\boldsymbol{r}=n_f\boldsymbol{K}\cdot\boldsymbol{r}=n_{z1}\boldsymbol{K}\cdot\boldsymbol{r}=n_{z2}\boldsymbol{K}\cdot\boldsymbol{r} \tag{3-82}$$

进一步有

$$n_i \sin \alpha_i = n_f \sin \alpha_f = n_{z1} \sin \alpha_{z1} = n_{z2} \sin \alpha_{z2} \tag{3-83}$$

这里,α_i、α_f、α_{z1} 和 α_{z2} 分别为入射角、反射角、折射角 1 和折射角 2,n_f、n_{z1} 和 n_{z2} 分别为反射波、折射波 1 和折射波 2 的折射率。

由于入射波和反射波在同一介质内,所以有

$$n_i = n_f \tag{3-84}$$

从而可知入射角等于反射角,即 $\alpha_i = \alpha_f$,这就是反射过程中的反射定律。而对于折射来说,通常情况下 $n_i \neq n_{z1} \neq n_{z2}$,因此 $\alpha_i \neq \alpha_{z1} \neq \alpha_{z2}$,两个折射光是分离的,公式(3-83)就是折射过程中的折射定律。

从公式(3-83)可以看出,入射波、反射波、折射波的折射率矢量在界面上的投影相等,因此可以通过投影的方法将光波在介质界面处的反射光和折射光的波矢画出,这种方法就是斯涅耳(Snell)作图法。如图 3-20 所示,斯涅耳作图法具体操作如下:

(1) 以入射角 α_i 作入射光波,入射光线交晶体界面于点 O。再在各向同性介质中,以晶体界面上的入射点 O 为圆心,作一半径为 n_i 的半圆弧。入射光线与半圆弧相交于 M 点,MO 即入射光波矢方向。

(2) 从 M 点出发作晶体界面的垂线,交晶体界面于 N 点。NO 即公式(3-83)中的 $n_i \sin \alpha_i$。

(3) 在晶体中,从点 O 出发,在入射面内以折射率 n_o 为半径作一半圆弧,以 n_e 和 n_o 为长短轴画出一椭圆,这两个就是折射率面与入射面的相切曲线。

(4) 从点 O 出发,在点 O 另外一侧作 OP,让 $NO = OP$,从 P 出发,作界面的垂线,垂线与晶体内的半圆弧和椭圆形曲线相交于 S 和 T 点,连接 OS 与 OT,OS 与 OT 的方向即两折射光波矢方向。

与光从各向同性介质进入晶体时的情况类似,如图 3-21 所示,当光从晶体进入各向同性介质中时,也存在反射和折射,其中反射光是两束,折射光是一束,并且有

$$n_i \sin \alpha_i = n_{f1} \sin \alpha_{f1} = n_{f2} \sin \alpha_{f2} = n_z \sin \alpha_z \tag{3-85}$$

这里,α_{f1}、α_{f2} 和 α_z 分别为反射光 1 的反射角、反射光 2 的反射角以及折射光的折射角,n_{f1}、n_{f2} 和 n_z 分别为反射光 1 的反射率、反射光 2 的反射率和折射光的折射率。

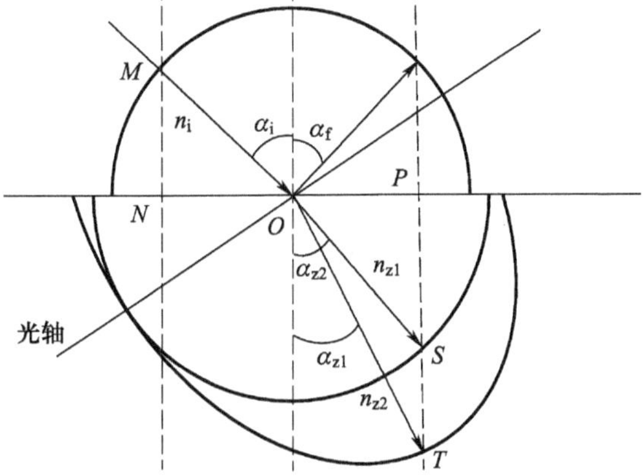

图 3-20 用斯涅耳作图法给出光在晶体中的传输

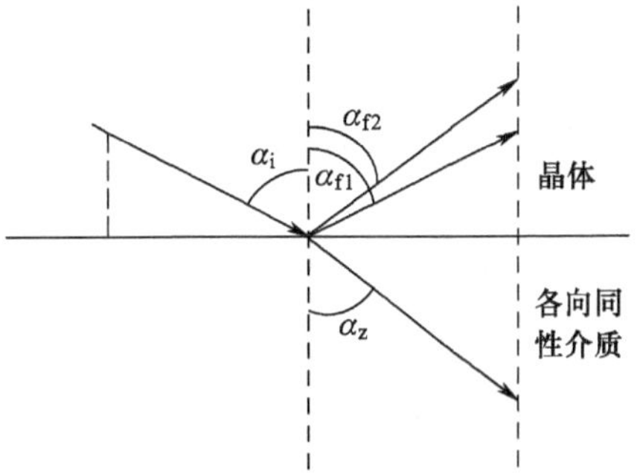

图 3-21 光从晶体进入各向同性介质时的反射和折射

3.5 晶体中的旋光现象

如图 3-22 所示,线偏振光通过某些晶体(例如石英)和溶液后偏振面会发生旋转,这种现象称为旋光现象。

晶体的旋光现象大部分是由于晶体内部具有非中心对称的螺旋状结构引起的,对其进行详细分析的理论非常复杂,不够直观。通常为了简单与直观起见,旋光现象用唯象理论解释,具体如下:晶体中线偏振光可以分解为两个频率相同、方向相反的圆偏振光,一个是右旋的,另一个是左旋的。当晶体没有旋光特性时,右旋和左旋这两个圆偏振光在晶体中具有相同的相速度和折射率,因而它们的合振动矢量的方向保持不变,即合成之后依然是线偏振光。若晶体具有旋光特性,右旋和左旋两个圆偏振光在晶体中就具有不同的相速度和折射率,在晶体中传输时,就出现了一定的相位差,它们的合振动矢量就会随着传输距离的增加而发生旋转。

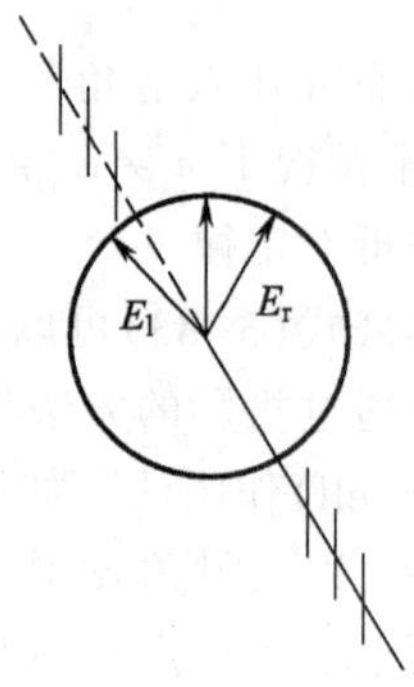

图 3-22 晶体中的旋光现象

设右旋和左旋圆偏振光的折射率分别为 n_r、n_l。在晶体中传播距离 d 之后,右旋和左旋圆偏振光之间的相位差为

$$\Delta\varphi=\frac{2\pi d}{\lambda_0}(n_l-n_r) \tag{3-86}$$

式中 λ_0 为光波在真空中的波长。因此,线偏振光电场强度方向将转过角度 φ,

$$\varphi=\frac{\pi d}{\lambda_0}(n_l-n_r) \tag{3-87}$$

定义晶体中单位长度的转动角度 ρ 为旋光率,则

$$\rho=\frac{\varphi}{d}=\frac{\pi}{\lambda_0}(n_l-n_r) \tag{3-88}$$

由于在通常情况下,旋光晶体的 $n_l-n_r<10^{-4}$,左旋光与右旋光折射率的差远小于双折射中 o 光和 e 光折射率的差($10^{-3}\sim10^{-1}$),所以为了在晶体中观察到旋光现象,需要排除晶体双折射现象的影响,即一般用立方晶体、单轴晶体和沿双轴晶体中的光轴方向进行观察。

3.6 线性光学性质的应用

利用固体材料的线性光学性质可以制作很多光学器件,并将其应用于各种设备之中,下面简要介绍其中一些常用的光学器件。

3.6.1 偏振棱镜

从前面分析中可以知道,在各向同性晶体中,光波能量的传播方向(即 $\boldsymbol{S}$ 方向)与单位波矢 $\boldsymbol{K}$ 方向总是保持一致的。而在各向异性晶体中,寻常光(o 光)传播方向与单位波矢 $\boldsymbol{K}$ 方向保持一致,非寻常光(e 光)方向可能会偏离单位波矢 $\boldsymbol{K}$ 方向,并且 o 光与 e 光在双折射晶体中的折射率不一样,因此传播速度也不相同,这种现象就是双折射现象。利用双折射现象可以制作性能优良的起偏和检偏器件,如偏振棱镜。图 3-23 给出了三种常见的偏振棱镜。

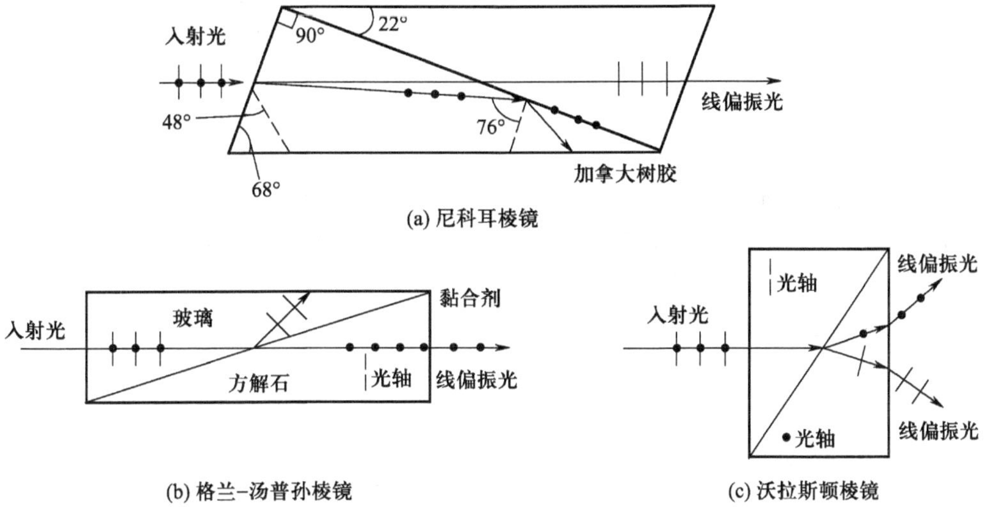

图 3-23　三种偏振棱镜

尼科耳棱镜是利用光的全反射原理与晶体的双折射现象制成的一种偏振仪器,如图 3-23(a)所示,通常是用一块长度约为宽度三倍的方解石晶体,将其两端切去一部分,使主截面上的角度为 68°,再将晶体沿着垂直于主截面及两端面的方向切开,用加拿大树胶黏合起来就制作完成。当自然光射入棱镜前半部分时,由于方解石对 o 光(632.8 nm,下同)的折射率为 n_o = 1.658 4,对 e 光的折射率为 n_e = 1.486 4,所以自然光分成寻常光(o 光)和非寻常光(e 光),而加拿大树胶的折射率为 n = 1.550。在方解石与加拿大树胶的分界面上,o 光是从光密介质入射到光疏介质,且它的入射角为 76°,已超过全反射临界角(约为 69°),发生全反射而不能通过,被棱镜侧面吸收,而 e 光则透过黏合面并穿越整个棱镜从棱镜后半部分射出。因此,透过尼科耳棱镜的光就是完全偏振光。从尼科耳棱镜的工作原理可知,尼科耳棱镜既可作起偏器使用,也可作检偏器使用。

格兰-汤普孙棱镜由方解石晶体和玻璃组成,如图 3-23(b)所示。方解石晶体和玻璃通过黏合剂粘在一起,玻璃和黏合剂的折射率均为 n = 1.655,因此,在方解石晶体中,入射光中的 e 光被全反射掉,而 o 光则沿原方向透射出晶体。格兰-汤普孙棱镜同尼科耳棱镜一样,既可作起偏器使用,也可作检偏器使用。

沃拉斯顿棱镜由两块光轴相互垂直的方解石组成,如图 3-23(c)所示。自然光垂直入射到第一块晶体时,o 光和 e 光不分开,但传播速度不同,进入第二块晶体时,由于两块晶体光轴相互垂直,所以第一块晶体中的 e 光是第二块晶体中的 o 光,相应折射率增大,折射角小于入射角;而第一块晶体中的 o 光是第二块晶体中的 e 光,相应折射率减小,折射角大于入射角。于是,两束偏振光在第二块晶体中分开,在它们由第二块晶体出射时,由于折射又进一步分开,得到了两束分开的线偏振光。

3.6.2 1/4 波片和 1/2 波片

波片利用的是图 3-14 所示的原理,图中晶体的表面与光轴平行,当光波垂直于晶体界面入射时,两个正交偏振的分量传播方向相同,但波面不重合,一快一慢地沿同方向传播,经过厚度 d 后,产生附加的光程差为 $\delta=(n_o-n_e)d$,相应的相位差为

$$\Delta\varphi=\varphi_o-\varphi_e=\frac{2\pi}{\lambda}(n_o-n_e)d \tag{3-89}$$

若选择晶体的厚度 d,使光程差为 $\delta=\lambda/4$,这就是 1/4 波片。o 光与 e 光射出晶片时,相应的相位差为 $\pi/2$,合成光为椭圆偏振光。

若选择晶体的厚度 d,使光程差为 $\delta=\lambda/2$,这就是 1/2 波片。o 光与 e 光射出晶片时,相应的相位差为 π,合成光仍为线偏振光,但光振动方向发生了一定的偏转。

3.6.3 偏振光的干涉

偏振光干涉是波动光学领域一个非常重要的光学现象,具有很高的应用价值,下面对其进行讨论。如图 3-24 所示,一束平行自然光通过偏振片Ⅰ后成为强度为 I_1 线偏振光。线偏振光照射到一个光轴平行于表面的波片上,在波片中线偏振光由于双折射效应分解为振动方向互相垂直、传播方向一致但速度不同的两束线偏振光,即 o 光和 e 光。进入波片后,线偏振光的电场强度 $\boldsymbol{E}_1$ 分解为 e 光振动 $\boldsymbol{E}_e$ 和 o 光振动 $\boldsymbol{E}_o$。设波片光轴与偏振片Ⅰ的偏振化方向 P_1 间的夹角为 α,则各个振动的振幅分别为

$$\begin{aligned}E_e&=E_1\cos\alpha\\E_o&=E_1\sin\alpha\end{aligned} \tag{3-90}$$

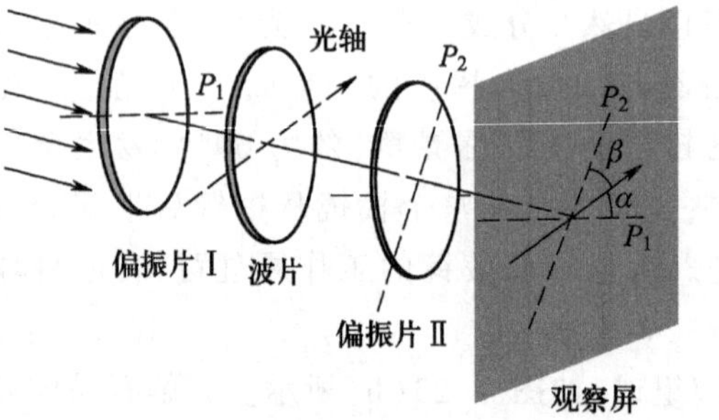

(a) 实验装置

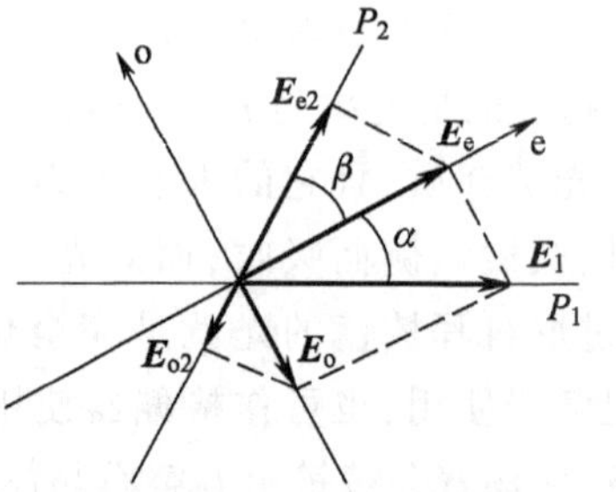

(b) 电场强度矢量的合成与分解

图 3-24 偏振光的干涉

光从波片照射到偏振片Ⅱ上,设波片光轴与偏振片Ⅱ的偏振化方向 P_2 间的夹角为 β,则通过偏振片Ⅱ后两部分线偏振光的电场强度振幅分别为

$$\begin{aligned}E_{e2}&=E_1\cos\alpha\cos\beta\\E_{o2}&=E_1\sin\alpha\sin\beta\end{aligned} \tag{3-91}$$

最后,从偏振片Ⅱ出射的光照射到观察屏上,其电场强度是 E_{e2} 和 E_{o2} 的相干叠加,即电场强度为

$$E_2=E_{e2}+E_{o2} \tag{3-92}$$

于是,透过偏振片Ⅱ的合成振动的振幅和光强分别为

$$E_2=\sqrt{E_{e2}^2+E_{o2}^2+2E_{e2}E_{o2}\cos\delta} \tag{3-93}$$

$$\begin{aligned} I_2 &= E_2^2=E_{e2}^2+E_{o2}^2+2E_{e2}E_{o2}\cos\delta \\ &= E_1^2\cos^2\alpha\cos^2\beta+E_1^2\sin^2\alpha\sin^2\beta+E_1^2\sin 2\alpha\sin 2\beta\cos\delta \end{aligned} \tag{3-94}$$

这里,δ 为 E_{e2} 和 E_{o2} 之间的相位差。从公式(3-94)可以看出,透过偏振片Ⅱ的光强 I_2 与波片光轴和两偏振片透振方向之间的夹角 α 和 β 以及相位差 δ 都是有关的。而且,相位差 δ 来源于三方面的贡献:入射到波片之前的 δ_1,波片引起的 δ_2,以及坐标轴投影引起的 δ_3。假定 δ_1 为零,$\delta_3=0$ 或 π,可以得到

$$\delta=\frac{2\pi}{\lambda}(n_o-n_e)d+0(\text{或 }\pi) \tag{3-95}$$

在 $P_1\perp P_2$ 的情况下,$\beta=90°-\alpha$,$\delta_3=\pi$,有

$$E_{e2}=E_{o2}=\frac{1}{2}E_1\sin 2\alpha \tag{3-96}$$

$$I_{2\perp}=I_1\sin^2 2\alpha\sin^2\left[\frac{\pi d}{\lambda}(n_o-n_e)\right] \tag{3-97}$$

由公式(3-97)可以得到以下结果:

当 $\alpha=k\dfrac{\pi}{2}(k=0,1,2,\cdots)$ 时,$\sin 2\alpha=0$,$I_{2\perp}=0$,没有光从偏振片Ⅱ中出射,即出现消光现象。

当 $\alpha=(2k+1)\dfrac{\pi}{4}(k=0,1,2,\cdots)$ 时,$|\sin 2\alpha|=1$,从偏振片Ⅱ中出射光强达到最大,即 $I_{2\perp}$ 达到极大值。

如果在两正交偏振片之间插入波片的厚度 d 或 n_o-n_e 不均匀(图 3-25),则根据公式(3-94)和公式(3-95),在屏幕上将会出现类似于等厚条纹的干涉图样。例如,在 α 角一定的情况下,当 $(n_o-n_e)d=k\lambda$ 时,$I_{2\perp}=0$;当 $(n_o-n_e)d=(2k+1)\dfrac{\lambda}{2}$ 时,$I_{2\perp}$ 达到极大值。

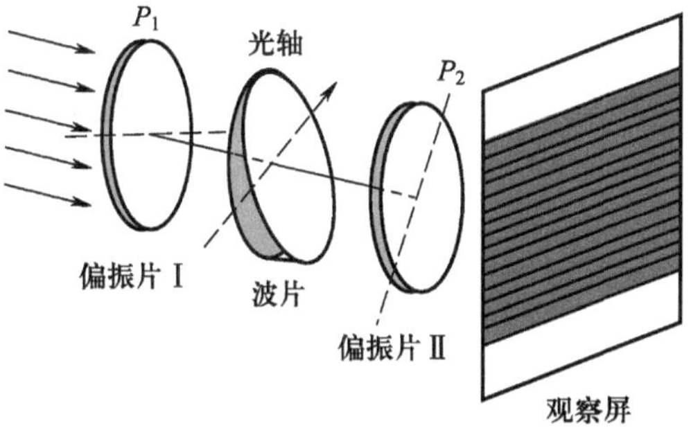

图 3-25　厚度不均匀波片的偏振光干涉

从上面的分析可以看出,观察屏处的光强分布与入射光的波长和两偏振片之间的插入物质都有关。在用白光照射时,干涉图样不但有强弱的变化,还会有色彩的变化(图 3-26),这称

为色偏振(chromatic polarization),其在很多领域都有广泛的应用。

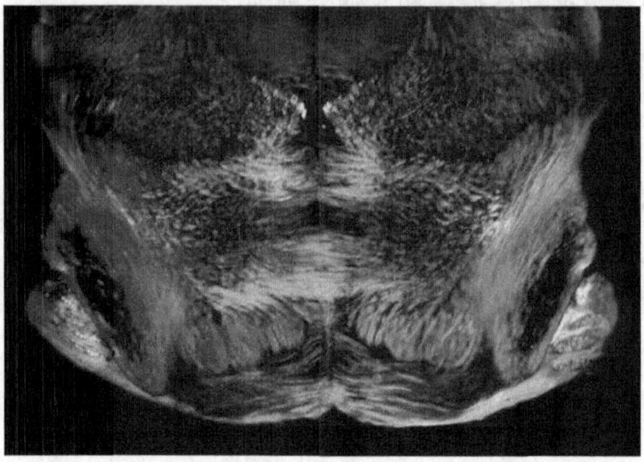

图 3-26　小鼠脑切片的色偏振图像

第三章参考文献

第四章　晶体的非线性光学性质

前面讨论晶体光学性质的时候,只考虑了比较简单的情况,即电极化强度与入射光波的电场强度成正比时晶体的光学性质,这就是线性光学。但随着光源发出光的强度逐渐增大,晶体中的很多现象已经无法用线性光学进行解释,这时必须考虑光波入射时引起的电极化强度高阶项的存在,需要用非线性光学理论对观察到的现象进行解释。本章将从理论和实验两方面对非线性光学现象进行介绍。

4.1　晶体的非线性光学现象

非线性光学现象的早期工作可以追溯到 1892 年泡克耳斯效应的发现和 1875 年克尔效应的发现。但由于光源的限制,只有弱光非线性光学得到了充分发展,强光非线性光学发展得非常缓慢,这种情况一直持续到激光器这种强光光源出现。1961 年,弗兰肯(Franken)等人将波长为 694.3 nm 的红宝石脉冲激光器发出的光聚焦在石英板前表面上(图 4-1),实验发现,从石英板后表面射出的光中除了包含入射光波长的光波之外,还出现了波长为入射光波长一半(347.15 nm)的紫外线,这就是最早的光学混频现象(倍频现象)。此后光学谐波(1961 年)、光学混频(和频、差频)(1961 年、1963 年)、光学参量放大和振荡(1965 年)、受激拉曼散射(1962 年)、受激布里渊散射(1968 年)、自聚焦(1964 年)、饱和吸收、光子回波(1964 年)、自感透明(1967 年)、光学章动(1968 年)、双光子吸收(1961 年)、自旋反转受激拉曼散射(1970 年)、相干反斯托克斯拉曼光谱术、消多普勒加宽双光子吸收光谱术(1974 年)、光声光谱术、光电流光谱术(1976 年)、光学悬浮(1971 年)、感应光栅效应、相位复共轭(1972 年)、光学双稳态效应(1976 年)等非线性光学现象相继被发现。为了对这些新现象进行解释,科学家对以前有关电介质的电极化效应的理论加以改造和推广。假设在强激光作用下,电介质的电极化强度 P 不再与入射光场电场强度 E 呈简单的线性关系,而是呈更为一般的幂级数关系(包含同场强高次方成正比的非线性分量),即

$$P=\varepsilon_0(\chi^{(1)}E+\chi^{(2)}EE+\chi^{(3)}EEE+\cdots) \tag{4-1}$$

这里,$\chi^{(1)}$为线性电极化率,$\chi^{(2)}$为二阶非线性电极化率,$\chi^{(3)}$为三阶非线性电极化率。

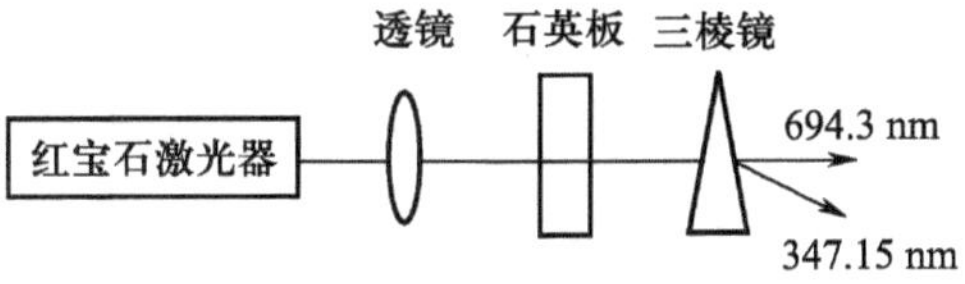

图 4-1　二倍频效应的实验装置示意图

正是由于这种入射光电场强度与电极化强度之间的关系，人们把研究这些效应的学科称为“非线性光学”，并一直沿用至今。与此相对应的是，人们把激光出现以前，涉及普通光与物质相互作用的现象称为线性光学效应，相应的光学理论称为“线性光学”理论。

在这里有必要指出的是，激光器这种强光光源出现之后，人们发现的很多新现象与新效应，并不是完全能用非线性电极化效应的观点和处理方法解释得清楚的；换句话说，有很多新现象和新效应的实质，并不是都能用数学上的“非线性”这样一个简单的概念来反映的。因此，从这种意义上来说，把激光出现后所发现的这些新效应，统称为“强光光学效应”，而把专门研究这些效应的新兴分支学科称为“强光光学”似乎更为恰当。但由于“非线性光学”这个名词已被人们广泛接受和使用，因此它现在还是一种主流称呼。

已经发现的新现象与新效应，大部分还是能够利用非线性电极化效应的物理模型进行解释的，本书将对这种物理模型加以重点介绍，并且为了使读者能够更好地理解非线性电极化模型，先介绍线性极化模型，并对极化模型进行讨论。

4.2 线性极化的简谐振子模型

在平面波作用下，考虑晶体的极化时，由于原子核的质量相对于电子来说大很多，入射光的电场很难带动原子核，所以通常忽略原子核的极化，而只考虑电子的极化，并且认为电子在光波作用下的运动规律服从经典力学规律。为简单起见，下面只考虑电子的一维运动情况。

当角频率为 ω 的平面波照射到透明晶体上时，我们在 2.1.1 节中已经讨论过电子的受力情况，并给出了公式(2-1)和公式(2-2)。根据公式(2-2)可知，电极化强度与入射光场的关系为

$$P=-Nex=-\frac{Ne^2}{m}\cdot\frac{(\omega_0^2-\omega^2)-\mathrm{i}\cdot 2\pi\tau\omega}{(\omega_0^2-\omega^2)^2+4\pi^2\tau^2\omega^2}\cdot E_0\exp(\mathrm{i}\omega t) \tag{4-2}$$

从以上分析可以看出，当光波是平面波时，光场中的电场强度分量 $E(\omega)$ 是正弦波的形式，电子在光电场分量作用下产生的位移和电极化强度都与电场强度呈线性关系，并且电子的位移和电极化强度的频率均与入射光波频率相同。根据经典电磁理论可以知道，电子在运动过程中如果具有加速度，就会辐射电磁波，电磁波频率与电子运动频率相同，而电子运动频率与入射光波频率相同，这样辐射出的电磁波频率与入射光波频率相同，因此在只考虑线性极化时，没有新频率的光波产生。

4.3 非线性极化的非简谐振子模型

当照射到晶体上的光波强度不断增大，其光电场已经可以和原子的内电场（一般情况下为 $10^8\sim10^{10}$ V/m）相比较时，公式(2-1)中的回复力将不再是简单的简谐力形式．这种情况和经典力学中弹簧谐振子中振子离开弹簧原长距离较大时，回复力不再是简谐力的情况相似，如果回复力中非线性项与线性项相比并不大，那么回复力可以写成

$$F_{\mathrm{r}}=-(m\omega_0^2x+m\xi x^2-\cdots) \tag{4-3}$$

公式(4-3)右侧第一项是简谐项，$m\xi x^2$ 及之后的其他各项为高阶项。将公式(4-3)代入公式(2-1)即可得到相应的电子运动方程。由于高阶项的存在，这个方程的严格解非常复杂。为了简化分析，这里只讨论常用的二阶非简谐项，即忽略 $m\xi x^2$ 后面各项，这样就可以得到电子的运动方程：

$$m\frac{\mathrm{d}^2x}{\mathrm{d}t^2}+2\pi m\tau\frac{\mathrm{d}x}{\mathrm{d}t}+m\omega_0^2x+m\xi x^2=-eE_0\exp(\mathrm{i}\omega t) \tag{4-4}$$

这时，电子的总位移可写成简谐力和非简谐力引起的位移的总和，即

$$x=x_1+x_2+x_3+\cdots \tag{4-5}$$

这里 x_1 项为简谐力引起的位移，其余项为非简谐力引起的位移。

如果 x_n 可以认为正比于 E^n，那么上式亦可写成

$$x=\sum_n x_n=\sum_n a_nEEE\cdots \quad (\text{共 } n \text{ 项 } E \text{ 的乘积}) \tag{4-6}$$

并且为了简单起见，与回复力相对应的位移也只讨论两项，即

$$x=x_1+x_2=a_1E+a_2EE \tag{4-7}$$

将公式(4-7)所表示的位移代入公式(4-4)，并合并相同幂次项，可得到方程：

$$\begin{aligned}&a_1\frac{\mathrm{d}^2E}{\mathrm{d}t^2}+a_1\gamma\frac{\mathrm{d}E}{\mathrm{d}t}+a_1\omega_0^2E+a_1m\xi E^2+\\&a_2\frac{\mathrm{d}^2E^2}{\mathrm{d}t^2}+a_2\gamma\frac{\mathrm{d}E^2}{\mathrm{d}t}+a_2\omega_0^2E^2=-\frac{eE}{m}+a_2\xi E^4\end{aligned} \tag{4-8}$$

从公式(4-8)可以看出，公式的解已经变得十分复杂，这时电场强度已经不是简单的平面简谐波形式了。

由于电场强度发生了变化，在材料中引起的电极化也会随之发生变化，反映电极化程度的物理量电极化强度已经不再与电场强度 E 呈线性关系(图 4-2)，其可以写成多项式的形式：

$$\begin{aligned}P&=P^{(1)}+P^{(2)}+P^{(3)}+\cdots\\&=-Ne(x_1+x_2+x_3+\cdots)\\&=\varepsilon_0(\chi^{(1)}E+\chi^{(2)}EE+\chi^{(3)}EEE+\cdots)\end{aligned} \tag{4-9}$$

这里，$P^{(1)}$、$P^{(2)}$、$P^{(3)}$ 为各阶电极化强度。在一般情况下，非线性电极化率的阶次越高，其影响越小，所以考虑到三阶就能解释绝大多数非线性光学现象。

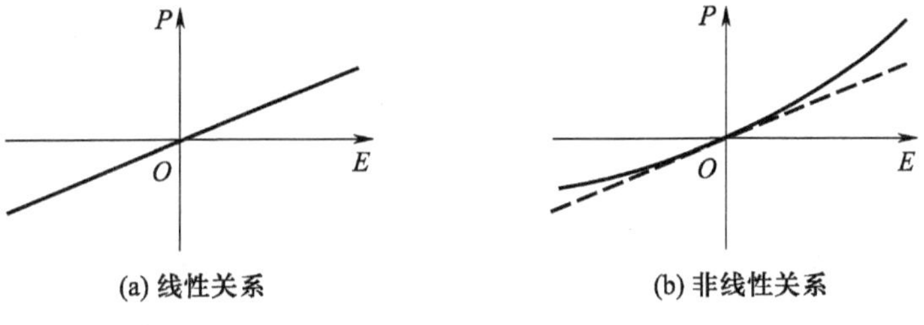

图 4-2　P 与 E 的关系曲线图

从公式(4-9)可以看出，如入射波的电场强度为简谐波形式，即 $E_0\cos(\omega t-kx)$，则由于高

阶项的存在，就会出现 0、ω、2ω 等频率成分的极化项，这些极化项所辐射出的光波包含 0、ω、2ω 等频率成分。

为了更好地对电极化情况进行描述，电极化强度矢量可以进一步写成分量的形式：

$$P_i=\varepsilon_0[\chi_{ij}^{(1)}E_j+\chi_{ijk}^{(2)}E_jE_k+\chi_{ijkl}^{(3)}E_jE_kE_l+\cdots] \tag{4-10}$$

这里，i、j、k、l 分别可以取 1、2、3，P_1、P_2、P_3 是电极化强度矢量 $\boldsymbol{P}$ 的三个分量，ω_1、ω_2、ω_3 是三个不同的角频率，$\chi_{ijk}^{(2)}$ 是三阶张量，$\chi_{ijkl}^{(3)}$ 是四阶张量，$P_i^{(2)}=\varepsilon_0\chi_{ijk}^{(2)}E_jE_k$ 为二阶非线性电极化强度分量，$P_i^{(3)}=\varepsilon_0\chi_{ijkl}^{(3)}E_jE_kE_l$ 为三阶非线性电极化强度分量。在非线性光学中，各阶非线性电极化率是决定各阶非线性电极化强度及辐射光波强度的非常重要的参数。

在非线性光学中，二阶非线性是应用最广泛的非线性效应，下面对其进行讨论。

假设有角频率分别为 ω_1 和 ω_2 的两束平面简谐波入射到介质材料上，入射波的电场强度分量分别为

$$\begin{aligned}E_j(\omega_1)&=E_{j0}\cos\omega_1t\\E_k(\omega_2)&=E_{k0}\cos\omega_2t\end{aligned} \tag{4-11}$$

由于角频率分别为 ω_1 和 ω_2 的入射光的存在，非线性材料中会存在相应的非线性极化，其中二阶非线性电极化强度分量可写为

$$\begin{aligned}P_i^{(2)}&=\varepsilon_0\chi_{ijk}^{(2)}(E_{j0}\cos\omega_1t)(E_{k0}\cos\omega_2t)\\&=\varepsilon_0\chi_{ijk}^{(2)}\frac{1}{2}E_{j0}E_{k0}[\cos(\omega_1t+\omega_2t)+\cos(\omega_1t-\omega_2t)]\\&=P_i^{(2)}(\omega_1+\omega_2)+P_i^{(2)}(\omega_1-\omega_2)\end{aligned} \tag{4-12}$$

其中，

$$P_i^{(2)}(\omega_1+\omega_2)=\frac{1}{2}\varepsilon_0\chi_{ijk}^{(2)}E_{j0}E_{k0}\cos(\omega_1t+\omega_2t) \tag{4-13}$$

$$P_i^{(2)}(\omega_1-\omega_2)=\frac{1}{2}\varepsilon_0\chi_{ijk}^{(2)}E_{j0}E_{k0}\cos(\omega_1t-\omega_2t) \tag{4-14}$$

从公式(4-12)可以看出，在这两种光波共同作用下晶体中会产生其他频率的电极化强度，其相应产生的电磁波即新频率的电磁波，这种现象称为光学混频现象。如果新产生的光波的频率是原来两个角频率的和，$\omega_3=\omega_1+\omega_2$，这样的现象就叫做和频现象；如果新产生的光波的频率是原来两个角频率的差，$\omega_3=\omega_1-\omega_2$，这样的现象就叫做差频现象。

二阶混频来源于介质在两束入射光同时作用下产生的二阶非线性极化，即电极化强度中角频率为 $\omega_3=\omega_1+\omega_2$ 及 $\omega_3=\omega_1-\omega_2$ 的部分。这两部分电极化强度对应于两种角频率分别为 $\omega_3=\omega_1+\omega_2$ 和 $\omega_3=\omega_1-\omega_2$ 的振荡电偶极矩。介质在两束入射光作用下，在介质中激励起分别具有这两种振荡频率的两个电偶极矩阵列。这两个阵列的辐射分别就是和频光与差频光。进一步的研究表明，二阶光学倍频只能产生在不具有中心对称的晶体或其他介质中。

在特殊情况下，当和频中的两个角频率 ω_1 和 ω_2 相等，即 $\omega_1=\omega_2=\omega$ 时，

$$\begin{aligned}P^{(2)}(\omega_1+\omega_2)&=P^{(2)}(2\omega)\\P^{(2)}(\omega_1-\omega_2)&=P^{(2)}(0)\end{aligned} \tag{4-15}$$

公式(4-12)变为

$$
\begin{aligned}
P_i^{(2)} &= \varepsilon_0 \chi_{ijk}^{(2)} (E_{j0}\cos \omega t)(E_{k0}\cos \omega t) \\
&= \varepsilon_0 \chi_{ijk}^{(2)} \frac{1}{2} E_{j0} E_{k0} \cos^2 \omega t \\
&= \varepsilon_0 \chi_{ijk}^{(2)} \frac{1}{2} E_{j0} E_{k0} (1+\cos 2\omega t)
\end{aligned} \tag{4-16}
$$

从公式(4-16)可以看出,电极化强度由两部分构成,一个是直流成分,另一个是频率为 2ω 的周期函数成分,这样引起的电偶极矩振荡将会辐射出频率为 2ω 的电磁波,这就是倍频效应(图 4-3)。

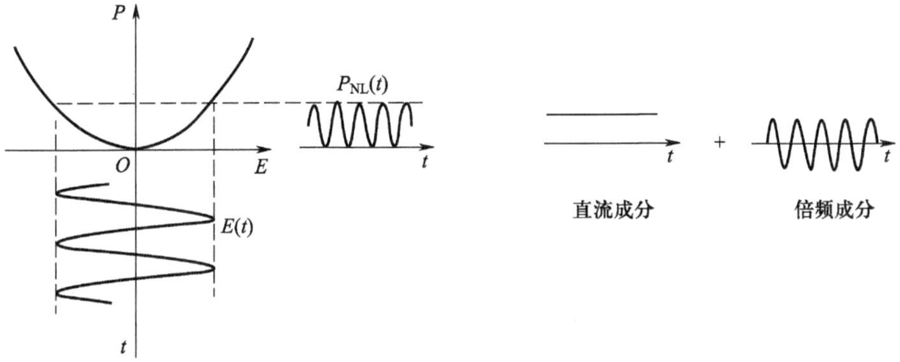

图 4-3 入射光波通过非线性效应产生直流成分与倍频成分

二阶非线性电极化系数 $\chi_{ijk}^{(2)}$ 是一个三阶张量,一共有 27 个张量元,但由于作用在介质上的两个光电场的先后次序对电极化强度 $P_i^{(2)}$ 无影响,所以 $\chi_{ijk}^{(2)}$ 的后两个下标和频率同时交换时,不影响它的值,即

$$
\chi_{ijk}^{(2)} = \chi_{ikj}^{(2)} \tag{4-17}
$$

为了书写方便,我们采取如下方法对二阶非线性电极化系数 $\chi_{ijk}^{(2)}$ 进行简化:

$$
\begin{array}{cccccc}
11 & 22 & 33 & 23(32) & 31(13) & 12(21) \\
\downarrow & \downarrow & \downarrow & \downarrow & \downarrow & \downarrow \\
1 & 2 & 3 & 4 & 5 & 6
\end{array} \tag{4-18}
$$

这时

$$
\chi_{ijk}^{(2)} = \chi_{in}^{(2)} \quad (i=1,2,3;n=1,2,3,4,5,6) \tag{4-19}
$$

这时 27 个张量元就简化为 18 个张量元,可用矩阵表示为

$$
\chi_{in} = \begin{pmatrix} \chi_{11} & \chi_{12} & \chi_{13} & \chi_{14} & \chi_{15} & \chi_{16} \\ \chi_{21} & \chi_{22} & \chi_{23} & \chi_{24} & \chi_{25} & \chi_{26} \\ \chi_{31} & \chi_{32} & \chi_{33} & \chi_{34} & \chi_{35} & \chi_{36} \end{pmatrix} \tag{4-20}
$$

克莱曼(Kleinman)于 1962 年曾证明,当参与二阶非线性相互作用的各光波角频率 ω_1、ω_2、ω_3 均位于中、近红外波段以及可见波和紫外波段,且位于介质的同一透明波段(无光学损失)时,晶体的极化只需考虑电子的极化即可。忽略色散影响时,介质的二阶非线性电极化系

数的下标可以任意互换位置而其数值不变，即有$\chi_{ijk}^{(2)}=\chi_{jki}^{(2)}=\chi_{kij}^{(2)}=\chi_{kji}^{(2)}=\chi_{jik}^{(2)}=\chi_{ikj}^{(2)}$。18 个张量元可以进一步减少为 10 个张量元，这就是克莱曼对称原理。考虑克莱曼对称原理后各晶系的二阶非线性电极化系数矩阵如表 4-1 所示。

表 4-1　二阶非线性电极化系数矩阵

晶系	(γ_{ijk})
三斜晶系	C_1—1 $\begin{pmatrix}\chi_{11}&\chi_{12}&\chi_{13}&\chi_{14}&\chi_{15}&\chi_{16}\\\chi_{21}&\chi_{22}&\chi_{23}&\chi_{24}&\chi_{25}&\chi_{26}\\\chi_{31}&\chi_{32}&\chi_{33}&\chi_{34}&\chi_{35}&\chi_{36}\end{pmatrix}_{18}$
单斜晶系	C_2—$(2//x_2)$ $\begin{pmatrix}0&0&0&\chi_{14}&0&\chi_{16}\\\chi_{21}&\chi_{22}&\chi_{23}&0&\chi_{25}&0\\0&0&0&\chi_{34}&0&\chi_{36}\end{pmatrix}_{8}$ C_s—$m(m\perp x_2)$ $\begin{pmatrix}\chi_{11}&\chi_{12}&\chi_{13}&0&\chi_{15}&0\\0&0&0&\chi_{24}&0&\chi_{26}\\\chi_{31}&\chi_{32}&\chi_{33}&0&\chi_{35}&0\end{pmatrix}_{10}$
正交晶系	D_2—$mm2$ $\begin{pmatrix}0&0&0&0&\chi_{15}&0\\0&0&0&\chi_{24}&0&0\\\chi_{31}&\chi_{32}&\chi_{33}&0&0&0\end{pmatrix}_{5}$ C_{2v}—222 $\begin{pmatrix}0&0&0&\chi_{14}&0&0\\0&0&0&0&\chi_{25}&0\\0&0&0&0&0&\chi_{36}\end{pmatrix}_{3}$
四方晶系	C_4—4 $\begin{pmatrix}0&0&0&\chi_{14}&\chi_{15}&0\\0&0&0&\chi_{15}&-\chi_{14}&0\\\chi_{31}&\chi_{31}&\chi_{33}&0&0&0\end{pmatrix}_{4}$ S_4—$\bar{4}$ $\begin{pmatrix}0&0&0&\chi_{14}&\chi_{15}&0\\0&0&0&-\chi_{15}&\chi_{14}&0\\\chi_{15}&-\chi_{31}&0&0&0&\chi_{36}\end{pmatrix}_{4}$ D_4—422 $\begin{pmatrix}0&0&0&\chi_{14}&0&0\\0&0&0&0&-\chi_{14}&0\\0&0&0&0&0&0\end{pmatrix}_{1}$ D_{2v}—$4mm$ $\begin{pmatrix}0&0&0&0&\chi_{15}&0\\0&0&0&\chi_{15}&0&0\\\chi_{31}&\chi_{31}&\chi_{33}&0&0&0\end{pmatrix}_{3}$ $D_{2d}(Vd)$—$\bar{4}2m(2//x_1)$ $\begin{pmatrix}0&0&0&\chi_{14}&0&0\\0&0&0&0&\chi_{14}&0\\0&0&0&0&0&\chi_{36}\end{pmatrix}_{2}$
三方晶系	C_3—3 $\begin{pmatrix}\chi_{11}&-\chi_{11}&0&\chi_{14}&\chi_{15}&-\chi_{22}\\-\chi_{22}&\chi_{22}&0&\chi_{15}&-\chi_{14}&-\chi_{11}\\\chi_{31}&\chi_{31}&\chi_{33}&0&0&0\end{pmatrix}_{6}$ D_3—32 $\begin{pmatrix}\chi_{11}&-\chi_{11}&0&\chi_{14}&0&0\\0&0&0&0&-\chi_{14}&-\chi_{11}\\0&0&0&0&0&0\end{pmatrix}_{2}$ C_{3v}—$3m(m\perp x_1)$ $\begin{pmatrix}0&0&0&0&\chi_{14}&\chi_{16}\\-\chi_{22}&\chi_{22}&0&\chi_{15}&0&0\\\chi_{31}&\chi_{31}&\chi_{33}&0&0&0\end{pmatrix}_{6}$

续表

晶系	(γ_{ijk})
六方晶系	$C_6—6$ $\begin{pmatrix} 0 & 0 & 0 & \chi_{14} & \chi_{15} & 0 \\ 0 & 0 & 0 & \chi_{15} & -\chi_{14} & 0 \\ \chi_{31} & \chi_{31} & \chi_{33} & 0 & 0 & 0 \end{pmatrix}_4$ $C_{3h}—\bar{6}$ $\begin{pmatrix} \chi_{11} & -\chi_{11} & 0 & 0 & 0 & \chi_{22} \\ -\chi_{22} & \chi_{22} & 0 & 0 & 0 & \chi_{11} \\ 0 & 0 & 0 & 0 & 0 & 0 \end{pmatrix}_2$ $D_6—622$ $\begin{pmatrix} 0 & 0 & 0 & \chi_{14} & 0 & 0 \\ 0 & 0 & 0 & 0 & -\chi_{14} & 0 \\ 0 & 0 & 0 & 0 & 0 & 0 \end{pmatrix}_1$ $C_{6v}—6mm$ $\begin{pmatrix} 0 & 0 & 0 & 0 & \chi_{15} & 0 \\ 0 & 0 & 0 & \chi_{15} & 0 & 0 \\ \chi_{31} & \chi_{31} & \chi_{33} & 0 & 0 & 0 \end{pmatrix}_3$ $D_{2h}—\bar{6}m2(m/\!/x_1)$ $\begin{pmatrix} 0 & 0 & 0 & 0 & 0 & \chi_{22} \\ -\chi_{22} & \chi_{22} & 0 & 0 & 0 & 0 \\ 0 & 0 & 0 & 0 & 0 & 0 \end{pmatrix}_1$
立方晶系	$T—23, Td—\bar{4}3m$ $\begin{pmatrix} 0 & 0 & 0 & \chi_{14} & 0 & 0 \\ 0 & 0 & 0 & 0 & \chi_{14} & 0 \\ 0 & 0 & 0 & 0 & 0 & \chi_{14} \end{pmatrix}_1$

当入射光是由三个不同频率的光波组成时，连同混频产生的新频率光波在内一般共有四个光波参与，这时发生的非线性现象称为三阶混频，亦常称为四波混频。混频产生的光束可以分别是三束光的角频率 ω_1、ω_2 和 ω_3 的和差组合。三阶混频来源于介质在三束入射光作用下的三阶非线性极化。不同于二阶混频，这种混频也可在各向同性的介质或具有中心对称性的晶体中产生，如在惰性气体、原子蒸气、液体、液晶和一些固体材料中，均已观察到三阶混频现象。

光学混频具有广泛的应用前景，利用它可实现激光频率的上、下转换，从而扩展激光的频率范围，产生紫外、真空紫外和中红外激光等传统激光器无法实现的频率输出，也可通过红外线的上转换解决红外线接收困难的问题。

4.4 耦合波方程

下面对光波在非线性材料中传播时的相互耦合进行进一步分析，为了简单起见，这里只讨论有三个光波存在时的耦合情况。

为了简单起见，这里将电极化强度中的高阶项统一简写为 $\boldsymbol{P}^{\mathrm{NL}}$，则电极化强度为

$$\boldsymbol{P}=\boldsymbol{P}^{(1)}+\boldsymbol{P}^{\mathrm{NL}} \tag{4-21}$$

对于非磁性绝缘透明光学介质（$\boldsymbol{J}=\boldsymbol{0}, \mu_{\mathrm{r}}\approx 1$）而言，将 $\boldsymbol{D}=\varepsilon_0\boldsymbol{E}+\boldsymbol{P}$ 代入公式（1-1）中第二式，有

$$\nabla\times\boldsymbol{H}=\varepsilon_0\frac{\partial\boldsymbol{E}}{\partial t}+\frac{\partial\boldsymbol{P}}{\partial t} \tag{4-22}$$

两端再对时间求导，有

$$\nabla\times\frac{\partial \boldsymbol{H}}{\partial t}=\varepsilon_0\frac{\partial^2 \boldsymbol{E}}{\partial t^2}+\frac{\partial^2 \boldsymbol{P}}{\partial t^2} \tag{4-23}$$

对公式(1-3)第一式两端求旋度,有

$$\nabla\times(\nabla\times\boldsymbol{E})=-\mu_0\nabla\times\frac{\partial \boldsymbol{H}}{\partial t} \tag{4-24}$$

将矢量公式 $\nabla\times(\nabla\times\boldsymbol{E})=\nabla(\nabla\cdot\boldsymbol{E})-(\nabla\cdot\nabla)\boldsymbol{E}=-\nabla^2\boldsymbol{E}$ 及公式(4-24)代入公式(4-23),有

$$\nabla^2\boldsymbol{E}=\mu_0\varepsilon_0\frac{\partial^2 \boldsymbol{E}}{\partial t^2}+\mu_0\frac{\partial^2 \boldsymbol{P}}{\partial t^2} \tag{4-25}$$

再将电极化强度公式(4-21)代入,并考虑到 $\boldsymbol{D}=\varepsilon_0\boldsymbol{E}+\boldsymbol{P}^{(1)}=\varepsilon\boldsymbol{E}$,可得

$$\nabla^2\boldsymbol{E}=\mu_0\varepsilon\frac{\partial^2 \boldsymbol{E}}{\partial t^2}+\mu_0\frac{\partial^2 \boldsymbol{P}^{\mathrm{NL}}}{\partial t^2} \tag{4-26}$$

公式(4-26)就是考虑非线性极化效应的波动方程,这是一个非齐次方程。从这个方程可以看出,由于非线性极化的存在,晶体中将产生新频率的光波,这个新频率的光波又会引起新的非线性极化,如此反复,就会使得能量在不同频率的光波之间转化,即各种光波之间存在耦合现象,相应的光波变成耦合波,方程变成耦合波方程。因此,即使入射到材料上的是单一频率的光波,在传播过程中,材料中也会有不同频率的光波产生。

这里只讨论材料中存在三个不同频率光波的情况。如果 ω_1 和 ω_2 为两个照射到非线性材料上的入射光波,只考虑和频情况时,ω_3 为和频光波($\omega_1+\omega_2=\omega_3$),这样在材料中就会有三个不同频率的平面波同时传播。设入射光波为沿着 z 轴方向传播的平面波,其波函数可以分别写为

$$E_1=A_1\exp(\mathrm{i}k_1z-\omega_1t) \tag{4-27}$$

$$E_2=A_2\exp(\mathrm{i}k_2z-\omega_2t) \tag{4-28}$$

$$E_3=A_3\exp(\mathrm{i}k_3z-\omega_3t) \tag{4-29}$$

这里,A_1,A_2,A_3 为振幅。

材料中总的平面波是三个平面波的叠加,为

$$\begin{aligned}E&=E_1+E_2+E_3\\&=A_1\exp(\mathrm{i}k_1z-\omega_1t)+A_2\exp(\mathrm{i}k_2z-\omega_2t)+A_3\exp(\mathrm{i}k_3z-\omega_3t)\end{aligned} \tag{4-30}$$

在只考虑二阶非线性效应的情况下,

$$P_i^{\mathrm{NL}}=P_i^{(2)}=\varepsilon_0\chi_{ijk}^{(2)}E_j(\omega_1)E_k(\omega_2) \tag{4-31}$$

将公式(4-30)和公式(4-31)代入公式(4-26),忽略二阶导数项,可得

$$\begin{aligned}\frac{\mathrm{d}A_{1i}}{\mathrm{d}z}&=-\mathrm{i}\frac{\omega_1}{2}\sqrt{\frac{\mu_0}{\varepsilon_0}}\varepsilon_0\chi_{ijk}A_{2k}^*A_{3j}\exp(-\mathrm{i}\Delta kz)\\\frac{\mathrm{d}A_{2k}}{\mathrm{d}z}&=-\mathrm{i}\frac{\omega_2}{2}\sqrt{\frac{\mu_0}{\varepsilon_2}}\varepsilon_0\chi_{ijk}A_{1k}^*A_{2j}\exp(-\mathrm{i}\Delta kz)\\\frac{\mathrm{d}A_{3j}}{\mathrm{d}z}&=-\mathrm{i}\frac{\omega_3}{2}\sqrt{\frac{\mu_0}{\varepsilon_3}}\varepsilon_0\chi_{jik}A_{1i}A_{2k}\exp(+\mathrm{i}\Delta kz)\end{aligned} \tag{4-32}$$

这里,$\Delta k=k_3-k_2-k_1$。

令 $a_1=\sqrt{\frac{n_1}{\omega_1}}A_1, a_2=\sqrt{\frac{n_2}{\omega_2}}A_2, a_3=\sqrt{\frac{n_3}{\omega_3}}A_3$，并利用 $\varepsilon_1=\varepsilon_0 n_1^2, \varepsilon_2=\varepsilon_0 n_2^2, \varepsilon_3=\varepsilon_0 n_3^2$，可得

$$\begin{aligned} \frac{\mathrm{d}a_{1i}}{\mathrm{d}z} &= -\frac{\mathrm{i}}{2}C\varepsilon_0\chi_{ijk}a_{2k}^* a_{3j}\exp(-\mathrm{i}\Delta kz) \\ \frac{\mathrm{d}a_{2k}}{\mathrm{d}z} &= -\frac{\mathrm{i}}{2}C\varepsilon_0\chi_{kij}a_{1i}^* a_{2j}\exp(-\mathrm{i}\Delta kz) \\ \frac{\mathrm{d}a_{3j}}{\mathrm{d}z} &= -\frac{\mathrm{i}}{2}C\varepsilon_0\chi_{jik}a_{1i}a_{2k}\exp(+\mathrm{i}\Delta kz) \end{aligned} \tag{4-33}$$

这里，$C=\sqrt{\frac{\mu_0\omega_1\omega_2\omega_3}{\varepsilon_0 n_1 n_2 n_3}}$。

如果材料中的波在传播和相互作用过程中只有一个偏振方向且保持不变，那么可以利用 $a_{1i}=a_1, a_{2k}=a_2, a_{3j}=a_3$ 进行简化。这里下角标 1 表示角频率为 ω_1 的对应某偏振方向的光波，下角标 2 和 3 的含义可同理得出。

根据克莱曼对称原理，有

$$\chi_{ijk}^{(2)}=\chi_{kij}^{(2)}=\chi_{jki}^{(2)} \tag{4-34}$$

如果二阶非线性系数与频率无关，则可以将公式进一步简化：

$$\begin{aligned} \frac{\mathrm{d}a_1}{\mathrm{d}z} &= -\mathrm{i}Ka_2^* a_3\exp(-\mathrm{i}\Delta kz) \\ \frac{\mathrm{d}a_2}{\mathrm{d}z} &= -\mathrm{i}Ka_1^* a_2\exp(-\mathrm{i}\Delta kz) \\ \frac{\mathrm{d}a_3}{\mathrm{d}z} &= -\mathrm{i}Ka_1 a_2\exp(+\mathrm{i}\Delta kz) \end{aligned} \tag{4-35}$$

这里，$K=\frac{1}{2}\varepsilon_0\chi_{ijk}\sqrt{\frac{\mu_0\omega_1\omega_2\omega_3}{\varepsilon_0 n_1 n_2 n_3}}$。

如果 $\omega_1=\omega_2=\omega, k_1=k_2=k$，这就是和频效应。如果再有 $a_1=a_2, \Delta k=k_3-2k=0$，这就属于相位匹配情况，公式(4-35)就可以进行简化，只保留两项，并可以简化成更简单的形式：

$$\begin{aligned} \frac{\mathrm{d}a_1}{\mathrm{d}z} &= -\mathrm{i}Ka_1^* a_3 \\ \frac{\mathrm{d}a_3}{\mathrm{d}z} &= -\mathrm{i}Ka_1^2 \end{aligned} \tag{4-36}$$

对于入射波来说，$a_1(0)\neq 0$，因此 $a_1(0)$ 与 $a_1(z)$ 为实数，但在入射面没有倍频波，因此 $a_3(0)=0$，$a_3(z)$ 为纯虚数，如果令

$$a_3=-\mathrm{i}\tilde{a}_3 \tag{4-37}$$

则 $\tilde{a}_3$ 为实数，$a_1=a_1^*$，这样公式(4-36)可以写为

$$\begin{aligned} \frac{\mathrm{d}a_1}{\mathrm{d}z} &= -\mathrm{i}Ka_1\tilde{a}_3 \\ \frac{\mathrm{d}\tilde{a}_3}{\mathrm{d}z} &= Ka_1^2 \end{aligned} \tag{4-38}$$

将公式(4-38)第一式乘以 a_1，第二式乘以 $\tilde{a}_3$，然后将两者相加，可得

$$\frac{\mathrm{d}}{\mathrm{d}z}(a_1^2+\tilde{a}_3^2)=0 \tag{4-39}$$

这个方程是光波耦合过程中能量守恒的一种体现。考虑到非线性材料两侧界面的情况，可得

$$a_1^2(z)+\tilde{a}_3^2(z)=a_1^2(0) \tag{4-40}$$

因此有

$$\frac{\mathrm{d}\tilde{a}_3}{\mathrm{d}z}=Ka_1^2(z)=K[a_1^2(0)-\tilde{a}_3^2(z)] \tag{4-41}$$

该微分方程的解为

$$\tilde{a}_3(z)=a_1(0)\tanh[Ka_1(0)z] \tag{4-42}$$

利用$\frac{\mathrm{d}(\tanh z)}{\mathrm{d}z}=1-\tanh^2 z$，可以得到倍频光强：

$$I_3(z)\propto\tilde{a}_3^2(z)=a_1^2(0)\tanh^2[Ka_1(0)z] \tag{4-43}$$

再利用能量守恒关系式(4-40)可得基频波的强度表达式：

$$\begin{aligned}I_1(z)\propto a_1^2(z)&=a_1^2(0)-\tilde{a}_3^2(z)\\&=a_1^2(0)\{1-\tanh^2[Ka_1(0)z]\}\\&=a_1^2(0)\operatorname{sech}^2[Ka_1(0)z]\end{aligned} \tag{4-44}$$

图 4-4 给出了基频光和倍频光在非线性材料中传输的情况，从该图中可以看出，随着传输距离的增加，倍频光的强度逐渐增加，基频光的强度逐渐减小。这样就实现了能量从基频光向倍频光的转化。

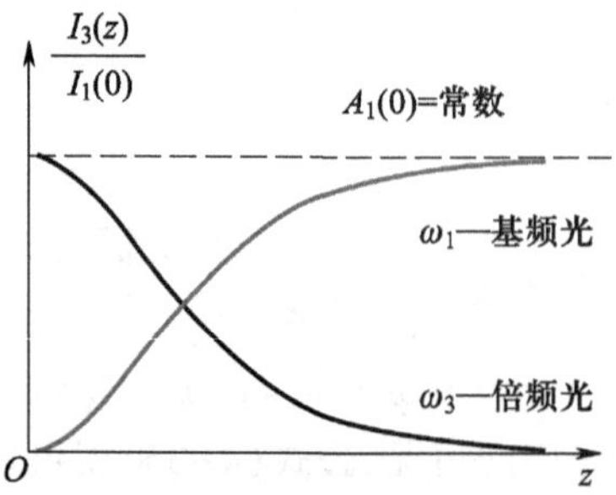

图 4-4　相位匹配条件下的基频光和倍频光曲线

这时可以引入一个物理量——倍频作用长度，它的定义是

$$l_{\mathrm{SHG}}=\frac{cn}{2\pi\omega\chi E_0(\omega)} \tag{4-45}$$

这里，c 为真空中的光速，n 为晶体在相位匹配方向上的折射率，χ 为倍频电极化系数，$E_0(\omega)$ 为基频光在刚进入晶体时的电场强度。

当基频光在非线性材料中的传输距离达到 l_{SHG} 时，已经有很大一部分基频光转换成倍频光；当传输距离达到 $2l_{\mathrm{SHG}}$ 时，已经基本完成了能量从基频光到倍频光的转化，此时基频光光强已接近零，倍频光光强接近饱和。这时想进一步通过增加非线性材料的尺度来增加倍频光功率已经失去意义，这也是该物理量称为倍频作用长度的原因。

由公式(4-45)可知，倍频作用长度与基频光在刚进入晶体时的电场强度 $E_0(\omega)$ 成反比。这就意味着在其他因素不变的情况下，倍频作用长度并不是固定值，入射基频光光强越强，其倍频作用长度越短。以磷酸二氢钾(KH_2PO_4，简称 KDP)晶体为例，入射基频光的电场强度为 $E_0(\omega)=6\times10^2$ V/m(普通光源发出的光的电场强度)时，倍频作用长度为 $l_{\mathrm{SHG}}=10^3$ m，因此在

激光光源出现之前,很难观察到倍频光。当 $E_0(\omega)=6\times10^7$ V/m(激光光源发出的光的电场强度)时,倍频作用长度为 $l_{SHG}=0.01$ m。在实际应用过程中,为了兼顾倍频光强度、设备体积、出射倍频光强度等因素,非线性材料的尺度通常为厘米量级。

如果 $\Delta k=k_3-2k\neq0$,这时就属于相位不匹配情况,可以用小信号近似来处理倍频光,即入射光能量只有一小部分转化成倍频光能量,因此入射基频光的电场强度可以认为在整个过程中保持不变,即

$$\frac{\mathrm{d}a_1}{\mathrm{d}z}=\frac{\mathrm{d}a_2}{\mathrm{d}z}=0 \tag{4-46}$$

这时,公式(4-35)只有第三个公式存在:

$$\frac{\mathrm{d}a_3}{\mathrm{d}z}=-\mathrm{i}Ka_1a_2\exp(+\mathrm{i}\Delta kz) \tag{4-47}$$

可以利用边界条件 $a_3(0)=0$ 对公式(4-47)进行求解:

$$a_3=-\mathrm{i}Ka_1a_2\frac{\exp(-\mathrm{i}\Delta kz)-1}{\mathrm{i}\Delta k} \tag{4-48}$$

再利用函数关系:

$$[\exp(\mathrm{i}\Delta kz)-1][\exp(\mathrm{i}\Delta kz)-1]=2-2\cos(\Delta kz)=4\sin^2\left(\frac{\Delta kz}{2}\right) \tag{4-49}$$

可以得到倍频光的强度:

$$\begin{aligned} I_3&=E_3(z)E_3^*(z)\\ &\propto\frac{\mu_0(\omega_3\varepsilon_0\chi_{ijk}\,|A_1|\,|A_2|)^2}{\varepsilon_3}\frac{\sin^2\left(\frac{\Delta kz}{2}\right)}{(\Delta k)^2}\\ &=\frac{\mu_0(\omega_3\varepsilon_0\chi_{ijk}\,|A_1|\,|A_2|z)^2}{4\varepsilon_3}\mathrm{sinc}^2\left(\frac{\Delta kz}{2}\right)\end{aligned} \tag{4-50}$$

公式(4-50)中的 $\mathrm{sinc}^2\left(\frac{\Delta kz}{2}\right)$ 通常叫做相位失配因子,它是一个反映相位匹配程度的物理量。

从公式(4-50)和图 4-5 可以看出,当 $\Delta k\to0$ 时,有

$$\lim_{\Delta k\to0}\left[\frac{\sin\left(\frac{\Delta kz}{2}\right)}{\frac{\Delta kz}{2}}\right]^2=\lim_{\Delta k\to0}\left[\mathrm{sinc}^2\left(\frac{\Delta kz}{2}\right)\right]=1 \tag{4-51}$$

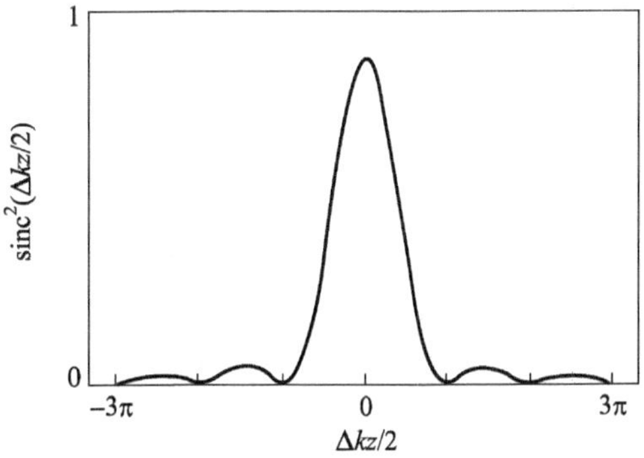

图 4-5　相位失配因子与 $\Delta kz/2$ 的关系曲线

这表明,当 $\Delta k\to0$ 时,相位不匹配向相位匹配演化,倍频光强度逐渐向最大值靠拢。

从公式(4-50)和图 4-5 还可以看出,倍频光强度具有周期函数的形式。在保持 Δk 不变的情况下,倍频光强度是随着传播距离的增加而周期性变化的,这时可以引入一个相干长度

l_c,其定义为

$$l_c=\frac{\pi}{\Delta k}=\frac{\pi}{\frac{n(2\omega)2\omega}{c}-\frac{2n(\omega)\omega}{c}}=\frac{\lambda_0}{4[n(2\omega)-n(\omega)]} \tag{4-52}$$

从公式(4-50)可以看出基频光在非线性材料内传输时,相干长度 l_c 的物理意义。当传输距离 $z<l_c$ 时,倍频光的强度是随着传输距离 z 的增加而逐渐变大的;当传输距离 $z=l_c$ 时,倍频光的强度达到最大值;当传输距离 $l_c<z<2l_c$ 时,倍频光的强度是随着样品厚度的增加而逐渐变小的;当传输距离 $z=2l_c$ 时,倍频光的强度为最小值。以此类推,当传输距离 z 为 l_c 的奇数倍时,倍频光的强度为最大值;当传输距离 z 为 l_c 的偶数倍时,倍频光的强度为最小值。从这个结果可以看出,倍频光的强度存在振荡现象。这种振荡现象在很多晶体中被观察到(图 4-6)。

图 4-6 相位失配情况下三硼酸锂晶体(LBO)中的二次谐波光迹(1 064 nm)

从公式(4-52)还可以看出相干长度 l_c 与 $n(2\omega)-n(\omega)$ 成反比关系,因此基频光折射率和倍频光折射率越接近,$n(2\omega)-n(\omega)$ 越小,相干长度 l_c 越长,这时的相位情况越趋近于相位匹配,即 $\Delta k=k_3-2k\to 0$,相应的倍频结果也就越接近于相位匹配时的情况。

4.5 影响倍频效率的因素

在使用非线性材料对光波进行倍频的时候,很多因素都会对倍频的效率产生影响,下面我们对一些主要的影响因素进行讨论。

4.5.1 相位匹配

相位匹配是非线性过程中产生宏观可观察倍频现象的一个非常重要的条件,是实际应用过程中为了得到较大光强的新光波所必须满足的条件。在非线性极化的混频过程中,入射光波照射到材料上时,在材料中就会产生非线性现象,即引起材料内电子的非简谐振动,并产生极化现象,极化现象的存在又会使材料辐射出相应频率的光波,材料中不同位置产生的这个新光波在材料中传输时会发生相互干涉现象。如果新光波的传输速度与入射光波的传输速度不一致,那么入射光波经过的各个位置处产生的新光波在传输过程中的相位不相同,即存在相位差,相互干涉的结果是新光波的强度可能被削弱,甚至可能完全相消,无法观察到宏观的非线性光学混频现象。为了产生宏观可观察的非线性光学混频现象,就要求材料中各个位置产生的新光波在传输过程中,传到某一位置处时相位处处相等,这样就能保证新光波是相干加强的,这种情况就称为相位匹配。

在倍频过程中,入射光和倍频光之间要满足能量守恒和动量守恒,即

$$h\nu_1+h\nu_1=2h\nu_1=h\nu_3 \tag{4-53}$$

$$\frac{h}{\lambda_1}+\frac{h}{\lambda_1}=\frac{h}{\lambda_3} \tag{4-54}$$

这里，ν_1 和 λ_1 分别为基频光的频率和在介质中传输时的波长，ν_3 和 λ_3 分别为倍频光的频率和在介质中传输时的波长。两式联立可得

$$\frac{2n_1(\nu_1)h}{\lambda_{10}}=\frac{n_3(\nu_3)h}{\lambda_{30}} \tag{4-55}$$

这里，$n_1(\nu_1)$ 和 λ_{10} 分别为基频光在介质中传输时的折射率和在真空中传输时的波长，$n_3(\nu_3)$ 和 λ_{30} 分别为倍频光在介质中传输时的折射率和在真空中传输时的波长。

对于倍频来说，$\lambda_{10}=2\lambda_{30}$，因此有

$$n_1(\nu_1)=n_3(\nu_3) \tag{4-56}$$

从公式(4-56)可以看出，要想实现倍频效应，基频光和倍频光的折射率必须相等，这样倍频光的速度与基频光的速度才能一致，基频光在经过的各个位置处产生的倍频光在传输过程中的各个位置处，其相位才能处处相同，这时才是干涉加强的传输。

但是对于介质材料来说，在光波透明波段范围内，一般都会有正常色散关系，即随着光波频率的增加，折射率变大，这样就无法在正常情况下实现倍频。为了实现倍频，人们想到了各种方法，其中包括利用晶体的双折射效应，通过双折射效应中 n_o 和 n_e 在同一频率下的差别来实现倍频。

根据实现方法的不同，倍频方法又分为第一类（平行式）和第二类（正交式）两种。

(1) 第一类（平行式）倍频方法。

第一类（平行式）倍频方法是指相互作用的两个基频光都是 e 光或者都是 o 光，它们共同作用耦合成倍频 o 光或 e 光。根据单轴晶体的正、负性，具体耦合情况又可以划分为两种方式。

① 负单轴晶体第一类相位匹配 oo-e 方式。

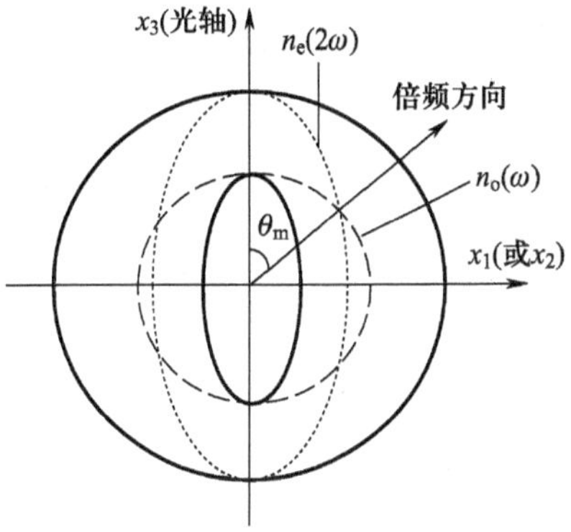

图 4-7　负单轴晶体折射率曲面相位匹配 oo-e 方式

这个时候基频光是 o 光，倍频光是 e 光，如图 4-7 所示，有

$$n_3^e(\theta_m)=n_1^o \tag{4-57}$$

倍频极化场为

$$P_i^e(2\omega)=\varepsilon_0\chi_{ijk}^{(2)}E_j^o(\omega)E_k^o(\omega) \tag{4-58}$$

折射率为

$$n_3^e(\theta_m)=\frac{n_3^o n_3^e}{[(n_3^o)^2\sin^2\theta_m+(n_3^e)^2\cos^2\theta_m]^{1/2}}=n_1^o \tag{4-59}$$

这里，n_1^o、n_1^e、n_3^o、n_3^e 分别为基频和倍频的 o 光和 e 光的折射率。

可解得相位匹配角为

$$\theta_{\mathrm{m}}=\arcsin\left[\left(\frac{n_3^{\mathrm{e}}}{n_1^{\mathrm{o}}}\right)^2\frac{(n_3^{\mathrm{o}})^2-(n_1^{\mathrm{o}})^2}{(n_3^{\mathrm{o}})^2-(n_3^{\mathrm{e}})^2}\right]^{1/2} \tag{4-60}$$

当基频光的入射角等于 θ_{m} 时，基频光产生的倍频光在传输过程中才能相干加强，这样在基频光的传输过程中倍频光才能够被逐渐放大。

② 正单轴晶体第一类相位匹配 ee-o 方式。

这个时候基频光是 e 光，倍频光是 o 光，如图 4-8 所示，有

$$n_1^{\mathrm{e}}(\theta_{\mathrm{m}})=n_3^{\mathrm{o}} \tag{4-61}$$

倍频极化场为

$$P_i^{\mathrm{o}}(2\omega)=\varepsilon_0\chi_{ijk}^{(2)}E_j^{\mathrm{e}}(\omega)E_k^{\mathrm{e}}(\omega) \tag{4-62}$$

相位匹配角为

$$\theta_{\mathrm{m}}=\arcsin\left[\left(\frac{n_1^{\mathrm{e}}}{n_3^{\mathrm{o}}}\right)^2\frac{(n_3^{\mathrm{o}})^2-(n_1^{\mathrm{o}})^2}{(n_1^{\mathrm{e}})^2-(n_1^{\mathrm{o}})^2}\right]^{1/2} \tag{4-63}$$

同理，当基频光的入射角等于 θ_{m} 时，基频光产生的倍频光在传输过程中才能够被逐渐放大。

(2) 第二类(正交式)倍频方法。

第二类(正交式)倍频方法是指相互作用的两个基频光分别是 o 光和 e 光，它们共同作用耦合成倍频 o 光(或 e 光)。根据单轴晶体的正、负性，具体耦合情况也可以划分为两种方式。

① 负单轴晶体第二类相位匹配 eo-e 方式。

这个时候基频光是 e 光和 o 光，倍频光是 e 光，如图 4-9 所示。第二类相位匹配时，基频光电场强度在两个相互正交的特定偏振方向上的分量的乘积项起作用，折射率的匹配条件发生了一些变化，满足条件为

$$n_3^{\mathrm{e}}(\theta_{\mathrm{m}})=[n_1^{\mathrm{o}}+n_1^{\mathrm{e}}(\theta_{\mathrm{m}})]/2 \tag{4-64}$$

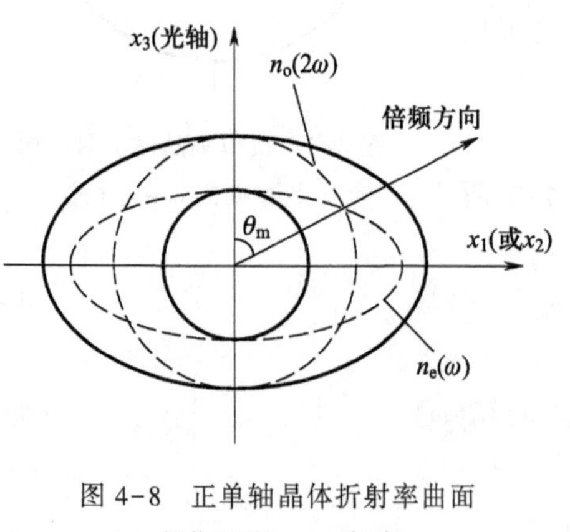

图 4-8　正单轴晶体折射率曲面相位匹配 ee-o 方式

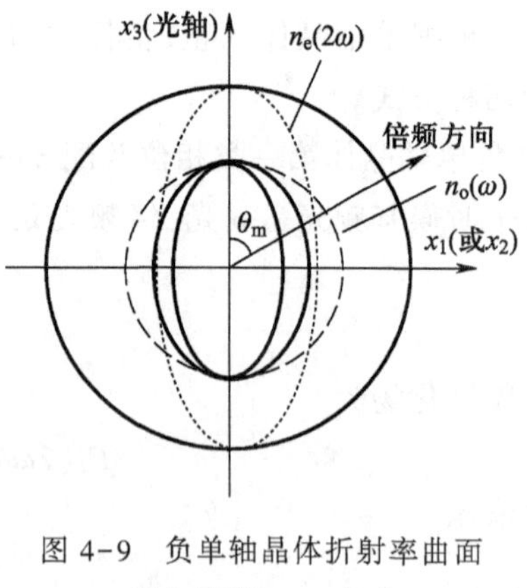

图 4-9　负单轴晶体折射率曲面相位匹配 eo-e 方式

倍频极化场为

$$P_i^{\mathrm{e}}(2\omega)=\varepsilon_0\chi_{ijk}^{(2)}E_j^{\mathrm{e}}(\omega)E_k^{\mathrm{o}}(\omega) \tag{4-65}$$

相位匹配角为

$$\theta_m = \arcsin\left\{\frac{[(2n_3^o)/(n_1^e(\theta_m)+n_1^e)]^2-1}{(n_3^o/n_3^e)^2-1}\right\}^{1/2} \tag{4-66}$$

② 正单轴晶体第二类相位匹配 oe-o 方式。

这个时候基频光是 o 光和 e 光，倍频光是 o 光，如图 4-10 所示，有

$$n_3^o(\theta_m) = [n_1^o + n_1^e(\theta_m)]/2 \tag{4-67}$$

倍频极化场为

$$P_i^o(2\omega) = \varepsilon_0 \chi_{ijk}^{(2)} E_j^o(\omega) E_k^e(\omega) \tag{4-68}$$

相位匹配角为

$$\theta_m = \arcsin\left\{\frac{[n_1^o/(2n_3^o-n_1^o)]^2-1}{(n_1^o/n_1^e)^2-1}\right\}^{1/2} \tag{4-69}$$

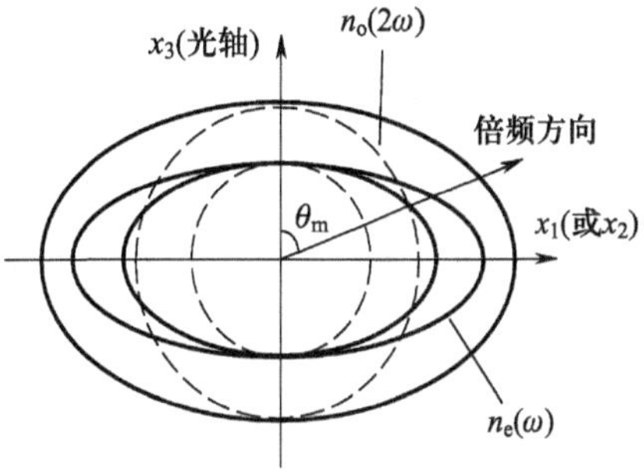

图 4-10　正单轴晶体折射率曲面相位匹配 oe-o 方式

从前面的四种相位匹配可以看出，只有在入射角 θ 等于相位匹配角 θ_m 时，倍频光才能被有效放大。如果入射角 θ 偏离相位匹配角 θ_m，那么基频光和倍频光的折射率将发生相应的变化，导致 $\Delta k \neq 0$。这时，基频光在各个经过的位置处产生的倍频光在传输过程中经过的某一点处，其相位不再相同，因此不能完全相干加强，转换效率也会随之降低。通常规定一个确定的失配量 $\Delta k = \pm\pi/l$，称其为最大允许失配量，这里 l 为晶体通光长度，即基频光的入射角 θ 在相位匹配角 θ_m 两侧有一个微小的变化，使得失配量在 $\Delta k=0$ 的两侧有一个微小的变化。根据公式(4-50)可知，在最大允许失配量 $\Delta k = \pm\pi/l$ 处，倍频效率会下降至最大值的 $4/\pi^2$，大约为 40%。可以由最大允许失配量 Δk 来求得相位匹配时，基频光入射角的允许范围 $\Delta\theta$。具体求解方法如下：当单轴晶体中三个波的角频率分别为 ω_1、ω_2、$\omega_3(\omega_3=\omega_1+\omega_2)$，三个波的波矢方向为 $\theta=\theta_m+\Delta\theta$ 时，最大允许失配量为

$$\Delta k = k_3 - k_2 - k_1 = \frac{\omega_3}{c}n(\omega_3,\theta) - \frac{\omega_2}{c}n(\omega_2,\theta) - \frac{\omega_1}{c}n(\omega_1,\theta) \tag{4-70}$$

利用泰勒级数进行展开，可得

$$\Delta k = \Delta k\Big|_{\theta=\theta_m} + \frac{d(\Delta k)}{d\theta}\Big|_{\theta=\theta_m}\Delta\theta + \frac{1}{2}\frac{d^2(\Delta k)}{d\theta^2}\Big|_{\theta=\theta_m}(\Delta\theta)^2 + \cdots \tag{4-71}$$

将其与 $\Delta k = \pm\dfrac{\pi}{l}$ 联立，即可得到相应的允许角 $\Delta\theta$。

下面对不同类型倍频过程中相位匹配情况下的允许角进行进一步讨论。这里只考虑公式(4-71)右边前三项(通常只考虑前两项)。

(1) 第一类(平行式)倍频允许角。

第一类倍频的允许角又需要分两种情况进行讨论。

① 负单轴晶体第一类相位匹配 oo-e 方式允许角。

对于负单轴晶体第一类相位匹配 oo-e 方式，有

$$n_1(\omega_1,\theta) = n_3(\omega_1,\theta) = n_1^o \tag{4-72}$$

$$n_3(\omega_3,\theta) = n_3^e(2\omega_1,\theta) = \frac{n_3^o n_3^e}{[(n_3^o\sin\theta)^2+(n_3^e\cos\theta)^2]^{\frac{1}{2}}} \tag{4-73}$$

$$\left.\frac{\mathrm{d}(\Delta k)}{\mathrm{d}\theta}\right|_{\theta=\theta_{\mathrm{m}}}=\frac{\mathrm{d}k_3}{\mathrm{d}\theta}-\frac{\mathrm{d}k_2}{\mathrm{d}\theta}-\frac{\mathrm{d}k_1}{\mathrm{d}\theta}=\frac{\mathrm{d}k_3}{\mathrm{d}\theta}=\frac{2\omega_1}{c}\frac{\mathrm{d}n_3^{\mathrm{e}}(2\omega_1,\theta)}{\mathrm{d}\theta}$$

$$=-\frac{1}{2}\frac{2\omega_1}{c}\left[\frac{(n_3^{\mathrm{o}}\sin\theta)^2+(n_3^{\mathrm{e}}\cos\theta)^2}{(n_3^{\mathrm{o}}n_3^{\mathrm{e}})^2}\right]^{-\frac{3}{2}}\frac{(n_3^{\mathrm{o}})^2-(n_3^{\mathrm{e}})^2}{(n_3^{\mathrm{o}}n_3^{\mathrm{e}})^2}\sin 2\theta \tag{4-74}$$

$$=-\frac{\omega_1}{c}[(n_3^{\mathrm{e}})^{-2}-(n_3^{\mathrm{o}})^{-2}][n_3^{\mathrm{e}}(2\omega_1,\theta)]^3\sin 2\theta$$

$$\left.\frac{\mathrm{d}^2(\Delta k)}{\mathrm{d}\theta^2}\right|_{\theta=\theta_{\mathrm{m}}}=\frac{\mathrm{d}^2k_3}{\mathrm{d}\theta^2}=\frac{2\omega_1}{c}\frac{\mathrm{d}^2n_3^{\mathrm{e}}(2\omega_1,\theta)}{\mathrm{d}\theta^2}=-\frac{\omega_1}{c}[(n_3^{\mathrm{e}})^{-2}-(n_3^{\mathrm{o}})^{-2}]\cdot$$

$$\left\{-\frac{3\omega_1}{c}[n_3^{\mathrm{e}}(2\omega_1,\theta)]^5[(n_3^{\mathrm{e}})^{-2}-(n_3^{\mathrm{o}})^{-2}]\sin 2\theta+2[n_3^{\mathrm{e}}(2\omega_1,\theta)]^3\cos 2\theta\right\}$$

$$\tag{4-75}$$

将公式(4-74)及公式(4-75)代入公式(4-71),并利用

$$\Delta k\big|_{\theta=\theta_{\mathrm{m}}}=0 \tag{4-76}$$

即可解得入射基频光的允许角 $\Delta\theta$。

② 正单轴晶体第一类相位匹配 ee-o 方式允许角。

对于正单轴晶体第一类相位匹配 ee-o 方式,有

$$n_1(\omega_1,\theta)=n_2(\omega_2,\theta)=n_1^{\mathrm{e}}(\omega_1,\theta),\quad n_3(\omega_3,\theta)=n_3^{\mathrm{o}} \tag{4-77}$$

$$\left.\frac{\mathrm{d}(\Delta k)}{\mathrm{d}\theta}\right|_{\theta=\theta_{\mathrm{m}}}=\frac{\mathrm{d}k_3}{\mathrm{d}\theta}-\frac{\mathrm{d}k_2}{\mathrm{d}\theta}-\frac{\mathrm{d}k_1}{\mathrm{d}\theta}=-\frac{2\mathrm{d}k_1}{\mathrm{d}\theta}=-\frac{2\omega_1}{c}\cdot\frac{\mathrm{d}n_1^{\mathrm{e}}(\omega_1,\theta)}{\mathrm{d}\theta}$$

$$=\frac{\omega_1}{c}\left[\frac{(n_1^{\mathrm{o}}\sin\theta)^2+(n_1^{\mathrm{e}}\cos\theta)^2}{(n_1^{\mathrm{o}}n_1^{\mathrm{e}})^2}\right]^{-\frac{3}{2}}\frac{(n_1^{\mathrm{o}})^2-(n_1^{\mathrm{e}})^2}{(n_1^{\mathrm{o}}n_1^{\mathrm{e}})^2}\sin 2\theta \tag{4-78}$$

$$=\frac{\omega_1}{c}[(n_1^{\mathrm{e}})^{-2}-(n_1^{\mathrm{o}})^{-2}][n_1^{\mathrm{e}}(\omega_1,\theta)]^3\sin 2\theta$$

$$\left.\frac{\mathrm{d}^2(\Delta k)}{\mathrm{d}\theta^2}\right|_{\theta=\theta_{\mathrm{m}}}=-\frac{2\mathrm{d}^2k_1}{\mathrm{d}\theta^2}=-\frac{2\omega_1}{c}\frac{\mathrm{d}^2n_1^{\mathrm{e}}(\omega_1,\theta)}{\mathrm{d}\theta^2}=\frac{\omega_1}{c}[(n_1^{\mathrm{e}})^{-2}-(n_1^{\mathrm{o}})^{-2}]\cdot$$

$$\left\{-\frac{3\omega_1}{c}[n_1^{\mathrm{e}}(\omega_1,\theta)]^5[(n_1^{\mathrm{e}})^{-2}-(n_1^{\mathrm{o}})^{-2}]\sin 2\theta+2[n_1^{\mathrm{e}}(\omega_1,\theta)]^3\cos 2\theta\right\}$$

$$\tag{4-79}$$

将公式(4-78)及公式(4-79)代入公式(4-71),并利用公式(4-76),即可解得入射基频光的允许角 $\Delta\theta$。

(2) 第二类(正交式)倍频允许角。

第二类倍频的允许角也需要分两种情况进行讨论。

① 负单轴晶体第二类相位匹配 eo-e 方式允许角。

对于负单轴晶体第二类相位匹配 eo-e 方式,有

$$n_1(\omega_1,\theta)=n_1^{\mathrm{e}}(\omega_1,\theta),\quad n_2(\omega_1,\theta)=n_1^{\mathrm{o}},\quad n_3(\omega_3,\theta)=n_3^{\mathrm{o}}(2\omega_1,\theta) \tag{4-80}$$

$$\left.\frac{\mathrm{d}(\Delta k)}{\mathrm{d}\theta}\right|_{\theta=\theta_m}=\frac{\mathrm{d}k_3}{\mathrm{d}\theta}-\frac{\mathrm{d}k_2}{\mathrm{d}\theta}-\frac{\mathrm{d}k_1}{\mathrm{d}\theta}=\frac{\mathrm{d}k_3}{\mathrm{d}\theta}-\frac{\mathrm{d}k_1}{\mathrm{d}\theta}=\frac{2\omega_1}{c}\frac{\mathrm{d}n_3^e(2\omega_1,\theta)}{\mathrm{d}\theta}-\frac{\omega_1}{c}\frac{\mathrm{d}n_1^e(\omega_1,\theta)}{\mathrm{d}\theta}$$

$$=-\frac{1}{2}\frac{2\omega_1}{c}\left[\frac{(n_3^o\sin\theta)^2+(n_3^e\cos\theta)^2}{(n_3^on_3^e)^2}\right]^{-\frac{3}{2}}\frac{(n_3^o)^2-(n_3^e)^2}{(n_3^on_3^e)^2}\sin 2\theta-$$

$$\frac{\omega_1}{2c}\left[\frac{(n_1^o\sin\theta)^2+(n_1^e\cos\theta)^2}{(n_1^on_1^e)^2}\right]^{-\frac{3}{2}}\frac{(n_1^o)^2-(n_1^e)^2}{(n_1^on_1^e)^2}\sin 2\theta \tag{4-81}$$

$$=-\frac{\omega_1}{c}[(n_3^e)^{-2}-(n_3^o)^{-2}][n_3^e(2\omega_1,\theta)]^3\sin 2\theta-$$

$$\frac{\omega_1}{2c}[(n_1^e)^{-2}-(n_1^o)^{-2}][n_1^e(\omega_1,\theta)]^3\sin 2\theta$$

$$\left.\frac{\mathrm{d}^2(\Delta k)}{\mathrm{d}\theta^2}\right|_{\theta=\theta_m}=\frac{\mathrm{d}^2k_3}{\mathrm{d}\theta^2}-\frac{\mathrm{d}^2k_1}{\mathrm{d}\theta^2}=\frac{2\omega_1}{c}\frac{\mathrm{d}^2n_3^e(2\omega_1,\theta)}{\mathrm{d}\theta^2}-\frac{\omega_1}{c}\frac{\mathrm{d}^2n_1^e(\omega_1,\theta)}{\mathrm{d}\theta^2}$$

$$=-\frac{\omega_1}{c}[(n_3^e)^{-2}-(n_3^o)^{-2}]\cdot$$

$$\left\{-\frac{3\omega_1}{c}[n_3^e(2\omega_1,\theta)]^5[(n_3^e)^{-2}-(n_3^o)^{-2}]\sin 2\theta+2[n_3^e(2\omega_1,\theta)]^3\cos 2\theta\right\}+$$

$$\frac{\omega_1}{2c}[(n_1^e)^{-2}-(n_1^o)^{-2}]\cdot$$

$$\left\{\frac{3\omega_1}{2c}[n_1^e(\omega_1,\theta)]^5[(n_1^e)^{-2}-(n_1^o)^{-2}]\sin 2\theta+2[n_1^e(\omega_1,\theta)]^3\cos 2\theta\right\} \tag{4-82}$$

将公式(4-81)及公式(4-82)代入公式(4-71),并利用公式(4-76),即可解得入射基频光的允许角 $\Delta\theta$。

② 正单轴晶体第二类相位匹配 oe-o 方式允许角。

对于正单轴晶体第二类相位匹配 oe-o 方式,有

$$n_1(\omega_1,\theta)=n_1^o,\quad n_2(\omega_1,\theta)=n_1^e(\omega_1,\theta),\quad n_3(\omega_3,\theta)=n_3^o \tag{4-83}$$

$$\left.\frac{\mathrm{d}(\Delta k)}{\mathrm{d}\theta}\right|_{\theta=\theta_m}=\frac{\mathrm{d}k_3}{\mathrm{d}\theta}-\frac{\mathrm{d}k_2}{\mathrm{d}\theta}-\frac{\mathrm{d}k_1}{\mathrm{d}\theta}=-\frac{\mathrm{d}k_2}{\mathrm{d}\theta}=-\frac{\omega_1}{c}\frac{\mathrm{d}n_1^e(\omega_1,\theta)}{\mathrm{d}\theta}$$

$$=\frac{1}{2}\frac{\omega_1}{c}\left[\frac{(n_1^o\sin\theta)^2+(n_1^e\cos\theta)^2}{(n_3^on_3^e)^2}\right]^{-\frac{3}{2}}\frac{(n_1^o)^2-(n_1^e)^2}{(n_1^on_1^e)^2}\sin 2\theta \tag{4-84}$$

$$=\frac{\omega_1}{2c}[(n_1^e)^{-2}-(n_1^o)^{-2}][n_1^e(\omega_1,\theta)]^3\sin 2\theta$$

$$\left.\frac{\mathrm{d}^2(\Delta k)}{\mathrm{d}\theta^2}\right|_{\theta=\theta_m}=-\frac{\mathrm{d}^2k_2}{\mathrm{d}\theta^2}=-\frac{\omega_1}{c}\frac{\mathrm{d}^2n_1^e(\omega_1,\theta)}{\mathrm{d}\theta^2}=\frac{\omega_1}{2c}[(n_1^e)^{-2}-(n_1^o)^{-2}]\cdot$$

$$\left\{-\frac{3\omega_1}{2c}[n_1^e(\omega_1,\theta)]^5[(n_1^e)^{-2}-(n_1^o)^{-2}]\sin 2\theta+2[n_1^e(\omega_1,\theta)]^3\cos 2\theta\right\} \tag{4-85}$$

将公式(4-84)及公式(4-85)代入公式(4-71),并利用公式(4-76),即可解得入射基频光的允许角 $\Delta\theta$。

对于相位匹配来说,其允许角是非常小的,以负单轴晶体偏硼酸钡晶体(BBO)的第一类相位匹配进行倍频为例,通光长度为 $l=4$ mm 的 BBO 晶体对 1.08 μm 的入射光进行倍频时,其允许角 $\Delta\theta=0.735\times10^{-3}$ rad,因此为了避免使用过程中非线性材料的相位匹配被破坏,很多倍频激光器对温度、振动等环境要求都较高。

4.5.2 光学孔径效应

在实现倍频的过程中,无论是第一类相位匹配还是第二类相位匹配,都需要有 o 光和 e 光的参与,并且在大多数情况下相位匹配角 $\theta_m\neq90°$,因此会出现 o 光和 e 光在传输过程中的分离现象,这样就会有光学孔径效应的存在。下面以负单轴晶体 oo-e 倍频为例对光学孔径效应进行说明。

如图 4-11 所示,基频 o 光垂直于非线性材料表面入射到非线性材料上,其光轴与界面所成夹角为 $90°-\theta_m$。基频 o 光在非线性材料中一边传输,一边产生倍频 e 光。基频 o 光在非线性材料中的传输方向垂直于界面,倍频 e 光与基频 o 光之间存在一个离散角 ξ,因此基频 o 光产生的倍频 e 光与基频 o 光在传输一段距离后会发生分离现象,基频 o 光不能有效倍频成 e 光,这种现象叫做光学孔径效应,简称光孔效应。这时可以引入有效长度 l_a 这个物理量,并且有

$$l_a=\frac{\varpi}{\tan\xi} \tag{4-86}$$

这里,ϖ为激光束宽度。

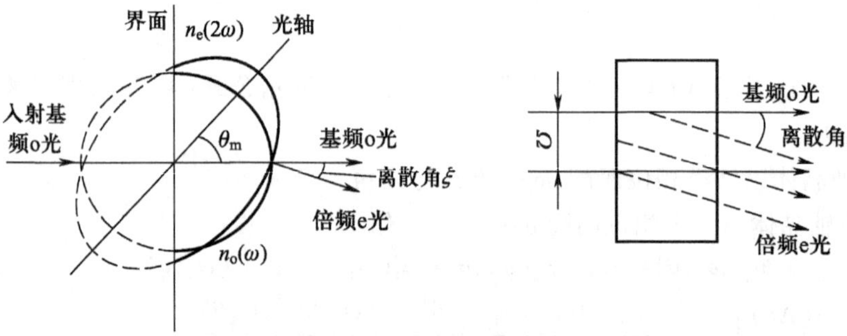

图 4-11 倍频过程中的光学孔径效应

有效长度 l_a 是一个能反映基频 o 光有效倍频成 e 光的作用距离的长度量。如果

$$l_a<l_{SHG} \tag{4-87}$$

那么基频 o 光还没有倍频成 e 光,两束光就分离了。为了增加有效长度 l_a,从而使得基频 o 光能够更多地转变成倍频 e 光,可以采取两种方法,一种是增加基频 o 光的宽度,另一种是减小 $\tan\xi$ 值,即减小离散角 ξ。在通常情况下,基频 o 光的宽度是由激光器决定的,其大小是有极限的,因此,减小离散角 ξ 是一个更可行的方法。根据第三章相关知识可知,离散角 ξ 与相位匹配角 θ_m 的关系为

$$\tan\xi=\frac{1}{2}(n_1^o)^2[(n_3^e)^{-2}-(n_3^o)^{-2}]\sin2\theta_m \tag{4-88}$$

通过公式(4-88)可以看到,当相位匹配角 θ_m 趋于90°时,离散角 ξ 趋于0°,有效长度 l_a 趋于无穷大,当相位匹配角 θ_m 等于90°时,在晶体中传播的基频 o 光能够和倍频 e 光不分离,没有光孔效应的顾虑。

4.5.3 入射基频光的发散

前面的讨论都假设在倍频的过程中使用的基频光是理想的单色平面波,但实际上从激光器出射的光束由于宽度有限,或多或少都存在一定的发散,正是这种发散导致基频光中存在偏离相位匹配角 θ_m 的成分,这些成分的 $\Delta k\neq 0$,倍频效率会有明显下降。为了尽量减小由于入射基频光的发散带来的倍频效率的下降,就需要知道在什么样的相位匹配角下,发散带来的影响最小。

前面分析过各种情况下相位匹配的允许角,可以看到在相位匹配角 $\theta_m=90°$时,公式(4-74)、公式(4-78)、公式(4-81)和公式(4-84)等于0,即 $\mathrm{d}(\Delta k)/\mathrm{d}\theta=0$,这时考虑相应的 Δk 时,只需考虑二阶导数项的影响。

(1) 负单轴晶体第一类相位匹配。

公式(4-71)化简为

$$\Delta k=\frac{1}{2}\frac{\mathrm{d}^2(\Delta k)}{\mathrm{d}\theta^2}\bigg|_{\theta=\theta_m}(\Delta\theta)^2=\frac{1}{2}\frac{2\omega_1}{c}\frac{\mathrm{d}^2 n_3^e(2\omega_1,\theta)}{\mathrm{d}\theta^2}(\Delta\theta)^2=-\frac{\omega_1}{2c}[(n_3^e)^{-2}-(n_3^o)^{-2}]\cdot\left\{-\frac{3\omega_1}{c}[n_3^e(2\omega_1,\theta)]^5[(n_3^e)^{-2}-(n_3^o)^{-2}]\sin 2\theta+2[n_3^e(2\omega_1,\theta)]^3\cos 2\theta\right\}(\Delta\theta)^2 \tag{4-89}$$

可以求得允许角:

$$\Delta\theta=\pm\left|\frac{\pi/l}{-\frac{\omega_1}{2c}[(n_3^e)^{-2}-(n_3^o)^{-2}]\cdot\left\{-\frac{3\omega_1}{c}[n_3^e(2\omega_1,\theta)]^5[(n_3^e)^{-2}-(n_3^o)^{-2}]\sin 2\theta+2[n_3^e(2\omega_1,\theta)]^3\cos 2\theta\right\}}\right|^{\frac{1}{2}} \tag{4-90}$$

(2) 正单轴晶体第一类相位匹配。

公式(4-71)化简为

$$\Delta k=\frac{1}{2}\frac{\mathrm{d}^2(\Delta k)}{\mathrm{d}\theta^2}\bigg|_{\theta=\theta_m}(\Delta\theta)^2=-\frac{\omega_1}{c}\frac{\mathrm{d}^2 n_1^e(\omega_1,\theta)}{\mathrm{d}\theta^2}(\Delta\theta)^2=\frac{\omega_1}{2c}[(n_1^e)^{-2}-(n_1^o)^{-2}]\cdot\left\{-\frac{3\omega_1}{c}[n_1^e(\omega_1,\theta)]^5[(n_1^e)^{-2}-(n_1^o)^{-2}]\sin 2\theta+2[n_1^e(\omega_1,\theta)]^3\cos 2\theta\right\}(\Delta\theta)^2 \tag{4-91}$$

可以求得允许角:

$$\Delta\theta=\pm\left|\frac{\pi/l}{\frac{\omega_1}{2c}[(n_1^e)^{-2}-(n_1^o)^{-2}]\cdot\left\{-\frac{3\omega_1}{c}[n_1^e(\omega_1,\theta)]^5[(n_1^e)^{-2}-(n_1^o)^{-2}]\sin 2\theta+2[n_1^e(\omega_1,\theta)]^3\cos 2\theta\right\}(\Delta\theta)^2}\right|^{\frac{1}{2}} \tag{4-92}$$

(3) 负单轴晶体第二类相位匹配。

公式(4-71)化简为

$$\Delta k=\frac{1}{2}\frac{\mathrm{d}^2(\Delta k)}{\mathrm{d}\theta^2}\bigg|_{\theta=\theta_m}(\Delta\theta)^2=\frac{\omega_1}{c}\frac{\mathrm{d}^2n_3^e(2\omega_1,\theta)}{\mathrm{d}\theta^2}-\frac{\omega_1}{2c}\frac{\mathrm{d}^2n_1^e(\omega_1,\theta)}{\mathrm{d}\theta^2}(\Delta\theta)^2$$

$$=\left\{\begin{aligned}&-\frac{\omega_1}{2c}[(n_3^e)^{-2}-(n_3^o)^{-2}]\cdot\\&\left\{-\frac{3\omega_1}{c}[n_3^e(2\omega_1,\theta)]^5[(n_3^e)^{-2}-(n_3^o)^{-2}]\sin 2\theta+2[n_3^e(2\omega_1,\theta)]^3\cos 2\theta\right\}+\\&\frac{\omega_1}{4c}[(n_1^e)^{-2}-(n_1^o)^{-2}]\cdot\\&\left\{\frac{3\omega_1}{2c}[n_1^e(\omega_1,\theta)]^5[(n_1^e)^{-2}-(n_1^o)^{-2}]\sin 2\theta+2[n_1^e(\omega_1,\theta)]^3\cos 2\theta\right\}\end{aligned}\right\}(\Delta\theta)^2$$

(4-93)

可以求得允许角：

$$\Delta\theta=\pm\left|\frac{\pi/l}{\begin{aligned}&-\frac{\omega_1}{2c}[(n_3^e)^{-2}-(n_3^o)^{-2}]\cdot\\&\left\{-\frac{3\omega_1}{c}[n_3^e(2\omega_1,\theta)]^5[(n_3^e)^{-2}-(n_3^o)^{-2}]\sin 2\theta+2[n_3^e(2\omega_1,\theta)]^3\cos 2\theta\right\}+\\&\frac{\omega_1}{4c}[(n_1^e)^{-2}-(n_1^o)^{-2}]\cdot\\&\left\{\frac{3\omega_1}{2c}[n_1^e(\omega_1,\theta)]^5[(n_1^e)^{-2}-(n_1^o)^{-2}]\sin 2\theta+2[n_1^e(\omega_1,\theta)]^3\cos 2\theta\right\}\end{aligned}}\right|^{\frac{1}{2}}$$

(4-94)

(4) 正单轴晶体第二类相位匹配。

公式(4-71)化简为

$$\begin{aligned}\Delta k=\frac{1}{2}\frac{\mathrm{d}^2(\Delta k)}{\mathrm{d}\theta^2}\bigg|_{\theta=\theta_m}(\Delta\theta)^2=-\frac{\omega_1}{2c}\frac{\mathrm{d}^2n_1^e(\omega_1,\theta)}{\mathrm{d}\theta^2}(\Delta\theta)^2=\frac{\omega_1}{2c}[(n_1^e)^{-2}-(n_1^o)^{-2}]\cdot\\\left\{-\frac{3\omega_1}{c}[n_1^e(\omega_1,\theta)]^5[(n_1^e)^{-2}-(n_1^o)^{-2}]\sin 2\theta+2[n_1^e(\omega_1,\theta)]^3\cos 2\theta\right\}(\Delta\theta)^2\end{aligned}\qquad(4\text{-}95)$$

可以求得允许角：

$$\Delta\theta=\pm\left|\frac{\pi/l}{\begin{aligned}&\frac{\omega_1}{2c}[(n_1^e)^{-2}-(n_1^o)^{-2}]\cdot\\&\left\{-\frac{3\omega_1}{c}[n_1^e(\omega_1,\theta)]^5[(n_1^e)^{-2}-(n_1^o)^{-2}]\sin 2\theta+2[n_1^e(\omega_1,\theta)]^3\cos 2\theta\right\}\end{aligned}}\right|^{\frac{1}{2}}\qquad(4\text{-}96)$$

从各种情况下的允许角结果可以看到，在相位匹配角 $\theta_m=90°$时，允许角是最大的，一般情况下可以达到几十毫弧度，这也就意味着，当相位匹配角 θ_m 等于 90°时，由 $\Delta\theta$ 产生的失配量 Δk 最小，对相位匹配产生的影响最小。

从上面的讨论可以看出，当相位匹配角 θ_m 等于 90°时，基频 o 光能够和倍频 e 光不分离，没有光孔效应，并且 $\Delta\theta$ 带来的影响最小，这时产生的相位匹配称为最佳相位匹配，也叫做非临界相位匹配（noncritical phase matching，NCPM），相应的相位匹配角叫做最佳相位匹配角。

4.5.4 实现相位匹配的方法

在倍频过程中需要相位匹配，如何实现相位匹配就是一个实际问题摆在了人们的面前。目前，实现相位匹配的方法主要有两种，角度相位匹配和温度相位匹配。

1. 角度相位匹配

在非线性材料确定之后，其对不同波长和偏振的光的折射率就已经确定了下来。对于单轴晶体，入射基频光可分 o 光和 e 光，其中 e 光折射率随波矢与光轴间的夹角 θ 改变。当 θ 变化到某一角度时，e 光折射率正好使倍频条件成立，即实现了相位匹配。

下面以磷酸二氢钾晶体（KDP）为例，讨论 1 064 nm 基频光倍频成 532 nm 倍频光的相位匹配角情况。KDP 晶体存在两种晶体结构，即四方相和单斜相，通常利用的是室温环境下的四方相，点群为 $D_{24}-\overline{4}2m$，空间群为 $D_{24}^{12}-I\overline{4}2d$，透光波段为 178 nm～1.45 μm，理想外形如图 4-12 所示。KDP 晶体是一种具有优良的非线性光学性质并已得到广泛应用的非线性光学晶体，常常作为标准来比较其他晶体非线性效应的大小。KDP 晶体为负单轴晶体，可以实现第一类相位匹配 oo-e 和第二类相位匹配 eo-e。

图 4-12　KDP 晶体

根据 KDP 晶体的塞耳迈耶尔（Sellmeier）方程和各系数值（表 4-2），可以计算出 KDP 晶体基频光（1 064 nm）和倍频光（532 nm）的主轴折射率：

$$\begin{aligned} &1\,064\text{ nm}, \quad n_o=1.494, \quad n_e=1.460 \\ &532\text{ nm}, \quad n_o=1.512, \quad n_e=1.471 \end{aligned} \tag{4-97}$$

表 4-2　常温下 KDP 晶体的塞耳迈耶尔系数

	A	B	C	D
n_o	2.259 276	0.010 089 56	0.012 942 625	13.005 22
n_e	2.132 668	0.008 637 494	0.012 281 043	3.227 992

将各个折射率值代入公式(4-60),即可计算出 KDP 晶体第一类相位匹配 oo-e 的相位匹配角为 $\theta_m=41.2°$。将各个折射率值代入公式(4-66),即可计算出 KDP 晶体第二类相位匹配 eo-e 的相位匹配角为 $\theta_m=59.1°$。

2. 温度相位匹配

对于非线性晶体来说,通常情况下其折射率不仅是波长的函数,还是温度的函数。比如 $LiNbO_3$ 晶体的折射率与波长和温度的关系为

$$n_o^2=4.9130+\frac{0.1173+1.65\times10^{-8}T^2}{\lambda^2-(0.212+2.7\times10^{-8}T^2)^2}-0.0278\lambda^2 \tag{4-98}$$

$$n_e^2=(4.5567+2.605\times10^{-7}T^2)+\frac{0.097+2.7\times10^{-8}T^2}{\lambda^2-(0.201+5.4\times10^{-8}T^2)^2}-0.0224\lambda^2 \tag{4-99}$$

从公式(4-98)和公式(4-99)可以看出,在不同温度情况下折射率是不同的,而且 n_o 的变化速度要慢于 n_e,因此倍频过程中不同温度的相位匹配角 θ_m 是不同的。前面已经讨论过,在倍频过程中,$\theta_m=90°$时,基频 o 光和倍频 e 光不分离,没有光孔效应,并且 $\Delta\theta$ 的影响最小,这时产生的相位匹配称为最佳相位匹配,因此可以通过改变晶体温度来实现最佳相位匹配(图 4-13)。

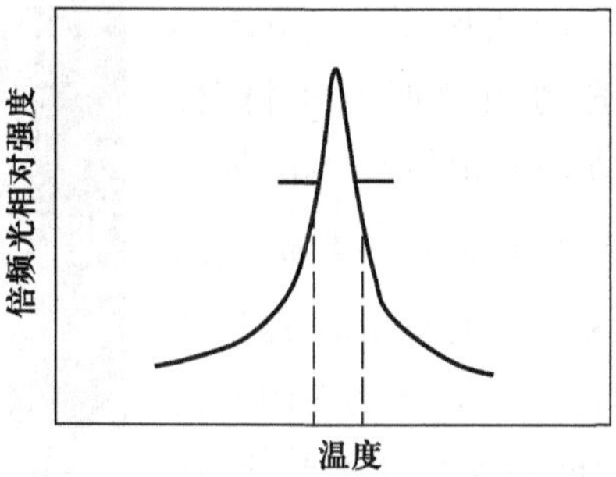

图 4-13 倍频光相对强度与温度的关系(横坐标为温度,纵坐标为倍频光相对强度)

4.6 马克尔(Maker)条纹

前面在讨论相位不匹配时,讨论的都是入射基频波在垂直于材料界面入射时的情况,如果入射基频波是倾斜于材料界面入射的,那么在非线性材料中还会产生一种有趣的条纹——马克尔条纹。马克尔条纹于 1962 年被首次发现,后来人们将这种条纹以发现者的名字命名。下面对马克尔条纹进行分析。

如图 4-14 所示(这里采用直角坐标系,三个坐标轴分别用 x、y、z 表示),假设一束线偏振基频波从空气中倾斜入射到厚度为 L 的非线性材料板之上,基频波进入材料内部会有折射发生,利用斯涅耳(Snell)定律可以得到基频波在材料内的折射角:

$$\sin\theta'_\omega=\sin\theta/n_\omega \tag{4-100}$$

这里,θ 为入射基频波与材料界面法线之间的夹角,n_ω 为非线性材料的折射率。

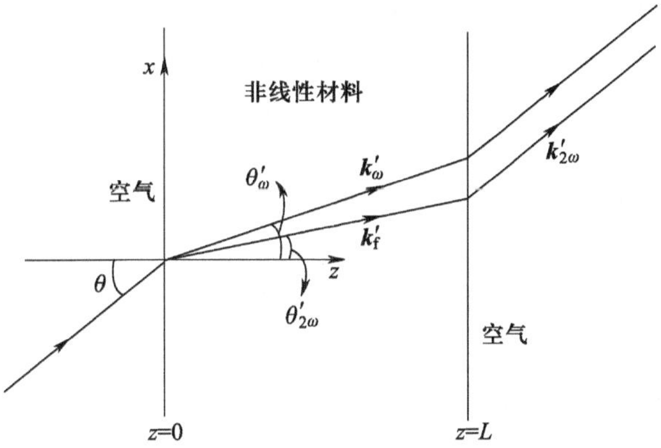

图 4-14　基频波和二次谐波的传输路径（y 轴垂直于纸面）

基频波折射进入材料后，如果用 $\boldsymbol{k}'_\omega$ 来表示基频波的波矢，则有

$$|\boldsymbol{k}'_\omega| = n_\omega(\omega/c) \tag{4-101}$$

利用菲涅耳（Fresnel）公式可以得到材料内部基频波的电场强度 $\boldsymbol{E}'_\omega$：

$$|\boldsymbol{E}'_\omega| = t'_\omega |\boldsymbol{E}_\omega| \tag{4-102}$$

这里，t'_ω 为透射系数，$\boldsymbol{E}_\omega$ 为入射基频波电场强度。

如果空气中基频波 $\boldsymbol{E}_\omega$ 垂直于入射界面（TM 波，P 偏振波入射），那么有

$$t'_\omega = 2\cos\theta/(n_\omega \cos\theta'_\omega + \cos\theta) \tag{4-103}$$

如果空气中基频波 $\boldsymbol{E}_\omega$ 平行于入射界面（TE 波，S 偏振波入射），那么有

$$t'_\omega = 2\cos\theta/(n_\omega \cos\theta_\omega + \cos\theta'_\omega) \tag{4-104}$$

由于非线性极化的存在，会有相应的高阶极化项，根据公式（4-9），其中与倍频效应相对应的电极化强度 $P'_{2\omega}$ 可以写为

$$P'_{2\omega} = \varepsilon_0 \chi^{(2)} E'^2_\omega \tag{4-105}$$

这里，$P'_{2\omega}(r,t)$ 为倍频电极化强度，其与时间无关。

线性波动方程也变为非线性波动方程。只考虑非线性极化产生的二次谐波时，材料中非线性波动方程（4-26）的解为

$$\begin{aligned}\boldsymbol{E}'_{2\omega} = \boldsymbol{e}_f E'_f \exp(\mathrm{i}\boldsymbol{k}_f \cdot \boldsymbol{r}) + [4\pi P'_{2\omega}/(n_\omega^2 - n_{2\omega}^2)] \cdot \\ [\boldsymbol{p} - \boldsymbol{k}_b(\boldsymbol{k}_b \cdot \boldsymbol{p})/|\boldsymbol{k}_f|^2] \exp(\mathrm{i}\boldsymbol{k}_b \cdot \boldsymbol{r})\end{aligned} \tag{4-106}$$

这里，$\boldsymbol{e}_f$ 为沿自由波电场强度方向的单位矢量，E'_f 为自由波电场强度振幅项，是与时间无关的项，$\boldsymbol{p}$ 为非线性倍频极化方向的单位矢量，$\boldsymbol{k}_f$ 和 $\boldsymbol{k}_b$ 为自由波和束缚波的波矢。

$\boldsymbol{k}_f$ 和 $\boldsymbol{k}_b$ 的大小可以写为

$$|\boldsymbol{k}_f| = n_{2\omega}(2\omega/c) \tag{4-107}$$

$$|\boldsymbol{k}_b| = n_\omega(2\omega/c) \tag{4-108}$$

自由波和束缚波在非线性材料中折射，其折射角分别满足

$$\sin\theta'_{2\omega} = \sin\theta/n_{2\omega} \tag{4-109}$$

$$\sin\theta'_\omega = \sin\theta/n_\omega \tag{4-110}$$

从公式(4-106)可以看出,非线性波动方程(4-26)的解与波在线性介质中传播所用的齐次方程的解不同(多了一个和非线性极化有关的项)。这个解可以看成由齐次方程的一般解(第一项)与非齐次方程的特殊解(第二项)的和组成。其中,一般解所对应的波称为“自由”谐波,简称自由波;特殊解所对应的波称为“束缚”谐波,简称束缚波。

在通常情况下,“束缚”谐波和“自由”谐波具有不同的传播速率,它们在晶体中相互干涉,这样就会导致在旋转晶体(或激光器)的时候,倍频谐波产生功率为 $\mathscr{P}''_{2\omega}$ 的变化干涉条纹。倍频谐波功率 $\mathscr{P}''_{2\omega}$ 作为入射角 θ 的函数,可以通过测量“束缚”谐波和“自由”谐波产生的干涉条纹并通过麦克斯韦方程组给出。

利用电磁波中电场与磁场之间的关系,可得

$$\begin{aligned}\boldsymbol{H}'_{2\omega}=&(c/2\pi)(\boldsymbol{k}\times\boldsymbol{e}_{\rm f})E'_{\rm f}\exp(\mathrm{i}\boldsymbol{k}_{\rm f}\cdot\boldsymbol{r})+\\&[4\pi P'_{2\omega}/(n_{\omega}^{2}-n_{2\omega}^{2})]\cdot(c/2\pi)(\boldsymbol{k}_{\rm b}\times\boldsymbol{p})\exp(\mathrm{i}\boldsymbol{k}_{\rm b}\cdot\boldsymbol{r})\end{aligned}\tag{4-111}$$

同时,由于材料中非线性极化项的存在,还会在入射面上产生一个反射回空气中的角频率为 2ω 的反射波,其电场强度 $\boldsymbol{E}_{2\omega}^{\rm R}$ 和磁场强度 $\boldsymbol{H}_{2\omega}^{\rm R}$ 可以写为

$$\boldsymbol{E}_{2\omega}^{\rm R}=\boldsymbol{e}_{\rm R}E_{\rm R}\exp(\mathrm{i}\boldsymbol{k}_{2}^{\rm R}\cdot\boldsymbol{r})\tag{4-112}$$

$$\boldsymbol{H}_{2\omega}^{\rm R}=(c/2\omega)(\boldsymbol{k}_{2}^{\rm R}\times\boldsymbol{e}_{\rm R})E_{\rm R}\exp(\mathrm{i}\boldsymbol{k}_{2}^{\rm R}\cdot\boldsymbol{r})\tag{4-113}$$

这里,$\boldsymbol{k}_{2}^{\rm R}$ 为反射波的波矢,$\boldsymbol{e}_{\rm R}$ 为反射波电场方向的单位矢量,$E_{\rm R}$ 为反射波的电场强度振幅。

对于反射波来说,其遵循反射定律,因此有

$$\theta^{\rm R}=-\theta\tag{4-114}$$

$$|\boldsymbol{k}_{2}^{\rm R}|=2\omega/c\tag{4-115}$$

这里,$\theta^{\rm R}$ 为反射波与界面法线之间的夹角。$\boldsymbol{k}_{\rm f}$、$\boldsymbol{k}_{\rm b}$、$\boldsymbol{k}_{2}^{\rm R}$、$\boldsymbol{e}_{\rm R}$、$\boldsymbol{e}_{\rm f}$、$E'_{\rm f}$ 和 $E_{\rm R}$ 满足界面处电场和磁场切向分量的连续条件。

下面对 $\boldsymbol{e}_{\rm R}$、$\boldsymbol{e}_{\rm f}$、$E'_{\rm f}$ 进行计算。为了对数学过程进行简化,这里令

$$\boldsymbol{e}_{\rm b}=\boldsymbol{p}-\boldsymbol{k}_{\rm b}(\boldsymbol{k}_{\rm b}\cdot\boldsymbol{p})/|\boldsymbol{k}_{\rm f}|^{2}\tag{4-116}$$

$$Q'=4\pi P'_{2\omega}/(n_{\omega}^{2}-n_{2\omega}^{2})\tag{4-117}$$

在入射界面 $z=0$ 处,公式(4-106)、公式(4-111)—公式(4-113)可以写为

$$\boldsymbol{E}'_{2\omega}=\boldsymbol{e}_{\rm f}E'_{\rm f}+\boldsymbol{e}_{\rm b}Q'\tag{4-118}$$

$$\boldsymbol{H}'_{2\omega}=(c/2\omega)(\boldsymbol{k}\times\boldsymbol{e}_{\rm f})E'_{\rm f}+Q'(c/2\omega)(\boldsymbol{k}_{\rm b}\times\boldsymbol{p})\tag{4-119}$$

$$\boldsymbol{E}_{2\omega}^{\rm R}=\boldsymbol{e}_{\rm R}E_{\rm R}\tag{4-120}$$

$$\boldsymbol{H}_{2\omega}^{\rm R}=(c/2\omega)(\boldsymbol{k}_{2}^{\rm R}\times\boldsymbol{e}_{\rm R})E_{\rm R}\tag{4-121}$$

对于图 4-14 中的坐标系来说,其边界连续性条件为

$$\boldsymbol{x}\cdot\boldsymbol{e}_{\rm R}E_{\rm R}=\boldsymbol{x}\cdot\boldsymbol{e}_{\rm f}E'_{\rm f}+\boldsymbol{x}\cdot\boldsymbol{e}_{\rm b}Q'\tag{4-122}$$

$$(\boldsymbol{k}_{\rm R}\times\boldsymbol{e}_{\rm R})\cdot\boldsymbol{x}E_{\rm R}=\boldsymbol{x}\cdot(\boldsymbol{k}_{\rm f}\times\boldsymbol{e}_{\rm f})E'_{\rm f}+\boldsymbol{x}\cdot(\boldsymbol{k}_{\rm b}\times\boldsymbol{p})Q'\tag{4-123}$$

$$\boldsymbol{y}\cdot\boldsymbol{e}_{\rm R}E_{\rm R}=\boldsymbol{y}\cdot\boldsymbol{e}_{\rm f}E'_{\rm f}+\boldsymbol{y}\cdot\boldsymbol{e}_{\rm b}Q'\tag{4-124}$$

$$(\boldsymbol{k}_{\rm R}\times\boldsymbol{e}_{\rm R})\cdot\boldsymbol{y}E_{\rm R}=\boldsymbol{y}\cdot(\boldsymbol{k}_{\rm f}\times\boldsymbol{e}_{\rm f})E'_{\rm f}+\boldsymbol{y}\cdot(\boldsymbol{k}_{\rm b}\times\boldsymbol{p})Q'\tag{4-125}$$

这里,$\boldsymbol{x}$、$\boldsymbol{y}$、$\boldsymbol{z}$ 为三个坐标轴方向的单位矢量。

考虑 $\boldsymbol{e}_{\rm b}$、$\boldsymbol{e}_{\rm f}$、$\boldsymbol{e}_{\rm R}$ 和 $\boldsymbol{p}$ 在 x、y、z 轴方向的投影:

$$\begin{matrix} & \boldsymbol{e}_{\mathrm{b}} & \boldsymbol{e}_{\mathrm{f}} & \boldsymbol{e}_{\mathrm{R}} & \boldsymbol{p} \\ x & b_x & f_x & R_x & p_x \\ y & b_y & f_y & R_y & p_y \\ z & b_z & f_z & R_z & p_z \end{matrix} \tag{4-126}$$

公式(4-122)—公式(4-125)可以写为

$$R_x E_{\mathrm{R}} = f_x E'_{\mathrm{f}} + b_x Q' \tag{4-127}$$

$$R_y k_{\mathrm{R}z} E_{\mathrm{R}} = f_y k_{\mathrm{f}z} E'_{\mathrm{f}} + b_y k_{\mathrm{b}z} Q' \tag{4-128}$$

$$R_y E_{\mathrm{R}} = f_y k_{\mathrm{f}z} E'_{\mathrm{f}} + p_y k_{\mathrm{b}z} Q' \tag{4-129}$$

$$(R_x k_{\mathrm{R}z} - R_z k_{\mathrm{R}x}) E_{\mathrm{R}} = (f_x k_{\mathrm{f}z} - f_z k_{\mathrm{f}x}) E'_{\mathrm{f}} + (p_x k_{\mathrm{b}z} - p_z k_{\mathrm{b}x}) Q' \tag{4-130}$$

下面分两种情况进行讨论：

(1) 非线性电极化强度方向垂直于入射面。

这时可知

$$p_x = p_z = 0, \quad p_y = 1 \tag{4-131}$$

$$\boldsymbol{k}_{\mathrm{b}} \cdot \boldsymbol{p} = 0 \tag{4-132}$$

将公式(4-132)代入公式(4-116)，可得 $\boldsymbol{e}_{\mathrm{b}} = \boldsymbol{p}$；再利用公式(4-131)，有 $b_x = b_z = 0, b_y = 1$。这时，公式(4-127)—公式(4-130)可写为

$$R_x E_{\mathrm{R}} = f_x E'_{\mathrm{f}} \tag{4-133}$$

$$R_y k_{\mathrm{R}z} E_{\mathrm{R}} = f_y k_{\mathrm{f}z} E'_{\mathrm{f}} + k_{\mathrm{b}z} Q' \tag{4-134}$$

$$R_y E_{\mathrm{R}} = f_y E'_{\mathrm{f}} + Q' \tag{4-135}$$

$$(R_x k_{\mathrm{R}z} - R_z k_{\mathrm{R}x}) E_{\mathrm{R}} = (f_x k_{\mathrm{f}z} - f_z k_{\mathrm{f}x}) E'_{\mathrm{f}} \tag{4-136}$$

公式(4-133)和公式(4-136)与 Q' 无关，并且不会产生二阶极化，因此没有二次谐波。可以推出 $R_x = f_x = 0 = R_z = f_z$。公式(4-134)和公式(4-135)可以写成

$$E_{\mathrm{R}} = f_y E'_{\mathrm{f}} + Q' \tag{4-137}$$

$$n_{2\omega} \cos \theta'_{2\omega} E'_{\mathrm{f}} + n_{\omega} \cos \theta'_{\omega} Q' = -\cos \theta E_{\mathrm{R}} \tag{4-138}$$

进而可得

$$E'_{\mathrm{f}} = -Q' \frac{\cos \theta + n_{\omega} \cos \theta'_{\omega}}{n_{2\omega} \cos \theta'_{2\omega} + \cos \theta} \tag{4-139}$$

公式(4-106)可以重新写为

$$\boldsymbol{E}'_{2\omega} = \boldsymbol{y} Q' \left[-\frac{\cos \theta + n_{\omega} \cos \theta'_{\omega}}{n_{2\omega} \cos \theta'_{2\omega} + \cos \theta} \exp(\mathrm{i} \boldsymbol{k}_{\mathrm{f}} \cdot \boldsymbol{r}) + \exp(\mathrm{i} \boldsymbol{k}_{\mathrm{b}} \cdot \boldsymbol{r}) \right] \tag{4-140}$$

(2) 非线性电极化强度方向在入射面内。

这时有

$$\begin{aligned} & p_y = 0 \\ & b_x = p_x - (n_{\omega}^2 / n_{2\omega}^2) \sin \theta'_{\omega} (\sin \theta'_{\omega} p_x + \cos \theta'_{\omega} p_z) \\ & b_y = 0 \\ & b_z = p_z - (n_{\omega}^2 / n_{2\omega}^2) \cos \theta'_{\omega} (\sin \theta'_{\omega} p_x + \cos \theta'_{\omega} p_z) \end{aligned} \tag{4-141}$$

公式(4-122)—公式(4-125)可以写为

$$R_x E_R = f_x E'_f + b_x Q' \tag{4-142}$$

$$R_y k_{Rz} E_R = f_y k_{fz} E'_f \tag{4-143}$$

$$R_y E_R = f_y k_{fz} E'_f \tag{4-144}$$

$$(R_x k_{Rz} - R_z k_{Rx}) E_R = (f_x k_{fz} - f_z k_{fx}) E'_f + (p_x k_{bz} - p_z k_{bx}) Q' \tag{4-145}$$

为了使公式(4-142)和公式(4-145)成立,就要求

$$R_y = f_y = 0 \tag{4-146}$$

这样,边界连续性条件可以写为

$$-E_R \cos\theta = E'_f \cos\theta'_{2\omega} + b_x Q' \tag{4-147}$$

$$E_R = n_{2\omega} E'_f + (p_x \cos\theta'_\omega - p_z \sin\theta'_\omega) n_\omega Q' \tag{4-148}$$

这样就有

$$\begin{aligned} E'_f &= -Q' \frac{b_x + n_\omega \cos\theta(p_x \cos\theta'_\omega - p_z \sin\theta'_\omega) + n_\omega}{\cos\theta'_{2\omega} + n_{2\omega}\cos\theta} \\ &= -\beta Q' \end{aligned} \tag{4-149}$$

这里,

$$\beta = \frac{b_x + n_\omega \cos\theta(p_x \cos\theta'_\omega - p_z \sin\theta'_\omega) + n_\omega}{\cos\theta'_{2\omega} + n_{2\omega}\cos\theta}$$

将公式(4-149)中的 E'_f 代入公式(4-106),可得

$$\boldsymbol{E}'_{2\omega} = -\boldsymbol{e}_f \beta Q' \exp(\mathrm{i}\boldsymbol{k}_f \cdot \boldsymbol{r}) + \boldsymbol{e}_b Q' \exp(\mathrm{i}\boldsymbol{k}_b \cdot \boldsymbol{r}) \tag{4-150}$$

在 $z=L$ 界面处,自由波和束缚波将要在空气中传播,其传播方向相同,可以用 $\boldsymbol{E}''_{2\omega}$ 对其进行统一表示,其波矢为

$$\boldsymbol{k}''_{2\omega} = 2\boldsymbol{k}_\omega \tag{4-151}$$

如果基频波在出射面 $z=L$ 处的反射可以忽略不计,那么在出射面将没有束缚波的反射,反射的将只是波矢为 $\boldsymbol{k}'^{R}_f$、角频率为 ω 的自由波 $\boldsymbol{E}'^{R}_f$,并且有

$$\theta'^{R}_f = -\theta'_{2\omega} \tag{4-152}$$

$$k'^{R}_f = n'_{2\omega}(2\omega/c) \tag{4-153}$$

下面依然分两种情况进行讨论:

(1) 非线性电极化强度方向垂直于入射面。

这时在出射面处依然有电场和磁场的切向分量连续的条件,因此可得

$$\begin{aligned} & E'_f \exp(\mathrm{i}\boldsymbol{k}_f \cdot zL) + Q' \exp(\mathrm{i}\boldsymbol{k}_b \cdot zL) + E'^{R}_f \exp(\mathrm{i}\boldsymbol{k}_f \cdot zL) && (4\text{-}154) \\ &= E''_{2\omega} \exp(\mathrm{i} \cdot 2\boldsymbol{k}_\omega \cdot zL) - n_{2\omega}\cos\theta'_{2\omega} E'_f \exp(\mathrm{i}\boldsymbol{k}_f \cdot zL) - \\ &\quad n_\omega \cos\theta'_\omega Q' \exp(\mathrm{i}\boldsymbol{k}_b \cdot zL) + n_{2\omega}\cos\theta'_{2\omega} E'^{R}_f \exp(\mathrm{i}\boldsymbol{k}_f \cdot zL) && (4\text{-}155) \\ &= \cos\theta E''_{2\omega} \exp(\mathrm{i} \cdot 2\boldsymbol{k}_\omega \cdot zL) \end{aligned}$$

消去公式(4-154)和公式(4-155)中的 E'^{R}_f,可以计算出 $E''_{2\omega}$:

$$\begin{aligned} E''_{2\omega} \exp(\mathrm{i} \cdot 2\boldsymbol{k}_\omega \cdot zL) = n_{2\omega} & \frac{2n_{2\omega}\cos\theta'_{2\omega}}{\cos\theta + n_{2\omega}\cos\theta'_{2\omega}} E'_f \exp(\mathrm{i}\boldsymbol{k}_f \cdot zL) + \\ & \frac{n_\omega \cos\theta'_\omega + n_{2\omega}\cos\theta'_{2\omega}}{\cos\theta + n_{2\omega}\cos\theta'_{2\omega}} Q' \exp(\mathrm{i}\boldsymbol{k}_b \cdot zL) \end{aligned} \tag{4-156}$$

从出射界面出射的二次谐波的光强 $I''_{2\omega}$ 可以写为

$$I''_{2\omega}=(c/8\pi)\left|\boldsymbol{E}''_{2\omega}\times\boldsymbol{H}''^{*}_{2\omega}\right|=(c/8\pi)\left|E''_{2\omega}\right|^2 \tag{4-157}$$

利用公式(4-117)和公式(4-139)可以得到

$$I''_{2\omega}=\frac{c}{8\pi}\frac{16\pi^2\left|P'_{2\omega}\right|^2}{(n_\omega^2-n_{2\omega}^2)^2}\left[8n_{2\omega}\cos\theta'_{2\omega}\frac{(\cos\theta+n_\omega\cos\theta'_{2\omega})(n_\omega\cos\theta'_\omega+n_{2\omega}\cos\theta'_{2\omega})}{(\cos\theta+n_{2\omega}\cos\theta'_{2\omega})^3}\cdot\sin^2\psi+\frac{(n_\omega\cos\theta'_\omega-n_{2\omega}\cos\theta'_{2\omega})^2}{(\cos\theta+n_{2\omega}\cos\theta'_{2\omega})^4}(n_{2\omega}\cos\theta'_{2\omega}-\cos\theta)^2\right] \tag{4-158}$$

这里,

$$\psi=\left(\frac{\pi L}{2}\right)\left(\frac{4}{\lambda}\right)(n_\omega\cos\theta'_\omega-n_{2\omega}\cos\theta'_{2\omega})^2 \tag{4-159}$$

$I''_{2\omega}$ 可以写成两项的总和:一项依赖于 ψ,另一项不依赖于 ψ。公式(4-158)中的第二项与材料厚度 L 无关,并且没有周期性。相对于第一项来说,第二项的振幅比第一项的最大值小几个数量级,因此在实际过程中常常忽略不计。

(2) 非线性电极化强度方向在入射面内。

这时,连续性边界条件变为

$$\begin{aligned}&\cos\theta'_{2\omega}E'_{\mathrm{f}}\exp(\mathrm{i}\boldsymbol{k}_{\mathrm{f}}\cdot zL)+b_xQ'\exp(\mathrm{i}\boldsymbol{k}_{\mathrm{b}}\cdot zL)-\cos\theta'_{2\omega}E'^{\mathrm{R}}_{\mathrm{f}}\exp(-\mathrm{i}\boldsymbol{k}_{\mathrm{f}}\cdot zL)\\&=\cos\theta'_{2\omega}E''_{2\omega}\exp(\mathrm{i}\cdot 2\boldsymbol{k}_\omega\cdot zL)\end{aligned} \tag{4-160}$$

$$\begin{aligned}&n_{2\omega}E'_{\mathrm{f}}\exp(\mathrm{i}\boldsymbol{k}_{\mathrm{f}}\cdot zL)-n_\omega Q'(\cos\theta'_\omega p_x-\sin\theta'_\omega p_z)\exp(\mathrm{i}\boldsymbol{k}_{\mathrm{b}}\cdot zL)+\\&n_{2\omega}E'^{\mathrm{R}}_{\mathrm{f}}\exp(-\mathrm{i}\boldsymbol{k}_{\mathrm{f}}\cdot zL)=E''_{2\omega}\exp(2\cdot\mathrm{i}\boldsymbol{k}_\omega\cdot zL)\end{aligned} \tag{4-161}$$

从公式(4-160)和公式(4-161)可以推导出

$$\begin{aligned}E''_{2\omega}\exp(\mathrm{i}\cdot 2\boldsymbol{k}_\omega\cdot zL)=&\frac{2n_{2\omega}\cos\theta'_{2\omega}}{n_{2\omega}\cos\theta+\cos\theta'_{2\omega}}E'_{\mathrm{f}}\exp(\mathrm{i}\boldsymbol{k}_{\mathrm{f}}\cdot zL)+\\&\frac{n_{2\omega}b_x+n_\omega\cos\theta'_{2\omega}(\cos\theta'_\omega p_x-\sin\theta'_\omega p_z)}{n_{2\omega}\cos\theta+\cos\theta'_{2\omega}}Q'\exp(\mathrm{i}\boldsymbol{k}_{\mathrm{b}}\cdot zL)\end{aligned} \tag{4-162}$$

利用公式(4-117)和公式(4-149)可得

$$\begin{aligned}I''_{2\omega}=&\frac{c}{8\pi}\frac{16\pi^2\left|P'_{2\omega}\right|^2}{(n_\omega^2-n_{2\omega}^2)^2}\cdot\\&\left\{\frac{[b_x+n_\omega\cos\theta'_\omega(\cos\theta'_\omega p_x-\sin\theta'_\omega p_z)][n_{2\omega}b_x+n_\omega\cos\theta'_{2\omega}(\cos\theta'_\omega p_x-\sin\theta'_\omega p_z)]}{(n_{2\omega}\cos\theta+\cos\theta'_{2\omega})^3}\cdot\right.\\&8n_{2\omega}\cos\theta'_{2\omega}\sin^2\psi+\\&\left.\left[\frac{2\beta n_{2\omega}\cos\theta'_{2\omega}}{n_{2\omega}\cos\theta+\cos\theta'_{2\omega}}-\frac{n_{2\omega}b_x+n_\omega\cos\theta'_{2\omega}(\cos\theta'_\omega p_x-\sin\theta'_\omega p_z)}{(n_{2\omega}\cos\theta+\cos\theta'_{2\omega})^2}\right]^2\right\}\end{aligned} \tag{4-163}$$

和前面的分析一样,$I''_{2\omega}$ 表达式中一项依赖于 ψ,另一项不依赖于 ψ。第二项的振幅比第一项的最大值小几个数量级,因此,通常可以忽略不计。考虑其中的

$$\cos\theta'_\omega(\cos\theta'_\omega p_x-\sin\theta'_\omega p_z)=p_x-\sin\theta'_\omega(\sin\theta'_\omega p_x-\cos\theta'_\omega p_z) \tag{4-164}$$

根据之前的计算,可得

$$b_x=p_x-\frac{n_\omega^2}{n_{2\omega}^2}\sin\theta'_\omega(\sin\theta'_\omega p_x+\cos\theta'_\omega p_z) \tag{4-165}$$

结合公式(4-164)和公式(4-165)的结果，可以看到在色散不是很大($n_\omega\approx n_{2\omega}$)且$|\theta|\leqslant\pi/4$时，有

$$b_x\approx\cos\theta'_\omega(\cos\theta'_\omega p_x-\sin\theta'_\omega p_z) \tag{4-166}$$

如果用$\varXi$来表示$\boldsymbol{p}$与$\boldsymbol{x}$之间的夹角，那么$I''_{2\omega}$可以写为

$$I''_{2\omega}=\frac{c}{8\pi}\frac{16\pi^2|P'_{2\omega}|^2}{(n_\omega^2-n_{2\omega}^2)^2}8n_{2\omega}\cos\theta'_{2\omega}\cos^2(\theta'_\omega-\varXi)\cdot\frac{(n_\omega\cos\theta+\cos\theta'_\omega)(n_{2\omega}\cos\theta'_\omega+n_\omega\cos\theta'_{2\omega})}{(n_{2\omega}\cos\theta+\cos\theta'_{2\omega})^3}\sin^2\psi \tag{4-167}$$

再代入公式(4-106)、公式(4-158)和公式(4-167)可以得到$I''_{2\omega}$与E'_ω的关系式：

$$I''_{2\omega}=\frac{8\pi c}{(n_\omega^2-n_{2\omega}^2)^2}[\chi^{(2)}]^2p^2(\theta)|E'_\omega|^4T''_{2\omega}\sin^2\psi \tag{4-168}$$

这里，$\chi^{(2)}$为从实验中获得的非线性系数，$p(\theta)$是投影因子，由p_1和p_2的乘积构成，即$p(\theta)=p_1p_2$。

p_1来自电极化强度的振幅表达式：

$$|p'_{2\omega}|=p_1\chi^{(2)}|E'_\omega|^2 \tag{4-169}$$

定义传输因子$T''_{2\omega}$。如果非线性电极化强度$\boldsymbol{P}'_{2\omega}$垂直于入射面，则有

$$p_2=1 \tag{4-170}$$

$$T''_{2\omega}=2n_\omega\cos\theta'_{2\omega}\cdot\frac{(\cos\theta+n_\omega\cos\theta'_\omega)(n_\omega\cos\theta'_\omega+n_{2\omega}\cos\theta'_{2\omega})}{(n_{2\omega}\cos\theta'_{2\omega}+\cos\theta)^3} \tag{4-171}$$

如果非线性电极化强度$\boldsymbol{P}'_{2\omega}$在入射面内，则有

$$p_2=\cos(\theta'_\omega-\varXi) \tag{4-172}$$

$$T''_{2\omega}=2n_\omega\cos\theta'_{2\omega}\cdot\frac{(n_\omega\cos\theta+\cos\theta'_\omega)(n_{2\omega}\cos\theta'_\omega+n_\omega\cos\theta'_{2\omega})}{(n_{2\omega}\cos\theta'_{2\omega}+\cos\theta)^3} \tag{4-173}$$

前面的讨论都忽略了材料出射面处界面反射的影响，如果考虑该影响，就需要对结果进行修正。修正后，透射二次谐波功率$\mathcal{P}''_{2\omega}$可以写为

$$\mathcal{P}''_{2\omega}=(512\pi^3/A)[\chi^{(2)}]^2t'^4_\omega T''_{2\omega}\mathcal{R}(\theta)p(\theta)\mathcal{P}^2_\omega[1/(n_\omega^2-n_{2\omega}^2)^2]\sin^2\psi \tag{4-174}$$

这里，$\mathcal{P}_\omega$为基频波功率，c是空气中的光速，A是光束面积，t'_ω和$T''_{2\omega}$由公式(4-103)、公式(4-104)、公式(4-171)和公式(4-173)给出，λ为空气中基频波的波长，$\mathcal{R}(\theta)$为多次反射校正系数。

前面为了简化分析过程，认为入射波是平面波，即基频波的等相位面可以视为无限大，这样光束截面积A远大于厚度L的平方，但在实际过程中任何光束都是有一定大小的，并且在这个光束范围内基频波振幅并非相等，这时必须再次修正，考虑额外的所谓“光束尺寸”校正。修正后，透射二次谐波功率$\mathcal{P}''_{2\omega}$可以写为

$$\mathcal{P}''_{2\omega}=(512\pi^3/c\varpi^2)[\chi^{(2)}]^2t'^4_\omega T''_{2\omega}\mathcal{R}(\theta)p(\theta)^2\mathcal{P}^2_\omega[1/(n_\omega^2-n_{2\omega}^2)^2]\mathcal{B}(\theta)\sin^2\psi \tag{4-175}$$

这里，$\mathcal{B}(\theta)$为光束尺寸修正系数，ϖ为高斯光束的光斑半径。

$$\mathcal{B}(\theta)=\exp[-(L^2/\varpi^2)\cos^2\theta(\tan\theta'_\omega-\tan\theta'_{2\omega})^2] \tag{4-176}$$

在通常情况下，公式(4-174)和公式(4-175)的差比较小，但是在厚晶体、大色散材料或者使用紧密聚焦激光束的情况下，公式(4-174)和公式(4-175)的结果是有显著差异的。并且入射角影响这个差值，只有在正入射时，这个差值才会等于零；在大角度入射时(较大的 θ)，这个差异变得很重要。

下面讨论透射二次谐波功率 $\mathscr{P}''_{2\omega}$ 随入射角 θ 变化的函数关系。公式(4-174)和公式(4-175)已经表明 $\mathscr{P}''_{2\omega}$ 是入射角 θ 的振荡函数，其最小值等于零。查看公式(4-174)和公式(4-175)可以发现最小值的位置由下式的零值决定：

$$\sin^2\psi=\sin^2[(\pi L/2)(4/\lambda)(n_\omega\cos\theta'_\omega-n_{2\omega}\cos\theta'_{2\omega})] \tag{4-177}$$

从公式(4-177)可以看出，样品的厚度和折射率的色散关系决定了其取值，而且改变其他项(例如，传输因子 t'^4_ω)可以使其位置发生一定的移动。

从 ψ 的定义式可以看出，束缚谐波和自由谐波之间的相位差等于 2ψ。晶体中常相位失配面是垂直于 z 轴的平面，对于每一个 θ，与前面类似，也可以引入一个相干长度 $l_c(\theta)$ 的概念，但定义方式略有不同，它是入射角的函数：

$$l_c(\theta)=\pi/(\boldsymbol{k}_b-\boldsymbol{k}_f)\cdot\boldsymbol{z}=\lambda/(4\,|n_\omega\cos\theta'_\omega-n_{2\omega}\cos\theta'_{2\omega}|) \tag{4-178}$$

在正入射时，相干长度为

$$l_c(\theta)=\lambda/(4\,|n_\omega-n_{2\omega}|) \tag{4-179}$$

引入相干长度 $l_c(\theta)$ 后，振荡因子可以写为

$$\sin^2[\pi L/2l_c(\theta)] \tag{4-180}$$

从公式(4-178)—公式(4-180)可以看出相干长度 $l_c(\theta)$ 的物理意义。当入射基频波的入射角 θ 固定时，θ'_ω 和 $\theta'_{2\omega}$ 也为固定值，厚度 L 为相干长度的奇数倍时，倍频波的强度为最大值；厚度 L 为相干长度的偶数倍时，倍频波的强度为最小值，即存在振荡现象。当样品厚度 $L<l_c(\theta)$ 时，倍频波是随着样品厚度 L 的增加而逐渐变强的；当样品厚度 $l_c(\theta)<L<2l_c(\theta)$ 时，倍频波是随着样品厚度 L 的增加而逐渐变弱的。同理，当样品厚度 L 固定时，改变入射角 θ，相干长度 $l_c(\theta)$ 也会发生相应变化，从公式(4-180)可以看出，同样也会产生周期性振荡现象。

从公式(4-175)可以看出，透射二次谐波功率最大值依赖于

$$t'^4_\omega T''_{2\omega}\mathcal{R}(\theta)p^2(\theta)\mathcal{B}(\theta) \tag{4-181}$$

马克尔条纹的功率最大值包络线为

$$\mathscr{P}_m(\theta)=(512\pi^3/c\omega^2)[\chi^{(2)}]^2t'^4_\omega T''_{2\omega}\mathcal{R}(\theta)\mathcal{B}(\theta)[\mathscr{P}^2_\omega/(n^2_\omega-n^2_{2\omega})^2] \tag{4-182}$$

正入射时，$\theta=0$，有

$$\begin{aligned}\mathscr{P}_m(0)=&(512\pi^3/c\omega^2)[\chi^{(2)}]^2[16/(n_\omega+1)^3(n_{2\omega}+1)^3]p^2(0)\mathcal{R}(0)\cdot\\&[2n_{2\omega}/(n_\omega+n_{2\omega})][1/(n_\omega-n_{2\omega})^2]\mathscr{P}^2_\omega\end{aligned} \tag{4-183}$$

如果已知样品厚度 L，以及角频率在 ω 和 2ω 处的折射率值，那么可以从公式(4-175)出发，利用程序计算出马克尔条纹的理论形状。

下面对几种常见晶体的马克尔条纹进行讨论。

1. 石英晶体

石英晶体为二氧化硅，化学式为 SiO_2，属于三方晶系或六方晶系，32 点群。非线性电极化强度分量为

$$P_1=\chi_{11}E_1^2-\chi_{11}E_2^2+2\chi_{14}E_3E_2 \tag{4-184}$$

$$P_2=-2\chi_{14}E_3E_1-2\chi_{11}E_1E_2 \tag{4-185}$$

$$P_3=0 \tag{4-186}$$

根据克莱曼关系可知$\chi_{14}=0$。下面分两种情况进行讨论。

(1) 如果样品的输入面和输出面为晶体的(011)面,并且样品是绕晶体坐标轴 x_1 轴旋转的,激光束沿 x_1 轴方向偏振,基频波是寻常光并垂直于入射平面,那么透射系数 $t'_\omega(\theta)$ 可以写为

$$t'_\omega(\theta)=2\cos\theta/(n_\omega^{\mathrm{o}}\cos\theta'_\omega+\cos\theta) \tag{4-187}$$

非线性电极化强度平行于 x_1 轴并且垂直于入射面时,投影因子 $p(\theta)$ 为单位矢量。二次谐波为角频率为 2ω 的寻常光,光束沿 x_1 轴偏振,垂直于入射面。其传输因子为

$$T''_{2\omega}=\frac{2n_{2\omega}^{\mathrm{o}}\cos\theta'_{2\omega}(\cos\theta+n_\omega^{\mathrm{o}}\cos\theta'_{2\omega})(n_\omega^{\mathrm{o}}\cos\theta'_\omega+n_{2\omega}^{\mathrm{o}}\cos\theta'_{2\omega})}{(n_{2\omega}^{\mathrm{o}}\cos\theta'_{2\omega}+\cos\theta)^3} \tag{4-188}$$

$\mathcal{R}$ 接近于单位矢量,并且可以假定其独立于 θ。如果定义"标准化"的马克尔条纹为比值:

$$P_{\mathrm{n}}=P''_{2\omega}/P_{\mathrm{m}}(0) \tag{4-189}$$

那么可以写出

$$P_{\mathrm{n}}=\frac{(n_\omega^{\mathrm{o}}\cos\theta'_\omega+n_{2\omega}^{\mathrm{o}}\cos\theta'_{2\omega})\cos^4\theta\cos\theta'_{2\omega}(n_\omega^{\mathrm{o}}+1)^3(n_{2\omega}^{\mathrm{o}}+1)^3\cos^2(2\theta'_\omega)}{(n_\omega^{\mathrm{o}}\cos\theta'_\omega+\cos\theta)^3(n_{2\omega}^{\mathrm{o}}\cos\theta'_{2\omega}+\cos\theta)^3(n_\omega^{\mathrm{o}}+n_{2\omega}^{\mathrm{o}})}\beta(\theta)\sin^2\psi \tag{4-190}$$

这里,

$$\psi=(\pi L/2)(4/\lambda)(n_{2\omega}^{\mathrm{o}}\cos\theta'_\omega-n_{2\omega}^{\mathrm{o}}\cos\theta'_{2\omega}) \tag{4-191}$$

(2) 如果样品的输入面和输出面为晶体的(010)面且平行于 x_1 轴和 x_3 轴,样品绕光轴 x_3 轴旋转,激光束偏振方向垂直于 x_3 轴,基频波为寻常光且平行于入射面,那么透射系数 $t'_\omega(\theta)$ 可以写为

$$t'_\omega(\theta)=2\cos\theta/(n_\omega^{\mathrm{o}}\cos\theta+\cos\theta'_\omega) \tag{4-192}$$

这里采用的晶体坐标系(x_1,x_2,x_3)与图 4-14 所用的坐标系(x,y,z)之间的关系为

$$x_1=x,\quad x_2=z,\quad x_3=-y \tag{4-193}$$

非线性电极化强度与入射面平行。由公式(4-161)可以推导出 $p_1=1,p_z=\sin 2\theta'_\omega,p_x=\cos 2\theta'_\omega$,由公式(4-172)可以推导出 $p_2=\cos 3\theta'_\omega$。谐波光束的偏振方向垂直于 x_3 轴,且该光束是平行于入射面的寻常光,其透射系数 $T''_{2\omega}$为[见公式(4-171)]

$$T''_{2\omega}=\frac{2n_{2\omega}^{\mathrm{o}}\cos\theta'_{2\omega}(n_\omega^{\mathrm{o}}\cos\theta+\cos\theta'_\omega)(n_{2\omega}^{\mathrm{o}}\cos\theta'_\omega+n_\omega^{\mathrm{o}}\cos\theta'_{2\omega})}{(\cos\theta'_{2\omega}+n_{2\omega}^{\mathrm{o}}\cos\theta)^3} \tag{4-194}$$

得到标准化的马克尔条纹:

$$P_{\mathrm{n}}=\frac{(n_{2\omega}^{\mathrm{o}}\cos\theta'_\omega+n_\omega^{\mathrm{o}}\cos\theta'_{2\omega})\cos^4\theta\cos\theta'_{2\omega}(n_{2\omega}^{\mathrm{o}}+1)^3(n_{2\omega}^{\mathrm{o}}+1)^3\cos^2(2\theta'_\omega)}{(n_\omega^{\mathrm{o}}\cos\theta+\cos\theta'_\omega)^3(\cos\theta'_{2\omega}+n_{2\omega}^{\mathrm{o}}\cos\theta)^3(n_\omega^{\mathrm{o}}+n_{2\omega}^{\mathrm{o}})}\mathcal{B}(\theta)\sin^2\psi \tag{4-195}$$

2. $\bar{4}2m$ 点群的 ADP、KDP 晶体

对于 ADP(腺苷二磷酸)、KDP 晶体,其非线性电极化强度分量为

$$P_1=2\chi_{14}E_2E_3 \tag{4-196}$$

$$P_2 = 2\chi_{14}E_3E_1 \tag{4-197}$$

$$P_3 = 2\chi_{36}E_1E_2 \tag{4-198}$$

如果样品的输入面和输出面是(110)面,样品绕光轴 x_3 轴旋转,谐波光束为偏振方向垂直于 x_3 轴的寻常光,其平行于入射面入射,那么有

$$t'_{\omega}(\theta) = 2\cos\theta/(n_{\omega}^{o}\cos\theta+\cos\theta'_{\omega}) \tag{4-199}$$

非线性电极化强度将平行于 x_3 轴并且垂直于入射面。

$$p_1 = 2\cos[\theta'_{\omega}+(\pi/4)][\theta'_{\omega}-(\pi/4)] \tag{4-200}$$

$$p_2 = 1 \tag{4-201}$$

谐波光束将沿 x_3 轴方向偏振,为一波矢平行于能量流且垂直于入射面的非常光,并且有

$$T''_{2\omega} = \frac{2n_{2\omega}^{e}\cos\theta'_{2\omega}(\cos\theta+n_{\omega}^{o}\cos\theta'_{\omega})(n_{\omega}^{o}\cos\theta'_{\omega}+n_{2\omega}^{e}\cos\theta'_{2\omega})}{(n_{2\omega}^{e}\cos\theta'_{2\omega}+\cos\theta)^3} \tag{4-202}$$

$$P_{n} = \frac{(n_{\omega}^{o}\cos\theta'_{\omega}+n_{2\omega}^{e}\cos\theta'_{2\omega})\cos^4\theta\cos\theta'_{2\omega}(n_{\omega}^{o}+1)^3(n_{2\omega}^{e}+1)^3(\cos\theta+n_{\omega}^{o}\cos\theta'_{\omega})}{(n_{\omega}^{o}\cos\theta+\cos\theta'_{\omega})^4(n_{2\omega}^{e}\cos\theta'_{2\omega}+\cos\theta)^3(n_{\omega}^{o}+n_{2\omega}^{e})}\cdot \tag{4-203}$$

$$4\cos^2(\theta'_{\omega}+\pi/4)\cos^2(\theta'_{\omega}-\pi/4)\mathcal{B}(\theta)\sin^2\psi$$

对于前面推导出的马克尔条纹理论结果,可以通过实验进行验证。图 4-15 给出相应的倍频实验结果,实验结果与理论相一致。在观察马克尔条纹时,通常采用的是固定入射基频波方向,旋转非线性材料,再利用光强探测器进行光强探测的方法。这样的方法虽然能对马克尔条纹进行观测,但整个实验装置过于复杂,需要能精确旋转非线性材料的实验装置和光强探测装置,且实验结果不够直观。为了直观生动地对马克尔条纹进行展示,实验上可以利用一个柱透镜对入射基频波进行会聚,被柱透镜会聚的入射基频波可以看成一定入射角范围内的平面波的组合,通过电荷耦合器件(CCD)等成像设备在非线性材料后面进行记录,就可以将马克尔条纹记录下来,这样得到的图片就可以非常直观地显示出相应的马克尔条纹(图 4-16)。

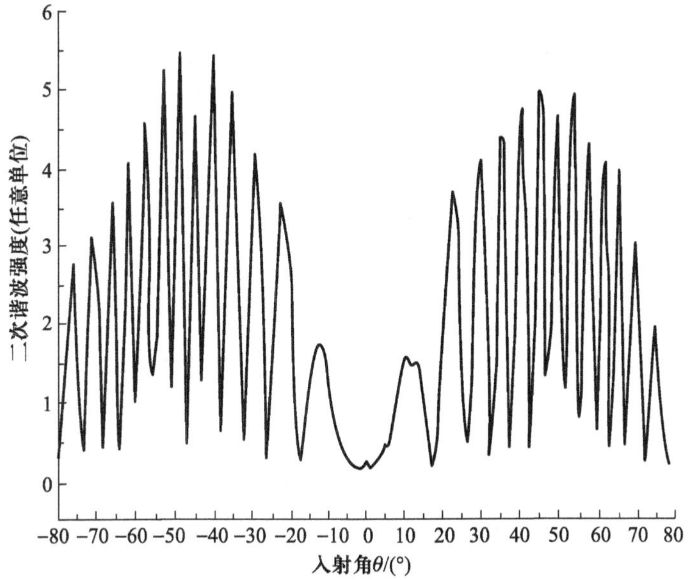

图 4-15　z 切石英的马克尔条纹测试图

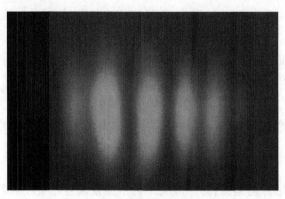

图 4-16　平行光经柱透镜聚焦后形成的马克尔条纹

马克尔条纹有很多的实际用途，比如用它来测量非线性材料的非线性系数、电光材料的电光系数等。

4.7　有效倍频系数

对于单轴晶体来说，从相位匹配的角度分析可知，是否有倍频光出现是由出光方向与光轴之间的夹角 θ 决定的，即倍频光的强度由 θ 决定，当夹角为 θ_m 时倍频光强度最大，与方位角 ϕ 无关。但人们研究发现，方位角 ϕ 仍可影响倍频光的电极化强度，也就是对于单轴晶体来说，在不同方位角 ϕ 的情况下，倍频光的电极化强度会发生变化。因此电极化强度应该是 θ 和 ϕ 两者共同的函数。

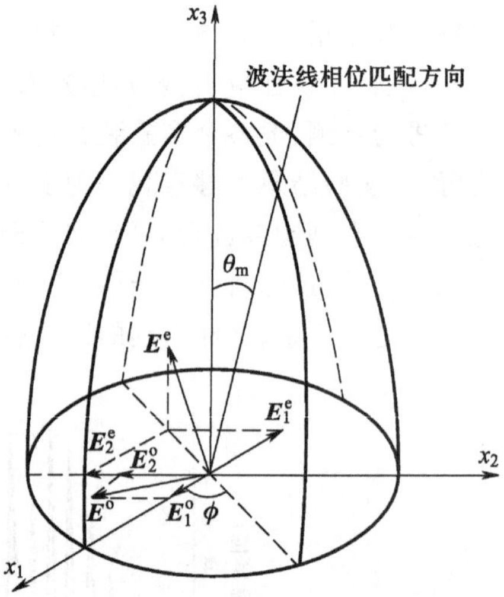

图 4-17　基频光在单轴晶体中传播时的电场强度分量

如图 4-17 所示，假设有角频率为 ω 的基频光入射到透明单轴晶体上，其与光轴 x_3 之间的夹角为 θ_m，方位角为 ϕ，则基频 o 光的电矢量 $\boldsymbol{E}^o(\omega)$ 在 x_1x_2 平面内，且在垂直于 x_3 和相位匹配方向决定的平面内振动；而基频 e 光的电矢量 $\boldsymbol{E}^e(\omega)$ 在 x_3 和相位匹配方向所在的平面内垂直于相位匹配方向振动，这时基频 o 光电场强度分量为

$$\begin{aligned} E_1^o(\omega) &= E^o(\omega)\sin\phi \\ E_2^o(\omega) &= -E^o(\omega)\cos\phi \\ E_3^o(\omega) &= 0 \end{aligned} \tag{4-204}$$

基频 e 光电场强度分量为

$$\begin{aligned} E_1^e(\omega) &= -E^e(\omega)\cos\theta_m\cos\phi \\ E_2^e(\omega) &= -E^e(\omega)\cos\theta_m\sin\phi \\ E_3^e(\omega) &= E^e(\omega)\sin\theta_m \end{aligned} \tag{4-205}$$

公式(4-204)与公式(4-205)也可以写为另外一种形式：

$$E_j^{\mathrm{o}}(\omega)=\begin{pmatrix}E_1^{\mathrm{o}}(\omega)\\E_2^{\mathrm{o}}(\omega)\\E_3^{\mathrm{o}}(\omega)\end{pmatrix}=\begin{pmatrix}\sin\phi\\-\cos\phi\\0\end{pmatrix}E^{\mathrm{o}}(\omega)=\alpha_j E^{\mathrm{o}}(\omega)$$

$$E_j^{\mathrm{e}}(\omega)=\begin{pmatrix}E_1^{\mathrm{e}}(\omega)\\E_2^{\mathrm{e}}(\omega)\\E_3^{\mathrm{e}}(\omega)\end{pmatrix}=\begin{pmatrix}-\cos\theta_{\mathrm{m}}\cos\phi\\-\cos\theta_{\mathrm{m}}\sin\phi\\\sin\theta_{\mathrm{m}}\end{pmatrix}E^{\mathrm{e}}(\omega)=\beta_j E^{\mathrm{e}}(\omega) \tag{4-206}$$

$$\alpha_j=\begin{pmatrix}\sin\phi\\-\cos\phi\\0\end{pmatrix},\quad \beta_j=\begin{pmatrix}-\cos\theta_{\mathrm{m}}\cos\phi\\-\cos\theta_{\mathrm{m}}\sin\phi\\\sin\theta_{\mathrm{m}}\end{pmatrix}$$

基频光在晶体中传输，各基频光电场强度分量将以不同的匹配方式耦合成倍频极化场。下面分几种情况进行讨论：

(1) 对于负单轴晶体的第一类相位匹配 oo-e 方式，电极化强度可以写为

$$P_i^{\mathrm{e}}(2\omega)=\varepsilon_0\chi_{in}^{(2)}\alpha_j\alpha_k E^{\mathrm{o}}(\omega)E^{\mathrm{o}}(\omega) \tag{4-207}$$

也可以写为矩阵形式：

$$\begin{pmatrix}P_1^{\mathrm{e}}(2\omega)\\P_2^{\mathrm{e}}(2\omega)\\P_3^{\mathrm{e}}(2\omega)\end{pmatrix}=\varepsilon_0\chi_{in}^{(2)}\begin{pmatrix}\sin^2\phi\\\cos^2\phi\\0\\0\\0\\-\sin 2\phi\end{pmatrix}E^{\mathrm{o}}(\omega)E^{\mathrm{o}}(\omega) \tag{4-208}$$

(2) 对于正单轴晶体的第二类相位匹配 ee-o 方式，电极化强度可以写为

$$P_i^{\mathrm{o}}(2\omega)=\varepsilon_0\chi_{in}^{(2)}\beta_j\beta_k E^{\mathrm{e}}(\omega)E^{\mathrm{e}}(\omega) \tag{4-209}$$

其矩阵形式为

$$\begin{pmatrix}P_1^{\mathrm{o}}(2\omega)\\P_2^{\mathrm{o}}(2\omega)\\P_3^{\mathrm{o}}(2\omega)\end{pmatrix}=\varepsilon_0\chi_{in}^{(2)}\begin{pmatrix}\cos^2\theta_{\mathrm{m}}\cos^2\phi\\\sin^2\theta_{\mathrm{m}}\sin^2\phi\\\sin^2\theta_{\mathrm{m}}\\-\sin 2\theta_{\mathrm{m}}\sin\phi\\-\sin 2\theta_{\mathrm{m}}\cos\phi\\\cos^2\theta_{\mathrm{m}}\sin 2\phi\end{pmatrix}E^{\mathrm{e}}(\omega)E^{\mathrm{e}}(\omega) \tag{4-210}$$

(3) 对于负单轴晶体的第二类相位匹配 eo-e 方式，电极化强度可以写为

$$P_i^{\mathrm{e}}(2\omega)=\varepsilon_0\chi_{in}^{(2)}\alpha_j\beta_k E^{\mathrm{o}}(\omega)E^{\mathrm{e}}(\omega) \tag{4-211}$$

其矩阵形式为

$$\begin{pmatrix} P_1^e(2\omega) \\ P_2^e(2\omega) \\ P_3^e(2\omega) \end{pmatrix} = \varepsilon_0 \chi_{in}^{(2)} \begin{pmatrix} -\frac{1}{2}\cos\theta_m \sin 2\phi \\ \frac{1}{2}\cos\theta_m \sin 2\phi \\ 0 \\ -\sin\theta_m \cos\phi \\ \sin\theta_m \sin\phi \\ \cos\theta_m \cos 2\phi \end{pmatrix} E^o(\omega) E^e(\omega) \tag{4-212}$$

(4) 对于正单轴晶体的第二类相位匹配 oe-o 方式,电极化强度可以写为

$$P_i^o(2\omega) = \varepsilon_0 \chi_{in}^{(2)} \alpha_j \beta_k E^o(\omega) E^e(\omega) \tag{4-213}$$

其矩阵形式为

$$\begin{pmatrix} P_1^o(2\omega) \\ P_2^o(2\omega) \\ P_3^o(2\omega) \end{pmatrix} = \varepsilon_0 \chi_{in}^{(2)} \begin{pmatrix} -\frac{1}{2}\cos\theta_m \sin 2\phi \\ \frac{1}{2}\cos\theta_m \sin 2\phi \\ 0 \\ -\sin\theta_m \cos\phi \\ \sin\theta_m \sin\phi \\ \cos\theta_m \cos 2\phi \end{pmatrix} E^o(\omega) E^e(\omega) \tag{4-214}$$

考虑到倍频电极化强度 $P(2\omega)$ 是其相应各分量合成结果,有

$$\begin{aligned} P^o(2\omega) &= \alpha_i P_i^o(2\omega) \\ P^e(2\omega) &= \beta_i P_i^e(2\omega) \end{aligned} \tag{4-215}$$

分别将公式(4-207)、公式(4-209)、公式(4-211)和公式(4-213)代入公式(4-215),可得

$$\begin{aligned} P_{ee}^o(2\omega) &= \varepsilon_0 \chi_{in}^{(2)} \alpha_j \beta_j \beta_k E^e(\omega) E^e(\omega) = F_1(\theta,\phi,\chi_{ijk}^{(2)}) E^e(\omega) E^e(\omega) \\ P_{oo}^e(2\omega) &= \varepsilon_0 \chi_{in}^{(2)} \beta_j \alpha_j \alpha_k E^o(\omega) E^o(\omega) = F_2(\theta,\phi,\chi_{ijk}^{(2)}) E^o(\omega) E^o(\omega) \\ P_{eo}^o(2\omega) &= \varepsilon_0 \chi_{in}^{(2)} \alpha_i \alpha_j \beta_k E^e(\omega) E^o(\omega) = F_2(\theta,\phi,\chi_{ijk}^{(2)}) E^e(\omega) E^o(\omega) \\ P_{oe}^e(2\omega) &= \varepsilon_0 \chi_{in}^{(2)} \beta_i \alpha_j \beta_k E^o(\omega) E^e(\omega) = F_1(\theta,\phi,\chi_{ijk}^{(2)}) E^o(\omega) E^e(\omega) \end{aligned} \tag{4-216}$$

因为 $\alpha_j\beta_j\beta_k$ 和 $\beta_i\alpha_j\beta_k$ 矩阵形式相同,所以公式(4-216)中 $\varepsilon_0 \chi_{in}^{(2)} \alpha_j\beta_j\beta_k = \varepsilon_0 \chi_{in}^{(2)} \beta_i\alpha_j\beta_k$ 可以用 $F_1(\theta,\phi,\chi_{in}^{(2)})$ 表示。同理,$\beta_j\alpha_j\alpha_k$ 和 $\alpha_i\alpha_j\beta_k$ 矩阵形式相同,$\varepsilon_0 \chi_{in}^{(2)} \beta_j\alpha_j\alpha_k = \varepsilon_0 \chi_{in}^{(2)} \alpha_i\alpha_j\beta_k$ 可以用 $F_2(\theta,\phi,\chi_{in}^{(2)})$ 表示。$F_1(\theta,\phi,\chi_{in}^{(2)})$ 与 $F_2(\theta,\phi,\chi_{in}^{(2)})$ 称为有效非线性光学系数。

下面以 KDP 晶体为例,具体求解有效非线性光学系数。

KDP 晶体的$\chi_{in}^{(2)}$ 为

$$\chi_{in}^{(2)} = \begin{pmatrix} 0 & 0 & 0 & \chi_{14} & 0 & 0 \\ 0 & 0 & 0 & 0 & \chi_{14} & 0 \\ 0 & 0 & 0 & 0 & 0 & \chi_{36} \end{pmatrix} \tag{4-217}$$

KDP 晶体是负单轴晶体,可以实现第一类 oo-e 相位匹配,结合公式(4-208)和公式(4-217),

可得电极化强度分量：

$$\begin{pmatrix} P_1^e(2\omega) \\ P_2^e(2\omega) \\ P_3^e(2\omega) \end{pmatrix} = \varepsilon_0 \begin{pmatrix} 0 & 0 & 0 & \chi_{14} & 0 & 0 \\ 0 & 0 & 0 & 0 & \chi_{14} & 0 \\ 0 & 0 & 0 & 0 & 0 & \chi_{36} \end{pmatrix} \begin{pmatrix} \sin^2\phi \\ \cos^2\phi \\ 0 \\ 0 \\ 0 \\ -\sin 2\phi \end{pmatrix} E^o(\omega)E^o(\omega) \tag{4-218}$$

求解后可得电极化强度的三个分量：

$$\begin{aligned} P_1^e(2\omega) &= P_2^e(2\omega) = 0 \\ P_3^e(2\omega) &= -\chi_{14}\sin 2\phi E^o(\omega)E^o(\omega) \end{aligned} \tag{4-219}$$

e 光电极化强度分量与总电极化强度的关系为

$$\begin{aligned} P_{oo}^e(2\omega) &= \beta_i P_i^e(2\omega) = \beta_1 P_1^e(2\omega) + \beta_2 P_2^e(2\omega) + \beta_3 P_3^e(2\omega) \\ &= -\varepsilon_0 \chi_{14}\sin\theta_m \sin 2\phi E^o(\omega)E^o(\omega) \end{aligned} \tag{4-220}$$

从公式(4-220)可以看出，有效非线性光学系数 $F_2(\theta,\phi,\chi_{ijk}^{(2)}) = -\varepsilon_0\chi_{14}\sin\theta_m\sin 2\phi$。当 $\phi=45°$ 时，$\sin 2\phi=1$，有效非线性光学系数达到极值 $-\varepsilon_0\chi_{14}\sin\theta_m$。

KDP 晶体还可以实现第二类 eo-e 相位匹配，结合公式(4-212)和公式(4-217)，可得电极化强度分量：

$$\begin{pmatrix} P_1^e(2\omega) \\ P_2^e(2\omega) \\ P_3^e(2\omega) \end{pmatrix} = \varepsilon_0 \begin{pmatrix} 0 & 0 & 0 & \chi_{14} & 0 & 0 \\ 0 & 0 & 0 & 0 & \chi_{14} & 0 \\ 0 & 0 & 0 & 0 & 0 & \chi_{36} \end{pmatrix} \begin{pmatrix} -\frac{1}{2}\cos\theta_m \sin 2\phi \\ \frac{1}{2}\cos\theta_m\sin 2\phi \\ 0 \\ -\sin\theta_m\cos\phi \\ \sin\theta_m\sin\phi \\ \cos\theta_m\cos 2\phi \end{pmatrix} E^o(\omega)E^e(\omega) \tag{4-221}$$

求解后可得电极化强度的三个分量：

$$\begin{aligned} P_1^e(2\omega) &= -\varepsilon_0\chi_{14}\sin\theta_m\cos\phi E^o(\omega)E^e(\omega) \\ P_2^e(2\omega) &= \varepsilon_0\chi_{14}\sin\theta_m\sin\phi E^o(\omega)E^e(\omega) \\ P_3^e(2\omega) &= \varepsilon_0\chi_{14}\cos\theta_m\cos 2\phi E^o(\omega)E^e(\omega) \end{aligned} \tag{4-222}$$

o 光电极化强度分量与总电极化强度的关系为

$$\begin{aligned} P_{oe}^e(2\omega) = {} & \varepsilon_0\chi_{14}(\cos\theta_m\sin\theta_m\cos^2\phi - \sin\theta_m\cos\theta_m\sin^2\phi + \sin\theta_m\cos\theta_m\cos 2\phi)\cdot \\ & E^o(\omega)E^e(\omega) \\ = {} & \varepsilon_0\chi_{14}\sin 2\theta_m\cos 2\phi E^o(\omega)E^e(\omega) \end{aligned} \tag{4-223}$$

从公式(4-223)可以看出，有效非线性光学系数 $F_1(\theta,\phi,\chi_{in}^{(2)}) = \varepsilon_0\chi_{14}\sin 2\theta_m\cos 2\phi$。当 $\phi=0$ 时，$\cos 2\phi=1$，有效非线性光学系数达到极值 $\varepsilon_0\chi_{14}\sin 2\theta_m$。

表 4-3 给出了 13 类单轴晶体的 $F_1(\theta,\phi,\chi_{in}^{(2)})$ 与 $F_2(\theta,\phi,\chi_{in}^{(2)})$ 函数（有效非线性光学系

数),根据表 4-3 可得出许多有意义的结果。例如,622 晶类和 422 晶类的 F 函数全部为零,说明这两种晶类不会产生倍频效应;晶类 $6mm$、6、$4mm$ 仅有 $F_2(\theta,\phi,\chi_{in}^{(2)})\neq 0$,说明该晶类的正单轴晶体只能实现第一类相位匹配,负单轴晶体只能实现第二类相位匹配。

表 4-3　13 类单轴晶体的 $F_1(\theta,\phi,\chi_{in}^{(2)})$ 与 $F_2(\theta,\phi,\chi_{in}^{(2)})$ 函数(有效非线性光学系数)

晶类	$\chi_{有效}=F_1(\theta,\phi,\chi_{in}^{(2)})$	$\chi_{有效}=F_2(\theta,\phi,\chi_{in}^{(2)})$
$\bar{6}m2$	$\chi_{22}\cos^2\theta\cos 3\phi$	$-\chi_{22}\cos\theta\sin 3\phi$
$6mm$	0	$\chi_{15}\sin\theta$
622	0	0
$\bar{6}$	$\cos^2\theta(\chi_{11}\sin 3\phi+\chi_{22}\cos 3\phi)$	$\cos\theta(\chi_{11}\cos 3\phi+\chi_{22}\sin 3\phi)$
6	0	$\chi_{15}\sin\theta$
$3m$	$\chi_{22}\cos^2\theta\cos 3\phi$	$\chi_{15}\sin\theta-\chi_{22}\cos\theta\sin 3\phi$
32	$\chi_{11}\cos^2\theta\sin 3\phi$	$\chi_{11}\cos\theta\cos 3\phi$
3	$\cos^2\theta(\chi_{11}\sin 3\phi+\chi_{22}\cos 3\phi)$	$\chi_{15}\sin\theta+\cos\theta(\chi_{11}\cos 3\phi-\chi_{22}\sin 3\phi)$
$\bar{4}2m$	$\chi_{14}\cos 2\theta\cos 2\phi$	$-\chi_{14}\sin\theta\sin 2\phi$
$4mm$	0	$\chi_{15}\sin\theta$
422	0	0
$\bar{4}$	$\sin^2\theta(\chi_{14}\cos^2\phi+\chi_{15}\sin 2\phi)$	$-\sin\theta(\chi_{14}\sin 2\phi+\chi_{15}\cos 2\phi)$
4	0	$\chi_{15}\sin\theta$

4.8　三波混频

两个角频率不同的单色光(ω_1 和 ω_2)同时入射到非线性光学材料中产生的和频或差频效应($\omega_1\pm\omega_2=\omega_3$),统称为三波混频。为了实现混频过程的有效转换,三波混频过程也必须满足光量子系统的能量守恒定律及动量守恒定律,即要满足如下关系:

$$\begin{gathered}\omega_1\pm\omega_2=\omega_3\\ \Delta\boldsymbol{k}=\boldsymbol{k}_1\pm\boldsymbol{k}_2-\boldsymbol{k}_3=\boldsymbol{0}\end{gathered}\tag{4-224}$$

由于波矢 $\boldsymbol{k}_i=\dfrac{n_i}{c}\omega_i\boldsymbol{K}_i$,所以有

$$\frac{\omega_1}{\omega_3}n_1(\omega_1)\boldsymbol{K}_1\pm\frac{\omega_2}{\omega_3}n_2(\omega_2)\boldsymbol{K}_2=n_3(\omega_3)\boldsymbol{K}_3\tag{4-225}$$

这就是三波混频的相位匹配条件。它是一般的二阶非线性过程的相位匹配条件,如果 $\omega_1=\omega_2$,就退化成倍频过程的相位匹配条件。

单轴晶体的三波混频相位匹配方式和条件与倍频过程大致相同。以和频为例,假设 $\omega_3=$

$\omega_1+\omega_2, \omega_3>\omega_2>\omega_1$，并且 ω_1 至 ω_2 的频率范围内折射率具有正常色散，则相位匹配方式与条件如表 4-4 所示。

表 4-4　单轴晶体混频效应相位匹配方式与条件

相位匹配		正单轴晶体	负单轴晶体
第一类相位匹配	方式	ee-o	oo-e
	条件	$\frac{\omega_1}{\omega_3}n^e(\omega_1,\theta_m)+\frac{\omega_2}{\omega_3}n^e(\omega_2,\theta_m)=n^o(\omega_3)$	$\frac{\omega_1}{\omega_3}n^o(\omega_1)+\frac{\omega_2}{\omega_3}n^o(\omega_2)=n^o(\omega_3,\theta_m)$
	混频电极化强度	$P^o_{ee}(\omega_3)=\varepsilon_0F_1(\theta,\phi,\chi^{(2)}_{in})E^e(\omega_1)E^e(\omega_2)$	$P^e_{oo}(\omega_3)=\varepsilon_0F_1(\theta,\phi,\chi^{(2)}_{in})E^o(\omega_1)E^o(\omega_2)$
第二类相位匹配	方式	oe-o 或 eo-o	oe-e 或 eo-e
	条件	$\frac{\omega_1}{\omega_3}n^o(\omega_1)+\frac{\omega_2}{\omega_3}n^e(\omega_2,\theta_m)=n^o(\omega_3)$ 或 $\frac{\omega_1}{\omega_3}n^e(\omega_1,\theta_m)+\frac{\omega_2}{\omega_3}n^o(\omega_2)=n^o(\omega_3)$	$\frac{\omega_1}{\omega_3}n^o(\omega_1)+\frac{\omega_2}{\omega_3}n^e(\omega_2,\theta_m)=n^e(\omega_3,\theta_m)$ 或 $\frac{\omega_1}{\omega_3}n^e(\omega_1,\theta_m)+\frac{\omega_2}{\omega_3}n^o(\omega_2)=n^e(\omega_3,\theta_m)$
	混频电极化强度	$P^o_{oe}(\omega_3)=\varepsilon_0F_2(\theta,\phi,\chi^{(2)}_{in})E^o(\omega_1)E^e(\omega_2)$ 或 $P^o_{eo}(\omega_3)=\varepsilon_0F_2(\theta,\phi,\chi^{(2)}_{in})E^e(\omega_1)E^o(\omega_2)$	$P^e_{oe}(\omega_3)=\varepsilon_0F_1(\theta,\phi,\chi^{(2)}_{in})E^o(\omega_1)E^e(\omega_2)$ 或 $P^e_{eo}(\omega_3)=\varepsilon_0F_2(\theta,\phi,\chi^{(2)}_{in})E^e(\omega_1)E^o(\omega_2)$

单轴晶体混频效应的最佳相位匹配角 θ_m 可由不同的相位匹配方式及其条件求出。例如，对负单轴晶体的 oo-e 相位匹配方式，有

$$\frac{\omega_1}{\omega_3}n^o(\omega_1)+\frac{\omega_2}{\omega_3}n^o(\omega_2)=n^e(\omega_3,\theta_m) \tag{4-226}$$

$$n^e(\omega_3,\theta_m)=\frac{n^o(\omega_3)n^o(\omega_3)}{\{[n^o(\omega_3)]^2\sin\theta_m+[n^o(\omega_3)]^2\cos\theta_m\}^{\frac{1}{2}}} \tag{4-227}$$

4.9　非线性光学材料

虽然在入射光足够强的情况下，几乎所有的材料都具有非线性光学效应，但出于实际考虑，只有极少数材料被应用于倍频、混频和光参量放大与振荡等非线性光学系统中。人们为了寻求高质量的非线性光学晶体做了大量的工作，已发现具有明显非线性光学效应的晶体上千种，但是具有实际应用价值的或有一定应用前景的仅有三十种，其原因主要是实际应用中对非线性光学材料的要求相当苛刻，被应用的非线性光学材料应满足如下要求：

(1) 具有适当大小的有效非线性光学系数。有效非线性光学系数是衡量非线性光学材料的一项重要指标，在选择非线性光学材料时，人们都希望这个系数越大越好，但选择材料时需

要综合考虑各方面因素,因此这个系数适度就好。

(2) 在工作波段范围内有较高的透明度。为了能够很好地实现倍频、混频和光参量放大与振荡,尽量减小光波在传播过程中的能量损失,非线性光学材料在工作波段范围内有较高的透明度也是一项基本要求。

(3) 在工作波段范围内能实现有效的相位匹配。相位匹配是输出光强能够有效放大,最终可以实现高能量输出的必备条件,因此要求非线性光学材料在工作波段范围内能实现有效的相位匹配。

(4) 有较高的损伤阈值。由于使用过程中的光损伤会使得非线性光学材料在倍频、混频和光参量放大与振荡过程中的效率大大降低,并且输出光束质量也会下降,所以人们希望所选择的非线性光学材料具有较高的光损伤阈值。

(5) 符合材料制备、加工、尺寸、稳定性、均匀性、温度敏感性等的要求。无论是实验室使用还是大规模生产,人们都希望制备的非线性光学材料能够满足生长工艺简单、易于加工、稳定性好、容易制备大尺寸、光学均匀性好、对环境温度不敏感的要求。

实际上全面符合上述要求的晶体几乎没有,因此在选择材料时应根据需要,权衡利弊,采用适当的晶体。下面介绍几种常用的非线性光学晶体。

KDP 晶体是一种典型的多功能晶体。KDP 晶体在室温下属于四方晶系,没有极性轴和对称中心,因而没有铁电性、热释电性等需要由一阶张量描述的物理性质,但 KDP 晶体具有压电、介电、电光、弹光等需要由二阶、三阶、四阶张量描述的物理性质。KDP 晶体是一种很早就被发现并受到人们重视的功能晶体,也是最早得到应用的非线性光学晶体之一,其非线性光学系数 d_{36}(1.064 μm)可达 0.39 pm/V,该量值至今仍作为晶体非线性性质的参比标准。作为一种经久不衰的水溶性晶体,人工生长的 KDP 晶体已有几十年的历史。在早期,KDP 晶体作为性能优良的压电晶体材料,主要应用于制造声呐和民用压电换能器。20 世纪 60 年代,随着激光技术的出现,由于 KDP 晶体具有晶体质量均匀、双折射性质合适、透过波段较宽(近紫外—近红外)、损伤阈值较高(>15 J/cm^2)、能够生长大口径的晶体(Φ500~600 mm)、电光系数和非线性光学系数较大等优点,所以该晶体在受控核聚变、超精密飞切机床等重大技术上具有广阔的应用前景。

铌酸锂晶体($LiNbO_3$,LN)属于三方晶系,$3m$ 点群晶体,其居里温度约为 1 196 ℃,熔点约为 1 253 ℃,透过波段范围为 0.4~4.5 μm。人们常用六角原胞对 $LiNbO_3$ 的微观结构进行表示。这时原胞中含有六个分子,三度对称轴为原胞的 c 轴。$LiNbO_3$ 晶胞是由扭曲的氧八面体组成的,这些氧八面体沿着不同方向共面、共棱或共顶点。锂离子和铌离子分别与六个阳离子形成六配位,而氧离子则与两个锂离子和两个铌离子形成四配位。$LiNbO_3$ 晶体具有优良的光电、声光、光弹、压电、铁电、光折变、双折射、热释电、非线性光学与光生伏打效应等物理特性,而且其耐高温、抗腐蚀、易于加工、成本低廉、机械性能稳定、易于生长大尺寸晶体等优点使得其被广泛研究和应用。$LiNbO_3$ 晶体在实施掺杂后能呈现出各种各样的特殊性质,因此 $LiNbO_3$ 晶体也被誉为"光学硅"。

偏硼酸钡晶体(β-BaB_2O_4,BBO)属于三方晶系,$3m$ 点群晶体,熔点约为 1 095 ℃,结晶发生在 α 相和 β 相之间,相变温度约为 925 ℃。BBO 晶体是中国科学院福建物质结构研究所最先生长出的一种非线性光学晶体,是最优秀的非线性光学晶体之一。BBO 晶体的透过范围非常宽（190～3 500 nm），并且能在较宽的波段范围内（200～1 500 nm）实现相位匹配，这种特性是其他晶体所不具备的，特别是在远紫外波段，对目前常用的掺钕钇铝石榴石（Nd:YAG）、氢离子和染料等激光器从红外到远紫外进行变频非常适用。BBO 晶体抗光损伤能力非常强，是目前所知损伤阈值最高的非线性光学晶体，在 1 064 nm 波段，对脉宽为 0.1 ns 的激光脉冲，损伤阈值为 20 GW/cm^2；在 532 nm 波段，对脉宽为 0.8 ns 的激光脉冲，损伤阈值为 15 GW/cm^2。还有人曾试验了 BBO 晶体对长脉冲、短波长光源的损伤阈值，结果为 1 GW/cm^2（590 nm，350 ns），而相同条件下，KDP 晶体的损伤阈值小于它。BBO 晶体还具有很好的温度特性，具有较高的温度稳定性，可允许的温度波动范围为 $\Delta t = 55$ ℃。这样的温度稳定性大大降低了对环境温度的要求，有效降低了使用成本。具有种种优点的 BBO 晶体一出现就引起国际激光和光电子界的广泛重视，经过多年的发展已经在红外、可见、紫外波段的激光倍频、和频和光参量振荡器中被广泛应用。

三硼酸锂晶体（LiB_3O_5，LBO）属于正交晶系，$mm2$ 点群晶体，熔点约为 834 ℃。该晶体是由中国科学院福建物质结构研究所在对硼酸盐系列化合物的研究和筛选中发现的一种新型非线性光学晶体，其在紫外波段性能非常优良。LBO 晶体具有潮解轻、走离角小、允许角大、透光波段宽、损伤阈值高、紫外透光性好、机械硬度高、化学性能稳定、光学均匀性好和非线性系数适中等优点，对于某些非线性光学应用极具吸引力。LBO 晶体已被广泛应用于钇铝石榴石（YAG）、铝酸钇（YAP）、氟化锂钇（YLF）与钛宝石等类型激光器中（二倍频和三倍频）。为了满足市场的需求，国内外很多科研机构都在积极开展高光学质量的 LBO 晶体的生长方面的研究。

4.10 非线性光学的应用

自从 1961 年弗兰肯等人进行了红宝石激光器倍频实验，非线性光学得到了飞速发展，尤其是进入 21 世纪以来，非线性光学更是得到了长足发展，其应用已经遍布各个技术领域。下面对非线性光学的一些应用情况加以简要介绍。

4.10.1 倍频激光器

从第一台激光器诞生至今，激光器已经发展成为光学技术的核心器件。但由于工作原理的限制，原有激光器的输出波长很难覆盖从紫外到红外的所有波长，为扩展激光器的输出波长范围，倍频激光器应运而生。1961 年，弗兰肯等人用石英晶体对波长为 694.3 nm 的红宝石激光进行了第一次倍频实验，获得了波长为 347.15 nm 的紫外线。1968 年，博伊德（Boyd）等人详细分析了影响倍频效率的相关参量，并通过计算给出了倍频过程中的最优聚焦参量。之后的几十年，为了提高倍频效率和光功率，大量的方法被提出。

经过多年的筛选和淘汰，目前倍频激光器常用的倍频材料为 KDP 晶体、BBO 晶体和周期极化 $LiNbO_3$ 晶体（periodically poled $LiNbO_3$，PPLN）等。

倍频激光器研究进展

4.10.2 非线性光学开关

光学开关是对光学信号（如功率、波长、方向、相位、偏振等）进行开关切换的光学器件。随着光学技术的发展，光学开关的应用领域越来越广泛。在所有的光学开关中，非线性光学开关占有非常重要的地位。

光学双稳态是实现非线性光学开关的重要途径。光学双稳态是一种存在两种非线性输出状态的光学效应,并且这两种状态能够相互转换。许多光学双稳态效应以入射和出射光强度的相对高低状态来实现。如图 4-18 所示,入射光 I_{in} 照射到非线性材料上,会有出射光 I_{out} 从非线性材料透射而出。当入射光强 I_{in} 由零逐渐变大时,出射光强 I_{out} 逐渐增大,在 I_{in} 增加到一定值 I'时,I_{out} 会有突升,并且材料由不透明变得透明;当入射光强 I_{in} 再逐渐减少时,I_{out} 的下降会有滞后现象,而且,在入射光强降到 I''时,I_{out} 会有突降,材料又变得不透明。图 4-19 给出出射光强与入射光强的关系,可以看出随着入射光强 I_{in} 的变化,出射光强 I_{out} 会有两个稳定的输出状态。

图 4-18　光学双稳态

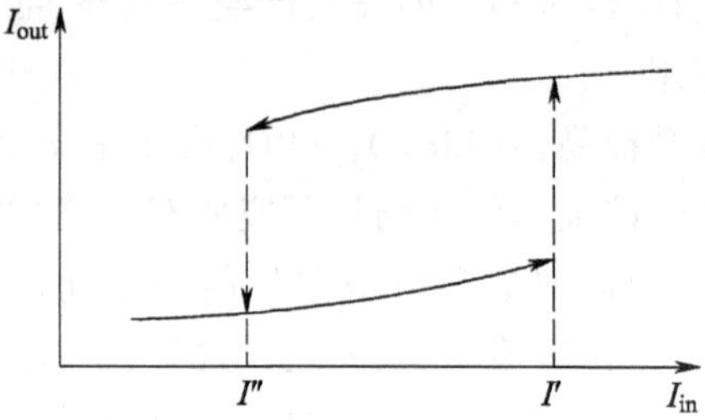

图 4-19　光学双稳态中出射光强与入射光强之间的关系

利用光学双稳态制作的光学器件即光学双稳器件。典型的光学双稳器件和激光器一样,都具有光学腔,非线性法布里-珀罗标准具即典型的光学双稳器件,其由非线性光学材料和光学反馈腔构成,与激光器不同的是该腔中的材料不是激光放大材料,而是非线性材料。在入射光的作用下,非线性材料的非线性吸收系数和非线性折射率等各项参数会发生变化,这些变化会引起透射光强发生相应的变化,然后在光腔的反馈作用下,进一步引起非线性材料的参数变化,从而形成正反馈过程,产生光学双稳态。

光学双稳态作为一种新的非线性光学效应,具有巨大的应用潜力,是非线性光学领域的重要研究方向,利用光学双稳态制作的光开关可以对光学信号进行直接处理,因此在相关领域拥有广阔的应用前景。

4.10.3　非线性光学相位共轭

非线性光学相位共轭是非线性光学的一个分支。它能够通过全光学方法进行实时空间和时间信息处理,给出具有任意空间相位和偏振的单色入射光场的时间反演。有多种非线性光学方法可以产生相位共轭波,其过程大致可以分为两大类:一类是参量过程,也称为弹性散射过程,这类过程包括三波混频、四波混频、双光子吸收、光子回波等;另一类是非参量过程,也称为非弹性散射过程,这类过程包括受激布里渊散射、受激瑞利散射、受激拉曼散射等。非线性光学相位共轭现象可以在固体、液体、气体以及液晶等材料中产生。目前产生相位共轭波的主要方法有四波混频和受激布里渊散射。

四波混频的方法是由两束泵浦波及一束信号波在非线性材料中混合并相互作用,从而产生与信号波传播方向相反的相位共轭波。在简并四波混频条件下,信号波、泵浦波以及相位共轭波具有相同的频率。

受激布里渊散射是入射光波场与材料内的弹性声波场相互作用产生的一种光学散射效应。其中，材料内的弹性声波场是通过在材料上施加外电场，然后通过电致伸缩效应产生的。这种弹性声波场是一种相干的声波场，它可以通过与入射激光相互耦合而产生受激布里渊散射。当入射激光足够强，使得材料内受激布里渊散射的增益大于它们各自在传播中的损耗时，介质材料内感应弹性声波场与布里渊散射光波场就会受激放大，可以用于产生相位共轭波。

第四章参考文献

第五章　电光效应及其他光学效应

前面讨论了受到入射光波照射时,材料产生的非线性光学效应。事实上,非线性光学效应的核心是电极化强度在外界因素影响下发生非线性变化,进而产生相应的非线性现象。因此,光照并不是产生非线性光学效应的唯一途径,可以通过电场、磁场、声场等外场使得电极化强度发生非线性变化,进而产生非线性光学效应。本章将重点介绍电场产生的非线性光学效应——电光效应,之后再介绍一些其他的光学效应。

5.1　电光效应的理论描述

电光效应是指材料在直流电场或低频电场的作用下,其折射率发生明显变化的一种效应,也就是说外加电场改变了材料的光学性质。这里所说的低频电场是相对于光场中的电场而言的,可以是静电场、射频场、微波场等。尽管对于电光材料来说,由电场引起的折射率数值变化并不大,但是由于材料折射率的微小变化都可能引起光在材料中传播特性的改变,所以电光效应具有重要的应用价值,受到人们普遍重视和深入研究。本节将对材料的电光效应进行详细的理论分析。由于晶体是最简单且最重要的电光材料,所以本节的分析主要针对晶体展开。

如果在光照的同时,再在电光晶体上施加外电场,则非线性电极化强度公式可以写为

$$P_i=\varepsilon_0[\chi_{ij}^{(1)}E_j(\omega)+\chi_{ijk}^{(2)}E_j(\omega)E_k(\Omega)+\chi_{ijpq}^{(3)}E_j(\omega)E_p(\Omega)E_q(\Omega)+\cdots] \tag{5-1}$$

这里,ω 为入射光电场频率,Ω 为外加电场频率,并且 $\Omega\ll\omega$,i、j、k、p、q 取值为 1、2、3。为简化分析,将各物理量的下角标去掉,并只考虑到二阶非线性极化,有

$$P=P^{(1)}+P^{(2)}=\varepsilon_0[\chi^{(1)}E(\omega)+\chi^{(2)}E(\omega)E(\Omega)]=\varepsilon_0[\chi^{(1)}+\chi^{(2)}E(\Omega)]E(\omega) \tag{5-2}$$

将公式(5-2)代入电位移 D、电场强度 $E(\omega)$ 与电极化强度 P 之间的关系式,可得

$$D=\varepsilon E(\omega)=\varepsilon_0E(\omega)+P=\varepsilon_0[1+\chi^{(1)}+\chi^{(2)}E(\Omega)]E(\omega) \tag{5-3}$$

可得

$$\varepsilon_r=1+\chi^{(1)}+\chi^{(2)}E(\Omega) \tag{5-4}$$

上式说明,加上外电场后,相对介电常数的变化与外电场强度 $E(\Omega)$ 呈线性关系。如果晶体上不施加外电场,则公式(5-4)中的相对介电常数退化为 $\varepsilon_r=1+\chi^{(1)}$。

对于非磁性晶体介质,其折射率 n 与相对介电常数 ε_r 之间的关系为

$$n=\sqrt{\varepsilon_r} \tag{5-5}$$

外加电场 $E(\Omega)$ 后,对公式(5-5)两边求导,可得折射率改变量与外电场强度的关系:

$$\Delta n=n-n_0\approx\frac{\chi^{(2)}}{2n_0}E(\Omega) \tag{5-6}$$

这里，n_0 是未加电场时晶体的折射率。从公式(5-6)可以看出，晶体的折射率改变量与外电场强度成正比。这就是一次(线性)电光效应，又称为泡克耳斯(Pockels)效应。

在公式(5-1)中，为了简化，将各物理量的下角标去掉，同时只考虑到三阶非线性极化，并且取$\chi_{ijk}^{(2)}=0$，有

$$P=\varepsilon_0[\chi^{(1)}E(\omega)+\chi^{(3)}E(\omega)E(\Omega)E(\Omega)] \tag{5-7}$$

将公式(5-7)代入电位移 D、电场强度 $E(\omega)$ 与电极化强度 P 之间的关系式，可得

$$D=\varepsilon E(\omega)=\varepsilon_0 E(\omega)+P=\varepsilon_0[1+\chi^{(1)}+\chi^{(3)}E(\Omega)^2]E(\omega) \tag{5-8}$$

从而有

$$\varepsilon_{\mathrm{r}}=1+\chi^{(1)}+\chi^{(3)}E(\Omega)^2 \tag{5-9}$$

上式说明，加上外电场后，相对介电常数与外电场强度 $E(\Omega)$ 呈平方关系。

将公式(5-9)代入公式(5-5)，两边求导可得

$$\Delta n=n-n_0\approx\frac{\chi^{(3)}}{2n_0}E(\Omega)^2 \tag{5-10}$$

这里，n_0 为未加电场时晶体的折射率。从公式(5-10)可以看出，晶体的折射率改变量与外电场强度平方成正比。这就是二次电光效应，又称为克尔(Kerr)效应。

人们通常采用光率体对电光效应进行描述，这是一种非常直观的描述方法。首先，假设某晶体在没加外电场时，其光率体方程的一般表达式为

$$\beta_{11}^0x_1^2+\beta_{22}^0x_2^2+\beta_{33}^0x_3^2+2\beta_{23}^0x_2x_3+2\beta_{31}^0x_3x_1+2\beta_{12}^0x_1x_2=1 \tag{5-11}$$

这里，β_{ij}^0 为未施加外电场时，晶体的介电常数张量的逆张量元。

为了分析简便，一般采用主轴坐标系下的光率体方程对晶体进行描述，这时光率体方程简化为

$$\beta_{11}^0x_1^2+\beta_{22}^0x_2^2+\beta_{33}^0x_3^2=1 \tag{5-12}$$

在晶体上施加外电场 $E(\Omega)$ 后，晶体的光学性质会发生改变，相应的光率体方程变为

$$\beta_{11}x_1^2+\beta_{22}x_2^2+\beta_{33}x_3^2+2\beta_{23}x_2x_3+2\beta_{31}x_3x_1+2\beta_{12}x_1x_2=1 \tag{5-13}$$

这里，β_{ij} 为施加外电场时，晶体的介电常数张量的逆张量元。

通常，外加电场后“新光率体”的主轴并不一定和未施加外电场时的“旧光率体”的主轴一致，因此“新光率体”方程的交叉项介电常数张量的逆张量元(β_{ij} 中 $i\neq j$ 的项)并不一定为零。

对于电光效应来说，外电场引起光率体的改变关系可以写成

$$\Delta\beta_{ij}=\beta_{ij}-\beta_{ij}^0=\gamma_{ijk}E(\Omega)_k+h_{ijpq}E(\Omega)_pE(\Omega)_q+\cdots \tag{5-14}$$

这里，γ_{ijk} 为线性(一次)电光系数，或称泡克耳斯系数，是一个三阶张量；h_{ijpq} 为二次电光系数，或称克尔系数，是一个四阶张量。下面分别对一次和二次电光效应进行讨论。

5.2 线性电光效应

1892 年，泡克耳斯对电光效应进行了研究，发现有些晶体的折射率会随着外加电场发生变化，而且实验上给出折射率的变化值在一定范围内与外加电场强度 $E(\Omega)$ 成正比；次年，泡克耳斯提出了相应的理论对线性电光效应进行了解释。随着线性电光效应研究的不断深入，线性电光效应理论也得到了不断丰富和发展。

5.2.1 线性电光效应的理论描述

利用光率体来描述晶体的一次电光效应时,如果忽略二次和二次以上的高阶项,则公式(5-14)可以写为

$$\Delta\beta_{ij}=\beta_{ij}-\beta_{ij}^0=\gamma_{ijk}E(\Omega)_k \tag{5-15}$$

由于 β 在施加外电场前后都是二阶对称张量,E 是一阶张量(矢量),故线性电光系数 γ_{ijk} 的前两个下角标满足对称性要求,即在互换位置后保持相等,这时可以利用类似公式(4-19)的方法对线性电光系数进行简化,将 γ_{ijk} 写成 γ_{mk}($m=1,2,3,4,5,6$;$k=1,2,3$)。这时 27 个张量元和第四章中的情况类似,也可以简化为 18 个张量元。但要注意与公式(4-19)不同的是其张量元下角标各个参数的取值个数正好与二阶非线性电极化系数张量元下角标各个参数的取值个数相反。

经简化后,描述线性电光效应的公式(5-15)可写为

$$\Delta\beta_m=\gamma_{mk}E(\Omega)_k \tag{5-16}$$

为了简化,省略外电场表达式中的 Ω,其矩阵形式为

$$\begin{pmatrix}\Delta\beta_1\\\Delta\beta_2\\\Delta\beta_3\\\Delta\beta_4\\\Delta\beta_5\\\Delta\beta_6\end{pmatrix}=\begin{pmatrix}\beta_1-\beta_1^0\\\beta_2-\beta_2^0\\\beta_3-\beta_3^0\\\beta_4\\\beta_5\\\beta_6\end{pmatrix}=\begin{pmatrix}\gamma_{11}&\gamma_{12}&\gamma_{13}\\\gamma_{21}&\gamma_{22}&\gamma_{23}\\\gamma_{31}&\gamma_{32}&\gamma_{33}\\\gamma_{41}&\gamma_{42}&\gamma_{43}\\\gamma_{51}&\gamma_{52}&\gamma_{53}\\\gamma_{61}&\gamma_{62}&\gamma_{63}\end{pmatrix}\begin{pmatrix}E_1\\E_2\\E_3\end{pmatrix} \tag{5-17}$$

将矩阵展开,可得

$$\begin{aligned}\Delta\beta_1&=\beta_1-\beta_1^0=\gamma_{11}E_1+\gamma_{12}E_2+\gamma_{13}E_3\\\Delta\beta_2&=\beta_2-\beta_2^0=\gamma_{21}E_1+\gamma_{22}E_2+\gamma_{23}E_3\\\Delta\beta_3&=\beta_3-\beta_3^0=\gamma_{31}E_1+\gamma_{32}E_2+\gamma_{33}E_3\\\Delta\beta_4&=\beta_4=\gamma_{41}E_1+\gamma_{42}E_2+\gamma_{43}E_3\\\Delta\beta_5&=\beta_5=\gamma_{51}E_1+\gamma_{52}E_2+\gamma_{53}E_3\\\Delta\beta_6&=\beta_6=\gamma_{61}E_1+\gamma_{62}E_2+\gamma_{63}E_3\end{aligned} \tag{5-18}$$

这时其光率体方程可写为

$$\begin{aligned}&(\beta_1^0+\gamma_{11}E_1+\gamma_{12}E_2+\gamma_{13}E_3)x_1^2+(\beta_2^0+\gamma_{21}E_1+\gamma_{22}E_2+\gamma_{23}E_3)x_2^2+\\&(\beta_3^0+\gamma_{31}E_1+\gamma_{32}E_2+\gamma_{33}E_3)x_3^2+2(\gamma_{41}E_1+\gamma_{42}E_2+\gamma_{43}E_3)x_2x_3+\\&2(\gamma_{51}E_1+\gamma_{52}E_2+\gamma_{53}E_3)x_1x_3+2(\gamma_{61}E_1+\gamma_{62}E_2+\gamma_{63}E_3)x_2x_1=1\end{aligned} \tag{5-19}$$

从公式(5-19)可以看出,外加电场改变了光率体主轴的大小与方向。

线性电光系数 γ_{mk}(γ_{ijk})是一个三阶张量,但由于晶体的对称性影响,在 11 种具有对称中心以及 432 晶类的晶体中不可能具有线性电光效应,只有在 20 种没有对称中心的晶类(432 除外)的压电晶体中才可能有线性电光效应。表 5-1 给出各晶类线性电光系数矩阵。

表 5-1　各晶类线性电光系数矩阵

晶系	(γ_{mk})
三斜晶系	C_1—1 $\begin{pmatrix} \gamma_{11} & \gamma_{12} & \gamma_{13} \\ \gamma_{21} & \gamma_{22} & \gamma_{23} \\ \gamma_{31} & \gamma_{32} & \gamma_{33} \\ \gamma_{41} & \gamma_{42} & \gamma_{43} \\ \gamma_{51} & \gamma_{52} & \gamma_{53} \\ \gamma_{61} & \gamma_{62} & \gamma_{63} \end{pmatrix}$
单斜晶系	C_2—$(2/\!/x_2)$ $\begin{pmatrix} 0 & \gamma_{12} & 0 \\ 0 & \gamma_{22} & 0 \\ 0 & \gamma_{32} & 0 \\ \gamma_{41} & 0 & \gamma_{43} \\ 0 & \gamma_{52} & 0 \\ \gamma_{61} & 0 & \gamma_{63} \end{pmatrix}$ C_s—$m(m \perp x_2)$ $\begin{pmatrix} \gamma_{11} & 0 & \gamma_{13} \\ \gamma_{21} & 0 & \gamma_{23} \\ \gamma_{31} & 0 & \gamma_{33} \\ 0 & \gamma_{42} & 0 \\ \gamma_{51} & 0 & \gamma_{53} \\ 0 & \gamma_{62} & 0 \end{pmatrix}$
正交晶系	D_2—$mm2$ $\begin{pmatrix} 0 & 0 & 0 \\ 0 & 0 & 0 \\ 0 & 0 & 0 \\ \gamma_{41} & 0 & 0 \\ 0 & \gamma_{52} & 0 \\ 0 & 0 & \gamma_{63} \end{pmatrix}$ $C_{2\nu}$—222 $\begin{pmatrix} 0 & 0 & \gamma_{13} \\ 0 & 0 & \gamma_{23} \\ 0 & 0 & \gamma_{33} \\ 0 & \gamma_{42} & 0 \\ \gamma_{51} & 0 & 0 \\ 0 & 0 & 0 \end{pmatrix}$
四方晶系	C_4—4 $\begin{pmatrix} 0 & 0 & \gamma_{13} \\ 0 & 0 & \gamma_{13} \\ 0 & 0 & \gamma_{33} \\ \gamma_{41} & \gamma_{51} & 0 \\ \gamma_{51} & -\gamma_{41} & 0 \\ 0 & 0 & 0 \end{pmatrix}$ S_4—$\bar{4}$ $\begin{pmatrix} 0 & 0 & \gamma_{13} \\ 0 & 0 & \gamma_{13} \\ 0 & 0 & \gamma_{33} \\ 0 & \gamma_{51} & 0 \\ \gamma_{51} & 0 & 0 \\ 0 & 0 & \gamma_{61} \end{pmatrix}$ D_4—422 $\begin{pmatrix} 0 & 0 & 0 \\ 0 & 0 & 0 \\ 0 & 0 & 0 \\ \gamma_{41} & 0 & 0 \\ 0 & -\gamma_{41} & 0 \\ 0 & 0 & 0 \end{pmatrix}$ $D_{2\nu}$—$4mm$ $\begin{pmatrix} 0 & 0 & \gamma_{13} \\ 0 & 0 & \gamma_{13} \\ 0 & 0 & \gamma_{33} \\ 0 & \gamma_{51} & 0 \\ \gamma_{51} & 0 & 0 \\ 0 & 0 & 0 \end{pmatrix}$ $D_{2d}(Vd)$—$\bar{4}2m(2/\!/x_1)$ $\begin{pmatrix} 0 & 0 & 0 \\ 0 & 0 & 0 \\ 0 & 0 & 0 \\ \gamma_{41} & 0 & 0 \\ 0 & \gamma_{41} & 0 \\ 0 & 0 & \gamma_{63} \end{pmatrix}$

续表

晶系	(γ_{mk})
三方晶系	C_3—3 $\begin{pmatrix} \gamma_{11} & -\gamma_{22} & \gamma_{13} \\ -\gamma_{11} & \gamma_{22} & \gamma_{13} \\ 0 & 0 & \gamma_{33} \\ \gamma_{41} & \gamma_{51} & \gamma_{43} \\ \gamma_{51} & -\gamma_{41} & \gamma_{53} \\ -\gamma_{22} & -\gamma_{11} & 0 \end{pmatrix}$ D_3—32 $\begin{pmatrix} \gamma_{11} & 0 & 0 \\ -\gamma_{11} & 0 & 0 \\ 0 & 0 & 0 \\ \gamma_{41} & 0 & 0 \\ \gamma_{51} & -\gamma_{41} & 0 \\ 0 & -\gamma_{11} & 0 \end{pmatrix}$ C_{3v}—$3m(m \perp x_1)$ $\begin{pmatrix} 0 & -\gamma_{22} & \gamma_{13} \\ 0 & \gamma_{22} & \gamma_{13} \\ 0 & 0 & \gamma_{33} \\ 0 & \gamma_{51} & 0 \\ \gamma_{51} & 0 & 0 \\ -\gamma_{22} & 0 & 0 \end{pmatrix}$
六方晶系	C_6—6 $\begin{pmatrix} 0 & 0 & \gamma_{13} \\ 0 & 0 & \gamma_{13} \\ 0 & 0 & \gamma_{33} \\ \gamma_{41} & \gamma_{51} & 0 \\ \gamma_{51} & -\gamma_{41} & 0 \\ 0 & 0 & 0 \end{pmatrix}$ C_{3h}—$\bar{6}$ $\begin{pmatrix} \gamma_{11} & -\gamma_{22} & 0 \\ -\gamma_{11} & \gamma_{22} & 0 \\ 0 & 0 & 0 \\ 0 & 0 & 0 \\ 0 & 0 & 0 \\ -\gamma_{22} & -\gamma_{11} & 0 \end{pmatrix}$ D_6—422 $\begin{pmatrix} 0 & 0 & 0 \\ 0 & 0 & 0 \\ 0 & 0 & 0 \\ \gamma_{41} & 0 & 0 \\ 0 & -\gamma_{41} & 0 \\ 0 & 0 & 0 \end{pmatrix}$ C_{6v}—$6mm$ $\begin{pmatrix} 0 & 0 & \gamma_{13} \\ 0 & 0 & \gamma_{13} \\ 0 & 0 & \gamma_{33} \\ 0 & \gamma_{51} & 0 \\ \gamma_{51} & 0 & 0 \\ 0 & 0 & 0 \end{pmatrix}$ D_{2h}—$\bar{6}m2(m /\!/ x_1)$ $\begin{pmatrix} 0 & -\gamma_{22} & 0 \\ 0 & \gamma_{22} & 0 \\ 0 & 0 & 0 \\ 0 & 0 & 0 \\ 0 & 0 & 0 \\ -\gamma_{22} & 0 & 0 \end{pmatrix}$
立方晶系	T—23, Td—$\bar{4}3m$ $\begin{pmatrix} 0 & 0 & 0 \\ 0 & 0 & 0 \\ 0 & 0 & 0 \\ \gamma_{41} & 0 & 0 \\ 0 & \gamma_{41} & 0 \\ 0 & 0 & \gamma_{41} \end{pmatrix}$

下面以 KDP 晶体和 $LiNbO_3$ 晶体为例，对晶体的线性电光效应进行具体讨论。

5.2.2 KDP 晶体的线性电光效应

前面我们已经分析过 KDP 晶体在强光下的非线性光学特性，下面我们介绍它在电场作用下的线性电光特性。KDP 晶体是负单轴晶体，因此在没加低频电场时光率体是一个以 x_3 轴

(光轴)为旋转轴的旋转椭球体,有 $\beta_1^0=\beta_2^0$,主轴坐标系下其光率体方程为

$$\beta_1^0(x_1^2+x_2^2)+\beta_3^0x_3^2=1 \tag{5-20}$$

KDP 晶体属于 $D_{24}-\bar{4}2m$ 晶类,因此其电光系数矩阵为

$$\begin{pmatrix} 0 & 0 & 0 \\ 0 & 0 & 0 \\ 0 & 0 & 0 \\ \gamma_{41} & 0 & 0 \\ 0 & \gamma_{41} & 0 \\ 0 & 0 & \gamma_{63} \end{pmatrix} \tag{5-21}$$

将公式(5-21)代入公式(5-19)并考虑到 $\beta_1^0=\beta_2^0$,可得

$$\beta_1^0(x_1^2+x_2^2)+\beta_3^0x_3^2+2\gamma_{41}(E_1x_2x_3+E_2x_1x_3)+2\gamma_{63}E_3x_2x_1=1 \tag{5-22}$$

从公式(5-22)可以看出,在外电场作用下,不但 KDP 晶体的光率体的主轴发生了一定旋转,而且三个主轴的长度也有了一定的变化。从公式(5-22)还可以发现,KDP 晶体的电光效应与 γ_{63} 和 γ_{41} 两个电光系数矩阵元有关,下面对这两个电光系数矩阵元相关的电光效应分别进行讨论。

1. γ_{63} 相关的电光效应

要想电光效应中有电光系数矩阵元 γ_{63} 的影响,外加电场必须包含 x_3 轴方向的电场分量。为了简单,只考虑沿晶体光轴(x_3 轴)方向施加外电场,即 $E=E_3$,这时公式(5-22)变为

$$\beta_1^0(x_1^2+x_2^2)+\beta_3^0x_3^2+2\gamma_{63}E_3x_2x_1=1 \tag{5-23}$$

从公式(5-23)可以看出:新的光率体中 x_3 项相对无外加电场时没有变化,这说明新光率体的一个主轴与原光率体的 x_3 轴重合。在公式(5-23)中有交叉项 $2\gamma_{63}E_3x_2x_1$ 存在,并且没有和 x_3 项有关的交叉项,因此新光率体的另外两个主轴围绕 x_3 轴进行了旋转。

为了方便讨论晶体的电光效应,首先应确定新光率体的形状,也就是给出新光率体的三个主轴方向及长度。为此假设外加电场后新光率体的三个主轴方向分别为 x_1'、x_2' 和 x_3',则由 x_1'、x_2' 和 x_3' 构成的直角坐标系可由原直角坐标系绕 x_3 轴旋转 α 角得到。新旧坐标变换关系为

$$\begin{aligned} x_1 &= x_1'\cos\alpha - x_2'\sin\alpha \\ x_2 &= x_1'\sin\alpha + x_2'\cos\alpha \\ x_3 &= x_3' \end{aligned} \tag{5-24}$$

将公式(5-24)中的各个变换关系代入公式(5-23),可以得到

$$\begin{aligned} &\left(\frac{1}{n_o^2}+2\gamma_{63}E_3\sin\alpha\cos\alpha\right)x_1'^2+\left(\frac{1}{n_o^2}-2\gamma_{63}E_3\sin\alpha\cos\alpha\right)x_2'^2+\frac{1}{n_e^2}x_3'^2+ \\ &2\gamma_{63}E_3(\cos^2\alpha-\sin^2\alpha)x_1'x_2'=1 \end{aligned} \tag{5-25}$$

由于 x_1'、x_2' 和 x_3' 为新光率体的三个主轴方向,所以在新主轴坐标系中,公式(5-25)中的交叉项应为零,即

$$2\gamma_{63}E_3(\cos^2\alpha-\sin^2\alpha)x_1'x_2'=0 \tag{5-26}$$

由于 γ_{63} 与 E_3 是不能为零的,所以

$$\cos^2\alpha-\sin^2\alpha=0 \tag{5-27}$$

因此，有

$$\alpha=\pm45° \tag{5-28}$$

从公式(5-28)可知，沿晶体 x_3 轴方向外加电场后，新光率体的三个主轴方向由原光率体的三个主轴方向绕 x_3 轴旋转 45°得到，该旋转角度大小与外加电场的大小无关，但转动方向与外加电场方向有关。若取 $\alpha=45°$，将其代入公式(5-25)，有

$$\left(\frac{1}{n_o^2}+\gamma_{63}E_3\right)x_1'^2+\left(\frac{1}{n_o^2}-\gamma_{63}E_3\right)x_2'^2+\frac{1}{n_e^2}x_3'^2=1 \tag{5-29}$$

因为 γ_{63} 的数量级是 10^{-10} cm/V，E_3 的数量级是 10^4 V/cm，所以 $\gamma_{63}E_3\ll1$，因此可利用幂级数对公式(5-29)进行展开，并只取前两项，可以得到

$$\frac{x_1'^2}{\left(n_o-\frac{1}{2}n_o^3\gamma_{63}E_3\right)^2}+\frac{x_2'^2}{\left(n_o+\frac{1}{2}n_o^3\gamma_{63}E_3\right)^2}+\frac{x_3'^2}{n_e^2}=1 \tag{5-30}$$

由此，得到新光率体的三个主折射率：

$$\begin{aligned} n_1'&=n_o-\frac{1}{2}n_o^3\gamma_{63}E_3\\ n_2'&=n_o+\frac{1}{2}n_o^3\gamma_{63}E_3\\ n_3'&=n_e \end{aligned} \tag{5-31}$$

考虑到 β 变化很小，利用微分关系也可以得到同样的结果：

$$\Delta\beta=\Delta\left(\frac{1}{n^2}\right)=-2n^{-3}\Delta n \tag{5-32}$$

$$\Delta n=-\frac{1}{2}n^3\Delta\beta=\frac{1}{2}n^3\gamma E(\Omega) \tag{5-33}$$

从公式(5-31)可知，KDP 晶体在外加电场 E_3 作用下，由原来的单轴晶体变成了三个主轴方向及大小都不一样的双轴晶体，且其主轴围绕 x_3 轴旋转了 45°。如果光波沿着 x_3 轴方向入射，那么光率体的截面变化如图 5-1 所示。其光率体与 x_1x_2 平面的截面由原来的 $r=n_o$ 的圆，变成主轴旋转 45°的椭圆，这时的电光效应称为 γ_{63} 的纵向效应。

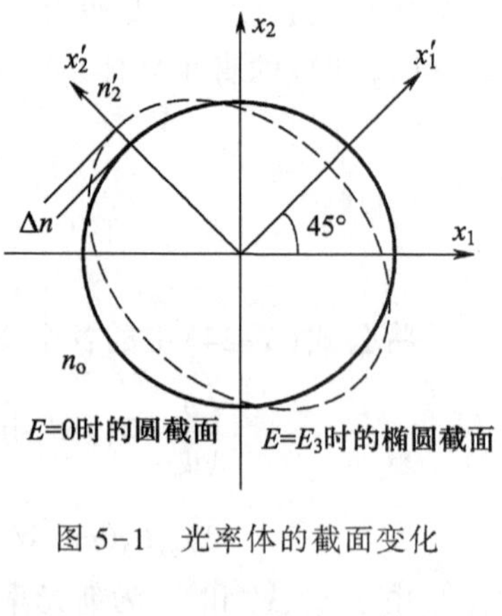

图 5-1　光率体的截面变化

从光率体截面可以看出，这时入射光可以分解成沿着 x_1' 轴和 x_2' 轴方向的两个偏振光，这两个偏振光在晶体中以 n_1' 和 n_2' 折射率(不同的速度)沿 $x_3(x_3')$ 轴传播，当它们通过长度为 l(通光长度)的晶体后，其相位差为

$$\delta=\frac{2\pi}{\lambda}(n_2'-n_1')l=\frac{2\pi}{\lambda}n_o^3\gamma_{63}E_3l=\frac{2\pi}{\lambda}n_o^3\gamma_{63}V \tag{5-34}$$

这里，V 为施加在晶体上的电压。

当 V 达到一定数值时，相位差 $\delta=\pi$，这时的电压为

$$V_{\pi}=\frac{\lambda}{2n_o^3\gamma_{63}} \tag{5-35}$$

这个电压称为半波电压，用 V_{π} 表示。它与材料特性和波长有关，在实际应用中，它是表征晶体电光效应特性的一个很重要的物理量。

例如，在 $\lambda=550$ nm 的情况下，KDP 晶体的 $n_o=1.512$，$\gamma_{63}=10.6\times10^{-10}$ cm/V，$V_{\pi}=7.45$ kV；磷酸二氘钾（KD^*P）晶体的 $n_o=1.508$，$\gamma_{63}=20.8\times10^{-10}$ cm/V，$V_{\pi}=3.80$ kV。

如果入射光是沿着晶体 x_1' 轴方向入射的，这时的电光效应称为 γ_{63} 的横向效应。其光率体截面如图 5-2 所示。

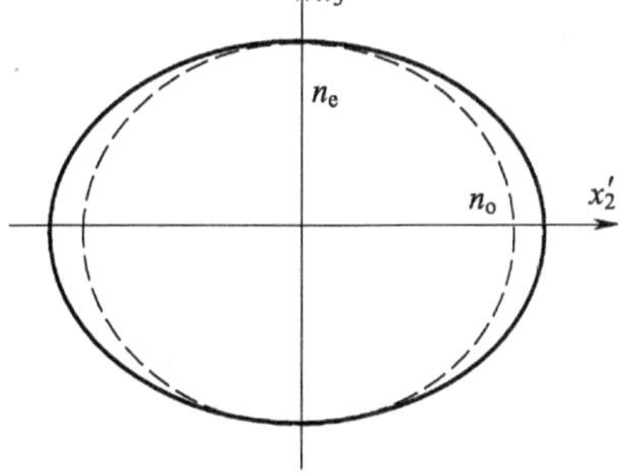

图 5-2　KDP 晶体光率体 x_3x_2' 截面

此时入射光进入晶体后分解为偏振方向分别平行于 $x_3(x_3')$ 轴和 x_2' 轴的两个分量，其折射率分别为 n_e 和 n_2'，当入射光通过长度为 l（通光长度）的晶体后，其相位差为

$$\delta=\frac{2\pi}{\lambda}(n_2'-n_e)l=\frac{2\pi}{\lambda}\left(n_o+\frac{1}{2}n_o^3\gamma_{63}E_3-n_e\right)l=\frac{2\pi}{\lambda}(n_o-n_e)l+\frac{1}{2}n_o^3\gamma_{63}\frac{Vl}{d} \tag{5-36}$$

这里，d 为施加电场方向晶体的厚度。

公式（5-36）右侧第一项表示的是自然双折射（n_o-n_e）所引起的相位差，该项与外电场无关；第二项是由于外加电场引起的相位差，它不仅与外加电场有关，而且与 KDP 晶体的 d 和 l 有关。

对于 KDP 晶体来说，其纵向与横向电光效应有各自的优缺点。纵向电光效应不需要考虑自然双折射的影响，结构简单，但由于通光方向与外加电场方向重合，所以必须选择透明电极；横向电光效应的通光方向与外加电场方向垂直，因此电极可以是不透明的，但由于有自然双折射效应的影响，并且自然双折射效应中的 o 光和 e 光的折射率都是温度的函数，所以给应用带来了极大的麻烦。在实际应用中为了消除这种温度影响，人们常采用两种补偿方法。

一种补偿方法是用长度 l 和厚度 d 均相等的两块晶体，使其光轴互成 90°串联，如图 5-3 所示。光线由左侧入射，第 1 块晶体产生的相位差为

$$\delta_1=\frac{2\pi}{\lambda}(n_2'-n_e)l \tag{5-37}$$

第 2 块晶体产生的相位差为

$$\delta_2=\frac{2\pi}{\lambda}(n_e-n_1')l \tag{5-38}$$

总的相位差为

$$\begin{aligned}\delta&=\delta_1+\delta_2=\frac{2\pi}{\lambda}(n_2'-n_e)l+\frac{2\pi}{\lambda}(n_e-n_1')l=\frac{2\pi}{\lambda}l[(n_2'-n_e)+(n_e-n_1')]\\&=\frac{2\pi}{\lambda}l(n_2'-n_1')=\frac{2\pi}{\lambda}n_o^3\gamma_{63}\frac{l}{d}V\end{aligned} \tag{5-39}$$

这种补偿方法将自然双折射率 n_o-n_e 的影响消除，只要保持两块晶体的温度相等（或同步变化）就可避免温度对相位差的影响。补偿后的半波电压为

$$V_{\pi}=\frac{\lambda}{2n_o^3\gamma_{63}}\left(\frac{d}{l}\right) \tag{5-40}$$

采用这种补偿方法时，晶体长度要严格相等。例如，对于 $\lambda=632.8$ nm 的红光而言，在 $\Delta l=l_1-l_2=0.1$ mm、温度变化量为 $\Delta T=1$ ℃时，相位差变化量为 $\Delta\delta=0.6°$，因此这种补偿方法对晶体加工精度要求很高。

另一种补偿方法是将两块规格相同的晶体按图 5-4 所示摆放，两块晶体中间放置一个 1/2 波片。这时，施加在两块晶体上的电场方向一致，但两块晶体的 x_3 轴方向正好相反。这种补偿方法也可以克服自然双折射的影响，读者可以自己练习推导具体相位差。

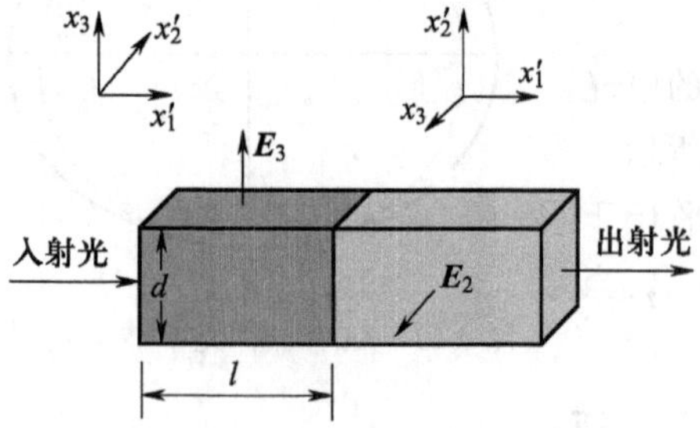

图 5-3　两块晶体电场方向垂直时的补偿方法

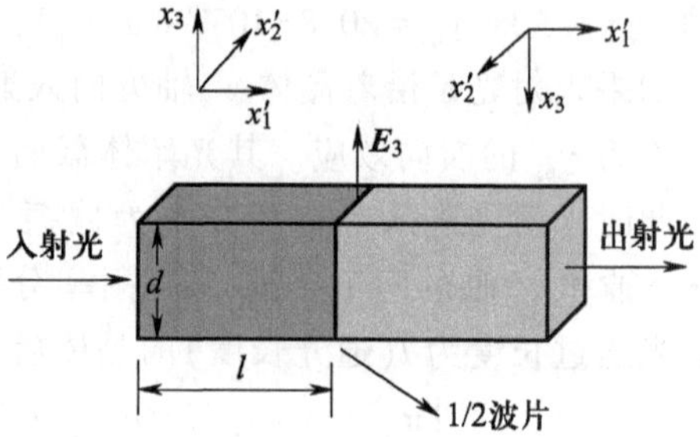

图 5-4　两块晶体电场方向平行时的补偿方法

施加电场方向的晶体厚度 d 在一般情况下远小于通光长度 l，对比公式(5-35)和公式(5-40)可以看出，横向运用时的半波电压一般均比纵向运用时低，并且可以通过改变晶体的长厚比降低横向运用的半波电压。但横向运用必须采取补偿措施，结构复杂，对两块晶体的加工精度要求很高，因此一般只有在特别需要较低半波电压的场合才采用。

2. γ_{41} 相关的电光效应

沿 KDP 晶体的 x_1 轴方向和 x_2 轴方向施加外电场是等效的，均可得到与 γ_{41} 有关的光率体变化：

$$\Delta\beta_4=\beta_4=\gamma_{41}E_1 \tag{5-41a}$$

$$\Delta\beta_5=\beta_5=\gamma_{41}E_2 \tag{5-41b}$$

现假设沿 x_2 轴方向施加外电场 $E=(0,E_2,0)$，有

$$\begin{cases}\Delta\beta_1=\beta_1-\beta_1^0=0\\ \Delta\beta_2=\beta_2-\beta_2^0=0\\ \Delta\beta_3=\beta_3-\beta_3^0=0\\ \Delta\beta_4=\beta_4=0\\ \Delta\beta_5=\beta_5=\gamma_{41}E_2\\ \Delta\beta_6=\beta_6=0\end{cases}\Rightarrow\begin{cases}\beta_1=\beta_1^0\\ \beta_2=\beta_2^0\\ \beta_3=\beta_3^0\\ \beta_4=0\\ \beta_5=\gamma_{41}E_2\\ \beta_6=0\end{cases} \tag{5-42}$$

施加外电场 E_2 后，KDP 晶体的光率体方程变为

$$\beta_1^0(x_1^2+x_2^2)+\beta_3^0x_3^2+2\gamma_{41}E_2x_1x_3=1 \tag{5-43}$$

从公式(5-43)可以看出，由于交叉项 $2\gamma_{41}E_2x_1x_3$ 的存在，外加电场后的光率体相对于原光率体绕 x_2 轴进行了旋转。设转动角度为 α，则有

$$\begin{cases}x_1=x_1'\cos\alpha-x_3'\sin\alpha\\ x_2=x_2'\\ x_3=x_1'\sin\alpha+x_3'\cos\alpha\end{cases} \tag{5-44}$$

将公式(5-44)代入公式(5-43),可得

$$\left(\frac{1}{n_o^2}\cos^2\alpha+\frac{1}{n_e^2}\sin^2\alpha+\gamma_{41}E_2\sin 2\alpha\right)x_1'^2+\frac{1}{n_o^2}x_2'^2+$$
$$\left(\frac{1}{n_o^2}\sin^2\alpha+\frac{1}{n_e^2}\cos^2\alpha-\gamma_{41}E_2\sin 2\alpha\right)x_3'^2- \tag{5-45}$$
$$\left[\left(\frac{1}{n_e^2}-\frac{1}{n_o^2}\right)\sin 2\alpha-2\gamma_{41}E_2(\cos^2\alpha-\sin^2\alpha)\right]x_1'x_3'=1$$

主轴化的过程中要求不能有交叉项存在,因此

$$\left[\left(\frac{1}{n_e^2}-\frac{1}{n_o^2}\right)\sin 2\alpha-2\gamma_{41}E_2(\cos^2\alpha-\sin^2\alpha)\right]x_1'x_3'=0 \tag{5-46}$$

由于晶体的 $\gamma_{41}E_2(\omega)\ll\frac{1}{n_o^2}-\frac{1}{n_e^2}$,所以

$$\sin\alpha\approx\tan\alpha\approx\alpha=\frac{n_e^2n_o^2\gamma_{41}E_2}{n_e^2-n_o^2} \tag{5-47}$$
$$\cos\alpha\approx 1$$

将公式(5-47)代入公式(5-45),忽略 $\sin 2\alpha$ 项,可得

$$\left[\frac{1}{n_o^2}+\frac{1}{n_e^2}\left(\frac{n_en_o\gamma_{41}E_2}{n_e^2-n_o^2}\right)^2\right]x_1'^2+\frac{1}{n_o^2}x_2'^2+$$
$$\left[\frac{1}{n_e^2}+\frac{1}{n_o^2}\left(\frac{n_en_o\gamma_{41}E_2}{n_e^2-n_o^2}\right)^2\right]x_3'^2=1 \tag{5-48}$$

相应的主折射率为

$$\begin{cases} n_1'=n_o-\dfrac{1}{2}\dfrac{n_o^4}{n_e^2-n_o^2}\gamma_{41}E_2 \\ n_2'=n_o \\ n_3'=n_e-\dfrac{1}{2}\dfrac{n_e^4}{n_e^2-n_o^2}\gamma_{41}E_2 \end{cases} \tag{5-49}$$

KDP 晶体在 $E=(0,E_2,0)$ 外电场作用下产生关于 γ_{41} 的线性电光效应,使光率体由原来单轴晶体的旋转椭球体变成双轴晶体的三轴椭球体。与此同时,光率体的 x_1 轴和 x_3 轴绕 x_2 轴转动一个小角 α(图 5-5)。

下面分析在电场 E_2 作用下 KDP 晶体变成双轴晶体的两光轴 c_1 和 c_2。在没加电场 E_2 时,x_3 轴为 KDP 单轴晶体的光轴。加电场 E_2 时,取垂直于 x_3 轴的中心截面($x_3=0$):

$$\beta_1^0(x_1^2+x_2^2)=1 \tag{5-50}$$

上式表示的中心截面仍是一个圆,所以 x_3 轴仍是双轴晶体的一个光轴 c_1。另一个光轴 c_2 也在新坐标系 $x_1'x_3'$ 面内且与 c_1 以 x_3' 轴镜像对

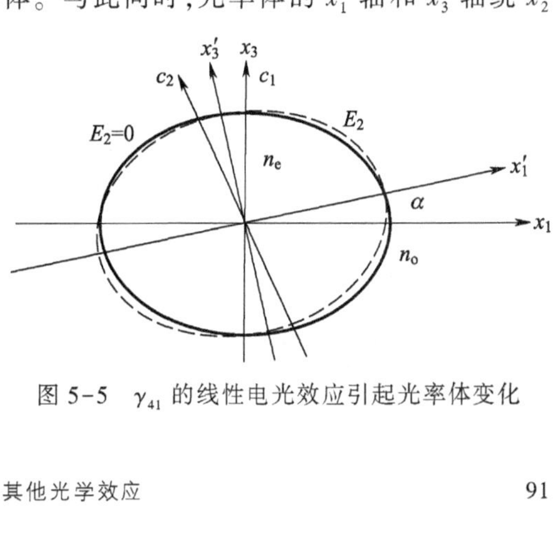

图 5-5　γ_{41} 的线性电光效应引起光率体变化

称,由此光轴 c_2 也可以确定。

γ_{41} 的纵向效应是沿垂直 y-切片通光并加电场 E_2,$K/\!/E_2/\!/x_2$ 产生的线性电光效应。实验和理论都证明该效应由电场引起的相位差很小,要获得该效应需要很高的电压,因此该纵向效应不实用,很少被采用。

γ_{41} 的横向效应是在 y-45°切片上沿 x_1(或 x_3)轴成45°方向通光,沿 x_2 轴方向加电场 E_2(即电场与通光方向垂直)引起的线性电光效应。此时在晶体中的两束线偏振光,一束沿 x_2 轴方向振动,折射率为 n_o;另一束在 x_1x_3 面内且与 x_1(或 x_3)轴成45°方向振动,折射率为 $n_3'(45°)$,有

$$n_3'(45°)=\frac{n_1'n_3'}{(n_3'^2\cos^2 45°+n_1'^2\sin^2 45°)^{1/2}} \tag{5-51}$$

因此,γ_{41} 的横向效应产生的两光波的相位差为

$$\delta=\frac{\sqrt{2}\pi}{\lambda}\cdot\frac{n_o n_e(n_e^3+n_o^3)\gamma_{41}V_2}{(n_e^2-n_o^2)(n_e^2+n_o^2)^{1/2}}\cdot\frac{l}{d} \tag{5-52}$$

相应的半波电压为

$$V_\pi=\frac{\lambda}{\sqrt{2}}\cdot\frac{(n_e^2-n_o^2)(n_e^2+n_o^2)^{1/2}}{n_o n_e(n_e^3+n_o^3)\gamma_{41}}\cdot\frac{d}{l} \tag{5-53}$$

从公式(5-53)可以看出,改变晶体的纵横比(d/l)可以适当降低半波电压,这很有实际意义。

人们通常利用 KDP 晶体的 γ_{41} 的横向效应制成横向调制器。在实际应用 KDP 晶体的 γ_{41} 的横向效应时应注意以下几个方面:

(1) 不可以沿 x_1 轴或 x_3 轴方向通光。如果沿 x_3 轴方向通光,垂直于 x_3 轴方向的光率体中心截面为不含 E_2 的圆:

$$\beta_1^0(x_1^2+x_2^2)=1 \tag{5-54}$$

如果沿 x_1 轴方向通光,垂直于 x_1 轴方向的光率体中心截面为不含 E_2 的椭圆:

$$\beta_1 x_2^2+\beta_3 x_3^2=1 \tag{5-55}$$

由此可知,沿 x_1 轴或 x_3 轴方向通光,外加电场 E_2 不能引起这两个中心截面的变化,无法利用这两个中心截面讨论电光效应的有关问题。

(2) 入射光必须严格沿与 x_1 轴和 x_3 轴成45°方向传播,稍微偏离就会使双折射率产生很大的变化。

(3) 温度变化对自然双折射有较大的影响。如对 $l=5$ cm 的 KDP 晶体,温度变化量为 $\Delta T=0.1$ ℃时,就可产生相位差变化量 π。

(4) 通光方向既不平行于 x_1 轴也不平行于 x_3 轴,因此晶体中双折射的两光线是离散的,不能产生干涉。

如果将两块同等规格的晶体排列,中间插入1/2波片,进行双折射补偿(图5-6),则上述问题大部分可以得到解决。

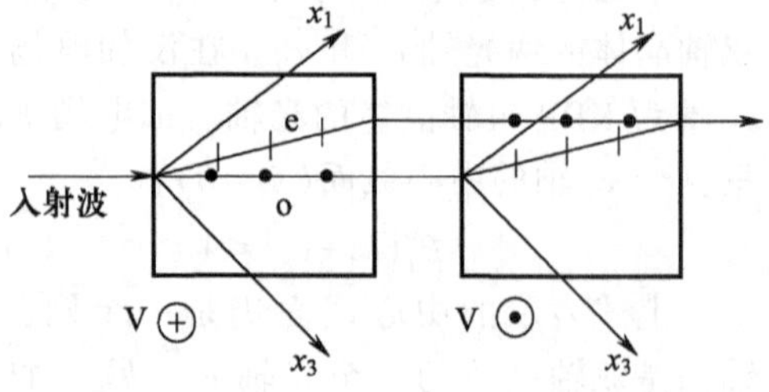

图5-6 插入1/2波片进行双折射补偿

5.2.3 $LiNbO_3$ 晶体的线性电光效应

$LiNbO_3$ 以及与之同类型的钽酸锂（$LiTaO_3$）、钽酸钡（$BaTaO_3$）等晶体，均为单轴晶体。它们在 0.4~5 μm 波长范围内的透射率高达 98%，光学均匀性好，不潮解，因此在光电子技术中经常采用。在没有外加电场时，其标准的光率体方程为

$$\beta_1^0(x_1^2+x_2^2)+\beta_3^0x_3^2=1 \tag{5-56}$$

当晶体外加电场时，根据前述的有关公式及 $LiNbO_3$ 晶体的线性电光系数矩阵（$3m$ 晶类），可以推得

$$\begin{pmatrix}\Delta\beta_1\\ \Delta\beta_2\\ \Delta\beta_3\\ \Delta\beta_4\\ \Delta\beta_5\\ \Delta\beta_6\end{pmatrix}=\begin{pmatrix}0 & -\gamma_{22} & \gamma_{13}\\ 0 & \gamma_{22} & \gamma_{13}\\ 0 & 0 & \gamma_{33}\\ 0 & \gamma_{51} & 0\\ \gamma_{51} & 0 & 0\\ -\gamma_{22} & 0 & 0\end{pmatrix}\begin{pmatrix}E_1\\ E_2\\ E_3\end{pmatrix} \tag{5-57}$$

整理后得

$$\begin{aligned}&\Delta\beta_1=-\gamma_{22}E_2+\gamma_{13}E_3\\ &\Delta\beta_2=\gamma_{22}E_2+\gamma_{13}E_3\\ &\Delta\beta_3=\gamma_{33}E_3\\ &\Delta\beta_4=\gamma_{51}E_2\\ &\Delta\beta_5=\gamma_{51}E_1\\ &\Delta\beta_6=-\gamma_{22}E_1\end{aligned} \tag{5-58}$$

经进一步推导，即可得到 $LiNbO_3$ 晶体外加电场后的光率体方程：

$$\begin{aligned}&\left(\frac{1}{n_o^2}-\gamma_{22}E_2+\gamma_{13}E_3\right)x_1^2+\\ &\left(\frac{1}{n_o^2}+\gamma_{22}E_2+\gamma_{13}E_3\right)x_2^2+\\ &\left(\frac{1}{n_e^2}+\gamma_{33}E_3\right)x_3^2+\\ &2\gamma_{51}E_2x_2x_3+2\gamma_{51}E_1x_3x_1-2\gamma_{22}E_1x_1x_2=1\end{aligned} \tag{5-59}$$

下面分两种情况进行讨论。

（1）当外加电场平行于 x_3 轴时，$E=(0,0,E_3)$，公式（5-59）变为

$$\left(\frac{1}{n_o^2}+\gamma_{13}E_3\right)(x_1^2+x_2^2)+\left(\frac{1}{n_e^2}+\gamma_{22}E_3\right)x_3^2=1 \tag{5-60}$$

进一步利用泰勒级数展开，取前两项，可得

$$\frac{x_1^2+x_2^2}{n_o^2\left(1-\frac{1}{2}n_o^2\gamma_{13}E_3\right)^2}+\frac{x_3^2}{n_e^2\left(1-\frac{1}{2}n_e^2\gamma_{22}E_3\right)^2}=1 \tag{5-61}$$

该式中没有交叉项，因此在 E_3 电场作用下，$LiNbO_3$ 晶体的三个主轴方向不变，其仍为单轴晶体，只是主折射率的大小发生了变化，近似为

$$\left.\begin{aligned} n_1' &= n_o' = n_o - \frac{1}{2}n_o^3\gamma_{13}E_3 \\ n_2' &= n_o' = n_o - \frac{1}{2}n_o^3\gamma_{13}E_3 \\ n_3' &= n_e' = n_e - \frac{1}{2}n_e^3\gamma_{33}E_3 \end{aligned}\right\} \tag{5-62}$$

由于 $LiNbO_3$ 晶体加上电场 E_3 后，x_3 轴仍为光轴，所以光波沿 x_3 轴方向传播时，没有相位差出现（没有电光延迟），但光波沿垂直于 x_3 轴的方向传播，其主折射率之差为

$$n_3'-n_1' = (n_e-n_o) - \frac{1}{2}(n_e^3\gamma_{33}-n_o^3\gamma_{13})E_3 \tag{5-63}$$

上式等号右边第一项是自然双折射；第二项是外加电场 E_3 后的感应双折射，其中 $n_e^3\gamma_{33}-n_o^3\gamma_{13}$ 是由晶体材料决定的常数，为方便起见，常将其写成 $n_o^3\gamma^*$，这里 $\gamma^*=(n_e/n_o)^3\gamma_{33}-\gamma_{13}$ 称为有效电光系数。

当光波垂直于 x_3 轴方向传播时，沿垂直于 x_3 轴和平行于 x_3 轴方向振动的两束线偏振光之间，将产生受电场控制的相位差：

$$\begin{aligned} \delta &= \frac{2\pi}{\lambda}(n_3'-n_1')l \\ &= \frac{2\pi}{\lambda}(n_e-n_o)l - \frac{\pi l V_3}{\lambda d}(n_e^3\gamma_{33}-n_o^3\gamma_{13}) \\ &= \frac{2\pi}{\lambda}(n_o-n_e)l + \frac{\pi n_o^3\gamma^* V_3}{\lambda}\frac{l}{d} \end{aligned} \tag{5-64}$$

这里，l 为光传播方向上的晶体长度，d 为电场方向上的晶体厚度，V_3 为沿 x_3 轴方向的外加电压。该式表明，$LiNbO_3$ 晶体 x_3 轴方向上外加电压的横向运用，与 KDP 晶体 $45°-x_3$ 切片的 γ_{63} 的横向运用类似，有自然双折射的影响。

（2）当外加电场垂直于 x_3 轴时，即电场 E 在 x_1x_2 平面内的任意方向上，假设外电场沿 x_2 轴方向施加，即 $E=(0,E_2,0)$，经计算可得，光率体变为

$$\left(\frac{1}{n_o^2}-\gamma_{22}E_2\right)x_1^2+\left(\frac{1}{n_o^2}+\gamma_{22}E_2\right)x_2^2+\left(\frac{1}{n_e^2}\right)x_3^2+2\gamma_{51}E_2x_2x_3=1 \tag{5-65}$$

显然，外加电场后，晶体由单轴晶体变成了双轴晶体。在式（5-65）中仅存在交叉项 $2\gamma_{51}E_2x_2x_3$，外加电场后新光率体的另外两个主轴方向围绕 x_1 轴进行了旋转（图 5-7）。

为了求出相应于沿 x_3 轴方向传播的光波折射率，根据光率体的性质，需要确定垂直于 x_3 轴的平面与光率体的截线。这只需在公式（5-65）中令 $x_3=0$ 即可，由此可得截线方程：

$$\left(\frac{1}{n_o^2}-\gamma_{22}E_2\right)x_1^2+\left(\frac{1}{n_o^2}+\gamma_{22}E_2\right)x_2^2=1 \tag{5-66}$$

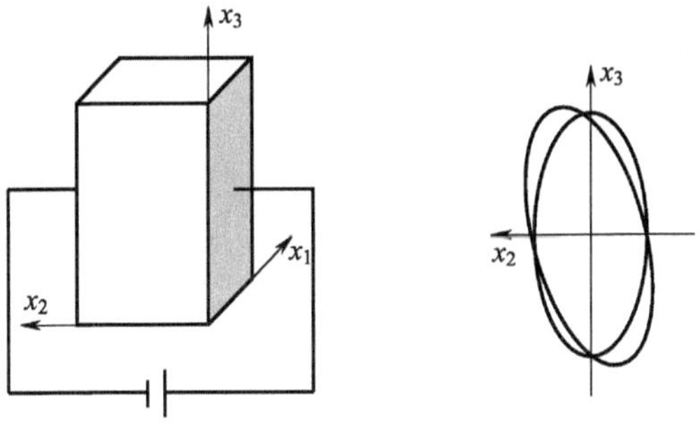

图 5-7　沿 $LiNbO_3$ 晶体 x_2 轴方向施加电场时晶体的光率体变化

利用幂级数展开后，得

$$\frac{x_1^2}{n_o^2\left(1+\frac{1}{2}n_o^2\gamma_{22}E_2\right)^2}+\frac{x_2^2}{n_o^2\left(1-\frac{1}{2}n_o^2\gamma_{22}E_2\right)^2}=1 \tag{5-67}$$

这是一个椭圆方程。当光沿 x_3 轴方向传播 l 距离后，由于线性电光效应引起的相位差为

$$\delta=\frac{2\pi}{\lambda}\left[n_o\left(1+\frac{1}{2}n_o^2\gamma_{22}E_2\right)-n_o\left(1-\frac{1}{2}n_o^2\gamma_{22}E_2\right)\right]l=\frac{2\pi}{\lambda}n_o^3\gamma_{22}lE \tag{5-68}$$

相应的半波电压为

$$V_\pi=\frac{\lambda}{2n_o^3\gamma_{22}}\frac{d}{l} \tag{5-69}$$

由此可见，在 $LiNbO_3$ 晶体 x_2 轴方向施加电场（x_1x_2 平面内其他方向也类似），光沿 x_3 轴方向传播时，可以避免自然双折射的影响，同时半波电压较低。因此，在一般情况下，若用 $LiNbO_3$ 晶体作电光元件，多采用这种工作方式。在实际应用中应注意，外加电场的方向不同（例如，沿 x_1 轴方向或 x_2 轴方向），其感应主轴的方向也不同。

和前面处理 KDP 晶体的电光效应时一样，也可对 $LiNbO_3$ 晶体进行主轴化处理。假设新光率体的三个主轴方向分别为 x_1'、x_2' 和 x_3'，则由 x_1'、x_2' 和 x_3' 构成的直角坐标系可由原直角坐标系绕 x_1 轴旋转 α 角得到。相应的新旧坐标变换关系为

$$\begin{aligned}&x_1=x_1'\\&\left.\begin{aligned}x_2&=x_2'\cos\alpha-x_3'\sin\alpha\\x_3&=x_2'\sin\alpha+x_3'\cos\alpha\end{aligned}\right\}\end{aligned} \tag{5-70}$$

将公式（5-70）中的各个变换关系代入公式（5-65），可以得到

$$\begin{aligned}&\left(\frac{1}{n_o^2}-\gamma_{22}E_2\right)x_1'^2+\left(\frac{1}{n_o^2}\cos^2\alpha+\gamma_{22}E_2\cos^2\alpha+\frac{1}{n_e^2}\sin^2\alpha+2\gamma_{51}E_2\cos\alpha\sin\alpha\right)x_2'^2+\\&\left(\frac{1}{n_o^2}\sin^2\alpha+\gamma_{22}E_2\sin^2\alpha+\frac{1}{n_e^2}\cos^2\alpha-2\gamma_{51}E_2\cos\alpha\sin\alpha\right)x_3'^2-\\&\left[-\frac{2}{n_o^2}\cos\alpha\sin\alpha+2\gamma_{22}E_2\cos\alpha\sin\alpha+\frac{2}{n_e^2}\cos\alpha\sin\alpha+2(\cos^2\alpha-\sin^2\alpha)\gamma_{51}E_2\right]x_2'x_3'=1\end{aligned} \tag{5-71}$$

为了保证新光率体是主轴坐标系下的光率体，在新主轴坐标系中公式（5-71）中的交叉项应为零，即

$$-\frac{2}{n_o^2}\cos\alpha\sin\alpha+2\gamma_{22}E_2\cos\alpha\sin\alpha+\frac{2}{n_e^2}\cos\alpha\sin\alpha+2(\cos^2\alpha-\sin^2\alpha)\gamma_{51}E_2=0 \tag{5-72}$$

可以求得

$$\tan 2\alpha=\frac{-2\gamma_{51}E_2}{\frac{1}{n_e^2}-\frac{1}{n_o^2}+\gamma_{22}E_2} \tag{5-73}$$

5.3 二次电光效应

1875 年,英国物理学家克尔(Kerr)在研究电场对材料性能影响时就发现了二次电光效应,其发现时间早于线性电光效应。二次电光效应也是一种非常重要的电光效应,经常被人们应用到实际光学系统中。随着二次电光效应研究的不断深入,二次电光效应理论也得到了不断丰富和发展。

5.3.1 二次电光效应的理论描述

二次电光效应是公式(5-14)右侧第二项对光率体产生影响,即有

$$\Delta\beta_{ij}=\beta_{ij}-\beta_{ij}^0=h_{ijpq}E(\Omega)_pE(\Omega)_q \tag{5-74}$$

为了简化,下面的讨论中省略外电场表达式中的 Ω。

可以证明,二次电光系数 h_{ijpq} 是对称四阶张量,因此可以对下角标进行简化处理,即

$$\begin{matrix} ij & pq \\ \downarrow & \downarrow \\ m & n \end{matrix} \tag{5-75}$$

其中电场为 $E_1^2=E_1E_1, E_2^2=E_2E_2, E_3^2=E_3E_3, E_4^2=E_2E_3, E_5^2=E_3E_1, E_6^2=E_1E_2$,并且有 $h_{ijpq}=h_{mn}$($n=1,2,3$ 时),$2h_{ijpq}=h_{mn}$($n=4,5,6$ 时)。因此,二次电光系数由原来的 9×9 的形式简化为 6×6 的形式。

简化后,二次电光效应可表示为

$$\Delta\beta_m=h_{mn}(EE)_n \tag{5-76}$$

$$\begin{pmatrix}\Delta\beta_1\\\Delta\beta_2\\\Delta\beta_3\\\Delta\beta_4\\\Delta\beta_5\\\Delta\beta_6\end{pmatrix}=\begin{pmatrix}h_{11}&h_{12}&h_{13}&h_{14}&h_{15}&h_{16}\\h_{21}&h_{22}&h_{23}&h_{24}&h_{25}&h_{26}\\h_{31}&h_{32}&h_{33}&h_{34}&h_{35}&h_{36}\\h_{41}&h_{42}&h_{43}&h_{44}&h_{45}&h_{46}\\h_{51}&h_{52}&h_{53}&h_{54}&h_{55}&h_{56}\\h_{61}&h_{62}&h_{63}&h_{64}&h_{65}&h_{66}\end{pmatrix}\begin{pmatrix}E_1^2\\E_2^2\\E_3^2\\E_2E_3\\E_1E_3\\E_2E_1\end{pmatrix} \tag{5-77}$$

还可以进一步证明,$[h_{mn}]$ 具有对称性,即 $h_{mn}=h_{nm}$,所以其独立的矩阵元又缩减为 21 个。对于具体的晶体来说,其矩阵元还可以进一步缩减。

下面以 $m3m$ 晶类为例,分析其二次电光效应。

5.3.2 *m*3*m* 晶类的二次电光效应

在一般情况下，一次电光效应的影响要远大于二次电光效应，因此要想观察到二次电光效应，需要克服一次电光效应的影响，一般要在没有一次电光效应的晶体中观察二次电光效应。$m3m$ 晶类属于立方晶系，是一类具有明显二次电光效应而没有一次电光效应的晶体。属于 $m3m$ 晶类的晶体有很多，比如钽铌酸钾（KTN）、钽酸钾（$KTaO_3$）、钛酸钡（$BaTiO_3$）、氯化钠（NaCl）、氯化锂（LiCl）、氟化锂（LiF）等。其中，KTN 晶体的二次电光效应最为突出，是近些年二次电光效应研究的重点之一。$m3m$ 晶类的电光系数矩阵为

$$(h_{mn})=\begin{pmatrix} h_{11} & h_{12} & h_{12} & 0 & 0 & 0 \\ h_{12} & h_{22} & h_{12} & 0 & 0 & 0 \\ h_{12} & h_{12} & h_{33} & 0 & 0 & 0 \\ 0 & 0 & 0 & h_{44} & 0 & 0 \\ 0 & 0 & 0 & 0 & h_{44} & 0 \\ 0 & 0 & 0 & 0 & 0 & h_{44} \end{pmatrix} \tag{5-78}$$

在未加电场时，$m3m$ 晶类的光学性质是各向同性的，其折射率只有一个数值 n_0，即其光率体曲面是一个球面。在外加电场作用下，二次电光效应矩阵为

$$\begin{pmatrix} \Delta\beta_1 \\ \Delta\beta_2 \\ \Delta\beta_3 \\ \Delta\beta_4 \\ \Delta\beta_5 \\ \Delta\beta_6 \end{pmatrix}=\begin{pmatrix} h_{11} & h_{12} & h_{12} & 0 & 0 & 0 \\ h_{12} & h_{22} & h_{12} & 0 & 0 & 0 \\ h_{12} & h_{12} & h_{33} & 0 & 0 & 0 \\ 0 & 0 & 0 & h_{44} & 0 & 0 \\ 0 & 0 & 0 & 0 & h_{44} & 0 \\ 0 & 0 & 0 & 0 & 0 & h_{44} \end{pmatrix}\begin{pmatrix} E_1^2 \\ E_2^2 \\ E_3^2 \\ E_2E_3 \\ E_1E_3 \\ E_2E_1 \end{pmatrix} \tag{5-79}$$

从矩阵表示可知

$$\begin{aligned} \Delta\beta_1 &= h_{11}E_1^2+h_{12}E_2^2+h_{12}E_3^2 \\ \Delta\beta_2 &= h_{12}E_1^2+h_{22}E_2^2+h_{12}E_3^2 \\ \Delta\beta_3 &= h_{12}E_1^2+h_{12}E_2^2+h_{33}E_3^2 \\ \Delta\beta_4 &= h_{44}E_2E_3 \\ \Delta\beta_5 &= h_{44}E_1E_3 \\ \Delta\beta_6 &= h_{44}E_1E_2 \end{aligned} \tag{5-80}$$

外加电场后光率体变为

$$\begin{gathered} \left(\frac{1}{n_0^2}+h_{11}E_1^2+h_{12}E_2^2+h_{12}E_3^2\right)x_1^2+\left(\frac{1}{n_0^2}+h_{12}E_1^2+h_{22}E_2^2+h_{12}E_3^2\right)x_2^2+ \\ \left(\frac{1}{n_0^2}+h_{12}E_1^2+h_{12}E_2^2+h_{33}E_3^2\right)x_3^2+h_{44}E_2E_3x_2x_3+h_{44}E_1E_3x_1x_3+h_{44}E_1E_2x_1x_2=1 \end{gathered} \tag{5-81}$$

如果沿 x_3 轴方向外加电场 $E=(0,0,E_3)$，那么可以得到

$$\left(\frac{1}{n_0^2}+h_{12}E_3^2\right)x_1^2+\left(\frac{1}{n_0^2}+h_{12}E_3^2\right)x_2^2+\left(\frac{1}{n_0^2}+h_{33}E_3^2\right)x_3^2=1 \tag{5-82}$$

对各项进行幂级数展开，取前两项，得

$$\frac{x_1^2}{\left(n_0-\frac{1}{2}h_{12}E_3^2\right)^2}+\frac{x_2^2}{\left(n_0-\frac{1}{2}h_{12}E_3^2\right)^2}+\frac{x_3^2}{\left(n_0-\frac{1}{2}h_{33}E_3^2\right)^2}=1 \tag{5-83}$$

从公式(5-83)可知，$m3m$ 晶类沿 x_3 轴方向外加电场 $E=(0,0,E_3)$ 时，晶体由各向同性变为各向异性的单轴晶体，三个主折射率的大小都发生了变化，即

$$\begin{aligned} n_1'=n_2'&=n_0-\frac{1}{2}n_0^3h_{12}E_3^2 \\ n_3'&=n_0-\frac{1}{2}n_0^3h_{33}E_3^2 \end{aligned} \tag{5-84}$$

若入射光沿 x_3 轴方向照射晶体，则光率体截面为半径为 $n_0-(n_0^3h_{12}E_1^2)/2$ 的圆，不会产生相位差。若入射光沿垂直于 x_3 轴方向照射晶体，则光率体截面为长短轴不同的椭圆，将会产生相位差：

$$\delta=\frac{2\pi}{\lambda}l(n_3'-n_1')=\frac{\pi n_0^3E_3^2}{\lambda}(h_{33}-h_{12})l \tag{5-85}$$

如果沿晶体的[110]方向施加外电场，即 $E=(E/\sqrt{2},E/\sqrt{2},0)$，则新折射率椭球的表达式为

$$\begin{aligned} &\left(\frac{1}{n_0^2}+\frac{1}{2}h_{11}E^2+\frac{1}{2}h_{12}E^2\right)x_1^2+\left(\frac{1}{n_0^2}+\frac{1}{2}h_{11}E^2+\frac{1}{2}h_{12}E^2\right)x_2^2+ \\ &\left(\frac{1}{n_0^2}+h_{12}E^2\right)x_3^2+h_{44}E^2x_1x_2=1 \end{aligned} \tag{5-86}$$

由于公式(5-86)中有交叉项存在，所以光率体三个主轴并不和三个坐标轴重合，为了使分析简单，要对其进行主轴化处理，处理过程和一次电光效应类似，处理后可知其主轴在 x_1x_2 平面内围绕 x_3 轴旋转了 45°，新光率体的表达式为

$$\frac{x_1'^2}{n_1'^2}+\frac{x_2'^2}{n_2'^2}+\frac{x_3'^2}{n_3'^2}=1 \tag{5-87}$$

式中，

$$\begin{cases} n_1'=n_2'\approx n_0-\frac{1}{4}n_0^3(h_{11}+h_{12}+h_{44})E^2 \\ n_3'\approx n_0-\frac{1}{2}n_0^3h_{12}E^2 \end{cases} \tag{5-88}$$

若入射光沿 $x_3(x_3')$ 轴方向入射，则光率体截面为半径为 $n_0-[n_0^3(h_{11}+h_{12}+h_{44})E^2]/4$ 的圆，入射光在晶体中传输时，无论沿哪个方向偏振都不会产生相位差。若入射光沿垂直于 $x_1'(x_2')$ 轴方向入射，则对应的光率体截面为长短轴不同的椭圆，不同偏振方向的入射光在晶体中传输时，将会产生相位差。

5.4 电光效应的应用

电光效应具有结构简单、光谱范围宽、响应速度快(纳秒量级)的优点,因此在很多领域都有广泛的应用。

5.4.1 电光调制

电光调制是在偏振光干涉基础之上被提出的,现已得到广泛的应用。电光调制原理如图 5-8 所示。一束平行自然光通过偏振片 Ⅰ 后成为强度为 I_1 的线偏振光。从偏振片 Ⅰ 出射的线偏振光照射到波片上,由于双折射效应分解为振动方向互相垂直、传播方向一致但速度不同的两束线偏振光,即 o 光和 e 光。进入波片后,线偏振光电场强度 $\boldsymbol{E}_1$ 分解为 e 光电场强度 $\boldsymbol{E}_e$ 和 o 光电场强度 $\boldsymbol{E}_o$。设波片光轴(e 轴)与偏振片 Ⅰ 的偏振化方向 P_1 间的夹角为 α,则 e 光电场强度振幅 E_e 和 o 光电场强度振幅 E_o 分别为

$$\begin{aligned} E_e &= E_1 \cos \alpha \\ E_o &= E_1 \sin \alpha \end{aligned} \tag{5-89}$$

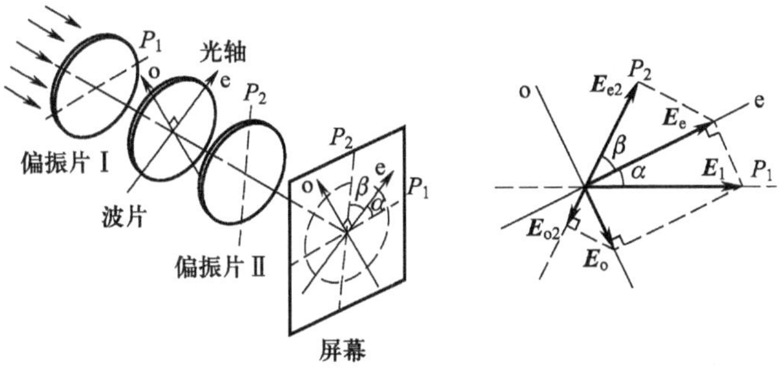

图 5-8 电光调制原理图

光从波片出射后照射到偏振片 Ⅱ 上,设波片光轴(e 轴)与偏振片 Ⅱ 的偏振化方向 P_2 间的夹角为 β,则通过偏振片 Ⅱ 后两部分线偏振光的电场强度振幅 E_{e2} 和 E_{o2} 分别为

$$\begin{aligned} E_{e2} &= E_1 \cos \alpha \cos \beta \\ E_{o2} &= E_1 \sin \alpha \sin \beta \end{aligned} \tag{5-90}$$

最后,光从偏振片 Ⅱ 出射后,照射到屏幕上,其电场强度是 $\boldsymbol{E}_{e2}$ 和 $\boldsymbol{E}_{o2}$ 这两个偏振光的相干叠加,即电场强度 $\boldsymbol{E}_2$ 为

$$\boldsymbol{E}_2 = \boldsymbol{E}_{e2} + \boldsymbol{E}_{o2} \tag{5-91}$$

根据偏振光的干涉理论,屏幕上的光强 I_2 为

$$I_2 = E_2^2 = E_1^2 \cos^2 \alpha \cos^2 \beta + E_1^2 \sin^2 \alpha \sin^2 \beta + E_1^2 \sin 2\alpha \sin 2\beta \cos \delta \tag{5-92}$$

这里,δ 为通过偏振片 Ⅱ 后 $\boldsymbol{E}_{e2}$ 和 $\boldsymbol{E}_{o2}$ 之间的相位差。

从公式(5-92)可知,屏幕上的光强 I_2 与波片光轴和两偏振片偏振化方向之间的夹角 α 和 β 以及相位差 δ 都是有关的。

经过厚度为 l 的波片后，在空间传播的 $\boldsymbol{E}_{e2}$ 和 $\boldsymbol{E}_{o2}$ 的相位差 δ 可以写为

$$\delta=\frac{2\pi}{\lambda}(n_o-n_e)l+0(\text{或 }\pi) \tag{5-93}$$

在 $P_1\perp P_2$ 的情况下，$\beta=90°-\alpha$，坐标轴投影引起的相位差为 π，有

$$I_{2\perp}=I_1\sin^2 2\alpha\sin^2\left[\frac{\pi}{\lambda}(n_o-n_e)l\right] \tag{5-94}$$

由公式(5-94)可知，在 α 角为一不为 0 的确定值时，当 $(n_o-n_e)l=k\lambda$，$k=1,2,3,\cdots$ 时，$I_{2\perp}=0$；当 $(n_o-n_e)l=(2k+1)\frac{\lambda}{2}$ 时，$I_{2\perp}$ 达到极大值。如果波片是由电光效应晶体制成的，就可以通过外加电场控制出射光的强度 $I_{2\perp}$。如用 z–切割 KDP 晶体作波片，采用纵向电光效应进行调制，z–切片的主轴 x_1（或 x_2）与两个偏振片平行，通光方向垂直于 z–切片表面，外电场方向沿着 x_3 轴。无外加电场时，垂直于 z 轴方向的光率体中心截面是一个圆，透过偏振片Ⅱ的光强为 0。若沿 x_3 轴方向施加外电场 E_3，则产生 KDP 晶体的 γ_{63} 的纵向电光效应，即 KDP 晶体变为双轴晶体。晶体中两线偏振光沿 x_1' 轴或 x_2' 轴方向振动，取 $\alpha=45°$，此时透过的光强为

$$I_{2\perp}=I_1\sin^2\left[\frac{\pi}{\lambda}(n_o-n_e)l\right] \tag{5-95}$$

KDP 晶体纵向电光效应引起的相位差可以表示为

$$\delta=\frac{2\pi}{\lambda}(n_o-n_e)l=\frac{2\pi}{\lambda}(n_o^3\gamma_{63}E_3)l=\frac{2\pi}{\lambda}n_o^3\gamma_{63}V_3 \tag{5-96}$$

其半波电压为

$$V_\pi=\frac{\lambda}{2n_o^3\gamma_{63}} \tag{5-97}$$

经过偏振片Ⅱ后的相对透射率为

$$T=\frac{I_{2\perp}}{I_1}=\sin^2\frac{\delta}{2}=\sin^2\left(\frac{\pi}{\lambda}n_o^3\gamma_{63}V_3\right) \tag{5-98}$$

相对透射率还可以写成半波电压的形式：

$$T=\frac{I_\perp}{I_0}=\sin^2\left(\frac{\pi V_3}{2V_\pi}\right) \tag{5-99}$$

图 5-9 给出相对透射率 T 随 V_3 的周期性变化规律。

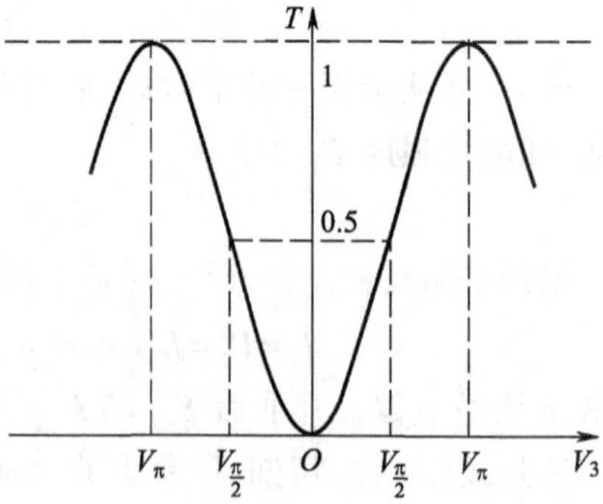

图 5-9　相对透射率 T 随 V_3 的周期性变化

5.4.2　电光偏转

随着科技的进步，对光的传播方向进行控制的要求也越来越高，对传统机械驱动的光束偏转系统替代品的研发成了一个热门课题，人们开始寻找其他的光束偏转方式，如声光偏转、液晶相控阵偏转和电光偏转等。声光偏转器件具有体积小、重量轻、易

于自动化控制的优点,但存在扫描范围有限、衍射效率较低的缺点;液晶相控阵偏转器件能够在一定范围内实现高精度、非机械式、稳定的光束偏转,但是在扫描过程中存在光学回程区,这对偏转角度和效率都有影响。

传统的电光偏转器件是基于材料的电光效应制成的,比较典型的是双 KDP 楔形棱镜偏转器。如图 5-10 所示,该偏转器由两块 KDP 直角棱镜组成,棱镜的三个边分别沿 x_1' 轴、x_2' 轴和 $x_3'(x_3)$ 轴方向,两块晶体的光轴沿 x_3 轴反向平行摆放并粘在一起。x_1'轴方向偏振入射光沿 x_2' 轴方向进入偏转器,外电场沿 x_3 轴方向。由于两块 KDP 棱镜的光轴是反向平行的,所以在施加外电场的情况下,对于入射光来说,上下两块晶体的折射率分别变为

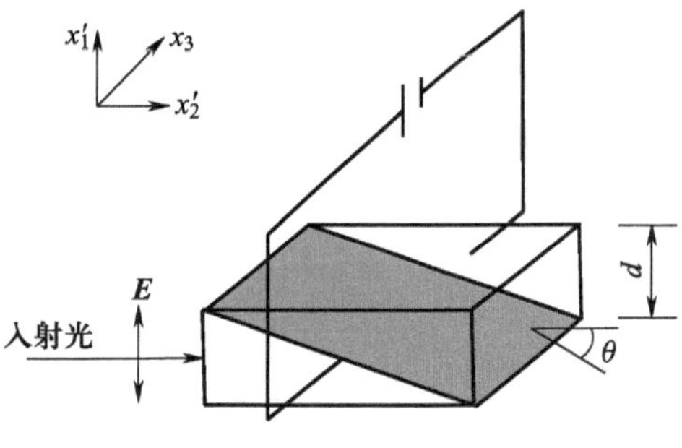

图 5-10　双 KDP 楔形棱镜偏转器

$$
\begin{aligned}
n_{上} &= n_o - \frac{1}{2} n_o^3 \gamma_{63} E_3 \\
n_{下} &= n_o + \frac{1}{2} n_o^3 \gamma_{63} E_3
\end{aligned}
\tag{5-100}
$$

从公式(5-100)中可以看出,上下两块晶体的折射率是不同的,由折射定律可知,入射光通过施加外电场的双 KDP 楔形棱镜时,会发生偏转。通过改变外电场强度的大小可以控制偏转角度的大小,从而实现连续偏转。但是两块晶体组成的棱镜偏转器所能偏转的角度十分有限,为了得到较大的偏转角度,人们在双 KDP 楔形棱镜偏转器基础上进行了扩展,制成的级联棱镜偏转器扩大了偏转角度范围(图 5-11)。

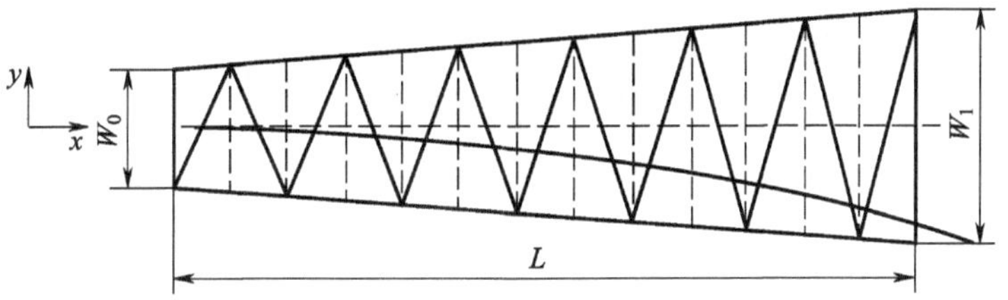

图 5-11　级联棱镜偏转器示意图

近些年,电光偏转又有了新的进展。2003 年,日本电报电话公司(NTT)成功生长出了 40 mm×40 mm×30 mm 的 KTN 单晶,二次电光系数达到 $2.24\times10^{-14}\ \mathrm{m}^2\cdot\mathrm{V}^{-2}$。2005 年,日本电报电话公司在 KTN 单晶中发现了基于空间电荷效应和二次电光效应的电光偏转现象,并研发出很多相关器件,他们提出的电控 KTN 晶体光束偏转系统如图 5-12 所示。KTN 晶体是铌酸钾($KNbO_3$,KN)和钽酸钾($KTaO_3$,KT)的固溶体混晶,是一种优秀的二次电光效应晶体,其居里温度可以通过调节 Ta/Nb 比来控制,其在居里温度附近具有显著的二次电光效应。他们通过调节 Ta/Nb 比,使生长出来的 KTN 晶体的居里温度在室温附近,并把晶体加工成长 5 mm、厚 0.5 mm 的样品,在样品的表面镀上钛金属电极,使得钛金属电极和晶体之间形成欧姆接触。钛金属的费米能级高于晶体的费米能级,因此钛金属导带的电子在这种费米能级差的作用下会注入 KTN 晶体。在对 KTN 晶体施加外电场后,钛金属电极注入 KTN 晶体的电子就会在外电场的作用下

移动,形成空间电荷限制电流。晶体的阻滞和缺陷的作用使得注入的电子沿着电场方向形成不均匀的电子浓度分布(图 5-13),进而这些电子浓度的分布会引起晶体内电场的不均匀分布,经计算晶体内电场强度为

$$E_x=\frac{3}{2}E\sqrt{\frac{x}{d}} \tag{5-101}$$

这里,E 为外电场强度,x 为所描述位置与阳极的距离,E_x 为所描述位置的电场强度。

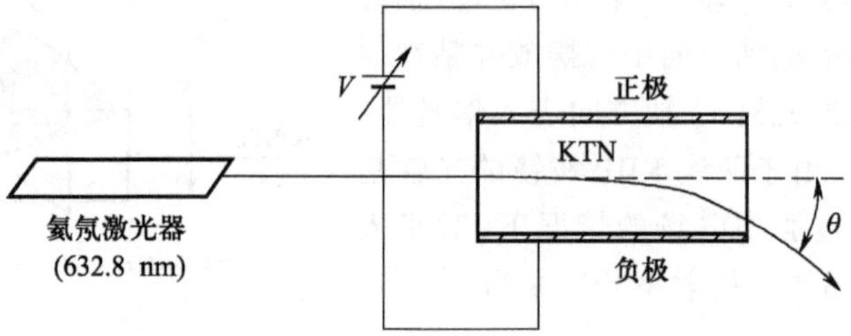

图 5-12　电控 KTN 晶体光束偏转系统示意图

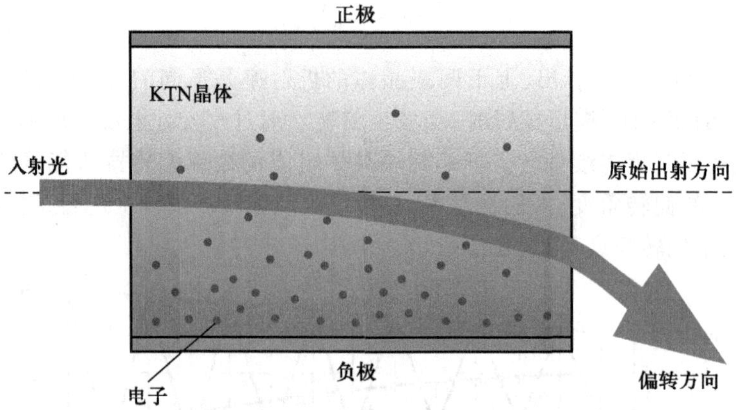

图 5-13　电子在晶体中的浓度分布引起光束偏转

由 KTN 晶体的二次电光效应可知,晶体距离阳极 x 处的折射率变化值 $\Delta n(x)$ 为

$$\Delta n(x)=-\frac{1}{2}n_0^3h_{ij}E_x^2 \tag{5-102}$$

将公式(5-101)代入公式(5-102)可得

$$\Delta n(x)=-\frac{9}{8}n_0^3h_{ij}\left(\frac{x}{d}\right)E^2 \tag{5-103}$$

这样,在外电场作用下,通过二次电光效应,KTN 晶体内的折射率呈现不均匀分布。入射光在具有折射率梯度分布的晶体中传播,波前会由于介质折射率的梯度分布而向折射率高的方向偏转,进而使光束在晶体内发生偏转。利用折射率梯度分布与偏转角度的关系,可得偏转角度:

$$\theta\approx L\frac{\mathrm{d}}{\mathrm{d}x}\Delta n(x) \tag{5-104}$$

这里,L 为沿系统主轴的光作用长度。将公式(5-103)代入公式(5-104),可得偏转角度:

$$\theta \approx -\frac{9}{8} n_0^3 h_{ij} \frac{L}{d} E^2 \tag{5-105}$$

日本电报电话公司利用该系统在±250 V 的电压下，让入射光通过 5 mm 长的晶体，得到了 250 mrad 的偏转角度（图 5-14），而同类的基于铌酸锂晶体的电光偏转器在 14.2 kV · mm^{-1} 的电场下，沿着 15 mm 的光作用长度，使用 10 级的级联棱镜才能达到这样的偏转角度。电控 KTN 晶体偏转器的响应时间达到 μs 量级，仅为传统转镜扫描系统响应时间的百分之一。人们还基于此原理开发出电控变焦透镜等一系列光学器件。

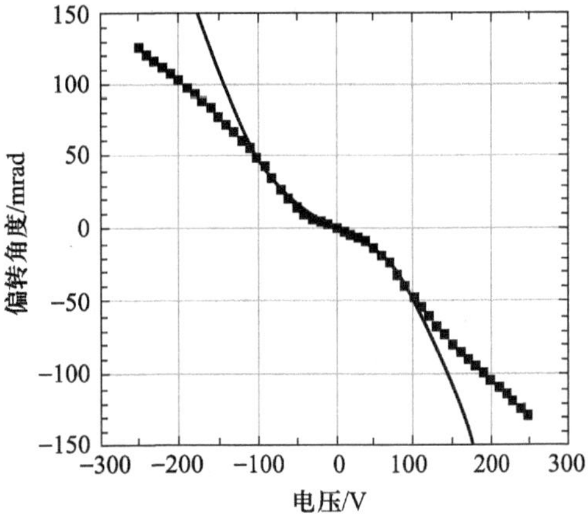

图 5-14　偏转角度与外加电压的关系

我国科研人员利用 KTN 晶体的 Ta/Nb 比与居里温度的关系，也实现了电控偏转。对于立方顺电相 KTN 晶体，二次电光系数可以写为

$$h_{ij} = g_{ij} \varepsilon_0^2 (\varepsilon_r - 1)^2 \tag{5-106}$$

这里，ε_0、ε_r 分别为真空介电常数和晶体的相对介电常数；g_{ij} 为晶体的电极化光学系数，仅与入射光波长有关，不随温度和介电常数变化。其中的相对介电常数遵从居里-外斯（Curie-Weiss）定律：

$$\varepsilon_r = \frac{C}{T - T_C} \tag{5-107}$$

这里，T 为晶体的热力学温度，T_C 为晶体的居里温度，C 为居里常数。

由于 KTN 晶体的相对介电常数远大于 1，所以可以忽略公式（5-106）中的 1。将公式（5-107）代入公式（5-106），可得

$$h_{ij} \approx g_{ij} \varepsilon_0^2 \left(\frac{C}{T - T_C} \right)^2 \tag{5-108}$$

然后，将公式（5-108）代入公式（5-102），可得

$$\Delta n \approx -\frac{1}{2} n_0^3 g_{ij} \varepsilon_0^2 \left(\frac{C}{T - T_C} \right)^2 E^2 \tag{5-109}$$

对于 KTN 晶体，其居里温度 T_C 与晶体中的成分比 m［Nb/（Ta+Nb），物质的量之百分比］有如下关系：

$$T_C \approx 639m - 214.24 \tag{5-110}$$

将公式（5-110）代入公式（5-102），可得

$$\Delta n \approx -\frac{1}{2} n_0^3 g_{ij} \varepsilon_0^2 \left(\frac{C}{T - 639m + 214.24} \right)^2 E^2 \tag{5-111}$$

从公式（5-111）中可以看出，在加外电场时，Δn 在晶体中的分布与 m 在晶体中的分布有关。在生长 KTN 晶体时，可以通过控制生长条件来调节 m 在晶体中的分布，如果使 m 在晶体中存在一定的梯度分布，那么在外电场作用下，晶体中的折射率会随之呈现一定的梯度分布，折射率的梯度分布必然会引起光束的偏转。

实验装置如图 5-15 所示，一 3 mm×5 mm×2 mm 的 KTN 晶体切片被放置在一带金属板的

铜块和一连接着热电制冷系统(TEC)的铜块之间。通过装在铜块上的温度反馈装置,热电制冷系统可以把 KTN 晶体的温度浮动控制在 0.1 ℃之内。所加电场沿 KTN 晶体的 x_3 轴方向,激光束沿 KTN 晶体的 x_1 轴方向入射。为使入射光偏振方向与电场方向平行,在晶体前方放置一偏振化方向沿 x_3 轴的偏振片。

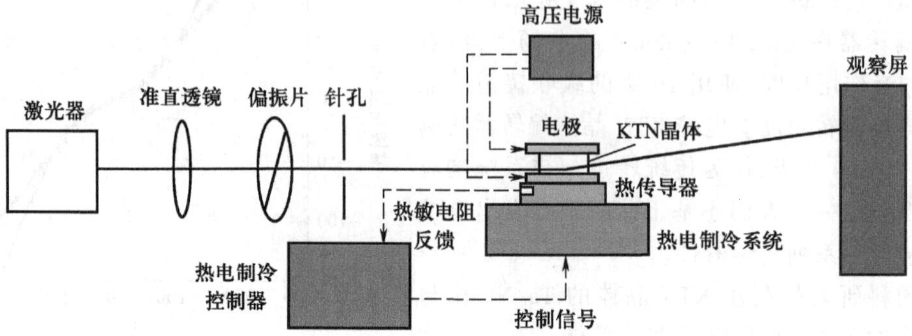

图 5-15　实验装置图

实验中施加在晶体两端的电压为 0~1 400 V,通过改变温度,可发现在 34 ℃(大约比晶体的居里温度高 2 ℃)时偏转角度达到最大值 12 mrad。实验还测得 700 V 电压下 1 mm 厚的 KTN 晶体的响应时间约为 1 μs。

利用 KTN 晶体的电控偏转可以做很多事情,如可以制作电控偏振器。Δn 与二次电光系数 h_{ij} 有关,因此入射光的偏振情况不同,产生的偏转角度就不同,图 5-16 给出不同偏振态下

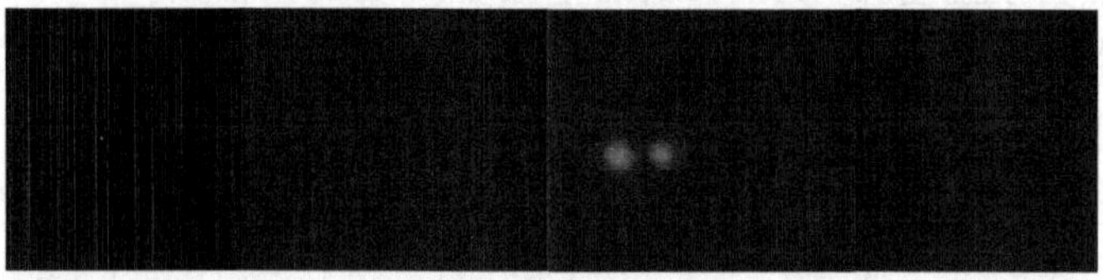

(a) E=270 V/mm

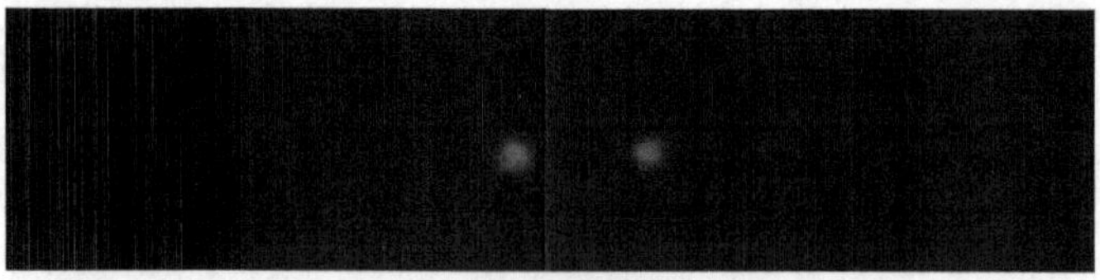

(b) E=440 V/mm

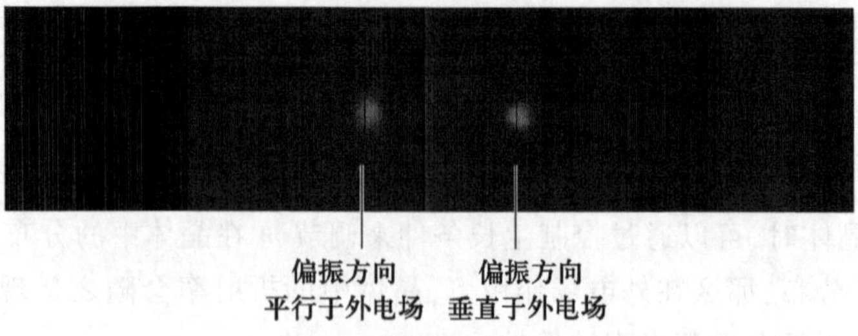

(c) E=629 V/mm

图 5-16　不同偏振态下入射光的偏转情况

入射光的偏转情况。由于 $h_{11}=0.136\ m^4/C^2$，$h_{12}=-0.038\ m^4/C^2$，所以可以认为偏振方向垂直于外电场的入射光的传播方向在施加外电场前后保持不变。在这种情况下，如果入射光是自然光，那么在没有施加外电场时，透过晶体的依然是自然光；在施加外电场时，按原路透过晶体的就变成了线偏振光，与之正交的偏振成分偏离了原传播方向。可以利用这个原理来制作电控偏振器。

光学分束器是一种常见的光学设备，它能将一束入射光分成多束，在光学传输和光学信息处理领域中被广泛应用。根据分束原理，光学分束器可以分为传统光学分束器、双折射光学分束器、二元光学分束器、光纤耦合器等。利用 KTN 晶体的电控偏转可以实现一维与二维分束器。一维电控光学分束系统（简称一维分束系统）由两 KTN 晶体组成，其结构如图 5-17 所示。图中直角坐标系的 x_1、x_2 和 x_3 轴分别对应晶体 1 和 2 的[100]、[010]、[001]方向。两晶体样品的成分比 m 的梯度方向沿着 x_2 轴方向。图中 α_1、α_2 分别为半波片 1 和半波片 2 的线偏振方向与 x_2 轴方向的夹角。入射光沿平行于 x_3 轴的方向入射，经过傅里叶透镜（准直透镜），入射光被聚焦，其目的是使入射光光斑直径小于两晶体的厚度，从而使光顺利通过两晶体。系统中设置了两半波片，第一个置于傅里叶透镜之前，第二个置于两晶体样品之间。这两个半波片可以绕 x_3 轴转动，从而改变系统中光束的偏振态。晶体 1 和晶体 2 的外电场施加方向均沿 x_1 轴方向。

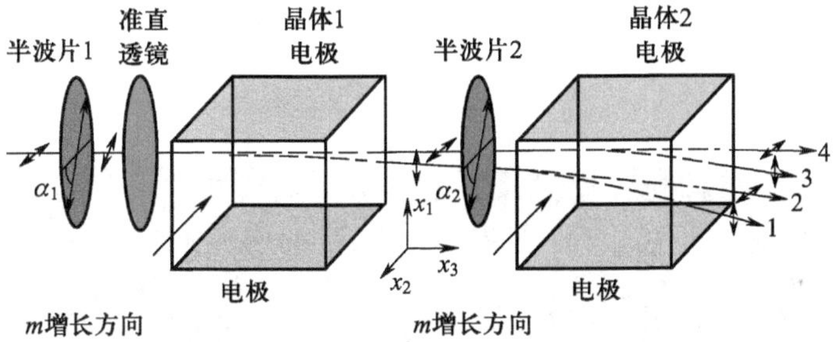

图 5-17　一维电控光学分束系统结构示意图

实验中，由于两晶体成分比 m 的梯度方向都沿着 x_2 轴方向，所以两晶体样品对入射光束的电控偏转方向是相同的，都是沿着 x_2 轴方向的。当在两晶体上施加外电场时，由于 h_{11} 与 h_{12} 不同，所以入射光通过晶体 1 后，被分成两束偏振方向正交的光，其中沿 x_1 轴方向偏振的光束发生偏转，沿 x_2 轴方向偏振的光束基本保持原方向传播。两束线偏振光从晶体 1 中出射后，经过半波片 2 的调制，偏振态均发生改变。之后，两束光入射到晶体 2 中，经过施加外电场的晶体 2 的作用后，两束光被分成了四束光，其中两束光为沿 x_1 轴方向偏振的线偏振光，另两束光为沿 x_2 轴方向偏振的线偏振光，从而达到了一束光分为四束光的效果，且得到的四束光均为线偏振光，相邻光束偏振方向正交。当晶体上的外电场被撤去时，光束恢复成一束（图 5-18）。

各光束的偏转角度分别为

$$\begin{aligned}\theta_1=&L_1\frac{\mathrm{d}}{\mathrm{d}x_{12}}\left[-n_0^3 g_{11}\varepsilon_0^2\left(\frac{C}{T-639m_1+214.14}\right)^2E_{11}^2\right]\boldsymbol{j}+\\&L_2\frac{\mathrm{d}}{\mathrm{d}x_{22}}\left[-n_0^3 g_{11}\varepsilon_0^2\left(\frac{C}{T-639m_2+214.14}\right)^2E_{21}^2\right]\boldsymbol{j}\end{aligned}\qquad(5-112)$$

$$\theta_2 = L_1 \frac{\mathrm{d}}{\mathrm{d}x_{12}}\left[-n_0^3 g_{11}\varepsilon_0^2\left(\frac{C}{T-639m_1+214.14}\right)^2 E_{11}^2\right]\boldsymbol{j}+ L_2 \frac{\mathrm{d}}{\mathrm{d}x_{22}}\left[-n_0^3 g_{12}\varepsilon_0^2\left(\frac{C}{T-639m_2+214.14}\right)^2 E_{21}^2\right]\boldsymbol{j} \tag{5-113}$$

$$\theta_3 = L_1 \frac{\mathrm{d}}{\mathrm{d}x_{12}}\left[-n_0^3 g_{12}\varepsilon_0^2\left(\frac{C}{T-639m_1+214.14}\right)^2 E_{11}^2\right]\boldsymbol{j}+ L_2 \frac{\mathrm{d}}{\mathrm{d}x_{22}}\left[-n_0^3 g_{11}\varepsilon_0^2\left(\frac{C}{T-639m_2+214.14}\right)^2 E_{21}^2\right]\boldsymbol{j} \tag{5-114}$$

$$\theta_4 = L_1 \frac{\mathrm{d}}{\mathrm{d}x_{12}}\left[-n_0^3 g_{12}\varepsilon_0^2\left(\frac{C}{T-639m_1+214.14}\right)^2 E_{11}^2\right]\boldsymbol{j}+ L_2 \frac{\mathrm{d}}{\mathrm{d}x_{22}}\left[-n_0^3 g_{12}\varepsilon_0^2\left(\frac{C}{T-639m_2+214.14}\right)^2 E_{21}^2\right]\boldsymbol{j} \tag{5-115}$$

这里，θ_1、θ_2、θ_3、θ_4 分别为图 5-17 中出射的 1、2、3、4 四束光相对于入射光传播方向的偏转角度，g_{11} 和 g_{12} 分别为沿电场方向和垂直于电场方向的有效二次电光系数，L_1 和 L_2 分别为晶体 1 和晶体 2 的作用长度，m_1 和 m_2 分别为晶体 1 和晶体 2 的成分比，x_{12} 和 x_{22} 分别为晶体 1 和晶体 2 在 x_2 轴方向的坐标值，E_{11} 和 E_{21} 是施加在晶体 1 和晶体 2 上 x_1 轴方向的电场强度。

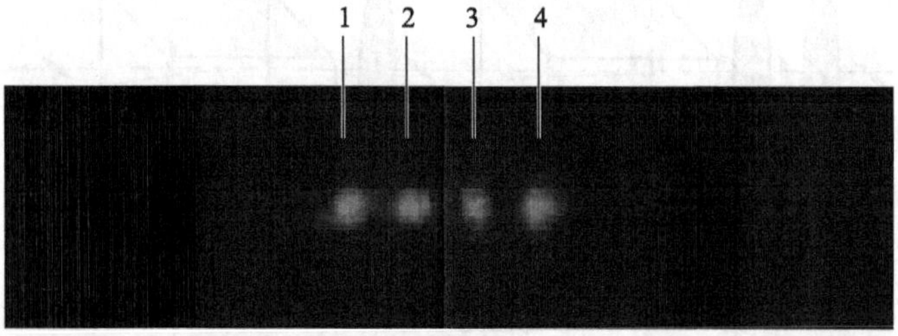

(a) 电场开

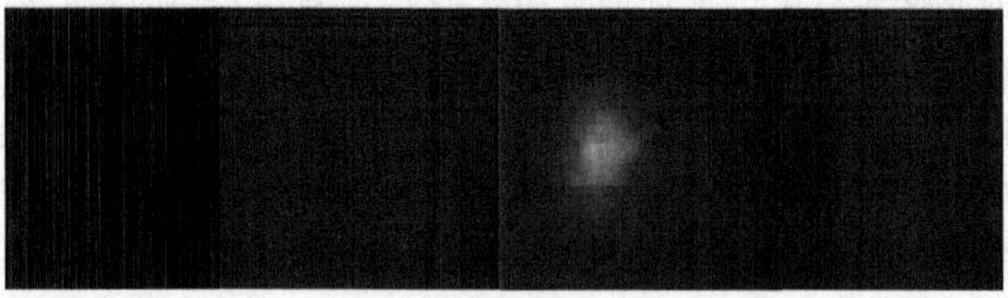

(b) 电场关

图 5-18　一维电控光学分束系统出射光斑示意图

对于 KTN 晶体来说，g_{11} 是远大于 g_{12} 的，所以含有 g_{12} 的项可以舍去，得到

$$\theta_1 = L_1 \frac{\mathrm{d}}{\mathrm{d}x_{12}}\left[-n_0^3 g_{11}\varepsilon_0^2\left(\frac{C}{T-639m_1+214.14}\right)^2 E_{11}^2\right]\boldsymbol{j}+ L_2 \frac{\mathrm{d}}{\mathrm{d}x_{22}}\left[-n_0^3 g_{11}\varepsilon_0^2\left(\frac{C}{T-639m_2+214.14}\right)^2 E_{21}^2\right]\boldsymbol{j} \tag{5-116}$$

$$\theta_2 = L_1 \frac{\mathrm{d}}{\mathrm{d}x_{12}}\left[-n_0^3 g_{11}\varepsilon_0^2\left(\frac{C}{T-639m_1+214.14}\right)^2 E_{11}^2\right]\boldsymbol{j} \tag{5-117}$$

$$\theta_3 = L_2 \frac{\mathrm{d}}{\mathrm{d}x_{22}}\left[-n_0^3 g_{11}\varepsilon_0^2\left(\frac{C}{T-639m_2+214.14}\right)^2 E_{21}^2\right]\boldsymbol{j} \tag{5-118}$$

$$\theta_4 = 0 \tag{5-119}$$

同时，根据偏振相关理论可得各光束的光强：

$$I_1 = I_0\sin^2 2\alpha_1 \sin^2\left(2\alpha_2 - \frac{\pi}{2}\right) \tag{5-120}$$

$$I_2 = I_0\sin^2 2\alpha_1 \cos^2\left(2\alpha_2 - \frac{\pi}{2}\right) \tag{5-121}$$

$$I_3 = I_0\cos^2 2\alpha_1 \sin^2 2\alpha_2 \tag{5-122}$$

$$I_4 = I_0\cos^2 2\alpha_1 \cos^2 2\alpha_2 \tag{5-123}$$

这里，I_0 为入射光的光强，I_1、I_2、I_3、I_4 分别为图 5-18 中光束 1、2、3、4 的光强。

从理论推导和实验可知，该一维分束系统是通过外电场的控制来进行分束的，而且分出的四束光的光强可以通过改变半波片的偏振方向来进行调制。

相对于一维分束系统，二维分束系统具有更大的应用潜力，因此在一维电控光学分束系统的基础上，有了二维电控光学分束系统（简称二维分束系统），其结构示意图如图 5-19 所示。

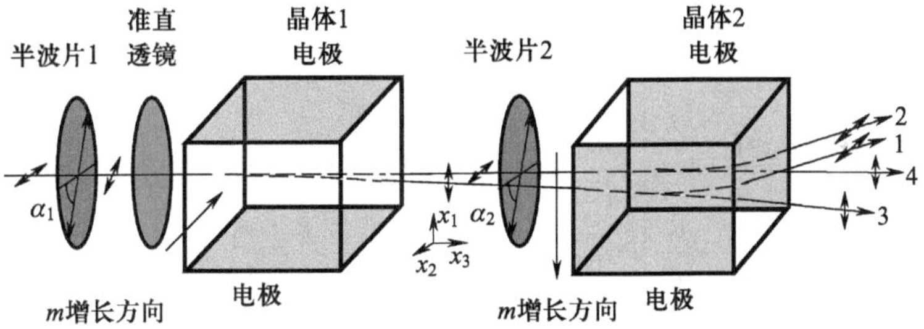

图 5-19　二维电控光学分束系统结构示意图

与一维分束系统不同，在二维分束系统中，晶体 1 位置不变，电场的方向依然沿着 x_1 轴方向，但晶体 2 上电场方向沿着 x_2 轴方向并且晶体 2 的成分比 m_2 的梯度方向沿着 x_1 轴方向。入射光束经过半波片 1 和傅里叶透镜（准直透镜）入射到晶体 1 中，施加外电场后，经过晶体 1 的光束仍然分出两束偏振方向分别为 x_1 轴、x_2 轴方向的线偏振光，偏振方向为 x_1 轴方向的线偏振光依然沿着 x_2 轴方向偏转。从晶体 1 中出射的两束线偏振光经过半波片 2 的旋光转变偏振方向后，进入晶体 2 中，每束线偏振光可以分解成两束偏振方向分别为 x_1 轴、x_2 轴方向的线偏振光，这样入射的两束光分成了四束出射光，分别为沿 x_1 轴方向偏振的两束光，沿 x_2 轴方向偏振的两束光，并且沿 x_2 轴方向偏振的光束将沿着 x_1 轴方向偏转，这样就实现了二维光学分束。实际分束效果如图 5-20 所示，从图中我们可以看到，当晶体上施加电场时，光束被分为二维平面上的四束光；当晶体上的外电场被撤去后，光束恢复成一束。

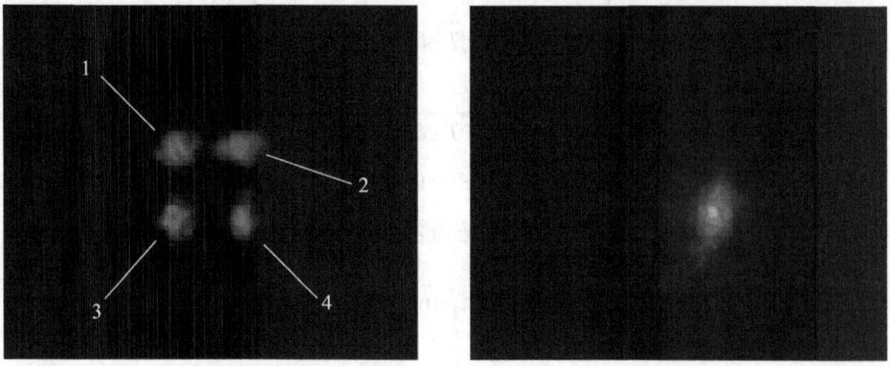

(a) 电场开　　(b) 电场关

图 5-20　二维电控光学分束系统出射光斑示意图

和一维分束类似,可以给出偏转角度:

$$\theta_1 = L_1 \frac{\mathrm{d}}{\mathrm{d}x_{12}}\left[-n_0^3 g_{11}\varepsilon_0^2\left(\frac{C}{T-639m_1+214.14}\right)^2 E_{11}^2\right]\boldsymbol{j}+ L_2 \frac{\mathrm{d}}{\mathrm{d}x_{21}}\left[-n_0^3 g_{11}\varepsilon_0^2\left(\frac{C}{T-639m_2+214.14}\right)^2 E_{22}^2\right]\boldsymbol{i} \tag{5-124}$$

$$\theta_2 = L_1 \frac{\mathrm{d}}{\mathrm{d}x_{12}}\left[-n_0^3 g_{12}\varepsilon_0^2\left(\frac{C}{T-639m_1+214.14}\right)^2 E_{11}^2\right]\boldsymbol{j}+ L_2 \frac{\mathrm{d}}{\mathrm{d}x_{21}}\left[-n_0^3 g_{11}\varepsilon_0^2\left(\frac{C}{T-639m_2+214.14}\right)^2 E_{22}^2\right]\boldsymbol{i} \tag{5-125}$$

$$\theta_3 = L_1 \frac{\mathrm{d}}{\mathrm{d}x_{12}}\left[-n_0^3 g_{11}\varepsilon_0^2\left(\frac{C}{T-639m_1+214.14}\right)^2 E_{11}^2\right]\boldsymbol{j}+ L_2 \frac{\mathrm{d}}{\mathrm{d}x_{21}}\left[-n_0^3 g_{12}\varepsilon_0^2\left(\frac{C}{T-639m_2+214.14}\right)^2 E_{22}^2\right]\boldsymbol{i} \tag{5-126}$$

$$\theta_4 = L_1 \frac{\mathrm{d}}{\mathrm{d}x_{12}}\left[-n_0^3 g_{12}\varepsilon_0^2\left(\frac{C}{T-639m_1+214.14}\right)^2 E_{11}^2\right]\boldsymbol{j}+ L_2 \frac{\mathrm{d}}{\mathrm{d}x_{21}}\left[-n_0^3 g_{12}\varepsilon_0^2\left(\frac{C}{T-639m_2+214.14}\right)^2 E_{22}^2\right]\boldsymbol{i} \tag{5-127}$$

这里,x_{12} 和 x_{21} 分别为晶体 1 在 x_2 轴方向和晶体 2 在 x_1 轴方向的坐标值,E_{11} 和 E_{22} 分别是施加在晶体 1 上 x_1 轴方向和晶体 2 上 x_2 轴方向的电场强度。

同理,可以舍去含有 g_{12} 的项,得到

$$\theta_1 = L_1 \frac{\mathrm{d}}{\mathrm{d}x_{12}}\left[-n_0^3 g_{11}\varepsilon_0^2\left(\frac{C}{T-639m_1+214.14}\right)^2 E_{11}^2\right]\boldsymbol{j}+ L_2 \frac{\mathrm{d}}{\mathrm{d}x_{21}}\left[-n_0^3 g_{11}\varepsilon_0^2\left(\frac{C}{T-639m_2+214.14}\right)^2 E_{22}^2\right]\boldsymbol{i} \tag{5-128}$$

$$\theta_2 = L_1 \frac{\mathrm{d}}{\mathrm{d}x_{21}}\left[-n_0^3 g_{11}\varepsilon_0^2\left(\frac{C}{T-639m_2+214.14}\right)^2 E_{22}^2\right]\boldsymbol{i} \tag{5-129}$$

$$\theta_3 = L_2 \frac{\mathrm{d}}{\mathrm{d}x_{12}}\left[-n_0^3 g_{11}\varepsilon_0^2\left(\frac{C}{T-639m_2+214.14}\right)^2 E_{11}^2\right]\boldsymbol{j} \tag{5-130}$$

$$\theta_4 = 0 \tag{5-131}$$

同理,四束光的光强为

$$I_1 = I_0\sin^2 2\alpha_1\cos^2\left(2\alpha_2 - \frac{\pi}{2}\right) \tag{5-132}$$

$$I_2 = I_0\cos^2 2\alpha_1\cos^2 2\alpha_2 \tag{5-133}$$

$$I_3 = I_0\sin^2 2\alpha_1\sin^2\left(2\alpha_2 - \frac{\pi}{2}\right) \tag{5-134}$$

$$I_4 = I_0\cos^2 2\alpha_1\sin^2 2\alpha_2 \tag{5-135}$$

通过上述讨论可知,该光学分束系统是完全可以通过外电场的控制在一维和二维方向上进行分束的,而且分出的光束的光强可以通过改变半波片的偏振方向来进行调制,因此基于KTN 晶体的光束偏转性能的光学分束系统是一种很有发展潜力的光学分束技术。

将由 KTN 晶体制作的二维电控光学分束系统进行改造,去掉其中的半波片,就可以实现电控光学开关。

在施加外电场后,入射到晶体 1 上的自然光分成两束出射光,分别为偏振方向沿着 x_1 轴、x_2 轴方向的线偏振光。两束出射的线偏振光进入晶体 2 中,由于晶体 2 上的成分比梯度(外加电场)方向与晶体 1 是垂直的,所以两束光的偏转方向也会发生相应变化。从晶体中出射时,两束光的偏转角度分别为

$$\theta_{x_1} = L_1 \frac{\mathrm{d}}{\mathrm{d}x_{12}}\left[-n_0^3 g_{11}\varepsilon_0^2\left(\frac{C}{T-639m_1+214.14}\right)^2 E_{11}^2\right]\boldsymbol{j} + L_2 \frac{\mathrm{d}}{\mathrm{d}x_{21}}\left[-n_0^3 g_{11}\varepsilon_0^2\left(\frac{C}{T-639m_2+214.14}\right)^2 E_{22}^2\right]\boldsymbol{i} \tag{5-136}$$

$$\theta_{x_2} = L_1 \frac{\mathrm{d}}{\mathrm{d}x_{12}}\left[-n_0^3 g_{12}\varepsilon_0^2\left(\frac{C}{T-639m_1+214.14}\right)^2 E_{11}^2\right]\boldsymbol{j} + L_2 \frac{\mathrm{d}}{\mathrm{d}x_{21}}\left[-n_0^3 g_{11}\varepsilon_0^2\left(\frac{C}{T-639m_2+214.14}\right)^2 E_{22}^2\right]\boldsymbol{i} \tag{5-137}$$

这里,θ_{x_1} 和 θ_{x_2} 分别为偏振方向沿着 x_1 轴、x_2 轴方向的线偏振光的偏转角度。

从公式(5-136)和公式(5-137)可以看出,入射的自然光被分成两束线偏振光,在外电场作用下,这两束线偏振光全部偏离未加电场时的传播方向,如图 5-21 所示(图中 x 偏振部分为 x_1 轴方向的偏振光,y 偏振部分为 x_2 轴方向的偏振光)。

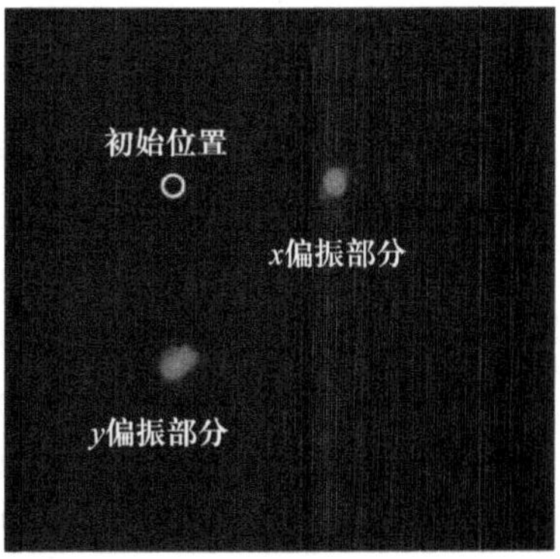

图 5-21　电控光开关

5.4.3　电光效应与光折变效应相结合

光致折射率变化效应,简称光折变效应(photorefractive

effect),是指材料的折射率在空间调制光强或非均匀光强的辐照下,发生相应变化的一种非线性光学效应。这种效应可以说是电光效应的延伸和发展。1966 年,贝尔实验室的阿什金(Ashkin)等人在利用 $LiNbO_3$ 晶体进行高功率激光倍频实验时发现,一束激光照射晶体时,初始时刻入射光束不受任何干扰地透过晶体,但照射一段时间后,透射光束会产生畸变,出现散射光。由于这种效应并不是所期望的,所以称之为"光损伤"(optical damage)。这种"光损伤"在光辐照停止后仍能保持相当长的时间。不久,有人就意识到晶体的这种"光损伤"可以被用于记录高质量全息图像。由于这一特性在光存储及光信息处理领域中具有潜在的应用价值,所以光折变效应获得了广泛的理论和实验研究。

在一般情况下,光折变效应主要分为四个过程进行:

(1) 光生载流子的激发。在光照之前,材料中的电子由于能量有限,所以被束缚在价带之中,不能在晶体内自由运动。当材料被空间调制光或非均匀光照射时,光照区内的电子被激发进入与之相邻的导带,同时在价带中留下空穴(图 5-22),这时导带中的电子和空穴都是可以自由运动的,它们统称为光生载流子。

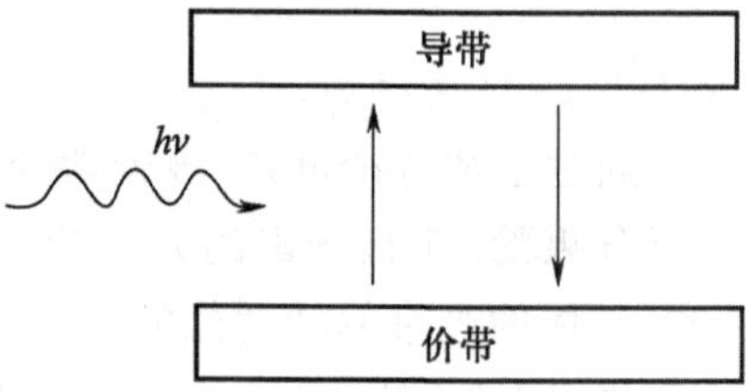

图 5-22　光生载流子的激发

(2) 光生载流子的迁移。光生载流子在材料中的迁移主要有三种机制:① 扩散运动。当材料被空间调制光或非均匀光照射时,由于材料内各部分照射光的强度不同,所以产生的光生载流子的浓度存在一定的梯度分布,在不同浓度之间,光生载流子存在扩散运动。② 漂移运动。光生载流子在内、外电场作用下会产生漂移运动,其中内电场是由光生载流子扩散运动导致的正、负电中心分离而引起的。③ 光生伏打效应。对于铁电晶体来说,其晶胞结构是不对称的,这种不对称性将会在晶体中产生一个自发的极化,从而在晶体内部形成一个内电场。在因光照产生光生载流子后,这个内电场将会使光生载流子在晶体内迁移,形成光生伏打电流。在通常情况下,这三种机制在材料中都存在,但对于不同的光折变材料,这三种机制所起作用的大小是不同的。

(3) 光生载流子被俘获,形成空间光生载流子分布。光生载流子在三种迁移机制的作用下会在材料内部运动,运动过程中如果碰到带电相反的陷阱中心就可能被其俘获,如果俘获了光生载流子的这个陷阱中心依然处于光照区,光生载流子就有可能被再次激发,继续在材料内部运动,这种运动直到光生载流子运动到光暗区被俘获时才会终止。这时由于没有了光照,载流子不会再被激发,最终在材料内形成了与空间调制光或非均匀光强的空间分布相对应的光生载流子分布。

(4) 光生载流子分布通过电光效应调制折射率的变化。由于光生载流子是带电的,所以它们的空间分布就会在材料中形成一个空间电场,这相当于在材料上施加了一个电场,通过电光效应就会引起材料折射率的改变。

在 $LiNbO_3$ 晶体中发现光折变效应后,人们又先后在无机非金属晶体材料如铌酸钾($KNbO_3$)、钛酸钡($BaTiO_3$)、钽酸锂($LiTaO_3$)、硅酸铋($Bi_{12}SiO_{20}$,BSO)、铌酸锶钡($Sr_xBa_{1-x}Nb_2O_6$,SBN)、钾钠铌酸锶钡($(K_yNa_{1-y})_a(Sr_xBa_{1-x})_bNb_2O_6$,KNSBN)等晶体中发现了光折变效应,并且在一些半导体材料、量子阱材料、电光陶瓷材料中也相继发现了光折变效应。

到目前为止,在已有的电光晶体中几乎都观察到了光折变效应。对于不同的光折变晶体,其光折变特性是不同的，如 KLN 晶体二次电光效应的响应时间可达到 ns 量级；钛酸钙钡($Ba_xCa_{1-x}TiO_3$，BCT)晶体具有较大的电光系数；$LiNbO_3$、$KNbO_3$、$BaTiO_3$、SBN、KNSBN、KTN 等氧八面体铁电晶体可产生较大的折射率光栅调制度等。这主要是因为对于不同的晶体，其带宽、杂质离子的施主和受主能级是不同的，并且晶体对照射所用光源的波长、环境温度等的响应也是不同的。

将材料的电光效应与光折变效应相结合可以产生很多新的应用，下面介绍几种主要的应用。

1. 电控衍射光学分束器

首先介绍一种新型电控布拉格(Bragg)衍射光学分束器。这种分束器基于光折变效应和二次电光效应制作而成，其制作与分束原理如图 5-23 所示。其原理是在二次电光效应晶体(一般为 $m3m$ 晶类)中通过二波耦合方法实现多个空间电荷场的记录，利用空间电荷场对应的折射率光栅衍射实现分束。在分束器制作过程中，需要在晶体 x_3 轴方向上施加外电场 E。激光器出射的 x_3 轴方向的偏振激光束被半透半反分束器分为两束光(信号光与参考光)，并让两束光在 $m3m$ 晶类中相交。由于两束光是相干的，所以可以在晶体中通过光折变效应形成相应的空间电荷场 E_{sc}，空间电荷场方向沿着 x_3 轴方向。然后保持信号光方向不变，改变参考光的入射角，即改变参考光与信号光之间的夹角 2β，这时晶体内的电场由两部分组成，一个是外加电场 E，另一个是由光折变效应形成的空间电荷场 E_{sc}。对于晶体来说，在两部分电场作用下，通过二次电光效应引起的折射率改变量为

$$\Delta n=\frac{1}{2}n^3h_{11}(E^2+2EE_{sc}+E_{sc}^2) \tag{5-138}$$

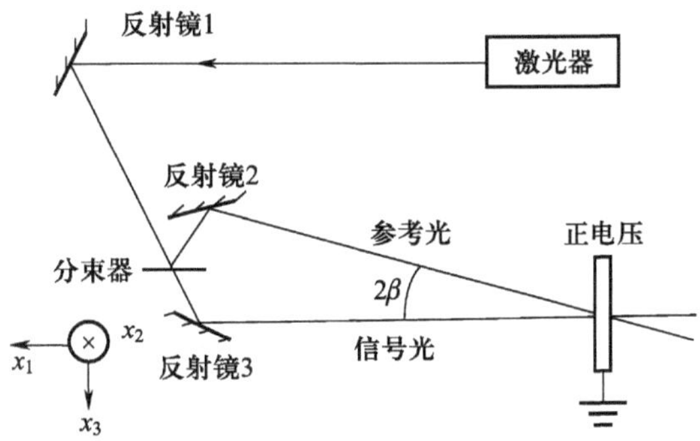

图 5-23 电控布拉格衍射光学分束器制作与分束原理图

公式(5-138)右侧第二项包含外电场 E 和空间电荷场 E_{sc}，外电场 E 在这里起到开关作用，外电场的这种开关特性提供了实现电控衍射光学分束器的可能。根据光折变效应理论，空间电荷场 E_{sc} 的周期由形成空间电荷场 E_{sc} 时两束光的波长和夹角决定。空间电荷场 E_{sc} 的存在使得晶体内形成与照射到晶体上的干涉光强度变化周期相同的折射率光栅。在分束器使用过程中，根据折射率光栅布拉格衍射理论，当晶体上施加外电场时，如果原信号光照射到晶体上，记录折射率光栅时的参考光方向上就会有光束衍射出来。图 5-24 是用多次记录全息图的方法在晶体内记录 5 个折射率光栅，然后用信号光读出的电控分束图片。

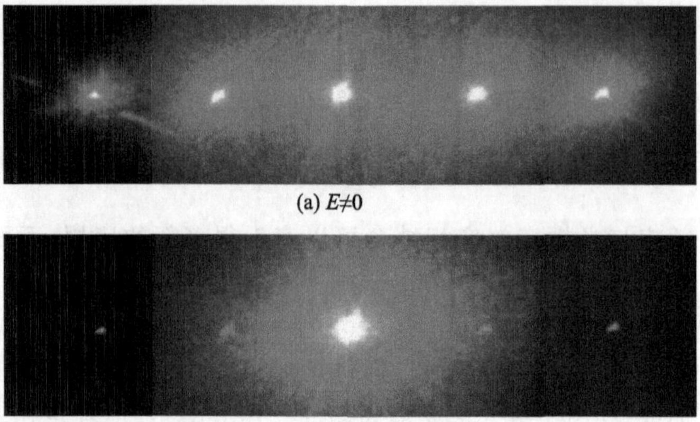

(a) $E\neq0$

(b) $E=0$

图 5-24　5 光束电控布拉格衍射分束图(532 nm)

布拉格衍射光学分束器虽然有可以在预先设定的衍射方向出光,且出射光强分布可以预先设计等优点,但是当全息光栅制作完成后,其分束比例也就确定了下来,不能根据实际情况进行调节,并且这种分束器对入射光的波长、偏振、入射角都有严格的要求,不能对携带信息的光束进行分束,这就限制了它的实际应用范围。

下面介绍另外一种电控光学分束器——电控拉曼-奈斯(Raman-Nath)衍射光学分束器。根据光栅衍射理论,如果光折变材料被入射激光束照射,在材料中折射率光栅会存在两种类型的衍射:布拉格衍射和拉曼-奈斯衍射。对于这两种衍射,可以通过调制系数 $\gamma=\pi\Delta nd/\lambda_{\mathrm{R}}\cos\phi$ 和 $Q'=Q/\cos\phi=2\pi\lambda_{\mathrm{R}}d/n_0\Lambda^2\cos\phi$ 来进行区别。在布拉格衍射范围内,调整系数 $Q'\geqslant10$ 并且 $Q'/\gamma\geqslant10$,这时照射到晶体内折射率光栅上的入射光除了透射光之外,只有一个衍射光出现。在拉曼-奈斯衍射范围内,调整系数 $Q'\leqslant2$ 并且 $Q'/\gamma\leqslant1$,这时会有多个衍射光存在。

电控拉曼-奈斯衍射光学分束器的制作过程与电控布拉格衍射光学分束器类似,但在制作过程中所用晶体的厚度与二波耦合方法所记录的折射率光栅周期要满足拉曼-奈斯衍射要求,即晶体的厚度不能太大(毫米以下),二波耦合时参考光与信号光的夹角也不能太大(5°以下)。这时只需在晶体中记录一次折射率光栅。使用时将入射光照射到晶体上即可通过外加电场控制分束的有无。

根据拉曼-奈斯衍射理论,在折射率光栅建立起来之后,如果用另一束波长为 λ_{r} 的入射光垂直照射这个折射率周期性变化的材料,波前在穿过材料后就会产生周期性变化。建立如图 5-25 所示的直角坐标系,探测光传播方向与 y 轴平行,y 轴坐标原点选在材料后表面处。x 轴与入射光传播方向垂直,x 轴坐标原点选在探测光在材料后表面的出射中心处。入射光垂直入射到材料表面上,材料的折射率变化只是 x 的函数,即光栅波矢沿着 x 轴。图中用颜色的深浅来表示折射率的大小,深色表示折射率小,白色表示折射率大。当材料的前后表面间的距离,即材料的厚度不大时,可以近似认为激光束从材料的后表面出射后只有波前的相位发生了改变,波前的传播方向并没有变化,这时可以通过光程差法给出激光束从材料后表面出射时,相位 φ 随坐标位置 x 变化的表达式:

$$\varphi(x)=\mathrm{e}^{2\pi\nu_{\mathrm{R}}[t-Ln(x)/c]} \tag{5-139}$$

其中,ν_{R} 为入射光的频率,$n(x)$ 为折射率,c 为真空中的光速,L 为材料厚度。

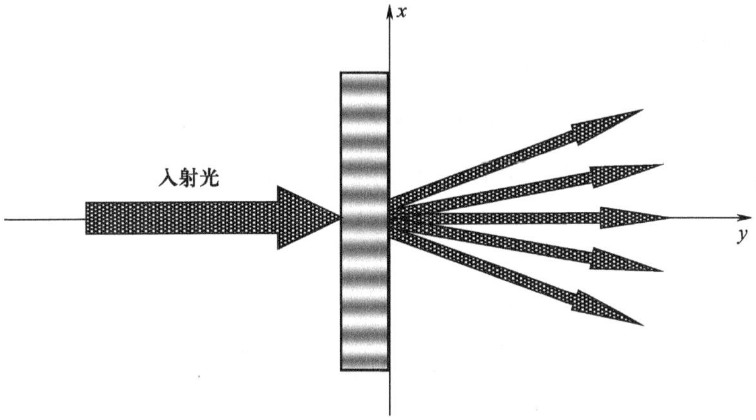

图 5-25　拉曼-奈斯衍射示意图

根据拉曼-奈斯衍射理论，忽略公式(5-138)中外电场 E^2 和空间电荷场 E_{sc}^2 的影响，只考虑 $2EE_{sc}$ 带来的影响时，衍射光强度最大值的角度分布满足

$$\sin\vartheta_{m}-\frac{k\lambda_{R}}{\Lambda}=0\quad(k\text{ 为整数})\tag{5-140}$$

这里，ϑ_k 为 k 阶衍射光强度最大值方向与探测光方向之间的夹角，λ_R 为入射光波长。

对于光折变材料来说，其光栅周期 Λ 为

$$\Lambda=\frac{\lambda_{W}}{2\sin\theta}\tag{5-141}$$

这里，λ_W 为记录光波长，θ 为二波耦合记录光栅时的入射角。

将公式(5-141)代入公式(5-140)，可得

$$\sin\vartheta_{k}=\frac{k\lambda_{R}}{\Lambda}=\frac{k\lambda_{R}}{\dfrac{\lambda_{W}}{2\sin\theta}}=\frac{2k\lambda_{R}}{\lambda_{W}}\sin\theta\tag{5-142}$$

从公式(5-142)可以看出，由于衍射阶次 k 为整数，所以衍射角有正有负，我们在这里规定图 5-25 中的第一象限的衍射角为正，第四象限的衍射角为负。

根据拉曼-奈斯衍射理论，可以计算出各个衍射方向上的衍射光强度。为了计算方便，通常定义 k 阶衍射光与 0 阶衍射光(即直接透射光)的强度比值为相对强度 ζ_k，并且有

$$\zeta_{k}=\frac{\mathrm{J}_{k}^{2}\left(\dfrac{2\pi\Delta nL}{\lambda_{R}}\right)}{\mathrm{J}_{0}^{2}\left(\dfrac{2\pi\Delta nL}{\lambda_{R}}\right)}=\frac{\mathrm{J}_{k}^{2}(v)}{\mathrm{J}_{0}^{2}(v)}\tag{5-143}$$

这里，J_k 为 k 阶贝塞尔函数，$v=2\pi\Delta nL/\lambda_R$。

从公式(5-143)可以看出，当 Δn 为 0，即光折变材料的折射率未发生变化时，高阶项的强度为 0，这时只有透射光存在，没有衍射。当 Δn 不为 0，即光折变材料内有折射率光栅时，高阶项的强度不为 0，这时有拉曼-奈斯衍射光存在。从公式(5-143)还可以知道，如果探测光是垂直于光栅波矢方向入射的，那么根据贝塞尔函数的性质，衍射光将是以 0 阶衍射光为中心对

称分布的。

在拉曼-奈斯衍射范围内，当光以入射角 ϕ 入射时，衍射光强度最大值的角度 φ_k 满足

$$\sin\varphi_k-\sin\phi=\sin(\vartheta_k+\phi)-\sin\phi=\frac{k\lambda_{\mathrm{R}}}{\Lambda} \tag{5-144}$$

对于图 5-23 所示实验装置记录的光栅，光栅周期为

$$\Lambda_k=\frac{\lambda_{\mathrm{W}}}{2\sin\beta} \tag{5-145}$$

把公式(5-145)代入公式(5-144)，可以得到

$$\sin\varphi_k-\sin\phi=\sin(\vartheta_k+\phi)-\sin\phi=\frac{k\lambda_{\mathrm{R}}}{\dfrac{\lambda_{\mathrm{W}}}{2\sin\beta}}=2k\frac{\lambda_{\mathrm{R}}}{\lambda_{\mathrm{W}}}\sin\beta \tag{5-146}$$

在制作分束器的过程中，由于角度 φ_k、ϑ_k、ϕ、2β 都很小，所以可以近似认为 $\sin\varphi_k=\sin(\vartheta_k+\phi)\approx\vartheta_k+\phi$，$\sin\beta\approx\beta$，$\sin\phi\approx\phi$。因此，公式(5-146)可以简化为

$$\varphi_k\approx\vartheta_k+\phi\approx2\frac{\lambda_{\mathrm{R}}}{\lambda_{\mathrm{W}}}k\beta+\phi \tag{5-147}$$

从公式(5-147)可以看出，当入射光的波长 λ_{R} 和入射角 ϕ 偏离记录光栅时的记录光的波长 λ_{W} 和入射角 β 时，拉曼-奈斯衍射光也存在，这正是拉曼-奈斯衍射分束器的优点，即其对待分束入射光的波长和入射角要求很宽松。图 5-26 给出利用钽铌酸钾(KLTN)晶体实现的电控拉曼-奈斯衍射。携带信息的不同波长的光束可以看成多束不同角度入射的平行光，因此也可被分束(图 5-27)。

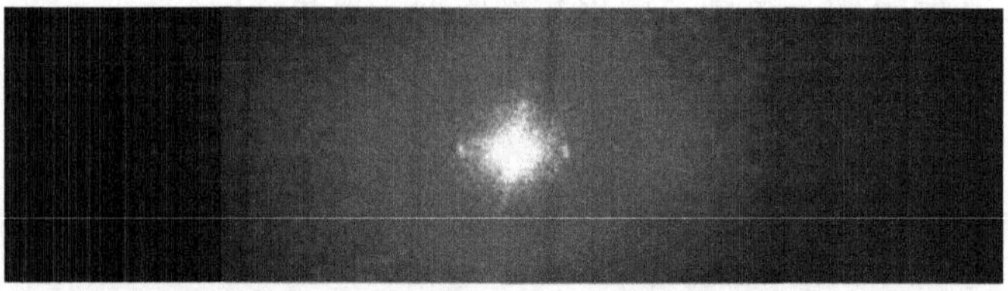

(a) E_0=0

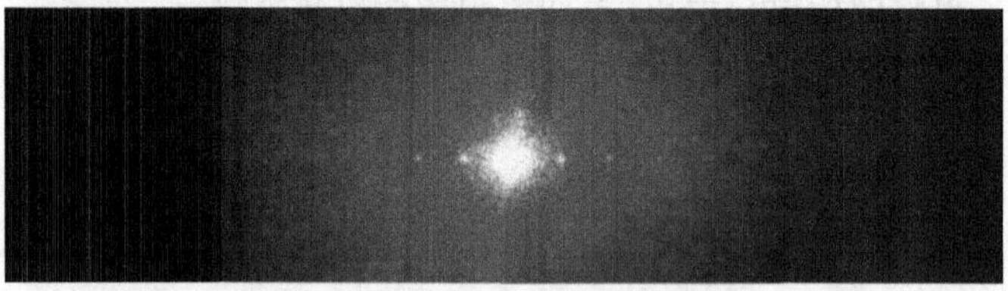

(b) E_0=2 000 V/cm

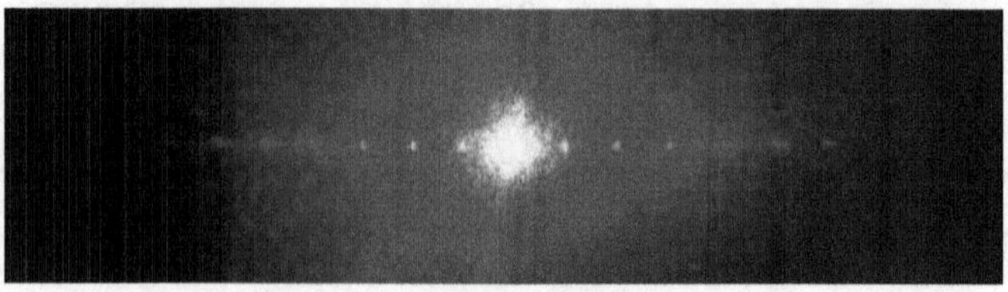

(c) E_0=4 000 V/cm

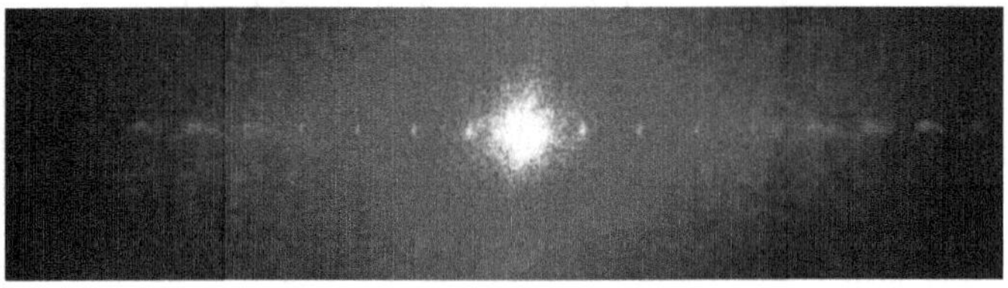

(d) E_0=6 000 V/cm

图 5-26 利用钽铌酸钾(KLTN)晶体实现的电控拉曼-奈斯衍射

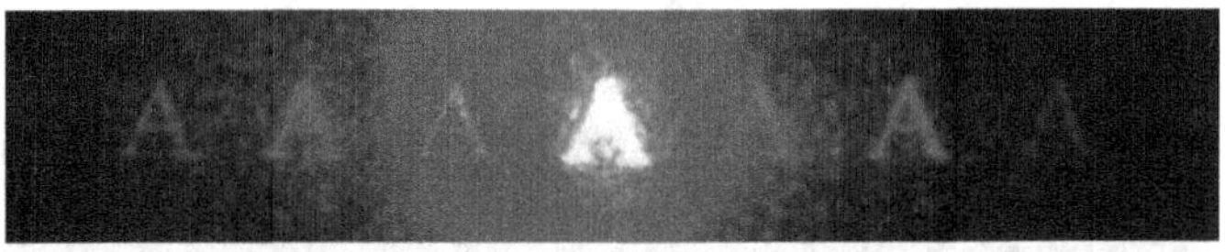

(a) λ=632.8 nm

(b) λ=532 nm

图 5-27 携带信息光束的电控拉曼-奈斯衍射光学分束

电控拉曼-奈斯衍射光学分束器在光开关与光互联领域有着诱人的前景,为我们提供了一种低成本、高可靠性、多路输出、宽波长范围、短响应时间、大角度冗余度、容易操作的分束方法。

2. 电控拉曼-奈斯衍射图像处理

小角度体全息存储时产生的拉曼-奈斯衍射可用于存储图像的电控光学信息处理,入射信号光可以通过拉曼-奈斯衍射的形式被放大、缩小以及旋转,这种衍射提供了一种新的电控光学图像处理方法。

电控拉曼-奈斯衍射图像处理实验上可以采用铁离子掺杂顺电相钽铌酸钾(KLTN)晶体来完成。图 5-28 给出了电控拉曼-奈斯衍射图像处理的实验光路图。信号光经过空间光滤

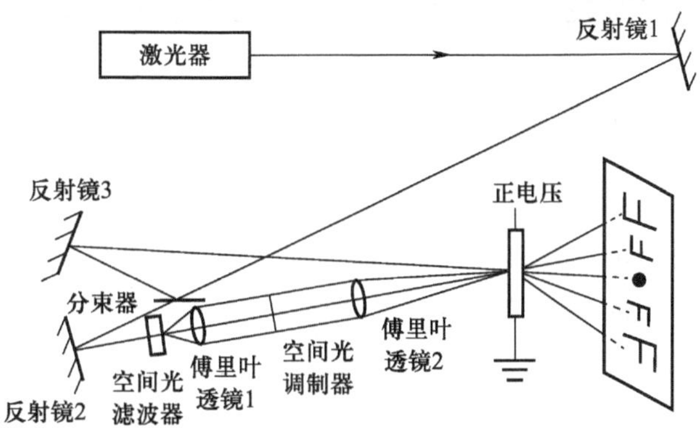

图 5-28 电控拉曼-奈斯衍射图像实验光路图

波器后,被傅里叶透镜 1 变成平行光。平行光照射到用于输入图像信息的空间光调制器上,然后被傅里叶透镜 2 聚焦,晶体被放在焦平面前或焦平面后,参考光和信号光中线之间的夹角为小角度(小于 5°),参考光和信号光对称地照射到晶体上。当电场沿 x 轴方向施加在晶体上时,经过一段时间后,拉曼-奈斯衍射图像可在晶体后面的观察屏上被观察到。图 5-29(a)和图 5-30(a)给出晶体置于傅里叶透镜 2 焦平面前或焦平面后的拉曼-奈斯衍射图像。当外电场被撤去后,拉曼-奈斯衍射图像几乎立刻消失[图 5-29(b)、图 5-30(b)]。当外电场被重新加上时,拉曼-奈斯衍射图像立刻出现[图 5-29(c)、图 5-30(c)]。

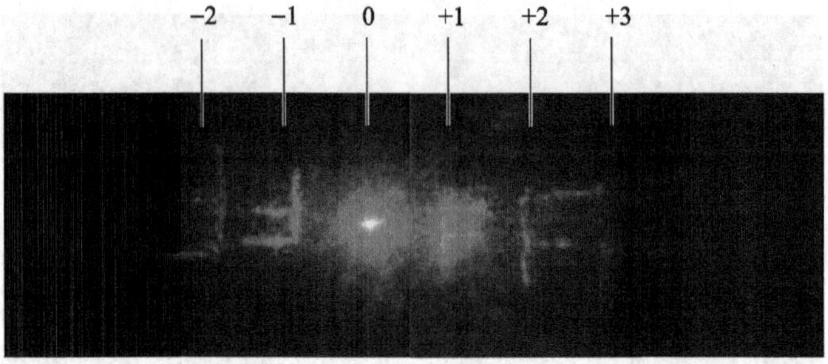

(a) 记录60 s后

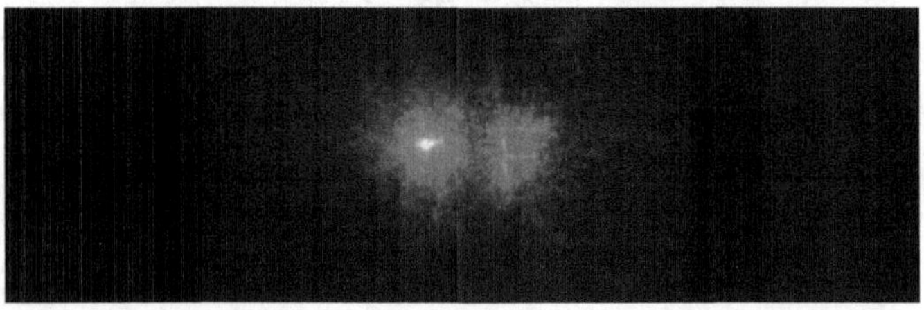

(b) 撤去电场

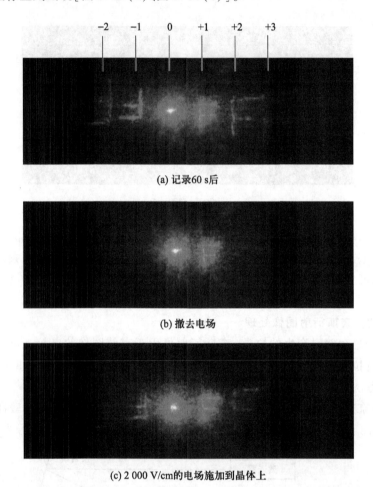

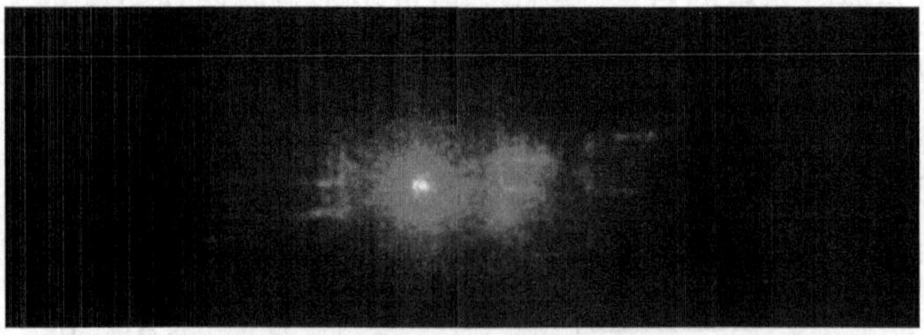

(c) 2 000 V/cm的电场施加到晶体上

图 5-29　当晶体置于焦平面前时入射光为 532 nm 激光的拉曼-奈斯衍射图像

根据拉曼-奈斯衍射图像可以得出如下规律:

(1) 晶体位于信号光焦平面前时,在信号光一侧有一个放大的信号光图像,它到参考光的距离约为到信号光的距离的两倍,其大小略大于信号光的两倍,在参考光一侧有一个略大于信号光的倒立的信号光图像,其到参考光的距离约等于信号光到参考光的距离。

(2) 晶体位于信号光焦平面后时,在信号光一侧有一个放大的信号光图像,它到参考光的距离约为到信号光的距离的两倍,其大小略小于信号光的两倍,在参考光一侧有一个略小于信号光的倒立的信号光图像,其到参考光的距离约等于信号光到参考光的距离。

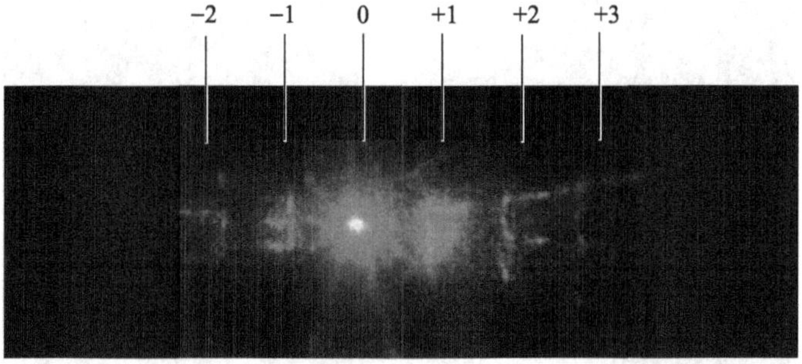

(a) 记录60 s后

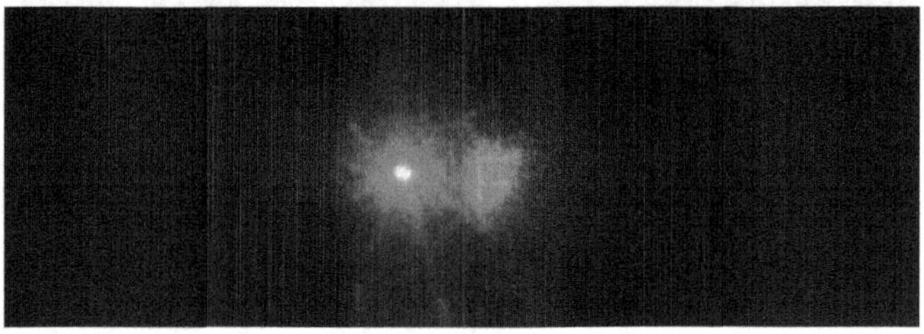

(b) 撤去电场

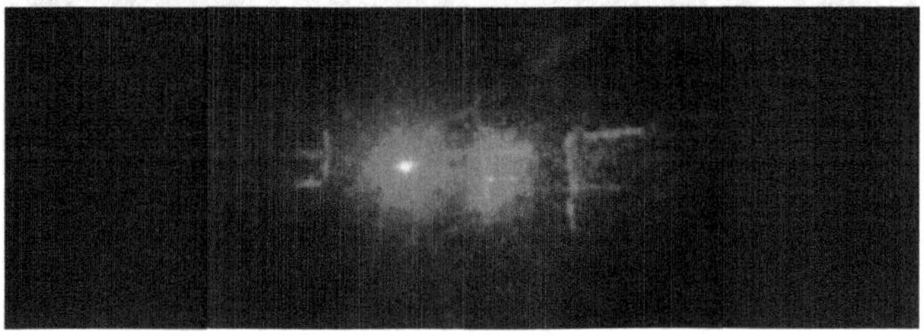

(c) 2 000 V/cm的电场施加到晶体上

图 5-30　当晶体置于焦平面后时入射光为 532 nm 激光的拉曼-奈斯衍射图像

由于拉曼-奈斯衍射对入射光波长的要求比较宽泛,所以可以用其他波长的光读出光栅,从而实现对其他波长光的图像处理。图 5-31 和图 5-32 为氦氖激光垂直照射晶体时的拉曼-奈斯衍射图像。可以看出,衍射图像的强度可以通过外加电场强度的大小来控制。

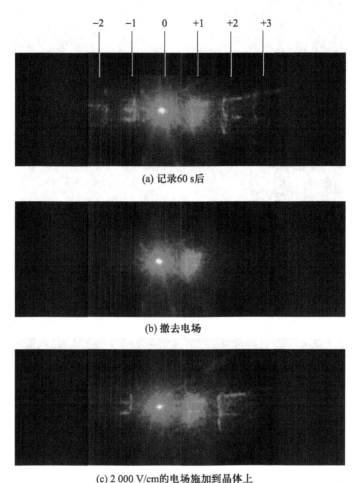

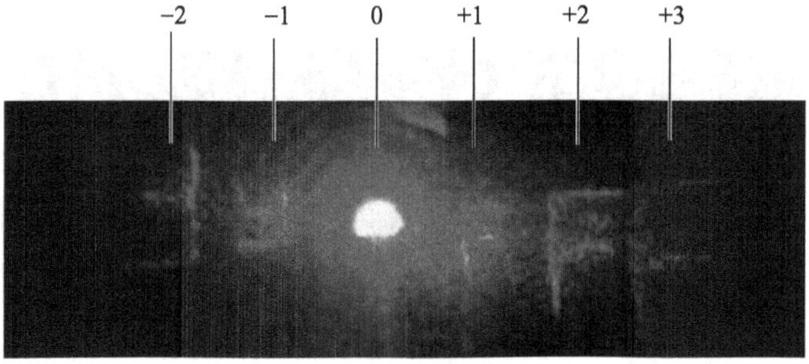

(a) 4 000 V/cm的电场施加到晶体上

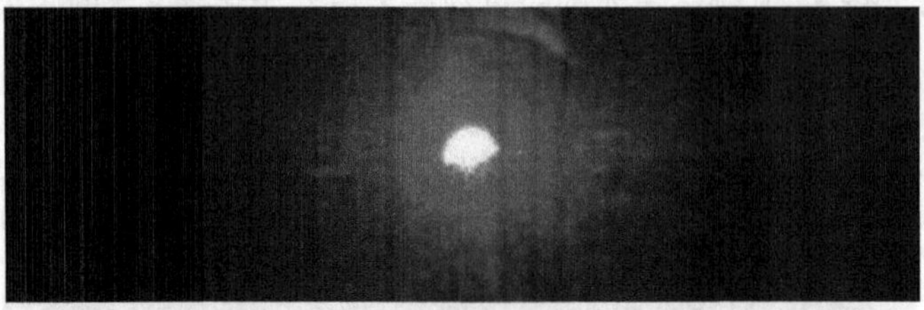

(b) 撤去电场

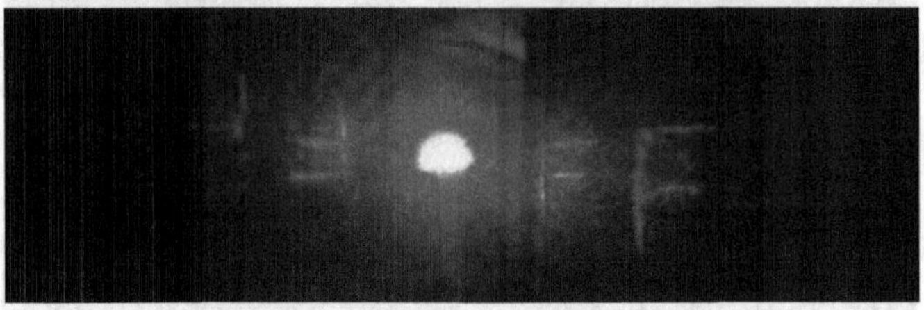

(c) 2 000 V/cm的电场施加到晶体上

图 5-31　当晶体置于焦平面前时氦氖激光再现的拉曼-奈斯衍射图像

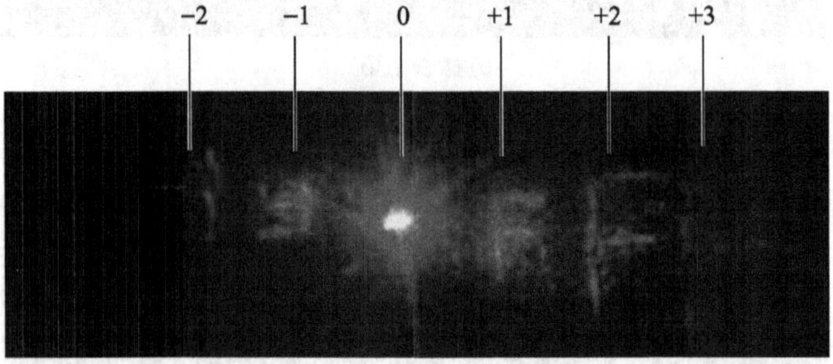

(a) 4 000 V/cm的电场施加到晶体上

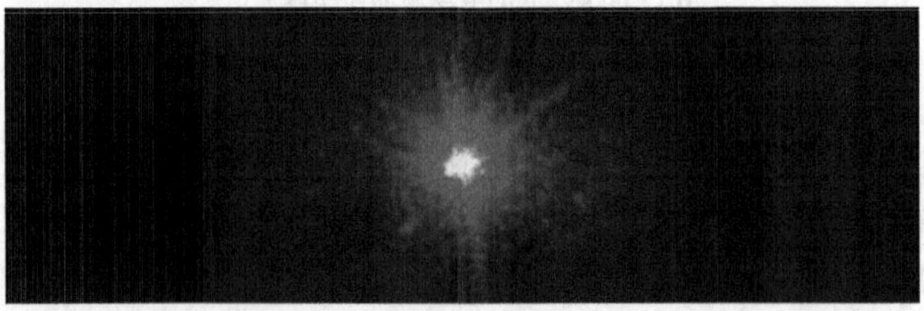

(b) 撤去电场

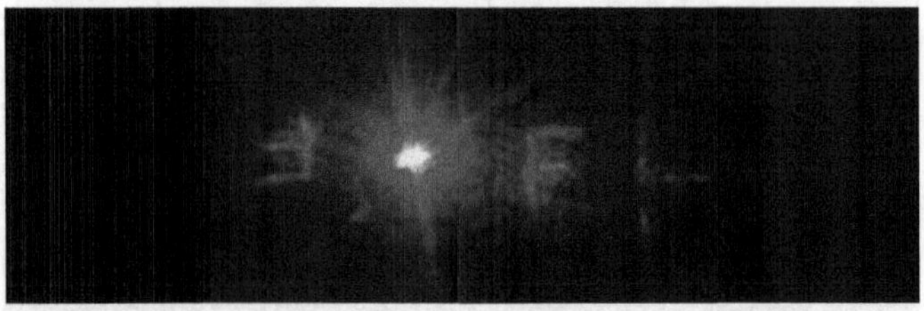

(c) 2 000 V/cm的电场施加到晶体上

图 5-32　当晶体置于焦平面后时氦氖激光再现的拉曼-奈斯衍射图像

下面从理论上分析拉曼-奈斯衍射为什么可以实现图像处理。为了简化对光栅波矢分别为 $\boldsymbol{K}$ 和 $2\boldsymbol{K}$ 的全息光栅的拉曼-奈斯衍射图像的分析，这里采用几何光学的方法。假设在全息图记录过程中，信号光由很多细小的光束构成，如图 5-33 所示，在 xz 平面内，与参考光之间夹角最大的细小光束被命名为 B 光束，与参考光之间夹角最小的细小光束被命名为 A 光束。每一束细小光束都可以与参考光共同作用，通过光折变效应，在 KLTN 晶体中建立相应的全息光栅，这时晶体中就有很多的全息光栅被建立，并产生拉曼-奈斯衍射光。这里用 $\Delta\theta$ 来表示光束 A 和 B 之间的夹角，用 $2\theta_0$ 来表示光束 A 和参考光之间的夹角。

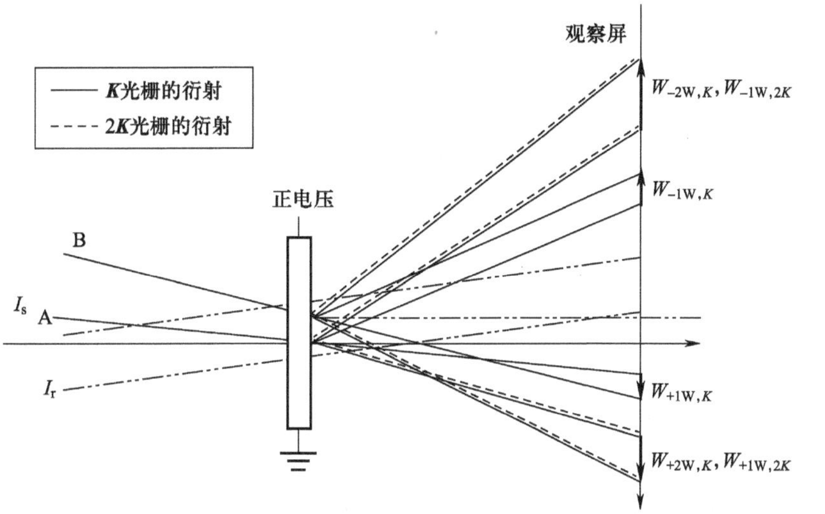

图 5-33　晶体置于焦平面前时拉曼-奈斯衍射示意图

在记录过程中，根据公式(5-146)可得，光束 A 和 B 的+2 阶衍射光的角度为

$$\sin\left(\varphi_{+2AW,K}+\theta_0-\frac{\Delta\theta}{2}\right)=4\sin\left(\theta_0-\frac{\Delta\theta}{4}\right)+\sin\left(\theta_0-\frac{\Delta\theta}{2}\right) \tag{5-148}$$

$$\sin\left(\varphi_{+2AW,2K}+\theta_0-\frac{\Delta\theta}{2}\right)=8\sin\left(\theta_0-\frac{\Delta\theta}{4}\right)+\sin\left(\theta_0-\frac{\Delta\theta}{2}\right) \tag{5-149}$$

$$\sin\left(\varphi_{+2BW,K}+\theta_0+\frac{\Delta\theta}{2}\right)=4\sin\left(\theta_0+\frac{\Delta\theta}{4}\right)+\sin\left(\theta_0+\frac{\Delta\theta}{2}\right) \tag{5-150}$$

$$\sin\left(\varphi_{+2BW,2K}+\theta_0+\frac{\Delta\theta}{2}\right)=8\sin\left(\theta_0+\frac{\Delta\theta}{4}\right)+\sin\left(\theta_0+\frac{\Delta\theta}{2}\right) \tag{5-151}$$

+1 阶衍射光的角度为

$$\sin\left(\varphi_{+1AW,K}+\theta_0-\frac{\Delta\theta}{2}\right)=2\sin\left(\theta_0-\frac{\Delta\theta}{4}\right)+\sin\left(\theta_0-\frac{\Delta\theta}{2}\right) \tag{5-152}$$

$$\sin\left(\varphi_{+1AW,2K}+\theta_0-\frac{\Delta\theta}{2}\right)=4\sin\left(\theta_0-\frac{\Delta\theta}{4}\right)+\sin\left(\theta_0-\frac{\Delta\theta}{2}\right) \tag{5-153}$$

$$\sin\left(\varphi_{+1BW,K}+\theta_0+\frac{\Delta\theta}{2}\right)=2\sin\left(\theta_0+\frac{\Delta\theta}{4}\right)+\sin\left(\theta_0+\frac{\Delta\theta}{2}\right) \tag{5-154}$$

$$\sin\left(\varphi_{+1BW,2K}+\theta_0+\frac{\Delta\theta}{2}\right)=4\sin\left(\theta_0+\frac{\Delta\theta}{4}\right)+\sin\left(\theta_0+\frac{\Delta\theta}{2}\right) \tag{5-155}$$

-1 阶衍射光的角度为

$$\sin\left(\varphi_{-1AW,K}+\theta_0-\frac{\Delta\theta}{2}\right)=-2\sin\left(\theta_0-\frac{\Delta\theta}{4}\right)+\sin\left(\theta_0-\frac{\Delta\theta}{2}\right) \tag{5-156}$$

$$\sin\left(\varphi_{-1AW,2K}+\theta_0-\frac{\Delta\theta}{2}\right)=-4\sin\left(\theta_0-\frac{\Delta\theta}{4}\right)+\sin\left(\theta_0-\frac{\Delta\theta}{2}\right) \tag{5-157}$$

$$\sin\left(\varphi_{-1BW,K}+\theta_0+\frac{\Delta\theta}{2}\right)=-2\sin\left(\theta_0+\frac{\Delta\theta}{4}\right)+\sin\left(\theta_0+\frac{\Delta\theta}{2}\right) \tag{5-158}$$

$$\sin\left(\varphi_{-1BW,2K}+\theta_0+\frac{\Delta\theta}{2}\right)=-4\sin\left(\theta_0+\frac{\Delta\theta}{4}\right)+\sin\left(\theta_0+\frac{\Delta\theta}{2}\right) \tag{5-159}$$

-2 阶衍射光的角度为

$$\sin\left(\varphi_{-2AW,K}+\theta_0-\frac{\Delta\theta}{2}\right)=-4\sin\left(\theta_0-\frac{\Delta\theta}{4}\right)+\sin\left(\theta_0-\frac{\Delta\theta}{2}\right) \tag{5-160}$$

$$\sin\left(\varphi_{-2AW,2K}+\theta_0-\frac{\Delta\theta}{2}\right)=-8\sin\left(\theta_0-\frac{\Delta\theta}{4}\right)+\sin\left(\theta_0-\frac{\Delta\theta}{2}\right) \tag{5-161}$$

$$\sin\left(\varphi_{-2BW,K}+\theta_0+\frac{\Delta\theta}{2}\right)=-4\sin\left(\theta_0+\frac{\Delta\theta}{4}\right)+\sin\left(\theta_0+\frac{\Delta\theta}{2}\right) \tag{5-162}$$

$$\sin\left(\varphi_{-2BW,2K}+\theta_0+\frac{\Delta\theta}{2}\right)=-8\sin\left(\theta_0+\frac{\Delta\theta}{4}\right)+\sin\left(\theta_0+\frac{\Delta\theta}{2}\right) \tag{5-163}$$

在全息光栅记录过程中，当记录介质顺电相 KLTN 晶体置于图 5-28 中傅里叶透镜 2 焦平面前时，在晶体后的观察屏上，如果我们用 $W_{+2W,K}$、$W_{+1W,K}$、$W_{-1W,K}$、$W_{-2W,K}$ 来表示晶体中 $\boldsymbol{K}$ 光栅的第+2、+1、-1、-2 阶拉曼-奈斯衍射图像的宽度，用 $W_{+2W,2K}$、$W_{+1W,2K}$、$W_{-1W,2K}$、$W_{-2W,2K}$ 来表示 $2\boldsymbol{K}$ 光栅的第+2、+1、-1、-2 阶拉曼-奈斯衍射图像的宽度，那么根据上面分析给出的光束 A 和光束 B 的衍射光的宽度可以写成

$$\begin{aligned}W_{+2W,K}&=\left[\tan\left(\varphi_{+2BW,K}+\theta_0+\frac{\Delta\theta}{2}\right)-\tan\left(\varphi_{+2AW,K}+\theta_0-\frac{\Delta\theta}{2}\right)\right]L-\Delta L\\&=\left\{\tan\arcsin\left[4\sin\left(\theta_0+\frac{\Delta\theta}{4}\right)+\sin\left(\theta_0+\frac{\Delta\theta}{2}\right)\right]-\tan\arcsin\left[4\sin\left(\theta_0-\frac{\Delta\theta}{4}\right)+\sin\left(\theta_0-\frac{\Delta\theta}{2}\right)\right]\right\}L-\Delta L\end{aligned} \tag{5-164}$$

$$\begin{aligned}W_{+2W,2K}&=\left[\tan\left(\varphi_{+2BW,2K}+\theta_0+\frac{\Delta\theta}{2}\right)-\tan\left(\varphi_{+2AW,2K}+\theta_0-\frac{\Delta\theta}{2}\right)\right]L-\Delta L\\&=\left\{\tan\arcsin\left[8\sin\left(\theta_0+\frac{\Delta\theta}{4}\right)+\sin\left(\theta_0+\frac{\Delta\theta}{2}\right)\right]-\tan\arcsin\left[8\sin\left(\theta_0-\frac{\Delta\theta}{4}\right)+\sin\left(\theta_0-\frac{\Delta\theta}{2}\right)\right]\right\}L-\Delta L\end{aligned} \tag{5-165}$$

$$\begin{aligned}W_{+1W,K}&=\left[\tan\left(\varphi_{+1BW,K}+\theta_0+\frac{\Delta\theta}{2}\right)-\tan\left(\varphi_{+1AW,K}+\theta_0-\frac{\Delta\theta}{2}\right)\right]L-\Delta L\\&=\left\{\tan\arcsin\left[2\sin\left(\theta_0+\frac{\Delta\theta}{4}\right)+\sin\left(\theta_0+\frac{\Delta\theta}{2}\right)\right]-\tan\arcsin\left[2\sin\left(\theta_0-\frac{\Delta\theta}{4}\right)+\sin\left(\theta_0-\frac{\Delta\theta}{2}\right)\right]\right\}L-\Delta L\end{aligned} \tag{5-166}$$

$$W_{+1W,2K}=\left[\tan\left(\varphi_{+1BW,2K}+\theta_0+\frac{\Delta\theta}{2}\right)-\tan\left(\varphi_{+1AW,2K}+\theta_0-\frac{\Delta\theta}{2}\right)\right]L-\Delta L$$
$$=\left\{\tan\ \arcsin\left[4\sin\left(\theta_0+\frac{\Delta\theta}{4}\right)+\sin\left(\theta_0+\frac{\Delta\theta}{2}\right)\right]-\tan\ \arcsin\left[4\sin\left(\theta_0-\frac{\Delta\theta}{4}\right)+\sin\left(\theta_0-\frac{\Delta\theta}{2}\right)\right]\right\}L-\Delta L \tag{5-167}$$

$$W_{-1W,K}=\left[\tan\left(\varphi_{-1BW,K}+\theta_0+\frac{\Delta\theta}{2}\right)-\tan\left(\varphi_{-1AW,K}+\theta_0-\frac{\Delta\theta}{2}\right)\right]L-\Delta L$$
$$=\left\{\tan\ \arcsin\left[-2\sin\left(\theta_0+\frac{\Delta\theta}{4}\right)+\sin\left(\theta_0+\frac{\Delta\theta}{2}\right)\right]-\tan\ \arcsin\left[-2\sin\left(\theta_0-\frac{\Delta\theta}{4}\right)+\sin\left(\theta_0-\frac{\Delta\theta}{2}\right)\right]\right\}L-\Delta L \tag{5-168}$$

$$W_{-1W,2K}=\left[\tan\left(\varphi_{-1BW,2K}+\theta_0+\frac{\Delta\theta}{2}\right)-\tan\left(\varphi_{-1AW,2K}+\theta_0-\frac{\Delta\theta}{2}\right)\right]L-\Delta L$$
$$=\left\{\tan\ \arcsin\left[-4\sin\left(\theta_0+\frac{\Delta\theta}{4}\right)+\sin\left(\theta_0+\frac{\Delta\theta}{2}\right)\right]-\tan\ \arcsin\left[-4\sin\left(\theta_0-\frac{\Delta\theta}{4}\right)+\sin\left(\theta_0-\frac{\Delta\theta}{2}\right)\right]\right\}L-\Delta L \tag{5-169}$$

$$W_{-2W,K}=\left[\tan\left(\varphi_{-2BW,K}+\theta_0+\frac{\Delta\theta}{2}\right)-\tan\left(\varphi_{-2AW,K}+\theta_0-\frac{\Delta\theta}{2}\right)\right]L-\Delta L$$
$$=\left\{\tan\ \arcsin\left[-4\sin\left(\theta_0+\frac{\Delta\theta}{4}\right)+\sin\left(\theta_0+\frac{\Delta\theta}{2}\right)\right]-\tan\ \arcsin\left[-4\sin\left(\theta_0-\frac{\Delta\theta}{4}\right)+\sin\left(\theta_0-\frac{\Delta\theta}{2}\right)\right]\right\}L-\Delta L \tag{5-170}$$

$$W_{-2W,2K}=\left[\tan\left(\varphi_{-2BW,2K}+\theta_0+\frac{\Delta\theta}{2}\right)-\tan\left(\varphi_{-2AW,2K}+\theta_0-\frac{\Delta\theta}{2}\right)\right]L-\Delta L$$
$$=\left\{\tan\ \arcsin\left[-8\sin\left(\theta_0+\frac{\Delta\theta}{4}\right)+\sin\left(\theta_0+\frac{\Delta\theta}{2}\right)\right]-\tan\ \arcsin\left[-8\sin\left(\theta_0-\frac{\Delta\theta}{4}\right)+\sin\left(\theta_0-\frac{\Delta\theta}{2}\right)\right]\right\}L-\Delta L \tag{5-171}$$

在全息光栅读出过程中，光栅被氦氖激光器射出的光束照射时（图 5-34），对于各个细小的信号光束和参考光建立的光栅来说，+2 阶衍射光的角度为

$$\sin(\varphi_{+2AR,K}+\phi)=4\frac{\lambda_R}{\lambda_W}\sin\left(\theta_0-\frac{\Delta\theta}{4}\right)+\sin\phi \tag{5-172}$$

$$\sin(\varphi_{+2AR,2K}+\phi)=8\frac{\lambda_R}{\lambda_W}\sin\left(\theta_0-\frac{\Delta\theta}{4}\right)+\sin\phi \tag{5-173}$$

$$\sin(\varphi_{+2BR,K}+\phi)=4\frac{\lambda_R}{\lambda_W}\sin\left(\theta_0+\frac{\Delta\theta}{4}\right)+\sin\phi \tag{5-174}$$

$$\sin(\varphi_{+2BR,2K}+\phi)=8\frac{\lambda_R}{\lambda_W}\sin\left(\theta_0+\frac{\Delta\theta}{4}\right)+\sin\phi \tag{5-175}$$

+1 阶衍射光的角度为

$$\sin(\varphi_{+1AR,K}+\phi)=2\frac{\lambda_R}{\lambda_W}\sin\left(\theta_0-\frac{\Delta\theta}{4}\right)+\sin\phi \tag{5-176}$$

$$\sin(\varphi_{+1AR,2K}+\phi)=4\frac{\lambda_R}{\lambda_W}\sin\left(\theta_0-\frac{\Delta\theta}{4}\right)+\sin\phi \tag{5-177}$$

$$\sin(\varphi_{+1BR,K}+\phi)=2\frac{\lambda_R}{\lambda_W}\sin\left(\theta_0+\frac{\Delta\theta}{4}\right)+\sin\phi \tag{5-178}$$

$$\sin(\varphi_{+2BR,2K}+\phi)=4\frac{\lambda_R}{\lambda_W}\sin\left(\theta_0+\frac{\Delta\theta}{4}\right)+\sin\phi \tag{5-179}$$

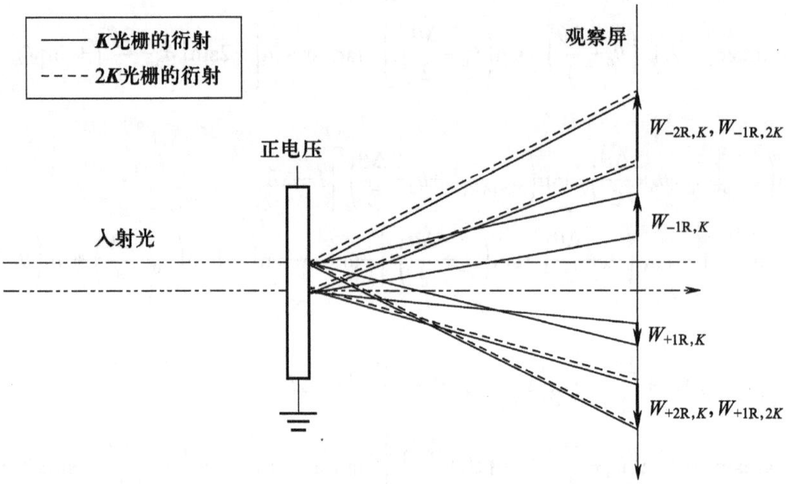

图 5-34　记录过程中晶体置于焦平面前时再现的拉曼-奈斯衍射示意图

−1 阶衍射光的角度为

$$\sin(\varphi_{-1AR,K}+\phi)=-2\frac{\lambda_R}{\lambda_W}\sin\left(\theta_0-\frac{\Delta\theta}{4}\right)+\sin\phi \tag{5-180}$$

$$\sin(\varphi_{-1AR,2K}+\phi)=-4\frac{\lambda_R}{\lambda_W}\sin\left(\theta_0-\frac{\Delta\theta}{4}\right)+\sin\phi \tag{5-181}$$

$$\sin(\varphi_{-1BR,K}+\phi)=-2\frac{\lambda_R}{\lambda_W}\sin\left(\theta_0-\frac{\Delta\theta}{4}\right)+\sin\phi \tag{5-182}$$

$$\sin(\varphi_{-1BR,2K}+\phi)=-4\frac{\lambda_R}{\lambda_W}\sin\left(\theta_0+\frac{\Delta\theta}{4}\right)+\sin\phi \tag{5-183}$$

−2 阶衍射光的角度为

$$\sin(\varphi_{-2AR,K}+\phi)=-4\frac{\lambda_R}{\lambda_W}\sin\left(\theta_0-\frac{\Delta\theta}{4}\right)+\sin\phi \tag{5-184}$$

$$\sin(\varphi_{-2AR,2K}+\phi)=-8\frac{\lambda_R}{\lambda_W}\sin\left(\theta_0-\frac{\Delta\theta}{4}\right)+\sin\phi \tag{5-185}$$

$$\sin(\varphi_{-2BR,K}+\phi)=-4\frac{\lambda_R}{\lambda_W}\sin\left(\theta_0-\frac{\Delta\theta}{4}\right)+\sin\phi \tag{5-186}$$

$$\sin(\varphi_{-2BR,2K}+\phi)=-8\frac{\lambda_R}{\lambda_W}\sin\left(\theta_0+\frac{\Delta\theta}{4}\right)+\sin\phi \tag{5-187}$$

在观察屏上，如果我们用 $W_{+2R,K}$、$W_{+1R,K}$、$W_{-1R,K}$、$W_{-2R,K}$ 来表示再现过程中 **K** 光栅的+2、+1、-1、-2 阶拉曼-奈斯衍射图像的宽度，用 $W_{+2R,2K}$、$W_{+1R,2K}$、$W_{-1R,2K}$、$W_{-2R,2K}$ 来表示再现过程中 **2K** 光栅的+2、+1、-1、-2 阶拉曼-奈斯衍射图像的宽度，那么根据上面分析可知，光束 A 和光束 B 所记录光栅衍射光的宽度可以写成

$$\begin{aligned}W_{+2R,K} &= [\tan(\varphi_{+2BR,K}+\phi)-\tan(\varphi_{+2AR,K}+\phi)]L-\Delta L\\ &=\left\{\tan\arcsin\left[4\frac{\lambda_R}{\lambda_W}\sin\left(\theta_0+\frac{\Delta\theta}{4}\right)+\sin\phi\right]-\tan\arcsin\left[4\frac{\lambda_R}{\lambda_W}\sin\left(\theta_0-\frac{\Delta\theta}{4}\right)+\sin\phi\right]\right\}L-\Delta L\end{aligned}\tag{5-188}$$

$$\begin{aligned}W_{+2R,2K} &= [\tan(\varphi_{+2BR,2K}+\phi)-\tan(\varphi_{+2AR,2K}+\phi)]L-\Delta L\\ &=\left\{\tan\arcsin\left[8\frac{\lambda_R}{\lambda_W}\sin\left(\theta_0+\frac{\Delta\theta}{4}\right)+\sin\phi\right]-\tan\arcsin\left[8\frac{\lambda_R}{\lambda_W}\sin\left(\theta_0-\frac{\Delta\theta}{4}\right)+\sin\phi\right]\right\}L-\Delta L\end{aligned}\tag{5-189}$$

$$\begin{aligned}W_{+1R,K} &= [\tan(\varphi_{+1BR,K}+\phi)-\tan(\varphi_{+1AR,K}+\phi)]L-\Delta L\\ &=\left\{\tan\arcsin\left[2\frac{\lambda_R}{\lambda_W}\sin\left(\theta_0+\frac{\Delta\theta}{4}\right)+\sin\phi\right]-\tan\arcsin\left[2\frac{\lambda_R}{\lambda_W}\sin\left(\theta_0-\frac{\Delta\theta}{4}\right)+\sin\phi\right]\right\}L-\Delta L\end{aligned}\tag{5-190}$$

$$\begin{aligned}W_{+1R,2K} &= [\tan(\varphi_{+1BR,2K}+\phi)-\tan(\varphi_{+1AR,2K}+\phi)]L-\Delta L\\ &=\left\{\tan\arcsin\left[4\frac{\lambda_R}{\lambda_W}\sin\left(\theta_0+\frac{\Delta\theta}{4}\right)+\sin\phi\right]-\tan\arcsin\left[4\frac{\lambda_R}{\lambda_W}\sin\left(\theta_0-\frac{\Delta\theta}{4}\right)+\sin\phi\right]\right\}L-\Delta L\end{aligned}\tag{5-191}$$

$$\begin{aligned}W_{-1R,K} &= [\tan(\varphi_{-1BR,K}+\phi)-\tan(\varphi_{-1AR,K}+\phi)]L-\Delta L\\ &=\left\{\tan\arcsin\left[-2\frac{\lambda_R}{\lambda_W}\sin\left(\theta_0+\frac{\Delta\theta}{4}\right)+\sin\phi\right]-\tan\arcsin\left[-2\frac{\lambda_R}{\lambda_W}\sin\left(\theta_0-\frac{\Delta\theta}{4}\right)+\sin\phi\right]\right\}L-\Delta L\end{aligned}\tag{5-192}$$

$$\begin{aligned}W_{-1R,2K} &= [\tan(\varphi_{-1BR,2K}+\phi)-\tan(\varphi_{-1AR,2K}+\phi)]L-\Delta L\\ &=\left\{\tan\arcsin\left[-4\frac{\lambda_R}{\lambda_W}\sin\left(\theta_0+\frac{\Delta\theta}{4}\right)+\sin\phi\right]-\tan\arcsin\left[-4\frac{\lambda_R}{\lambda_W}\sin\left(\theta_0-\frac{\Delta\theta}{4}\right)+\sin\phi\right]\right\}L-\Delta L\end{aligned}\tag{5-193}$$

$$\begin{aligned}W_{-2R,K} &= [\tan(\varphi_{-2BR,K}+\phi)-\tan(\varphi_{-2AR,K}+\phi)]L-\Delta L\\ &=\left\{\tan\arcsin\left[-4\frac{\lambda_R}{\lambda_W}\sin\left(\theta_0+\frac{\Delta\theta}{4}\right)+\sin\phi\right]-\tan\arcsin\left[-4\frac{\lambda_R}{\lambda_W}\sin\left(\theta_0-\frac{\Delta\theta}{4}\right)+\sin\phi\right]\right\}L-\Delta L\end{aligned}\tag{5-194}$$

$$\begin{aligned}W_{-2R,2K} &= [\tan(\varphi_{-2BR,2K}+\phi)-\tan(\varphi_{-2AR,2K}+\phi)]L-\Delta L\\ &=\left\{\tan\arcsin\left[-8\frac{\lambda_R}{\lambda_W}\sin\left(\theta_0+\frac{\Delta\theta}{4}\right)+\sin\phi\right]-\tan\arcsin\left[-8\frac{\lambda_R}{\lambda_W}\sin\left(\theta_0-\frac{\Delta\theta}{4}\right)+\sin\phi\right]\right\}L-\Delta L\end{aligned}\tag{5-195}$$

根据以上分析可以发现,无论是在记录过程中还是用不同于记录波长的其他波长入射光照射 KLTN 晶体,其拉曼-奈斯衍射光总有一部分是重合在一起的。***K*** 光栅的+2 和-2 阶衍射图像与 2***K*** 光栅的+1 和-1 阶衍射图像重合在一起。衍射图像宽度 $W_{+2W,K}=W_{+1W,2K}$、$W_{-2W,K}=W_{-1W,2K}$、$W_{+2R,K}=W_{+1R,2K}$、$W_{-2R,K}=W_{-1R,2K}$。***K*** 光栅的+3、+1、-1、-3 阶衍射图像被衍射到不重合的方向,它们与 2***K*** 光栅的衍射图像不重合。在这里我们只讨论 3 阶以下的衍射图像,因为实验上只观察到了这些。实际上,***K*** 光栅的偶数阶衍射图像与 2***K*** 光栅的奇数阶衍射图像都是彼此重合的,而 ***K*** 光栅的奇数阶衍射图像都被衍射到不重合的方向上。如果找到合适的材料,实验上,更多拉曼-奈斯衍射图像也应该被观察到。

前面分析了记录过程中晶体置于焦平面前时的情况。如果晶体置于焦平面后(图 5-35、图 5-36),那么可以利用与前面分析同样的方法来分析光栅记录过程中和光栅用不同波长入射光再现时的各阶衍射光,得

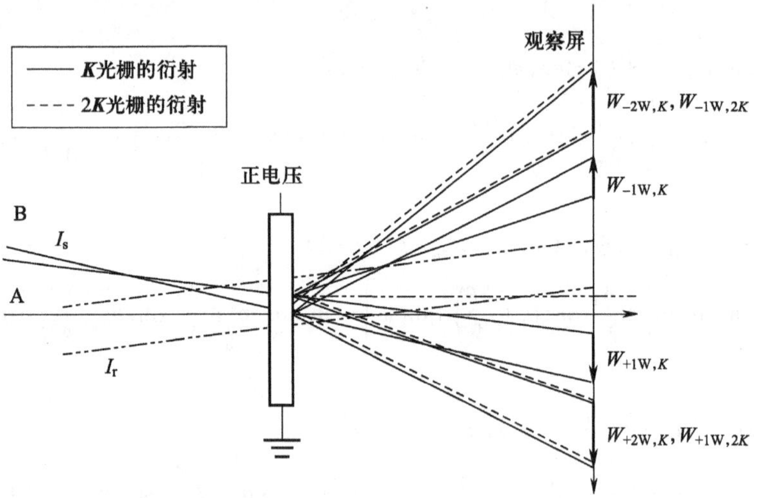

图 5-35　晶体置于焦平面后时拉曼-奈斯衍射示意图

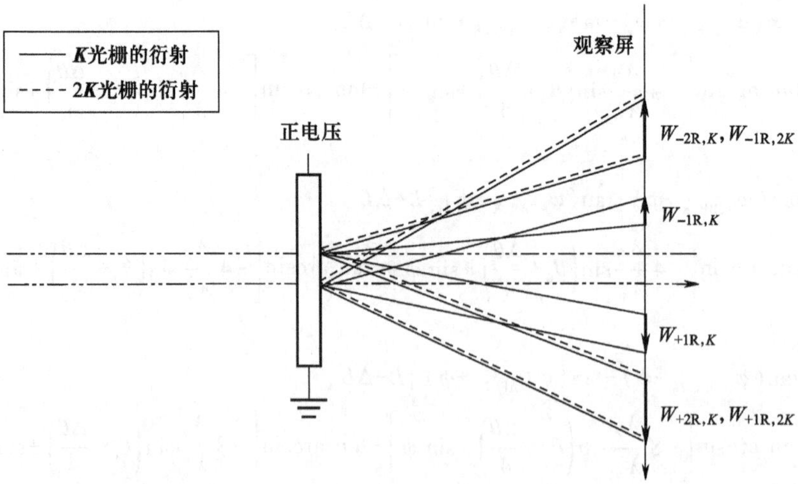

图 5-36　记录过程中晶体置于焦平面后时再现的拉曼-奈斯衍射示意图

$$W_{+2\mathrm{W},K}=\left[\tan\left(\varphi_{+2\mathrm{BW},K}+\theta_0+\frac{\Delta\theta}{2}\right)-\tan\left(\varphi_{+2\mathrm{AW},K}+\theta_0-\frac{\Delta\theta}{2}\right)\right]L+\Delta L$$
$$=\left\{\tan\arcsin\left[4\sin\left(\theta_0+\frac{\Delta\theta}{4}\right)+\sin\left(\theta_0+\frac{\Delta\theta}{2}\right)\right]-\tan\arcsin\left[4\sin\left(\theta_0-\frac{\Delta\theta}{4}\right)+\sin\left(\theta_0-\frac{\Delta\theta}{2}\right)\right]\right\}L+\Delta L \tag{5-196}$$

$$W_{+2\mathrm{W},2K}=\left[\tan\left(\varphi_{+2\mathrm{BW},2K}+\theta_0+\frac{\Delta\theta}{2}\right)-\tan\left(\varphi_{+2\mathrm{AW},2K}+\theta_0-\frac{\Delta\theta}{2}\right)\right]L+\Delta L$$
$$=\left\{\tan\arcsin\left[8\sin\left(\theta_0+\frac{\Delta\theta}{4}\right)+\sin\left(\theta_0+\frac{\Delta\theta}{2}\right)\right]-\tan\arcsin\left[8\sin\left(\theta_0-\frac{\Delta\theta}{4}\right)+\sin\left(\theta_0-\frac{\Delta\theta}{2}\right)\right]\right\}L+\Delta L \tag{5-197}$$

$$W_{+1\mathrm{W},K}=\left[\tan\left(\varphi_{+1\mathrm{BW},K}+\theta_0+\frac{\Delta\theta}{2}\right)-\tan\left(\varphi_{+1\mathrm{AW},K}+\theta_0-\frac{\Delta\theta}{2}\right)\right]L+\Delta L$$
$$=\left\{\tan\arcsin\left[2\sin\left(\theta_0+\frac{\Delta\theta}{4}\right)+\sin\left(\theta_0+\frac{\Delta\theta}{2}\right)\right]-\tan\arcsin\left[2\sin\left(\theta_0-\frac{\Delta\theta}{4}\right)+\sin\left(\theta_0-\frac{\Delta\theta}{2}\right)\right]\right\}L+\Delta L \tag{5-198}$$

$$W_{+1\mathrm{W},2K}=\left[\tan\left(\varphi_{+1\mathrm{BW},2K}+\theta_0+\frac{\Delta\theta}{2}\right)-\tan\left(\varphi_{+1\mathrm{AW},2K}+\theta_0-\frac{\Delta\theta}{2}\right)\right]L+\Delta L$$
$$=\left\{\tan\arcsin\left[4\sin\left(\theta_0+\frac{\Delta\theta}{4}\right)+\sin\left(\theta_0+\frac{\Delta\theta}{2}\right)\right]-\tan\arcsin\left[4\sin\left(\theta_0-\frac{\Delta\theta}{4}\right)+\sin\left(\theta_0-\frac{\Delta\theta}{2}\right)\right]\right\}L+\Delta L \tag{5-199}$$

$$W_{-1\mathrm{W},K}=\left[\tan\left(\varphi_{-1\mathrm{BW},K}+\theta_0+\frac{\Delta\theta}{2}\right)-\tan\left(\varphi_{-1\mathrm{AW},K}+\theta_0-\frac{\Delta\theta}{2}\right)\right]L+\Delta L$$
$$=\left\{\tan\arcsin\left[-2\sin\left(\theta_0+\frac{\Delta\theta}{4}\right)+\sin\left(\theta_0+\frac{\Delta\theta}{2}\right)\right]-\tan\arcsin\left[-2\sin\left(\theta_0-\frac{\Delta\theta}{4}\right)+\sin\left(\theta_0-\frac{\Delta\theta}{2}\right)\right]\right\}L+\Delta L \tag{5-200}$$

$$W_{-1\mathrm{W},2K}=\left[\tan\left(\varphi_{-1\mathrm{BW},2K}+\theta_0+\frac{\Delta\theta}{2}\right)-\tan\left(\varphi_{-1\mathrm{AW},2K}+\theta_0-\frac{\Delta\theta}{2}\right)\right]L+\Delta L$$
$$=\left\{\tan\arcsin\left[-4\sin\left(\theta_0+\frac{\Delta\theta}{4}\right)+\sin\left(\theta_0+\frac{\Delta\theta}{2}\right)\right]-\tan\arcsin\left[-4\sin\left(\theta_0-\frac{\Delta\theta}{4}\right)+\sin\left(\theta_0-\frac{\Delta\theta}{2}\right)\right]\right\}L+\Delta L \tag{5-201}$$

$$W_{-2\mathrm{W},K}=\left[\tan\left(\varphi_{-2\mathrm{BW},K}+\theta_0+\frac{\Delta\theta}{2}\right)-\tan\left(\varphi_{-2\mathrm{AW},K}+\theta_0-\frac{\Delta\theta}{2}\right)\right]L+\Delta L$$
$$=\left\{\tan\arcsin\left[-4\sin\left(\theta_0+\frac{\Delta\theta}{4}\right)+\sin\left(\theta_0+\frac{\Delta\theta}{2}\right)\right]-\tan\arcsin\left[-4\sin\left(\theta_0-\frac{\Delta\theta}{4}\right)+\sin\left(\theta_0-\frac{\Delta\theta}{2}\right)\right]\right\}L+\Delta L \tag{5-202}$$

$$W_{-2\mathrm{W},2K}=\left[\tan\left(\varphi_{-2\mathrm{BW},2K}+\theta_0+\frac{\Delta\theta}{2}\right)-\tan\left(\varphi_{-2\mathrm{AW},2K}+\theta_0-\frac{\Delta\theta}{2}\right)\right]L+\Delta L$$
$$=\left\{\tan\arcsin\left[-8\sin\left(\theta_0+\frac{\Delta\theta}{4}\right)+\sin\left(\theta_0+\frac{\Delta\theta}{2}\right)\right]-\tan\arcsin\left[-8\sin\left(\theta_0-\frac{\Delta\theta}{4}\right)+\sin\left(\theta_0-\frac{\Delta\theta}{2}\right)\right]\right\}L+\Delta L \tag{5-203}$$

$$W_{+2\mathrm{R},K}=[\tan(\varphi_{+2\mathrm{BR},K}+\phi)-\tan(\varphi_{+2\mathrm{AR},K}+\phi)]L+\Delta L$$
$$=\left\{\tan\arcsin\left[4\frac{\lambda_{\mathrm{R}}}{\lambda_{\mathrm{W}}}\sin\left(\theta_0+\frac{\Delta\theta}{4}\right)+\sin\phi\right]-\tan\arcsin\left[4\frac{\lambda_{\mathrm{R}}}{\lambda_{\mathrm{W}}}\sin\left(\theta_0-\frac{\Delta\theta}{4}\right)+\sin\phi\right]\right\}L+\Delta L \tag{5-204}$$

$$W_{+2\mathrm{R},2K}=[\tan(\varphi_{+2\mathrm{BR},2K}+\phi)-\tan(\varphi_{+2\mathrm{AR},2K}+\phi)]L+\Delta L$$
$$=\left\{\tan\arcsin\left[8\frac{\lambda_{\mathrm{R}}}{\lambda_{\mathrm{W}}}\sin\left(\theta_0+\frac{\Delta\theta}{4}\right)+\sin\phi\right]-\tan\arcsin\left[8\frac{\lambda_{\mathrm{R}}}{\lambda_{\mathrm{W}}}\sin\left(\theta_0-\frac{\Delta\theta}{4}\right)+\sin\phi\right]\right\}L+\Delta L \tag{5-205}$$

$$W_{+1\mathrm{R},K}=[\tan(\varphi_{+1\mathrm{BR},K}+\phi)-\tan(\varphi_{+1\mathrm{AR},K}+\phi)]L+\Delta L$$
$$=\left\{\tan\arcsin\left[2\frac{\lambda_{\mathrm{R}}}{\lambda_{\mathrm{W}}}\sin\left(\theta_0+\frac{\Delta\theta}{4}\right)+\sin\phi\right]-\tan\arcsin\left[2\frac{\lambda_{\mathrm{R}}}{\lambda_{\mathrm{W}}}\sin\left(\theta_0-\frac{\Delta\theta}{4}\right)+\sin\phi\right]\right\}L+\Delta L \tag{5-206}$$

$$W_{+1\mathrm{R},2K}=[\tan(\varphi_{+1\mathrm{BR},2K}+\phi)-\tan(\varphi_{+1\mathrm{AR},2K}+\phi)]L+\Delta L$$
$$=\left\{\tan\arcsin\left[4\frac{\lambda_{\mathrm{R}}}{\lambda_{\mathrm{W}}}\sin\left(\theta_0+\frac{\Delta\theta}{4}\right)+\sin\phi\right]-\tan\arcsin\left[4\frac{\lambda_{\mathrm{R}}}{\lambda_{\mathrm{W}}}\sin\left(\theta_0-\frac{\Delta\theta}{4}\right)+\sin\phi\right]\right\}L+\Delta L \tag{5-207}$$

$$W_{-1\mathrm{R},K}=[\tan(\varphi_{-1\mathrm{BR},K}+\phi)-\tan(\varphi_{-1\mathrm{AR},K}+\phi)]L+\Delta L$$
$$=\left\{\tan\arcsin\left[-2\frac{\lambda_{\mathrm{R}}}{\lambda_{\mathrm{W}}}\sin\left(\theta_0+\frac{\Delta\theta}{4}\right)+\sin\phi\right]-\tan\arcsin\left[-2\frac{\lambda_{\mathrm{R}}}{\lambda_{\mathrm{W}}}\sin\left(\theta_0-\frac{\Delta\theta}{4}\right)+\sin\phi\right]\right\}L+\Delta L \tag{5-208}$$

$$W_{-1\mathrm{R},2K}=[\tan(\varphi_{-1\mathrm{BR},2K}+\phi)-\tan(\varphi_{-1\mathrm{AR},2K}+\phi)]L+\Delta L$$
$$=\left\{\tan\arcsin\left[-4\frac{\lambda_{\mathrm{R}}}{\lambda_{\mathrm{W}}}\sin\left(\theta_0+\frac{\Delta\theta}{4}\right)+\sin\phi\right]-\tan\arcsin\left[-4\frac{\lambda_{\mathrm{R}}}{\lambda_{\mathrm{W}}}\sin\left(\theta_0-\frac{\Delta\theta}{4}\right)+\sin\phi\right]\right\}L+\Delta L \tag{5-209}$$

$$W_{-2\mathrm{R},K}=[\tan(\varphi_{-2\mathrm{BR},K}+\phi)-\tan(\varphi_{-2\mathrm{AR},K}+\phi)]L+\Delta L$$
$$=\left\{\tan\arcsin\left[-4\frac{\lambda_{\mathrm{R}}}{\lambda_{\mathrm{W}}}\sin\left(\theta_0+\frac{\Delta\theta}{4}\right)+\sin\phi\right]-\tan\arcsin\left[-4\frac{\lambda_{\mathrm{R}}}{\lambda_{\mathrm{W}}}\sin\left(\theta_0-\frac{\Delta\theta}{4}\right)+\sin\phi\right]\right\}L+\Delta L \tag{5-210}$$

$$W_{-2\mathrm{R},2K}=[\tan(\varphi_{-2\mathrm{BR},2K}+\phi)-\tan(\varphi_{-2\mathrm{AR},2K}+\phi)]L+\Delta L$$
$$=\left\{\tan\arcsin\left[-8\frac{\lambda_{\mathrm{R}}}{\lambda_{\mathrm{W}}}\sin\left(\theta_0+\frac{\Delta\theta}{4}\right)+\sin\phi\right]-\tan\arcsin\left[-8\frac{\lambda_{\mathrm{R}}}{\lambda_{\mathrm{W}}}\sin\left(\theta_0-\frac{\Delta\theta}{4}\right)+\sin\phi\right]\right\}L+\Delta L \tag{5-211}$$

同样，$\boldsymbol{K}$ 光栅的+2 和-2 阶拉曼-奈斯衍射图像与 $2\boldsymbol{K}$ 光栅的+1 和-1 阶拉曼-奈斯衍射图像重合在一起。$\boldsymbol{K}$ 光栅的+3、+1、-1、-3 阶衍射图像被衍射到不重合的方向，它们与 $2\boldsymbol{K}$ 光栅的衍射图像不重合。

对于掺杂铁离子的 KLTN 单晶，E_{sc} 通常是远小于 E_0 的，因此，$2\boldsymbol{K}$ 光栅由于太弱可以忽略不计，$\boldsymbol{K}$ 光栅是唯一的电控全息光栅。Δn 可以通过外电场进行开关控制，这种开关特性为我们提供了一种实现电控拉曼-奈斯衍射图像处理的可能。然而对于某些二次电光材料来说，由于空间电荷场 E_{sc} 大到可以和外电场相比较，所以不能忽略 $2\boldsymbol{K}$ 光栅的拉曼-奈斯衍射的影响。

5.5 其他光学效应

除了电光效应之外，固体材料还有很多其他光学效应，下面介绍其中主要的几种。

5.5.1 光弹效应

在外界的机械应力或内应力的作用下，透明的各向同性材料（例如玻璃和塑料等）产生双折射并变为各向异性材料的现象称为光弹效应（photoelastic effect）。这种效应最早是布儒斯特（Brewster）在对胶状物施加应力时发现的（1815 年），其后人们又发现立方晶系晶体或玻璃等各向同性的透明光学材料在受到应力作用时，具有双轴晶体的性质。这些都是光弹效应的体现，下面对光弹效应进行分析。

在这里我们依然采取光率体模型对晶体在应力或应变作用下的光学性质变化进行描述。在只取一级效应的情况下，机械应力或应变对晶体折射率的影响可用光率体的变化来描述：

$$\beta_{ij}-\beta_{ij}^{0}=\Delta\beta_{ij}=\pi_{ijkl}\sigma_{kl} \tag{5-212a}$$

$$\beta_{ij}-\beta_{ij}^{0}=\Delta\beta_{ij}=\rho_{ijkl}S_{kl} \tag{5-212b}$$

其中，σ_{kl} 为应力张量，π_{ijkl} 是一个四阶张量，称为应力弹光系数张量；S_{kl} 为应变张量，ρ_{ijkl} 是应变弹光系数张量，也是四阶张量。和前面处理方式类似，由于晶体的对称性，π_{ijkl} 和 ρ_{ijkl} 是对称四阶张量，因此可以利用与公式（5-75）类似的方法对下角标进行简化处理，即

$$\Delta\beta_{m}=\pi_{mn}\sigma_{n} \tag{5-213a}$$

$$\Delta\beta_{m}=\rho_{mn}S_{n} \tag{5-213b}$$

公式（5-213）也可写成矩阵形式：

$$\begin{pmatrix}\Delta\beta_1\\ \Delta\beta_2\\ \Delta\beta_3\\ \Delta\beta_4\\ \Delta\beta_5\\ \Delta\beta_6\end{pmatrix}=\begin{pmatrix}\beta_1-\beta_1^0\\ \beta_2-\beta_2^0\\ \beta_3-\beta_3^0\\ \beta_4\\ \beta_5\\ \beta_6\end{pmatrix}=\begin{pmatrix}\pi_{11}&\pi_{12}&\pi_{13}&\pi_{14}&\pi_{15}&\pi_{16}\\ \pi_{21}&\pi_{22}&\pi_{23}&\pi_{24}&\pi_{25}&\pi_{26}\\ \pi_{31}&\pi_{32}&\pi_{33}&\pi_{34}&\pi_{35}&\pi_{36}\\ \pi_{41}&\pi_{42}&\pi_{43}&\pi_{44}&\pi_{45}&\pi_{46}\\ \pi_{51}&\pi_{52}&\pi_{53}&\pi_{54}&\pi_{55}&\pi_{56}\\ \pi_{61}&\pi_{62}&\pi_{63}&\pi_{64}&\pi_{65}&\pi_{66}\end{pmatrix}\begin{pmatrix}\sigma_1\\ \sigma_2\\ \sigma_3\\ \sigma_4\\ \sigma_5\\ \sigma_6\end{pmatrix} \tag{5-214a}$$

$$\begin{pmatrix}\Delta\beta_1\\ \Delta\beta_2\\ \Delta\beta_3\\ \Delta\beta_4\\ \Delta\beta_5\\ \Delta\beta_6\end{pmatrix}=\begin{pmatrix}\beta_1-\beta_1^0\\ \beta_2-\beta_2^0\\ \beta_3-\beta_3^0\\ \beta_4\\ \beta_5\\ \beta_6\end{pmatrix}=\begin{pmatrix}\rho_{11}&\rho_{12}&\rho_{13}&\rho_{14}&\rho_{15}&\rho_{16}\\ \rho_{21}&\rho_{22}&\rho_{23}&\rho_{24}&\rho_{25}&\rho_{26}\\ \rho_{31}&\rho_{32}&\rho_{33}&\rho_{34}&\rho_{35}&\rho_{36}\\ \rho_{41}&\rho_{42}&\rho_{43}&\rho_{44}&\rho_{45}&\rho_{46}\\ \rho_{51}&\rho_{52}&\rho_{53}&\rho_{54}&\rho_{55}&\rho_{56}\\ \rho_{61}&\rho_{62}&\rho_{63}&\rho_{64}&\rho_{65}&\rho_{66}\end{pmatrix}\begin{pmatrix}S_1\\ S_2\\ S_3\\ S_4\\ S_5\\ S_6\end{pmatrix} \tag{5-214b}$$

对于晶体来说，在应力或应变下晶体的响应与压电效应和二次电光效应类似，不同的晶体的响应情况是不同的，也就是公式(5-214)中的应力或应变张量是不同的。

这里我们以立方晶系的光弹效应为例进行讨论，讨论中采用(5-214a)的矩阵形式。立方晶系晶体主要分为两大类，一类包含$\bar{4}3m$、432 和 $m3m$ 晶类，这类晶体包含 4 度轴或 $\bar{4}$ 度轴，弹光系数张量元只有三个是独立的；另一类包含 23 和 $m3$ 两个晶类，这类晶体包含 2 度轴，弹光系数张量元只有四个是独立的。

假设只有沿着 x_1 轴方向的单向应力作用于立方晶系晶体上，即只有 σ_1 应力张量元，其他张量元均为零。对于立方晶系中的$\bar{4}3m$、432 和 $m3m$ 晶类晶体，其应力矩阵为

$$\begin{pmatrix} \pi_{11} & \pi_{12} & \pi_{12} & 0 & 0 & 0 \\ \pi_{12} & \pi_{11} & \pi_{12} & 0 & 0 & 0 \\ \pi_{12} & \pi_{12} & \pi_{11} & 0 & 0 & 0 \\ 0 & 0 & 0 & \pi_{44} & 0 & 0 \\ 0 & 0 & 0 & 0 & \pi_{44} & 0 \\ 0 & 0 & 0 & 0 & 0 & \pi_{44} \end{pmatrix} \tag{5-215}$$

光弹效应引起的光学性质变化可以表示为

$$\begin{pmatrix} \Delta\beta_1 \\ \Delta\beta_2 \\ \Delta\beta_3 \\ \Delta\beta_4 \\ \Delta\beta_5 \\ \Delta\beta_6 \end{pmatrix} = \begin{pmatrix} \pi_{11} & \pi_{12} & \pi_{12} & 0 & 0 & 0 \\ \pi_{12} & \pi_{11} & \pi_{12} & 0 & 0 & 0 \\ \pi_{12} & \pi_{12} & \pi_{11} & 0 & 0 & 0 \\ 0 & 0 & 0 & \pi_{44} & 0 & 0 \\ 0 & 0 & 0 & 0 & \pi_{44} & 0 \\ 0 & 0 & 0 & 0 & 0 & \pi_{44} \end{pmatrix} \begin{pmatrix} \sigma_1 \\ 0 \\ 0 \\ 0 \\ 0 \\ 0 \end{pmatrix} \tag{5-216}$$

在应力张量元 σ_1 作用下，感应的光率体方程变为

$$\frac{x_1^2}{n_o^2\left(1-\dfrac{1}{2}n_o^3\pi_{11}\sigma_1\right)^2}+\frac{x_2^2+x_3^2}{n_o^2\left(1-\dfrac{1}{2}n_o^3\pi_{12}\sigma_1\right)^2}=1 \tag{5-217}$$

从公式(5-217)可知，立方晶系的$\bar{4}3m$、432 和 $m3m$ 晶类在应力张量元 σ_1 作用下，通过光弹效应，其光率体由球面变成了旋转椭球面，即晶体变成了单轴晶体。

对于立方晶系中 23 和 $m3$ 晶类晶体而言，沿着 x_1 轴方向的单向应力作用于立方晶系晶体上，单向应力作用下的光学性质改变可以表示为

$$\begin{pmatrix} \Delta\beta_1 \\ \Delta\beta_2 \\ \Delta\beta_3 \\ \Delta\beta_4 \\ \Delta\beta_5 \\ \Delta\beta_6 \end{pmatrix} = \begin{pmatrix} \pi_{11} & \pi_{12} & \pi_{13} & 0 & 0 & 0 \\ \pi_{13} & \pi_{11} & \pi_{12} & 0 & 0 & 0 \\ \pi_{12} & \pi_{13} & \pi_{11} & 0 & 0 & 0 \\ 0 & 0 & 0 & \pi_{44} & 0 & 0 \\ 0 & 0 & 0 & 0 & \pi_{44} & 0 \\ 0 & 0 & 0 & 0 & 0 & \pi_{44} \end{pmatrix} \begin{pmatrix} \sigma_1 \\ 0 \\ 0 \\ 0 \\ 0 \\ 0 \end{pmatrix} \tag{5-218}$$

在应力张量元 σ_1 作用下，23 和 $m3$ 晶类晶体的感应光率体方程为

$$\frac{x_1^2}{n_o^2\left(1-\frac{1}{2}n_o^3\pi_{11}\sigma_1\right)^2}+\frac{x_2^2}{n_o^2\left(1-\frac{1}{2}n_o^3\pi_{13}\sigma_1\right)^2}+\frac{x_3^2}{n_o^2\left(1-\frac{1}{2}n_o^3\pi_{12}\sigma_1\right)^2}=1 \qquad (5-219)$$

从公式(5-219)可知，立方晶系的 23 和 $m3$ 晶类晶体在应力 σ_1 作用下，通过光弹效应的作用，其光率体由球面变成了椭球面，即晶体变成了双轴晶体。

5.5.2 声光效应

声光效应可以说是光弹效应的一种延续。当超声波在透明介质中传播时，超声波周期性地挤压介质，通过光弹效应在介质中产生空间周期性折射率变化，这时如果有光照射到介质上，就会发生衍射现象，这种现象称为声光效应。

朗之万(Langevin)在实验上给出可以通过石英晶体的压电振荡效应在液体中产生较高能量的高频声波。1922 年，布里渊(Brillouin)预言了在声光效应中存在高阶衍射现象，接下来卢卡斯(Lucas)和比卡尔(Biquard)、德拜(Debye)和西尔斯(Sears)在 1932 年通过实验验证了它的存在。1933 年，巴尔(R. Bär)给出了较完整的声光效应图形，从此，声光效应的研究不断深入。

对于声光效应中的衍射现象，布里渊、卢卡斯、比卡尔、德拜和西尔斯等人都进行了理论解释。布里渊认为高阶衍射现象的产生是由于液体的折射率被超声波调制后，是周期性变化的，入射光经过其中时，要经过不同折射率的介质，而光在经过两种不同折射率的介质交界面时会发生反射，因此产生高阶衍射现象。但是，根据瑞利(Rayleigh)的相关理论，即使在极限条件下也不可能得到如此强的高阶衍射光。在德拜和西尔斯的理论中也没有令人信服的结果，并且他们的理论无法解释在不同条件下的各阶衍射光强的变化。卢卡斯和比卡尔利用鬼场的方法含糊地解释了实验结果。直到 1933 年，声光效应中的衍射现象才被拉曼和奈斯用令人信服的理论进行了解释，理论和实验吻合得很好。因此这种衍射通常称为拉曼-奈斯衍射。

假设波长为 λ_1、频率为 Ω_1 的超声波在透明介质中沿 x_1 轴方向传播(图 5-37)，介质将会受到超声波的应力 σ_1 作用，其表达式为

$$\sigma_1=\sigma_0\sin(k_1x_1-\Omega_1t) \qquad (5-220)$$

其中，σ_0 是应力的振幅，$k_1=2\pi/\lambda_1$ 是超声波的波矢。

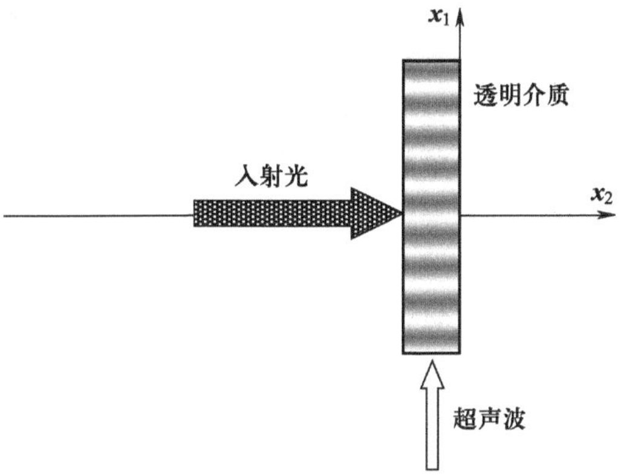

图 5-37　介质中相互垂直传播的超声波和光波

在超声波作用下，介质发生光弹效应，并形成频率与超声波频率相同的密度变化，进而形成折射率光栅：

$$n=n_0-\frac{1}{2}n_0^3\pi_{11}\sigma_0\sin(k_1x_1-\Omega_1t) \qquad (5-221)$$

这里，n_0 是透明介质中没有超声波时的折射率。如果波长为 λ_2、频率为 Ω_2 的入射光沿 x_2 轴方向垂直照射到透明介质上，那么入射光将被折射率光栅衍射。由于入射光的频率远高于超声波的频率，入射光的速度远高于超声波的速度，所以可以忽略衍射光因多普勒效应而产生的

频移，但是有些时候会考虑由于超声波引起折射率光栅的移动而产生的多普勒频移。

5.4.3 节讨论了拉曼-奈斯衍射，声光效应和光折变效应的拉曼-奈斯衍射是同一类型的衍射，都属于折射率光栅衍射，其区别是产生光栅的原因不同，一个是入射光产生的，另一个是超声波产生的。

5.5.3　法拉第旋光效应

1845 年，法拉第在实验中发现，当一束线偏振光沿着磁场方向通过受磁场作用的玻璃、二硫化碳、汽油等物质时，从这些材料中透过的光，其偏振方向会发生改变，后人将这种现象称为法拉第旋光效应。经过不断研究，人们发现，当磁场不是非常强时，法拉第旋光效应中偏振面转过的角度 θ_f 与所加磁场的磁感应强度 B 及材料通光厚度 l 成正比，即

$$\theta_f = VBl \tag{5-222}$$

这里，比例常数 V 称为韦尔代（Verdet）常数，它与材料和入射光波长有关，是一个反映材料性质的物理量。

大量的实验表明，几乎所有的材料都存在法拉第旋光效应，而且在不同的材料中线偏振光偏振面旋转的方向可能相反。如果施加的是由缠绕在样品材料上的螺旋线圈产生的匀强磁场，那么通常规定：当入射线偏振光沿着磁感应强度 $\boldsymbol{B}$ 方向通过样品材料时，迎着线偏振光看，入射光的偏振面如果发生顺时针旋转就将其称为右旋材料，如果发生逆时针旋转就将其称为左旋材料。对于每一种确定的材料，入射线偏振光的偏振面旋转方向仅由磁感应强度 $\boldsymbol{B}$ 的方向决定，与入射光的传播方向无关。法拉第旋光效应是一个不可逆的光学过程。如果入射线偏振光沿外加磁场方向通过材料，假设入射线偏振光的偏振面在材料中向右旋转了 θ_f 角，那么当它从材料中出射后被一个反射镜沿原路径反射回材料中时，其偏振面将朝同一方向旋转 θ_f 角，从材料中透射的反射光的偏振面将总共旋转 $2\theta_f$ 角，这一点是不同于其他类型旋光的。比如蔗糖和石英等旋光材料的偏振面旋转方向取决于这些材料的结构，线偏振光往返两次通过这些材料时，从材料中透射的反射光的偏振面将恢复到原先的方位。

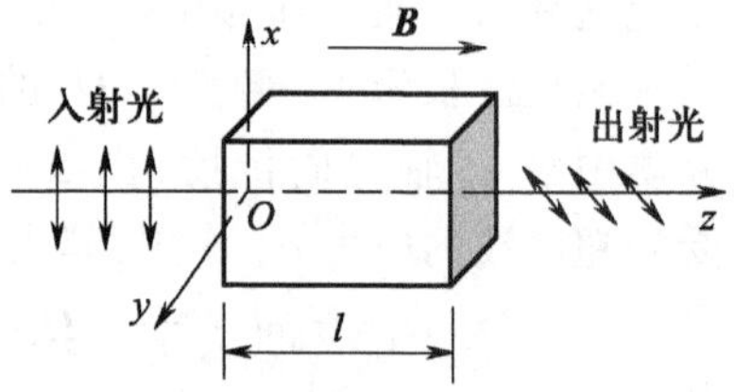

图 5-38　线偏振光沿磁场方向传播

为了简单起见，法拉第旋光效应通常用一个经典的唯象理论进行解释。如图 5-38 所示，材料放入沿 z 轴方向施加的外磁场中，一束平行于磁场方向传播的线偏振光入射到透明光学材料上，其偏振方向沿着 x 轴方向，这时入射光场强可以写为

$$\begin{aligned} E &= E_x = E_0\cos\left(\frac{\omega}{c}z-\omega t\right) \\ &= E_0\cos\left(\frac{2\pi}{\lambda}z-\omega t\right) \end{aligned} \tag{5-223}$$

进入材料后，入射光分解为两束振幅相等的左旋和右旋圆偏振光，其中左旋圆偏振光的 x 分量和 y 分量可以写为

$$E_x^{\mathrm{L}} = \frac{1}{2}E_0\cos\left(\frac{2\pi n_{\mathrm{L}}}{\lambda}z-\omega t\right) \tag{5-224}$$

$$E_y^{\mathrm{L}}=\frac{1}{2}E_0\sin\left(\frac{2\pi n_{\mathrm{L}}}{\lambda}z-\omega t\right) \tag{5-225}$$

右旋圆偏振光的 x 分量和 y 分量可以写为

$$E_x^{\mathrm{R}}=-\frac{1}{2}E_0\sin\left(\frac{2\pi n_{\mathrm{R}}}{\lambda}z-\omega t\right) \tag{5-226}$$

$$E_y^{\mathrm{R}}=\frac{1}{2}E_0\cos\left(\frac{2\pi n_{\mathrm{R}}}{\lambda}z-\omega t\right) \tag{5-227}$$

这里，n_{L} 与 n_{R} 分别为左旋和右旋圆偏振光在材料中的折射率。如果左旋和右旋圆偏振光对应的折射率 n_{L} 与 n_{R} 稍有不同，那么它们的传播速度就会稍有不同，角频率为 ω 的两圆偏振光通过长度为 l 的材料后，便产生 φ_{L} 和 φ_{R} 的相位滞后，并且有

$$\varphi_{\mathrm{L}}=\frac{2\pi l}{\lambda}n_{\mathrm{L}},\quad \varphi_{\mathrm{R}}=\frac{2\pi l}{\lambda}n_{\mathrm{R}} \tag{5-228}$$

相比入射界面处[图 5-39(a)]的电场强度矢量的位置，在两圆偏振光通过材料后，在出射界面处 $\boldsymbol{E}_{\mathrm{L}}$ 和 $\boldsymbol{E}_{\mathrm{R}}$ 的位置如图 5-39(b)所示。出射界面处左旋圆偏振光电场强度矢量 $\boldsymbol{E}_{\mathrm{L}}$ 相对于入射界面处的位置逆时针旋转了角度 φ_{L}。同理，右旋圆偏振光电场强度矢量 $\boldsymbol{E}_{\mathrm{R}}$ 在出射界面处的位置相对于入射界面处的位置顺时针旋转了角度 φ_{R}。两圆偏振光合成的线偏振光的 x 分量和 y 分量可以写为

$$\begin{aligned}E_x&=E_x^{\mathrm{R}}+E_x^{\mathrm{L}}\\&=\frac{1}{2}E_0\left[\cos\left(\frac{2\pi n_{\mathrm{R}}}{\lambda}l-\omega t\right)+\cos\left(\frac{2\pi n_{\mathrm{L}}}{\lambda}l-\omega t\right)\right]\\&=E_0\cos\left[\frac{\pi(n_{\mathrm{R}}+n_{\mathrm{L}})}{\lambda}l-\omega t\right]\cos\left[\frac{\pi(n_{\mathrm{L}}-n_{\mathrm{R}})}{\lambda}l\right]\end{aligned} \tag{5-229}$$

$$\begin{aligned}E_y&=E_y^{\mathrm{R}}+E_y^{\mathrm{L}}\\&=\frac{1}{2}E_0\left[-\sin\left(\frac{2\pi n_{\mathrm{R}}}{\lambda}l-\omega t\right)+\sin\left(\frac{2\pi n_{\mathrm{L}}}{\lambda}l-\omega t\right)\right]\\&=E_0\cos\left[\frac{\pi(n_{\mathrm{R}}+n_{\mathrm{L}})}{\lambda}l-\omega t\right]\sin\left[\frac{\pi(n_{\mathrm{R}}-n_{\mathrm{L}})}{\lambda}l\right]\end{aligned} \tag{5-230}$$

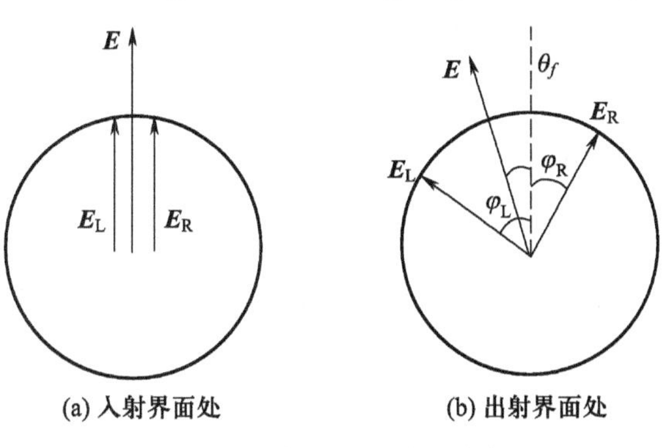

图 5-39 法拉第旋光效应示意图

从公式(5-229)和公式(5-230)可以看出，当光从材料中出射后，出射线偏振光相对于入射线偏振光(x 轴)转过的角度 θ_f 为

$$\theta_f = \arctan\frac{E_y}{E_x} = \pi\frac{n_R - n_L}{\lambda}l \tag{5-231}$$

大量的实验表明，磁场会使左旋、右旋圆偏振光的折射率不同，并且 $n_L - n_R$ 正比于 B。因此可以将公式(5-231)改写为

$$\theta_f \propto \frac{\pi}{\lambda}Bl \tag{5-232}$$

通过深入研究，人们发现，法拉第旋光效应来源于塞曼效应。材料分子中原来简并的基态或激发态在外加磁场作用下发生劈裂现象，使左旋与右旋圆偏振光的共振吸收频率并不相同，这就会导致它们的吸收曲线和色散曲线相互错开。这种相互错开导致了两种效应：一是使材料对一定频率的左旋与右旋圆偏振光的吸收率不同，产生磁致二色性，在通常情况下，磁致二色性在材料的吸收峰附近才比较明显，因此一般不会对其进行考虑；二是使入射线偏振光通过材料时，其偏振面发生旋转，这就是法拉第旋光效应。

由量子理论可知，材料中原子的电子轨道磁矩 $\boldsymbol{\mu}$ 为

$$\boldsymbol{\mu} = -\frac{e}{2m}\boldsymbol{L} \tag{5-233}$$

这里，e 为电子电荷量的绝对值，m 为电子质量，$\boldsymbol{L}$ 为电子的轨道角动量。

当材料放入沿 z 轴方向施加的外磁场中时，根据相关量子力学理论，电子磁矩具有势能 E_p：

$$E_p = -\boldsymbol{\mu}\cdot\boldsymbol{B} = -\frac{e}{2m}\boldsymbol{L}\cdot\boldsymbol{B} = \frac{eB}{2m}L_z \tag{5-234}$$

这里，L_z 为电子的轨道角动量在磁场方向的分量。

当平面偏振光通过施加了磁场 $\boldsymbol{B}$ 的介质时，光子与轨道电子发生相互作用，使轨道电子发生能级跃迁。跃迁时轨道电子吸收了光子的角动量 $L_z = \pm\hbar$，跃迁后轨道电子的动能和跃迁前一样没有改变，而势能则增加了 ΔE_p：

$$\Delta E_p = \frac{eB}{2m}L_z = \pm\frac{eB}{2m}\hbar \tag{5-235}$$

当左旋光子参与相互作用时，

$$\Delta E_{pL} = \frac{eB}{2m}\hbar \tag{5-236}$$

当右旋光子参与相互作用时，

$$\Delta E_{pR} = -\frac{eB}{2m}\hbar \tag{5-237}$$

入射光子与轨道电子作用并失去了 ΔE_p 的能量后，光在介质中传输时的角频率会发生变化，根据色散理论，对应的折射率也会发生变化。在外磁场作用下，左旋光的折射率 $n_L(\hbar\omega)$ 就等于未施加外磁场时左旋光的折射率 $n_L(\hbar\omega - \Delta E_{pL})$，进一步可以写为

$$n_L(\omega) = n\left(\omega - \frac{\Delta E_{pL}}{\hbar}\right) \approx n(\omega) - \frac{dn}{d\omega}\frac{\Delta E_{pL}}{\hbar} = n(\omega) - \frac{eB}{2m}\frac{dn}{d\omega} \tag{5-238}$$

同理，对于右旋光，有

$$n_R(\omega)=n\left(\omega-\frac{\Delta E_{pR}}{\hbar}\right)\approx n(\omega)-\frac{dn}{d\omega}\frac{\Delta E_{pR}}{\hbar}=n(\omega)+\frac{eB}{2m}\frac{dn}{d\omega} \tag{5-239}$$

将公式(5-238)和公式(5-239)代入公式(5-231)，可以得到

$$\theta_f=\frac{elB\cdot 2\pi}{2m\lambda}\frac{dn}{d\omega}=\frac{elB\lambda}{2mc}\frac{dn}{d\lambda} \tag{5-240}$$

将公式(5-240)与公式(5-222)进行对比，可以知道

$$V=\frac{e\lambda}{2mc}\frac{dn}{d\lambda} \tag{5-241}$$

从公式(5-241)可知，韦尔代常数 V 与光的波长 λ 及磁光材料的色散 $dn/d\lambda$ 密切相关。若$\frac{dn}{d\lambda}$和 λ 固定不变，则法拉第旋光效应旋转角 θ_f 与磁感应强度 B 是线性关系。

当入射光的波长发生改变时，由色散理论，有柯西色散公式(Cauchy dispersion formula)：

$$n=a+\frac{b}{\lambda^2}+\frac{c}{\lambda^4}+\cdots \tag{5-242}$$

这里，a、b、c 为常量。为了简化分析，只取前两项，并将其代入公式(5-241)，可以得到韦尔代常数 V：

$$V=-\frac{be\lambda}{mc}\frac{1}{\lambda^2} \tag{5-243}$$

可以看出韦尔代常数与入射光波长的平方成反比。

第五章参考文献

第六章　发光光学的基本理论

本章将讨论与吸收相反的过程——发光过程。发光过程对应的是电子通过辐射光子的形式完成从高能级到低能级状态的跃迁。虽然从表面上看发光过程像是吸收过程的逆过程，但是通过实际观察可以发现，发光光谱与吸收光谱有着明显的差别，因此发光过程不能简单地理解为吸收过程的逆过程。发光机制与基态和激发态内电子和空穴的热分布有着密切的关系。为了使符号的含义与常用的文献保持一致，本章中一些符号的含义被重新定义。

6.1　固体发光

当某种固体材料受到激发（射线、电子束、外电场和高能粒子等作用在其上）后，固体材料将由基态跃迁到激发态，由于激发态是不稳定状态，所以经过一段时间后，材料会从激发态回到基态，回到基态的过程中伴随着激发态能量的释放，这种能量的释放通常是以光或热的形式完成的。其中，以光的形式释放能量的过程称为发光过程。对固体发光进行分类的方法有很多，但通常根据固体材料受到激发的方式将发光过程分为光致发光、电致发光、热释发光、辐射发光、阴极射线发光等。发光过程是固体内不同能量状态的电子跃迁的结果，因此研究固体中电子所具有的能量状态，对理解固体发光过程是十分重要和必不可少的，也是建立相关发光理论的重要基础。

下面对固体材料的发光过程进行讨论。固体材料中存在基态（能量低）与激发态（能量高），在通常情况下，电子会处于能量较低的基态。由于受到泡利不相容原理的限制，一个微观态最多只能存在两个电子，所以电子不可能都处于基态之中，激发态也会有一定数量的电子存在，但激发态是不稳定状态，处于激发态的电子会自发地从激发态跃迁到基态，如果这个过程是以辐射的形式进行的，这个过程就会发射出一个光子。

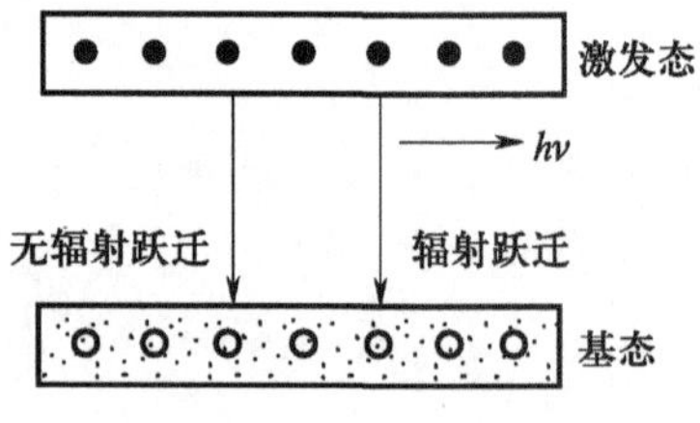

图 6-1　发光过程示意图

图 6-1 给出了固体材料中的发光过程示意图。当电子从激发态自发跃迁到一个能量更低的基态的空位时，其辐射跃迁率表达式为

$$\frac{\mathrm{d}n_2}{\mathrm{d}t}=A_{21}n_2 \tag{6-1}$$

这里，A_{21} 为电子从激发态跃迁到基态的辐射概率，也称为爱因斯坦自发辐射系数，n_2 为处于激发态的电子数目。从公式(6-1)可知，系数 A_{21} 决定了电子的辐射率，辐射出光子的个数由 A_{21} 系数和激发态电子的个数 n_2 共同决定。通过公式(6-1)可以给出

$$n_2(t)=n_2(0)\exp(-A_{21}t) \tag{6-2}$$

这里，$n_2(0)$为开始时刻激发态电子的个数。从公式(6-2)可以看出，在辐射跃迁过程中激发态电子个数是时间的函数。

如果用一个新的物理量——跃迁辐射寿命 $\tau_R=A_{21}^{-1}$ 代替公式(6-2)中的 A_{21}，则有

$$n_2(t)=n_2(0)\exp(-t/\tau_R) \tag{6-3}$$

从公式(6-3)可以看出，跃迁辐射寿命越长，电子在激发态停留时间越长，电子跃迁过程越缓慢。因此它是一个反映电子在激发态停留时间的物理量。

根据固体物理相关理论，系数 A_{21} 正比于材料吸收率系数 B，对于固体材料来说，这意味着大的吸收率系数材料将有较大的辐射率和较短的能级寿命。但是，吸收率系数与辐射率这种密切的关系并不意味着吸收谱与辐射谱会完全相同，这是因为受到了公式(6-1)中 t 时刻激发态内电子数目 n_2 的影响。当 n_2 很小时，即使跃迁概率很大也不会有很强的光被辐射出来，除非高能级被大量占据。

可以将以上几点通过频率为 ν 的电磁波发光公式进行归纳：

$$I(h\nu)\propto |M|^2 g(h\nu)\times\text{占有系数} \tag{6-4}$$

这里，占有系数给出了相应高能级被占据和低能级有空位的可能性，另外两个影响是跃迁矩阵元和激发态密度。它们通过费米黄金法则决定了量子跃迁过程。

处于激发态的电子释放能量回到基态的过程非常迅速，跃迁后会形成一个可以通过统计理论计算出来的热分布，并且通常情况下处于激发态底部 k_BT 范围内的电子跃迁到价带，空穴的释放过程与之类似。当电子由激发态很窄的最低能量范围跃迁到由热量占据的空穴时，光子被发射出来。与之对应的吸收谱，电子可以吸收光子跃迁到任意激发态，无论距离价带底部有多远。

辐射跃迁并不是电子从激发态回到基态的唯一方式，图 6-1 也给出了另外一种跃迁方式——无辐射跃迁。电子可以通过声子的方式将激发态的能量加以释放，或者将能量转移给“陷阱”(包括杂质原子和缺陷)。如果无辐射跃迁所需时间短于辐射跃迁，那么无辐射跃迁将占主导地位，辐射发光将会很弱。

在考虑无辐射跃迁后，总跃迁率可以写为

$$\left[\frac{\mathrm{d}n_2(t)}{\mathrm{d}t}\right]_{\text{total}}=-A_{21\text{total}}n_2(t)=-(A_{21}+A_{21\text{NR}})n_2(t) \tag{6-5}$$

此时，公式(6-5)中的系数 $A_{21\text{total}}$ 包括两部分，辐射跃迁相对应的 A_{21} 和无辐射跃迁相对应的 $A_{21\text{NR}}$。

这时可以引用一个和跃迁辐射寿命 τ_R 类似的非跃迁辐射寿命 $\tau_{NR}=A_{21\text{NR}}^{-1}$，公式(6-5)可以写为

$$\left[\frac{\mathrm{d}n_2(t)}{\mathrm{d}t}\right]_{\text{total}}=-\frac{n_2(t)}{\tau_R}-\frac{n_2(t)}{\tau_{NR}}=-n_2(t)\left(\frac{1}{\tau_R}+\frac{1}{\tau_{NR}}\right) \tag{6-6}$$

公式(6-6)中右侧的两项分别对应于辐射跃迁率与非辐射跃迁率。如果定义 η_R 为辐射跃迁率与总跃迁率的比值，结合公式(6-1)和公式(6-6)，可得到

$$\eta_R=\frac{A_{21}n_2(t)}{n_2(t)(1/\tau_R+1/\tau_{NR})}=\frac{1}{1+\tau_R/\tau_{NR}} \tag{6-7}$$

从公式(6-7)可以看出,当 $\tau_R \ll \tau_{NR}$ 时,辐射跃迁占主导地位;当 $\tau_R \gg \tau_{NR}$ 时,非辐射跃迁占主导地位,发光效率非常低。因此,为了提高发光效率,就要想办法使辐射跃迁的寿命远低于非辐射跃迁的寿命,这样处于激发态的电子就可以在非辐射跃迁发生之前,通过辐射跃迁回到基态。

6.2 固体材料的能带结构

很多固体材料在原子层面上是由周期性排列的原子组成的(例如晶体),因此其形成的势能场也是周期性分布的。根据量子力学相关理论,已经不能用单个原子中电子的能量概念来说明电子所具有的能量状态,因为周期性的势能场是由周期性排列的原子共同产生的,与单个原子形成的势能场有一定的区别,所以这些固体材料内电子的能量属于非定域态,这时需要引进"能带"概念。在原子周期性排列的固体材料中各个原子互相靠得很近,因此相邻原子的内外各层电子轨道都会有不同程度的重叠现象发生,在一般情况下,最外层电子轨道间的重叠可能性最大。这时材料中的电子显然不再只属于某一个具体的原子,电子可以很轻松地从一个原子的轨道上转移到相邻的原子轨道上,如图 6-2 所示,电子也就可以在整个材料中运动。在材料中电子的这个特性,通常被称为"电子的共有化"。"电子的共有化"也可以用量子力学理论进行如下解释,即材料中电子处在原子核的势能场与其他电子的平均势能场的共同作用下,原子核的势能场和其他电子的平均势能场周期性地分布在原子核的周围,并在每个原子周围具有相同的能级结构。在电子从一个原子周围跑到相邻的原子周围的过程中没有很难穿过的能量势垒,电子可以很容易地通过隧道效应穿过相邻原子间的势垒,从一个原子核附近跑到另一个原子核附近。也可以认为电子从一个原子核附近跑到另一个原子核附近发生的是"等能跃迁"过程,材料中所谓电子的共有化运动就是这种"等能跃迁"的一个体现。

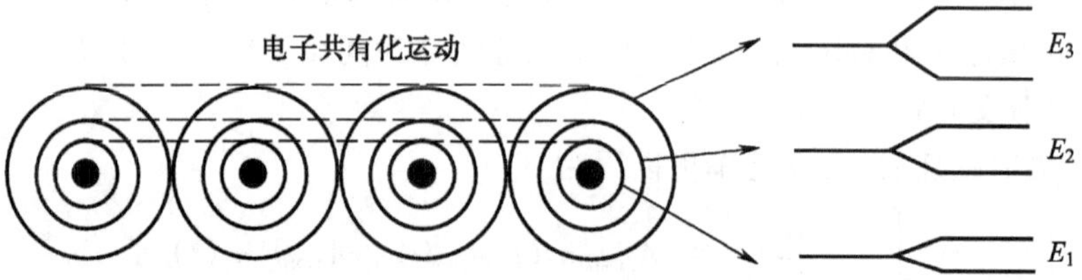

图 6-2 电子共有化能带与能级示意图

从图 6-2 中还可看出,原子的不同的量子态在材料中将会产生一系列相对应的能带。对于能带中的电子,不确定关系给出

$$\Delta E \Delta t \geqslant \frac{\hbar}{2} \tag{6-8}$$

这里,ΔE 和 Δt 分别表示能量不确定度和平均寿命。

材料中能量最低的能带对应的是内层的共有化运动电子,对于内层电子来说,电子轨道半径很小,相邻原子间的内层电子轨道距离较远,这就使相互重叠区域很小,原子间的势垒较难被跨越,电子在每个原子附近的平均寿命较长,电子较为稳定。根据公式(6-8),电子的能量不确定度将会较小,其相应的能带较窄(如图 6-2 中的 E_1)。而材料中能量最高的能带对应的是外层的共有化运动电子，相邻原子间的外层电子轨道距离较近，在相邻原子间将会有较多的重叠，电子可以更轻松地通过隧道效应穿过相邻原子间的势垒，从一个原子核附近跑到另一个原子核附近，这种电子共有化的结果使电子在每个原子核附近出现的概率大大减小，也就是说相应的电子状态的平均寿命变小了，因此电子的能量不确定度变大，从而有较宽的能带（如图 6-2 中的 E_3）。

材料中的物质微观结构非常复杂，其对应的能带结构也是一个非常复杂的问题。周期性微观结构固体材料是由大量周期性排列的原子组成的，每个原子又由原子核和核外电子组成，实际上，这些电子是在周期性结构的所有格点上的原子实和其他电子所产生的合成势能场中运动的，这时，每个电子的势能是位置的函数。要给出周期性固体材料中的电子状态函数，需要给出所有相互作用的原子实和电子构成的多体问题的相应的薛定谔方程，并求出它的解。由于多体问题求解起来非常复杂（即使牛顿力学中的多体问题都很难求解），所以通常不可能求出严格的解。为了给出电子的状态函数，需要对相应的多体问题进行简化处理，一般采用经过简化的近似理论——单电子理论来进行处理。

在简化过程中，首先，假定所研究的对象具有理想的周期性结构，即不存在位错或缺陷等问题。其次，对于电子来说，其质量远小于原子核，其运动速度也远大于原子核，因此可以认为原子核是静止不动的，这样模型就可以简化成只有电子的运动问题。再次，还可以认为每个电子是在固定不动的原子核的势能场以及其他电子形成的平均势能场中运动的，每个电子周围的势能场可以认为不随时间演化，是保持不变的，这样又把多电子问题简化为单电子问题。最后，由于材料具有理想的周期性结构，所以原子核的势能场和其他电子的平均势能场也是一种周期性的势能场。这样就把复杂的多体问题简化成周期场中的单电子运动。此方法也被称为“单电子近似法”。用这种方法进行求解给出的电子在材料中的能量状态，将不再是一些分立的能级，而是以“能带”的形式出现。相关的理论称为单电子的“能带理论”。“能带理论”在处理问题的过程中进行了多次简化，并不是一个精确求解的理论，是实际情况的一种近似，但在将其应用于处理实际问题的过程中，可以发现其计算结果与实际情况非常吻合，因此这是一个非常成功的理论。经过多年的发展与完善，“能带理论”已经成为研究固体中电子运动的一个主要理论。

“能带理论”虽然很成功，但它毕竟是一个经过多次简化的理论，因此它并不是万能的，也有其局限性。研究发现，对于某些过渡金属化合物晶体和非晶态固体材料，不能用“能带理论”进行计算，这些材料中电子的运动不能再简化成周期性的单电子运动。

不同的周期性微观结构材料的能带数目及其宽度都不相同。能带之间通常是有一定能量间隔的，两个相邻能带间的能量间隔范围称为“禁带”或“能障”，材料内的电子无法具有禁带内的能量值。

下面从量子力学理论出发，对上面的分析进行更详细的理论证明。这里用 $V(x,y,z)$ 来表示材料中的空间势能场，对于周期性微观结构的材料，$V(x,y,z)$ 也是一个空间位置的周期性函数。电子在这样的空间势能场中，其薛定谔方程为

$$\nabla^2\psi+\frac{2m_e}{\hbar^2}[E-V(x,y,z)]\psi=0 \tag{6-9}$$

这里，∇^2 为拉普拉斯算子，ψ 为电子的波函数，m_e 为电子的约化质量，$\hbar$ 为约化普朗克常量，E 为电子的能量。

为了简化起见,我们只分析一维的情况,这时薛定谔方程简化为

$$\nabla^2\psi+\frac{2m_e}{\hbar^2}[E-V(x)]\psi=0 \tag{6-10}$$

对于自由的电子,电子可以出现在全空间的势能函数均为 $V(x)=0$,公式(6-10)的解为

$$\psi=Ae^{ikx} \tag{6-11}$$

这里,A 为一常数,k 为波数。波数 k 与德布罗意波长 λ 的关系为 $k=2\pi/\lambda$。可以解出电子的能量:

$$E(k)=\frac{\hbar^2k^2}{2m_e} \tag{6-12}$$

从公式(6-12)可知,波数 k 和能量 $E(k)$ 之间为平方关系。以波数 k 为横坐标,能量 $E(k)$ 为纵坐标,波数 k 和能量 $E(k)$ 之间的关系为抛物线,如图 6-3 所示。这时电子处于非局域态,波数 k 和能量 $E(k)$ 都可以连续分布,即没有量子化。

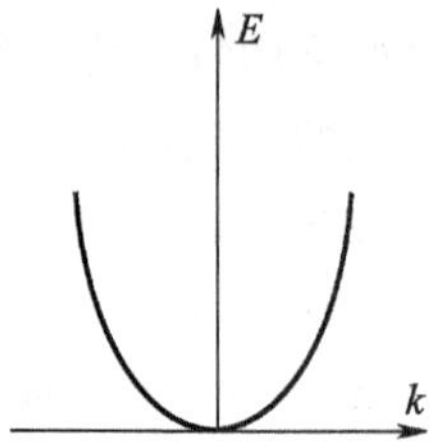

图 6-3 完全自由电子的能量与波数关系图

实际上,对于周期性微观结构材料,电子处于一个周期性的势能场中,其势能可以写为

$$V(x)=V(x+na) \tag{6-13}$$

这里,a 为原子间距离,n 为整数。也就是势能是一个以原子间距离 a 为周期的函数。正是由于势能的周期性,从公式(6-10)求解出的电子的波函数也一定具有周期性特征,即

$$\psi(x)=\psi(x+na) \tag{6-14}$$

物理学家布洛赫(Bloch)曾经证明过波函数 $\psi(x)$ 是一个按原子周期函数调幅的平面波,即可写成如下形式:

$$\psi_k(x)=u_k(x)e^{ikx} \tag{6-15}$$

具有这种形式的波函数常称为布洛赫函数。通过运算,可以给出此时公式(6-10)的解:

$$\psi_1(x)=u(x)e^{\pm i\cdot 2\pi kx} \tag{6-16a}$$

$$\psi_2(x)=u(x)e^{\pm\kappa x} \tag{6-16b}$$

这里,$u(x)$ 为以原子间距离 a 为周期的函数,κ 为一个实数。

原子间的电子在发生了共有化以后,原来的原子能级转化为能带结构。如果原来孤立原子的电子都形成的是满壳层,并由 M 个这样的原子组成周期性微观结构,那么能级同样会过渡成能带,而且能带中的状态是能级中的状态的 M 倍。原有的电子充满能带中所有的能量状态,这样的能带称为满带。如果原来孤立原子的电子并未形成满壳层,并由 M 个这样的原子组成周期性微观结构,则能级过渡成能带后,电子也不能填满能带中的所有能量状态,这样的能带称为空带。能量值最高的满带称为“价带”,能量值最低的空带称为“导带”。在研究固体材料的各种性质时,人们最感兴趣的通常是价带极大值和导带极小值附近的情况,这些极值附近的能带又称为“主边带”,如图 6-4 所示。

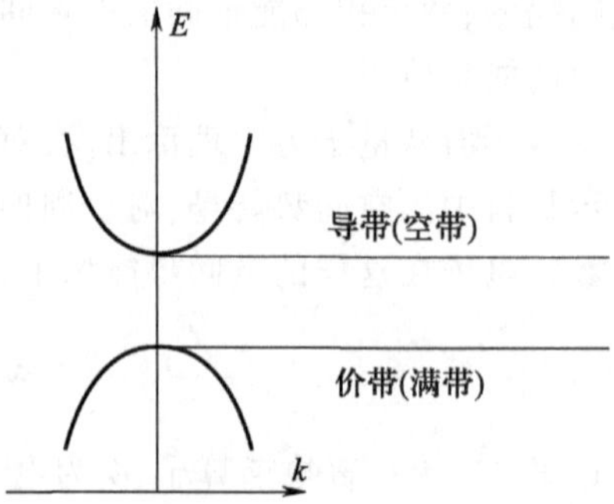

图 6-4 主边带示意图

上面讨论的是理想情况，这时材料内没有缺陷或杂质掺入，材料内部具有完美的周期性结构。如果完美的周期性结构材料(基质材料)内掺入微量杂质，那么由于杂质原子的能级结构与基质材料的晶格中的其他原子不同，在这些杂质原子不同能级中的电子由于能量与周围其他原子存在差异，进入原有的周期性能带结构会有一些困难，杂质原子不同能级上的电子经常只能被束缚在杂质原子附近。而且由于杂质原子的能级和基质材料中的原子不同，杂质原子中的电子完全可能不在原来基质材料的能带范围内，而是位于基质材料的禁带之中。掺入基质材料的杂质可以划分为两类：施主类与受主类。如果掺入的杂质原子的价电子比基质原子的价电子多(如在硫化锌材料中锌被镓替代，或者硫被氯替代)，就会形成一个正电中心束缚了一个(或几个)电子的情况，这些电子更容易进入导带，这时杂质起施主作用。如果杂质原子的价电子少于基质原子的价电子(如在硫化锌材料中锌被铜替代)，就会形成一个负电中心束缚了一个(或几个)空穴的情况，这些空穴可以较容易地离化到价带之中，这时杂质起受主作用。

有杂质存在时，材料在吸收一定的能量后，将会在导带和价带分别产生自由电子和空穴，并且可以通过碰撞激发和离化过程等进行放大，从而产生更多的自由电子和空穴。电子可以通过材料中的导带进行扩散，扩散中电子可能被材料中施主能级的电子陷阱所俘获。与电子类似，空穴在价带中扩散的过程中也可能被材料中的受主能级所俘获。

当导带中的电子失去能量与杂质中心产生的受主能级中的空穴复合，或施主能级中的电子跃迁到价带时，就会有能量放出，释放能量的过程可以是辐射跃迁或非辐射跃迁。通常两种跃迁机制在材料中并存，并会相互影响，情况比较复杂，但对于不同的材料来说，总有两种不同机制的占比问题，如果辐射跃迁占比较大，这种材料就适合做发光材料。

基质材料在掺杂后其掺杂离子周围的势能场肯定要发生相应的改变，与之对应的能级也会发生改变。这就使有些时候形成辐射跃迁的发光中心并不是掺杂离子，而是与掺杂离子相邻的基质材料离子。比如，掺杂铜的硫化锌是一种典型的电致发光材料。研究发现，如杂质离子 Cu^{2+} 替代了格点上的 Zn^{2+}，杂质离子 Cu^{+} 的价电子少于 Zn^{2+} 的价电子，就会形成一个相应的负电中心，负电中心的存在会使 Cu^{2+} 周围的 S^{2-} 能级受到影响，使局部区域的价带向上移动形成新能级，新能级就是掺杂铜的硫化锌材料的发光中心的基态能级。从上面分析可以看出，对于掺杂铜的硫化锌，其发光中心的能级并不是杂质离子 Cu^{2+} 的能级，而是受到杂质离子 Cu^{2+} 影响的基质材料形成的局域化的新能级。

6.3 带间跃迁发光

前面我们概况性地讨论了固体发光机制，这一节主要介绍固体材料的带间跃迁发光。带间跃迁发光指的是电子从导带跃迁到价带，同时发射一个光子的过程。在这个过程中，导带中的电子和价带中的空穴同时减少一个，因此带间跃迁发光是一种典型的带间复合过程。如果电子正好处于导带的底部，空穴正好处于价带的顶部，那么由这种形式的复合发光释放出来的光子能量正比于导带与价带间的能量宽度(禁带的宽度)，也就是说，电子与空穴复合产生的辐射跃迁的波长，取决于导带和价带之间的能量差。带间跃迁发光伴随着电子-空穴对的湮灭，所以也称为电子-空穴重组辐射。在导带中的电子经常会具有较高的能量，即其不在导带的底部，如果同时空穴也不在价带的顶部，在跃迁过程中释放的能量就会大于禁带宽度，因此实验上将会在发射光谱中观察到超出禁带能量宽度的谱线成分,其光子能量甚至可以超过禁带宽度的三倍,这就会使发射光谱变宽。与带间跃迁发光相对应的是带间跃迁吸收,即电子吸收一个光子的能量后从价带跃迁到导带,制造了一个电子-空穴对。如果材料内部存在高电场,那么高电场将使能带发生倾斜,电子的波函数可以延伸进禁带,这时在禁带中可以找到电子(空穴)。这种情况类似于能带的主边带向禁带内延展,会影响吸收光谱,使光谱向长波方向移动。

对于带间发光来说,整个跃迁过程中要满足能量守恒与转化定律,即在跃迁过程中能量不能凭空产生也不能凭空消失。除此之外还要满足波矢守恒律(或者说还要满足准动量守恒律),实际上这是另一类选择定则,即满足

$$\boldsymbol{k}'-\boldsymbol{k}-\boldsymbol{q}=0 \tag{6-17}$$

这里,$\boldsymbol{k}$、$\boldsymbol{k}'$分别为跃迁初态与终态电子的波矢,$\boldsymbol{q}$ 为参与跃迁过程的光子与声子的波矢。只有满足这两个条件,跃迁才会发生。

根据跃迁前后电子波矢情况又可以将带间跃迁发光分为直接带间跃迁发光与间接带间跃迁发光,这两种发光之间存在很大的区别。

6.3.1　直接带间跃迁发光

图 6-5 给出了直接带间跃迁发光的原理图。当电子处于导带底部,空穴处于价带顶部时,电子就有可能辐射出一个光子并跃迁到低能级状态。对于直接带间跃迁发光来说,要求电偶极子允许并且具有较大的跃迁矩阵元。为了能够有效发光,其激发态寿命也要较短(典型的激发态寿命为 $10^{-9}\sim10^{-8}$ s)。在跃迁过程中,由于光子的波数($\backsim10^{4}$ cm^{-1})远小于电子的波数($\backsim10^{8}$ cm^{-1}),所以在带间跃迁时,可以忽略光子的波矢,跃迁前后电子的自旋和波矢不变,这种带间跃迁发光称为直接带间跃迁发光。在图 6-5 中用一个向下的箭头表示这个过程。发光过程发生在 $k=0$ 附近,光子的能量为 $h\nu=E_g$。在这一位置不管怎么激发电子和空穴,光子的能量都近似等于能带宽度。

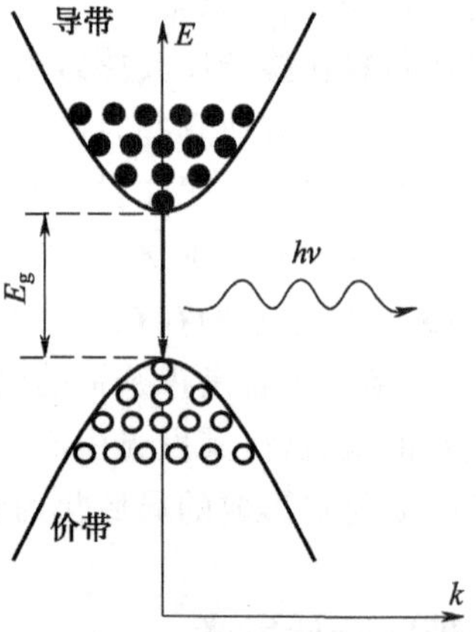

图 6-5　直接带间跃迁发光

直接带间跃迁发光材料有很多,下面以砷化镓(GaAs)为例加以介绍。

GaAs 是镓和砷两种元素合成的化合物,是重要的ⅢA 族、VA 族化合物半导体材料,其晶胞如图 6-6 所示。GaAs 晶格是由两个面心立方(fcc)的子晶格(格点上分别是砷和镓的两个子晶格)沿空间体对角线位移 1/4 套构而成的。这种原胞结构在晶体学上称为闪锌矿结构。GaAs 成键时,其中的 As 原子提供 5 个 S_2P_3 组态的价电子,Ga 原子提供 3 个 S_2P_1 组态的价电子,它们之间平均每个原子有四个价电子,正好可

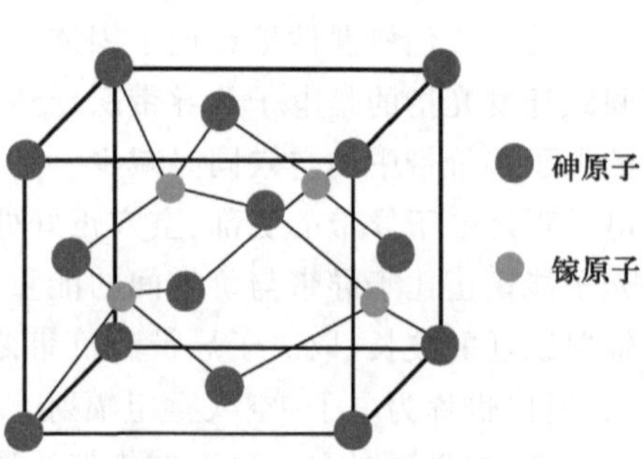

图 6-6　GaAs 晶胞示意图

作形成四面体共价结合之用。

GaAs 是典型的直接带间跃迁发光材料,其能带结构如图 6-7 所示。导带极小值与价带极大值均处于布里渊区中心,这意味着对于 GaAs 来说,电子发生跃迁时可直接从能带中的导带底到达价带顶。与重要的半导体材料硅相比,电子从导带跃迁到价带过程中只需要能量的改变,而动量不发生改变。这一性质使 GaAs 这种半导体材料在制作激光器和发光二极管时具有非常大的优势,当 GaAs 中的电子从能量高的导带跃迁到能量低的价带时,多余能量以光子的形式释放。反之,当 GaAs 受到光照射时,价带中的电子就会吸收光子的能量,直接跃迁到导带之中。

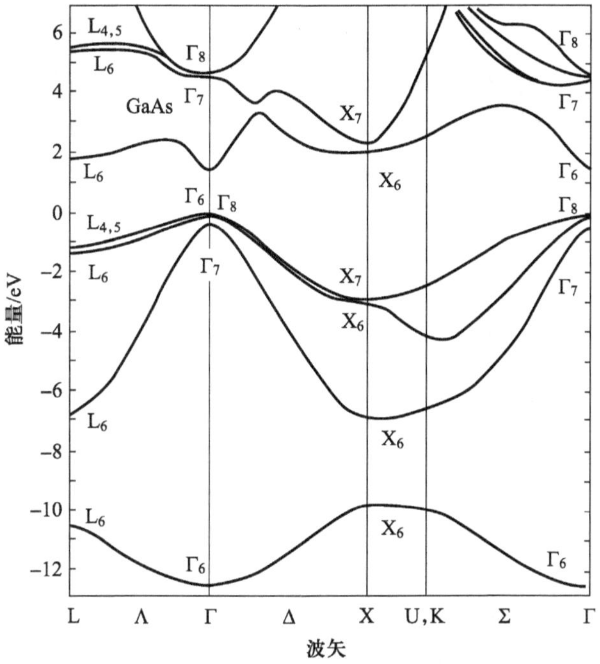

图 6-7　GaAs 能带结构

图 6-8 给出 GaAs 在 5 K 温度时的发光光谱,可以看到其光致发光强度最大的波长处于红外区间,这与 GaAs 的禁带宽度一致。

对于直接带间跃迁发光来说,提高发光效率的一个重要途径就是尽量减少无辐射跃迁的影响。对于一些发光材料来说,电子-空穴之间发生直接带间跃迁复合时,跃迁释放出来的能量有很大概率并不是释放光子的形式,而是被材料中的晶格本身所吸收,这就使发光效率大大降低,这时就要想办法降低这种吸收。在半导体材料中,无辐射跃迁过程主要是通过激发态电子与猝灭中心的复合和俄歇(Auger)过程(在这个过程中,电子和空穴复合时释放出来的能量传递给导带或价带内的第三个载流子,使第三个载流子获得能量,第三个载流子又通过发射声子的形式将吸收的能量释放出去)实现的。这两种机制都可以通过提高材料的纯度来进行抑制。

综上所述,直接带间跃迁发光具有以下优点:(1) 过程简单,不借助其他过程参与,跃迁概率大,发光效率比较高。(2) 发光输出不易达到饱和状态,发光强度可以达到很高的值。(3) 可以

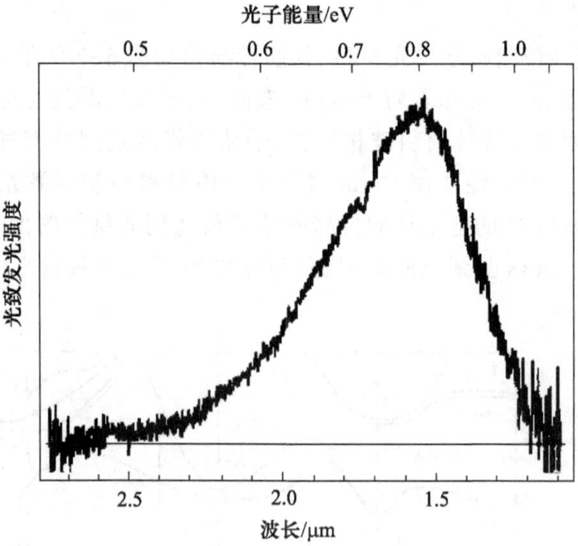

图 6-8　GaAs 在 5 K 温度时的发光光谱

通过改变发光材料组分对波长进行连续调节。正是这些优点使直接带间跃迁发光成为材料发光的主要方法,人们投入了大量的人力、物力和财力对其进行研究。

6.3.2　间接带间跃迁发光

间接带间跃迁发光是发光的另一种方式,其利用的是中间能级在带间的复合,并且需要杂质中心(这里作为发光中心)的过渡来实现。对于间接带间跃迁发光材料来说,其禁带内有杂质中心存在,导带中的电子失去能量跃迁时,首先会跃迁进入杂质中心的激发态,然后再从杂质中心的激发态跃迁到基态。由于电子在杂质中心激发态有一定寿命,停留期间有一定概率从外界重新获得能量从而回到导带(获得能量的途径包括在外电场作用下被加速、材料内的热起伏等),或者是通过与晶格相互作用,通过无辐射跃迁(发射声子)失去一定的能量,所以间接带间跃迁发光的实际情况是很复杂的,并且由于这个过程的复杂性,发光效率在一般情况下都较低。

图 6-9 给出了间接带间跃迁发光示意图,从图中可以看出,对于间接带间跃迁发光来说,

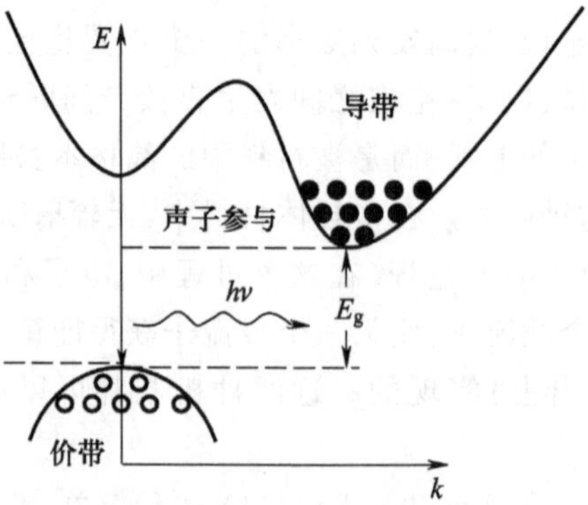

图 6-9　间接带间跃迁发光

在布里渊 k 空间中，价带的极大值与导带的极小值并不处于同一位置，为了使动量守恒，在发光过程中就需要有声子参与。

相对于直接带间跃迁发光，间接带间跃迁发光多了一个声子参与的环节，这就使间接带间跃迁发光的可能性大大降低，发光过程的时间也要长于直接带间跃迁发光。从公式(6-6)可以知道，由于与非辐射跃迁存在竞争关系，间接带间跃迁发光效率较低，因此在没有其他办法的情况下间接带间跃迁发光才会被采用。

磷化镓(GaP)是镓的磷化物，是无机化合物，是重要的ⅢA族、VA族化合物半导体材料，也是闪锌矿结构，其多晶的材料为淡橙色。GaP 常用于制作单晶芯片，未掺入杂质的芯片是透明的橙色，但大量掺入杂质的芯片因为吸收自由电子，其颜色会变深。GaP 无味，不会溶于水。

GaP 是一种典型的间接带间跃迁发光材料，其能隙为 2.26 eV(300 K)，能带结构如图 6-10 所示。其导带极小值与价带极大值有不同的波矢值。这意味着对于 GaP 来说，电子发生跃迁时不可直接从能带中的导带底到达价带顶，电子从导带跃迁到价带过程中不仅需要能量的改变，而且需要动量的改变，即有声子的参与。这一性质使 GaP 的带间复合概率很小。但如果将氮掺入 GaP，由于氮、磷同属V族元素，所以氮可以占据晶格中的磷位，但氮原子比磷原子少 8 个外层电子，晶格中磷位上的氮原子对电子的亲和力比磷原子大，易于俘获电子，由于库仑力作用再次俘获空穴而形成“束缚激子”，这就是等价电子所形成的等电子陷阱，它在复合时可产生有效的近带隙复合辐射。当氮原子的掺杂浓度达到 $10^{19}/cm^3$ 时，氮原子会形成绿色发光中心，如氮原子的掺杂浓度再高一些($>10^{19}/cm^3$)，材料中就会出现两个氮原子相邻的情况，在晶格中形成 N-N 对，N-N 对形成的激子复合时发射黄光。

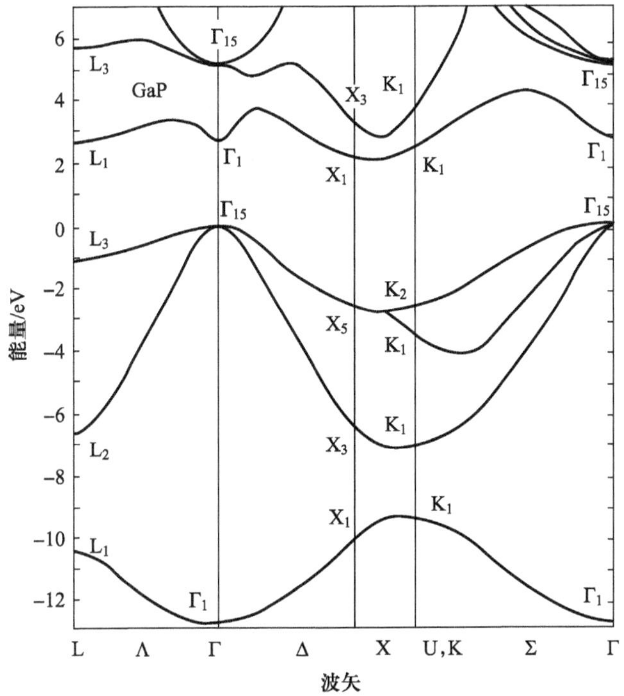

图 6-10　GaP 的能带结构

图 6-11 给出三块 GaP 样品在 300 K 和 77 K 时的发光光谱,可以看到样品发光强度最大的波长会随着样品温度的降低而向长波方向移动,这反映出 GaP 样品的能带结构也发生了一定的变化。

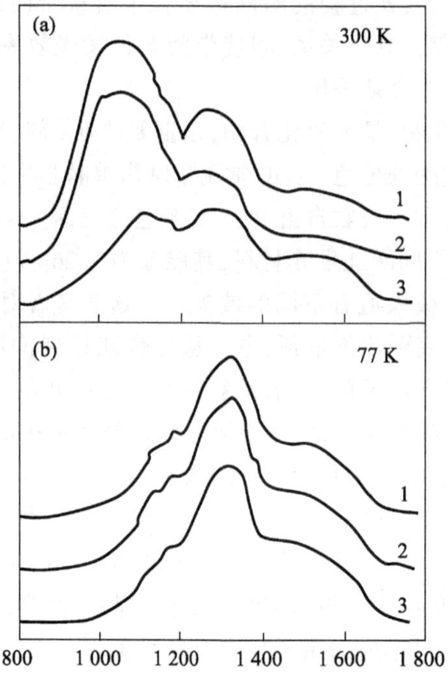

图 6-11　GaP 的发光光谱

1—样品 1;2—样品 2;3—样品 3

对固体发光归纳总结之后可以发现,所有的发光过程都是发光材料由激发态跃迁到基态,同时以光子的形式释放能量的过程,但将固体材料由基态激发到激发态却有很多种方法,这也是对发光方式进行划分的依据之一。根据固体材料受到激发的方式,发光过程分为光致发光、电致发光、热释发光、辐射发光、阴极射线发光等。下面两章将分别讨论其中两种重要的发光——光致发光和电致发光。

第六章参考文献

第七章　光致发光

光致发光(photoluminescence,PL)是冷发光的一种,指物质在外界光源(X射线、紫外线、可见光、红外线均可)照射下,从外界光源获得能量,导致发光的现象。光致发光大致可以分为光吸收、能量传递及光发射三个主要阶段。其中,光的吸收及发射均发生于能级之间的跃迁,都经过激发态,而能量传递则发生于激发态之间。

光致发光通常可以分为荧光和磷光。荧光是一种快速的冷发光现象,是由激发单重态最低振动能级至基态各振动能级间跃迁产生的,当待测样品被某种波长的入射光(通常是紫外线或X射线)照射时,待测样品吸收入射光能量后进入激发态,并且立即退激发并发出比入射光的波长长的出射光(通常波长在可见光波段),当入射光停止照射时,发光现象也随之立即消失。具有这种性质的出射光称为荧光。磷光是一种缓慢的冷发光现象,是由激发三重态的最低振动能级至基态各振动能级间跃迁产生的,当待测样品被某种波长的入射光(通常是紫外线或X射线)照射时,待测样品吸收入射光能量后进入激发态(通常具有和基态不同的自旋多重态),但与荧光发光过程不同,当入射光停止照射后,发出磷光的退激发过程是被量子力学的跃迁选择定则禁戒的,因此样品缓慢地退激发并发出比入射光的波长长的出射光(通常波长在可见光波段)。在一般情况下,人们广义地把各种微弱的光亮都称为荧光,而不去仔细追究和区分其发光原理。本章将对光致发光过程进行详细分析与讨论。

7.1　发光过程中的激发和弛豫

图7-1是光致发光中直接带间跃迁发光的过程示意图。相对于图6-5,图7-1更清晰地给出了跃迁过程。当外界光源发出的光子能量大于禁带宽度时,光子就有可能被发光材料吸收,使发光材料内处于价带的电子跃迁到导带,同时在价带中产生一个空穴。电子被激发到导带后,处于激发态,由于激发态是不稳定状态,所以将会很快通过发射一个光子回到价带。在发射光子之前,电子将通过级联跃迁机制发射声子,由于要满足能量守恒和动量守恒,所以对发射声子的能量和动量有确定的要求。对大多数固体材料来说,电子-声子的耦合效应非常强,发射声子(散射事件)的时间约为10^{-13} s。这个时间远低于辐射寿命(10^{-9} s)。因此,在发射光子之前,电子可以通过电子-声子的耦合效应跑到导带的底部区

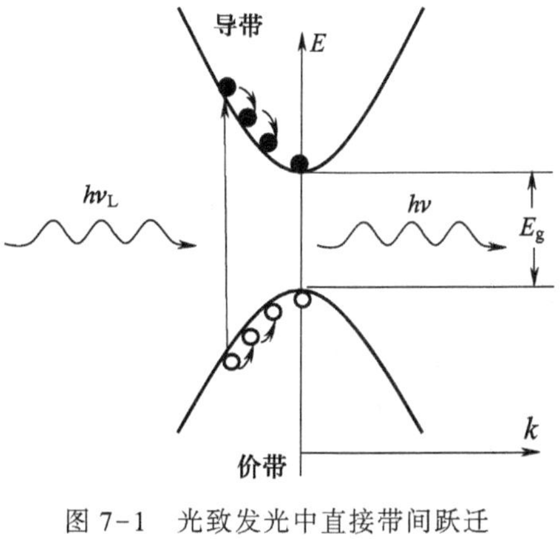

图7-1　光致发光中直接带间跃迁发光的过程示意图

域，价带中的空穴也会通过同样的机制跑到价带顶部。当电子或空穴通过电子(空穴)-声子的耦合效应跑到相应位置后，它们将待在那里，直到发射光子或者通过无辐射跃迁失去能量。这就为形成热分布提供了时间。

光激发产生的电子和空穴在能带中的分布可以通过费米-狄拉克分布进行计算。激发态电子总数是由外界光源的强度决定的，并且满足

$$N_e = \int_{E_g}^{\infty} g_c(E) f_e(E)\, dE \tag{7-1}$$

这里，$f_e(E)$为电子的费米-狄拉克分布函数，$g_c(E)$为导带中电子的态密度。$g_c(E)$可以写为

$$g_c(E) = \frac{1}{2\pi^2}\left(\frac{2m_e^*}{\hbar^2}\right)^{\frac{3}{2}}(E-E_g)^{\frac{1}{2}} \tag{7-2}$$

这里，m_e^*为电子的有效质量。

同样，温度T时的$f_e(E)$可以通过费米-狄拉克分布公式给出：

$$f_e(E) = \left[\exp\left(\frac{E-E_F^c}{k_B T}\right)+1\right]^{-1} \tag{7-3}$$

由于在准平衡态下，电子和空穴具有不同的费米能量，所以为了区别，这里将费米能量E_F加了一个上角标，用E_F^c来表示仅适用于导带中的电子。

可以通过将费米积分中的电子能量积分下限从导带底部开始替代为从0开始的方式使费米积分的物理含义更加清晰。将公式(7-2)和公式(7-3)代入公式(7-1)，可以得到

$$N_e = \int_0^{\infty} \frac{1}{2\pi^2}\left(\frac{2m_e^*}{\hbar^2}\right)^{\frac{3}{2}}(E-E_g)^{\frac{1}{2}}\left[\exp\left(\frac{E-E_F^c}{k_B T}\right)+1\right]^{-1} dE \tag{7-4}$$

这里，E_F^c为相对于导带底部的测量值。利用同样的处理方法，可以得到光激发产生的空穴在基态的总数：

$$N_h = \int_0^{\infty} \frac{1}{2\pi^2}\left(\frac{2m_h^*}{\hbar^2}\right)^{\frac{3}{2}}(E-E_g)^{\frac{1}{2}}\left[\exp\left(\frac{E-E_F^v}{k_B T}\right)+1\right]^{-1} dE \tag{7-5}$$

这里，E_F^v为空穴的费米能量。对于空穴，$E=0$对应于价带顶部并且能量向下的测量值。空穴的费米能量E_F^v同样也是对应于价带顶部并且能量向下的测量值。由于在光致发光过程中同时产生一个电子和空穴，所以N_h等于N_e。

当载流子密度给定时，公式(7-4)和公式(7-5)可用来计算电子和空穴的费米能量。不幸的是，得到公式(7-4)和公式(7-5)的通解要用数值方法。为了简化求解过程，方程可以通过两个重要的限制条件进行简化，这样就可以分开进行讨论。

7.1.1 低载流子密度

在低载流子密度情况下，电子和空穴的分布满足经典统计理论，图7-2给出了相应的分布情况。这时，占据水平比较低，因此可以忽略公式(7-3)中的+1。分布满足麦克斯韦-玻耳兹曼统计规律：

$$f(E) \propto \exp\left(-\frac{E}{k_B T}\right) \tag{7-6}$$

公式(7-6)在电子的 E_F^c 是较大的负数(接近于0的负数)时有效,显而易见,在高温和低载流子密度时有效。

若假设公式(6-4)中的跃迁矩阵元与频率无关,经典情况下的频谱关系就可以计算出来。可以通过估计公式(6-4)中的所有影响因素,得到

$$I(h\nu) \propto (h\nu-E_g)^{\frac{1}{2}}\exp\left(-\frac{h\nu-E_g}{k_B T}\right) \qquad (7-7)$$

$(h\nu-E_g)^{1/2}$ 因子源于带间输运的连接密度。决定性的因素来自电子和空穴的玻耳兹曼统计规律。从公式(7-7)可知,发光光谱的强度在从小值接近 E_g 的过程中迅速上升,然后由于玻耳兹曼因子的作用,以 $k_B T$ 为衰减常数呈指数下降,因此可以得到一个在 E_g 附近、宽度约为 $k_B T$ 的尖锐的峰谱线。

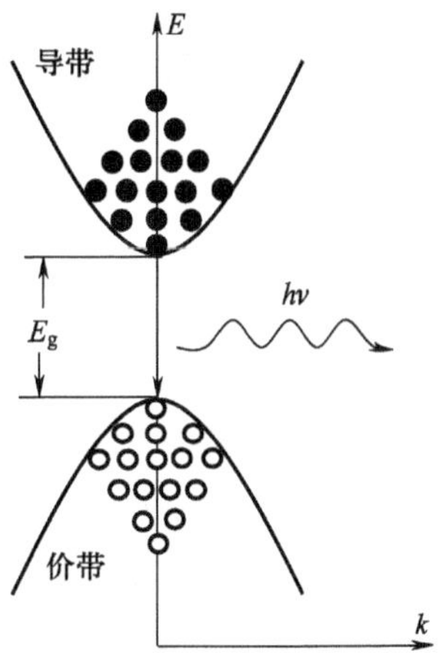

图 7-2 低载流子密度时,电子空穴分布满足麦克斯韦-玻耳兹曼统计规律

图7-3给出了用532 nm波长激光激发的砷化镓的发光光谱。从光谱中可以看出,在辐射出的光子能量接近 E_g 的过程中,砷化镓的发光强度有一个上升过程,这是公式(7-7)中 $(h\nu-E_g)^{1/2}$ 项的作用造成的。当辐射出的光子能量大于 E_g 时,发光强度呈e指数形式快速下降,这是公式(7-7)中 $\exp[-(h\nu-E_g)/k_B T]$ 的作用的结果,这正和理论预期的一样。

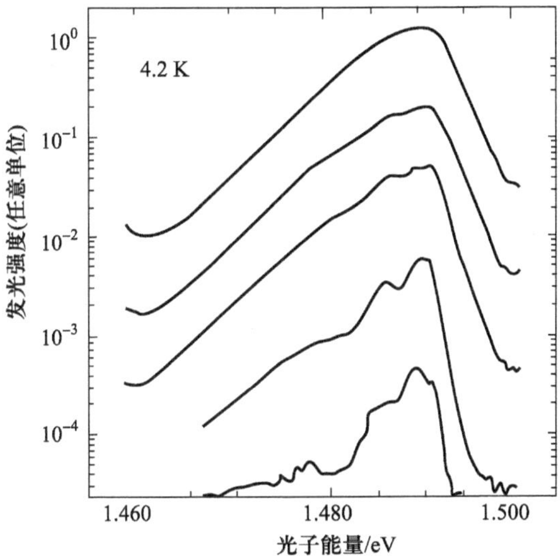

图 7-3 GaAs在532 nm波长激光激发下的发光光谱(温度为4.2 K,从上到下入射光强分别为20 W/cm²、3 W/cm²、0.4 W/cm²、6×10^{-2} W/cm² 和 6×10^{-3} W/cm²)

7.1.2 高载流子密度

在高载流子密度情况下,经典统计分布规律不再有效。费米能量将为正值,必须用费米-狄拉克统计规律来对电子和空穴的分布进行描述。这种状态下就会存在简并。

先考虑极限情况。在温度为 $T=0$ 时，电子填满最低的能量状态，空穴填满最高的能量状态，即费米能量的所有状态都被填满，高于这个能量的所有状态都是空的。费米能量 $E_F^{c,\nu}$ 可以精确给出：

$$E_F^{c,\nu}=\frac{\hbar^2}{2m_{e,h}^*}(3\pi^2N_{e,h})^{\frac{3}{2}} \tag{7-8}$$

这里，$m_{e,h}^*$ 为此时电子的有效质量，$N_{e,h}$ 为此时电子的个数。

载流子的分布如图 7-4 所示，导带中的任意电子都可以跃迁到价带中的任意空穴位置，所辐射的光子能量在 E_g 与 $(E_g+E_F^c+E_F^\nu)$ 之间，因此可以观察到从 E_g 到 $(E_g+E_F^c+E_F^\nu)$ 的带状光谱，并且谱线在 $(E_g+E_F^c+E_F^\nu)$ 处会突然截止。

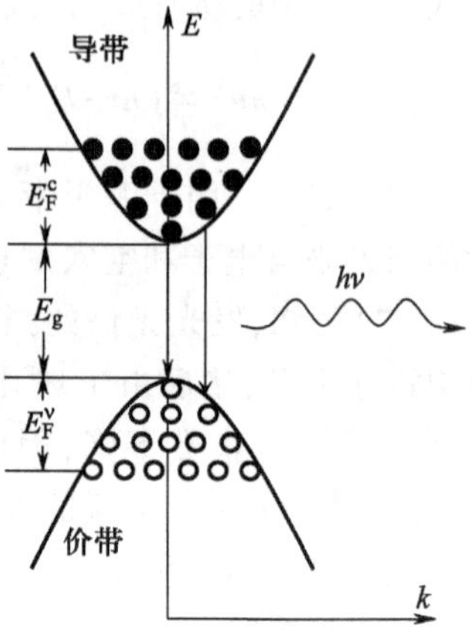

图 7-4　$T=0$ 时，电子空穴分布满足费米-狄拉克统计规律

当温度从绝对零度开始逐渐增加时，如果载流子的费米能量 $E_F^{c,\nu}\gg k_BT$，载流子依然会简并。随着温度 T 的增加，费米-狄拉克分布函数将会在费米能量附近溢出，对应的谱线在 $(E_g+E_F^c+E_F^\nu)$ 处不再会突然截止，而是可以观察到光谱在 $(E_g+E_F^c+E_F^\nu)$ 处有大约 k_BT 范围的扩展。

图 7-5 给出了Ⅲ-Ⅴ族合金半导体材料 $Ga_{0.47}In_{0.53}As$ 的发光光谱。样品温度为 5 K，其能级间隔 E_g 为 0.81 eV。所用光源为重复频率为 80 MHz、脉冲宽度为 4 ps 的同步泵浦锁模染料激光器。激光器发出的光子能量为 1.48 eV，产生的激发态密度为 $n_{exc}=2.2\times10^{18}\ cm^{-3}$。使用单色仪对激发光进行光谱分散，用带有光电阴极的同步扫描条纹相机进行时间分辨。时间分辨率达到 15 ps。当脉冲激光照射到材料上时，材料中的电子会立刻从价带跃迁到导带中，在价带中留下一个空穴，电子从导带回到价带时就会发射出发光光谱，图中三条线对应的分别为最大激发脉冲值后延迟 40 ps、160 ps 和 470 ps 的光谱。从图中可知，发光光谱谱线在接近 E_g 时快速上升，这是因为发出光子的最小能量应该是禁带宽度。还可以看到，延迟 40 ps 的发

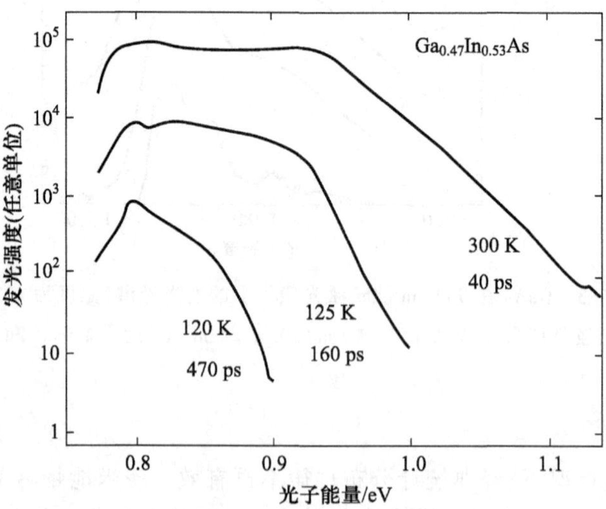

图 7-5　$Ga_{0.47}In_{0.53}As$ 在不同时间延长时的发光光谱

光强度有一个从 E_g 到 $E_g+E_F^c+E_F^v$(约为 0.90 eV)的高位平台,然后缓慢下降。这是因为在这么短的时间内电子和空穴还没有通过电子(空穴)-声子的耦合效应发生状态变化,这样电子回到价带中各个状态的空穴处,从而使复合的概率基本相同。因此在从 E_g 到 $E_g+E_F^c+E_F^v$ 范围内发光强度也基本相同。光谱在光子能量大于 $E_g+E_F^c+E_F^v$ 后的缓慢下降是由于温度已经不为零,有电子和空穴在费米能量之外了,但越远离相应的数量越少。随着时间的推移,160 ps 时由于电子和空穴已经被大量复合,载流子密度低了很多,这就使光致发光强度大幅下降,并且已经有大量的电子(空穴)-声子耦合发生,这就导致电子失去能量跑到导带底部,空穴获得能量跑到价带顶部,因此平台宽度变小,而且下降斜率变大。当时间进一步延迟到 470 ps 时,平台已经不存在,发光光谱宽度进一步缩小,更加接近 E_g。

为了更好地理解延迟 40 ps、160 ps 和 470 ps 的光谱曲线的关系,图 7-6 给出了在不同激发态密度下,载流子(这里对应于电子和空穴对)温度随时间的变化关系。从图中可看出,激发态密度越大,曲线越靠上,且随着时间的推移,载流子温度会呈指数快速下降,然后变成缓慢下降。这样的结果与图 7-5 是一致的。在材料开始发光时,大部分处于激发态的有效载流子的能量较高,因此相应的温度较高(用温度来表示能量)。延迟 40 ps 时,有效载流子温度是 300 K。随着时间的推移,160 ps 时由于电子和空穴已经被大量复合,载流子密度低了很多,并且载流子通过电子(空穴)-声子的耦合而失去能量,温度降为 125 K。当时间进一步延迟到 470 ps 时,发光光谱进一步变窄,载流子密度更小,载流子温度变为更冷的 120 K。最终,载流子密度更低,这时用经典统计理论来进行解释更加合适。

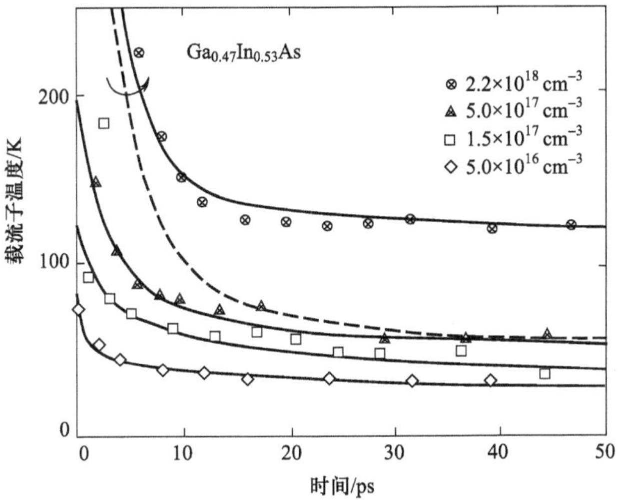

图 7-6　在不同激发态密度下载流子温度随时间的变化关系

(图中虚线为激发态密度为 $n_{exc}=2.2\times10^{18}\ cm^{-3}$ 时的理论曲线)

7.2　晶体中掺杂时的光致发光

前面讨论光致发光时,考虑的都是理想情况下电子在固体材料各能级之间的跃迁发光。但如果固体材料中存在杂质,就会出现一些局域化的能级结构,对其进行描述的波函数也会具有局域的特征。这时除了前面讨论的各种跃迁之外还存在与局域化杂质能级相关的光跃迁，不包括同杂质中心的电子能级之间以及杂质电子能级和基质电子能级之间的光跃迁。

掺杂原子的电子与被掺杂物质的振动模式之间通过电子-声子相互作用而产生很强的耦合。这将产生连续的振动带，这是一个不同于固体材料电子能带理论的新概念。电子态被局限在晶体中特殊晶格位置附近，通过耦合离散的电子态和振动模式（声子）连续谱产生连续谱带。这与包含了连续谱带的非定域电子态的带间跃迁形成了鲜明的对比。

图 7-7 给出了孤立原子的振动能带示意图。孤立原子吸收一个光子就会从基态跃迁到激发态，反之，放出一个光子就会从激发态回到基态。当将这个孤立原子掺杂进某种晶体材料中时，电子能级就会通过电子-光子相互作用与晶格振动相耦合。这里先不去理会这一过程的微观细节，只考虑这种耦合出现的可能性。图 7-8 给出了这种耦合导致的能带结构变化。

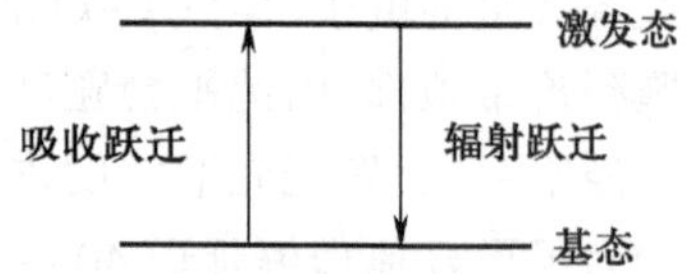

图 7-7　孤立原子的振动能带

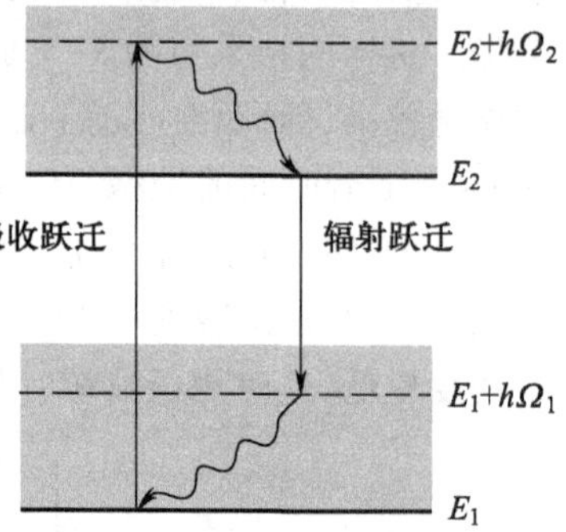

图 7-8　耦合导致的能带结构变化

如果选择定则允许，那么振动能带之间的光学跃迁是可能的。当无外界光照时，电子稳定在基态能带底部。当光照射到材料上时，如果材料中的电子吸收了其中的一个光子，电子就可以从基态能级跃迁到激发态能级。但激发态能级上的电子并不稳定，停留一段时间后，就会失去能量，跃迁回基态能级。跃迁时会有两个途径，一个是辐射跃迁，发射光子；另一个是非辐射跃迁，发射声子。在通常情况下，由于辐射跃迁所需要的时间大于非辐射跃迁所需要的时间，所以电子先要通过非辐射跃迁失去部分能量，跑到导带底部。能量守恒定律要求非辐射跃迁过程中参与耦合声子的角频率 Ω_2 满足

$$\hbar\omega_{\mathrm{p}}=(E_2+\hbar\Omega_2)-E_1=(E_2-E_1)+\hbar\Omega_2 \tag{7-9}$$

这里，ω_{p} 为吸收光子的角频率。从公式（7-9）可以看出，在吸收过程中，吸收光子的能量从 E_2-E_1 到 $(E_2+\hbar\Omega_2)-E_1$ 都是可能的，因此吸收谱不是线光谱。

吸收完光子之后，电子通过非辐射跃迁的形式回到激发态底部，然后系统通过辐射跃迁能量回到基态。一旦电子回到基态，它将以热能的形式在晶格中耗散多余的振动能量回到基态能带底部，这是一个无辐射跃迁的过程。

$$\hbar\omega_{\mathrm{v}}=E_2-(E_1+\hbar\Omega_1)=(E_2-E_1)-\hbar\Omega_1 \tag{7-10}$$

这里，ω_{v} 为辐射光子的角频率，Ω_1 为产生在基态能带内的声子角频率。

通过对比公式（7-9）和公式（7-10）可以看到，辐射光子的能量要小于吸收光子的能量，由此产生的谱线红移称为斯托克斯频移。图 7-8 表明，斯托克斯频移来自振动带内的振动弛豫。这与孤立原子的吸收和辐射形成了对比，对于孤立原子来说，其吸收与辐射发生在同一频率位置。

吸收和辐射之间的斯托克斯频移也可以用位形坐标图 7-9 来进行详细说明。横坐标 Q 是原子实的位形坐标，它是一个比较粗糙的描述原子间相互作用的参量，该参量包含原子实间距等因素的影响。纵坐标是能量 E。图 7-9 中两条曲线分别为基态和激发态的位形曲线，这

些曲线在平衡位形附近可以近似看成抛物线。位形坐标曲线低处的水平线为每个电子态下量子化的原子实振动能级,通常电子会尽力保持在低能级状态,即在位形曲线的最底部。

在实际的光致发光过程中,光跃迁是在热平衡情况下发生的,这是原子振动的反转点,即原子状态恰好在其势能曲线上,并且原子速度为零。在位形曲线上,原子实处于最低点,在那里最有可能发生光跃迁。吸收光子前,原子实处于基态能级位形曲线的最低点 A 处,然后其吸收一个光子,从基态能级跃迁到激发态能级。由于原子实远重于电子,所以这里可以将其看成能用位置和动量来描述其状态的经典粒子。弗兰克-康登原理认为,在电子状态改变(光跃迁,包括吸收和辐射跃迁)时,这些相对来说很“重”的原子实位形值和动量值来不及改变,因此在位形坐标图 7-9 中,可以用竖直向上的矢量箭头来表示原子实位形值不变的跃迁,即从图 7-9 中的 A 点跃迁到 B 点。由于激发态能级与基态能级相应的位形曲线低点位置不同,跃迁的末态 B 点不是激发态能级相应的平衡原子实位形 Q_2 位置,而是较高振动态的振幅位置,这时的位形有较大的弹性能。随后,由于各振动态之间达到热平衡的速率很快,就会从 B 点通过声子弛豫到激发电子态的平衡位形 C 点(晶格弛豫)。在这一过程中弹性能转化为晶格振动能。由于 C 点处于激发态,电子终究要回到基态,这一过程在位形图上可以用竖直向下的矢量箭头来表示,从 C 点来到 D 点,最后又通过晶格弛豫过程到 A 点附近。可以看出,整个光致发光过程中有两个晶格弛豫过程,这两个弛豫过程都会把一部分激发能变成晶格的热能,导致辐射光子的能量小于所吸收光子的能量。这很好地解释了从大量实验事实归纳出来的斯托克斯(Stocks)定则。

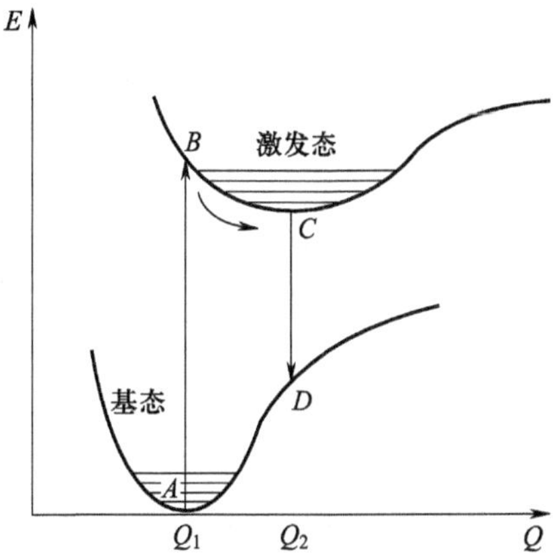

图 7-9 斯托克斯频移的位形坐标图

从上述分析可知,光跃迁过程中有弹性能存在,并且在一般情况下吸收跃迁和辐射跃迁对应的弹性能是不同的。在简谐近似下它可用相应的声子能 $\hbar\Omega$ 进行表示:

$$\Delta E = S\hbar\Omega \tag{7-11}$$

这里,S 为黄昆-里斯(Huang-Ryth)因子,常简称为黄昆因子,Ω 为声子角频率。

不同电子态能级(基态能级或激发态能级)相应原子平衡位形的改变(晶格弛豫),或电子跃迁后的晶格弛豫能(及相应的黄昆因子)都能够反映电子-声子相互作用的强度。

下面利用泰勒级数对电子能量 E 在基态时的位形坐标最小值 Q_1 进行展开:

$$E(Q) = E(Q_1) + \frac{\mathrm{d}E}{\mathrm{d}Q}(Q-Q_1) + \frac{1}{2}\frac{\mathrm{d}^2E}{\mathrm{d}Q^2}(Q-Q_1)^2 + \cdots \tag{7-12}$$

由于基态在位形曲线最底部,因此一阶导数 $\mathrm{d}E/\mathrm{d}Q$ 等于 0。$E(Q)$ 曲线在 Q_1 附近近似为抛物线,对于激发态来说有同样的结果。因此,在只考虑到二阶项时,谐振子能级间距是相等的。根据量子力学一维线性谐振子理论可知,振动能级相对于总势能极小值的能量为

$$E = \left(n + \frac{1}{2}\right)\hbar\omega \tag{7-13}$$

这里,n 为正整数。

从上面的分析可以看出，吸收跃迁始于基态的最低振动状态，而辐射跃迁始于激发态的最低振动状态，两种光跃迁后都跟着非辐射释放过程。理论上，对于一个特定的振动模式来说，吸收和辐射过程中的能带由一系列分立的线组成，这和分子光谱类似。每一条线对应不同能量值的光子。但是在实际光谱中，电子态在很宽的频率范围内可以和多种不同的光子模式相耦合，这就使光谱线间的空隙被填满，形成连续谱带。

下面以被广泛应用的稀土元素的上转换发光为例来对这部分内容进行展开讨论。

稀土元素也常称为稀土金属、稀有金属，包括元素周期表中的镧系元素、钪和钇，一共 17 种元素，常用 R 或 RE 表示。稀土离子能级图如图 7-10 所示。其中镧系元素原子的核外电子层结构为：$1s^2 2s^2 2p^6 3s^2 3p^6 3d^{10} 4s^2 4p^6 4d^{10} 4f^{0-14} 5s^2 5p^6 5d^{0-1} 6s^2$。镧系元素原子最外层的 5d 和 6s 电子很容易失去而变成相对稳定的 $1s^2 2s^2 2p^6 3s^2 3p^6 3d^{10} 4s^2 4p^6 4d^{10} 4f^{0-14} 5s^2 5p^6$ 结构。当稀土元素掺杂进基质材料中时，其所形成稀土离子的轨道角动量、自旋角动量和总角动量也存在差异，这就使电子间的相互作用不同，从而体系的能量各不相同。

当稀土元素被掺入某些固体材料中时，如果掺杂浓度不是很大，稀土元素原子之间的距离较远，那么稀土元素原子之间的相互作用一般情况下可以忽略不计。由于相关电子能态的波函数被限制在掺杂稀土元素附近，所以存在的跃迁可以看成是在局域进行的。其发光情况依赖于掺杂稀土离子的种类和掺杂密度等因素。

稀土元素被掺杂进固体材料中时通常是以离子形态存在的。在研究这些稀土离子发光时，一般采用量子力学中的拉塞尔-桑德斯(Russell-Saunders)耦合理论处理稀土元素电子组态问题。在这个理论中，稀土离子的状态和能量由总轨道量子数 L、总自旋量子数 S 和总量子数 J 共同决定。常用光谱项 ${}^{2S+1}L_J$ 来描述各个光谱的能量状态。和其他理论类似，光谱项中的总轨道量子数 L 取值为 0，1，2，3，4，5，6，…，并且使用大写英文字母 S，P，D，F，G，H，I，…来表示，左上角的 $2S+1$ 用于表示相应的取值个数，右下角的 J 为光谱支项，取值为 $L+S, L+S-1, L+S-2, \cdots, L-S$。由于 S、L 和 J 的不同取值，光谱项的个数很多，所以稀土离子的能级很多。迪克(Dieke)等人通过测量各种三价稀土离子掺杂 $LaCl_3$ 晶体的光谱，从实验上给出了稀土离子的复杂能级结构，其中从 4f-4f 的跃迁谱线就超过了 30 000 条，其范围覆盖了从紫外到红外光谱区域。由此可见，研究稀土元素发光非常重要，可以为人们提供很多的发光选择。

根据洪德第一定则和第二定则，可知光谱项的能级具有如下规律：(1) 对于同一组态，S 取值最大的光谱项，其对应的能级最低。(2) 当 S 取值相同时，L 取值最大的光谱项，其对应的能级最低。(3) 当光谱支项对应组态的电子数小于等于半满能级电子数时，J 的取值越小，其对应的能量值就越低；反之，当光谱支项对应组态的电子数大于半满能级电子数时，J 的取值越大，其对应的能量值就越低。当稀土元素被掺杂进固体材料中时，稀土元素附近基质元素形成的晶体场会对其产生影响，这种影响的结果就是稀土离子的能级被展宽。

固体材料中稀土离子的发光现象可以根据跃迁轨道之间的关系分为两大类，一类是同一轨道 4f-4f 之间的跃迁，这时发射光谱是线状光谱；另一类是不同轨道 4f-5d 之间的跃迁，这时发射光谱是带状光谱。对于电偶极作用引起的跃迁来讲，4f-4f 之间的跃迁是禁戒的，4f-5d 之间的跃迁是允许的。因为稀土离子 4f 能级之间的电偶极跃迁是严格宇称禁戒的，所以自由的稀土离子通常是不发光的。但是当稀土离子被掺入基质材料中，其非反演对称中心格点被稀土离子占据时，晶体场的奇次项将引入相反的宇称 $4f^{n-1}5d$，从而打破严格禁戒的宇称选律，

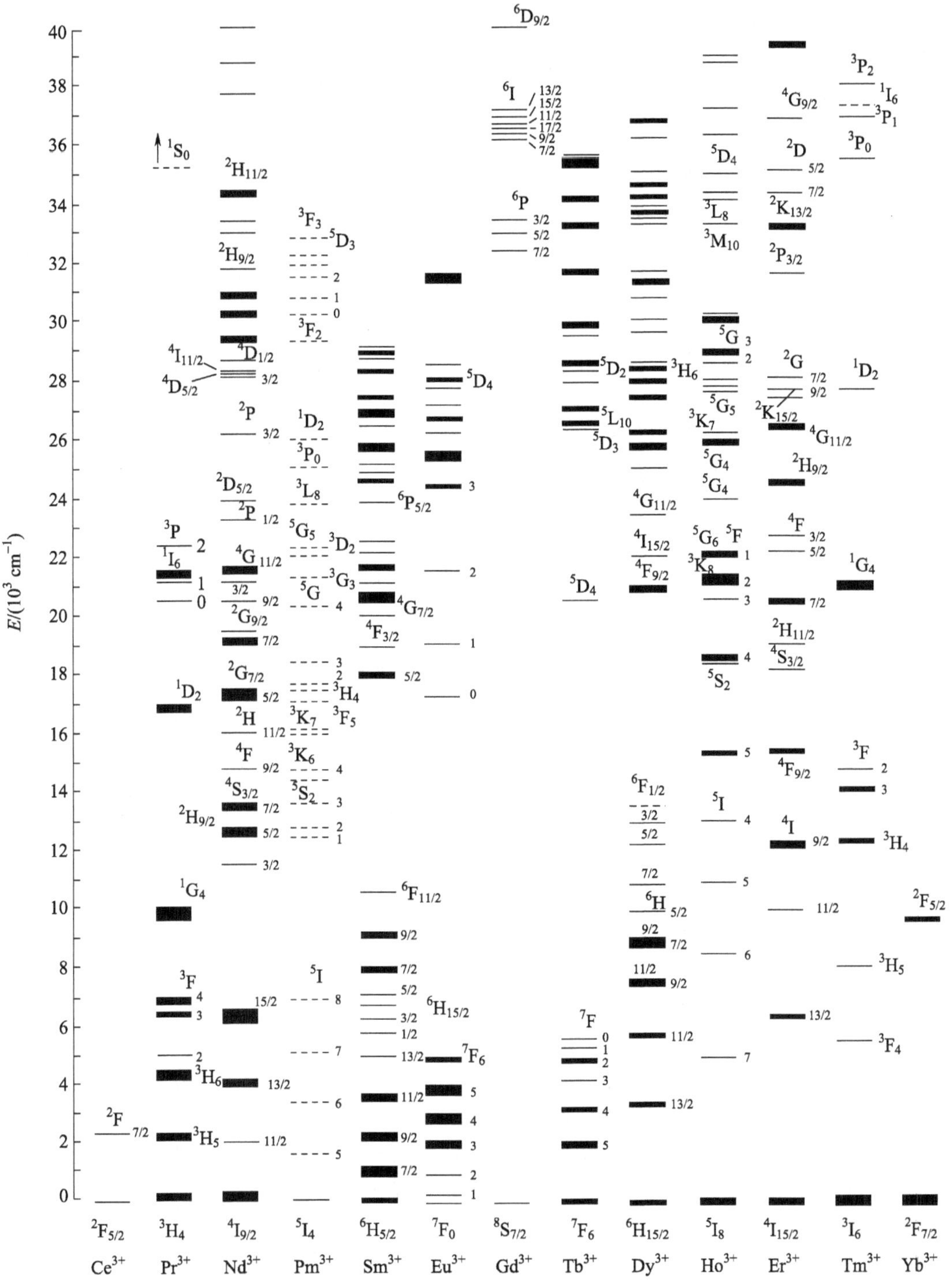

图 7-10　稀土离子能级图

使宇称禁戒选律得到部分解除。4f-4f 跃迁强度的大小取决于这种混杂的程度。晶场对称性越低，4f-4f 跃迁的强度就越大，这一点可由不同晶相的 Er^{3+} 掺杂 $NaYF_4$ 纳米晶的上转换发光来证明。对于立方相 Er^{3+} 掺杂 NaYF 纳米晶,其上转换发光的峰值波长为 660 nm 左右,对应的是 $^4S_{3/2} \to ^4I_{15/2}$ 能级跃迁,而非对称性更强的六方相 Er^{3+} 掺杂 $NaYF_4$ 纳米晶的上转换发光峰值波长为 540 nm 左右,对应的是 $^4F_{9/2} \to ^4I_{15/2}$ 能级跃迁,并且其发光强度是立方相的 4 倍左右。

对于稀土离子来说,由于其 $4f^n$ 电子壳层小于 $5s^2 5p^6$ 壳层,所以 4f-4f 组态跃迁基本不受外界基质材料原子形成的势场的影响,因此即使基质材料发生变化,同一稀土元素掺杂的 4f-4f 跃迁产生的光谱的改变也是非常小的。

稀土离子的 4f-4f 组态内的跃迁具有谱线宽度小、频率转换效率高、发光色彩纯度高以及激发态寿命长($10^{-6} \sim 10^{-2}$ s)等特点,因此稀土离子上转换发光在照明、显示、激光以及光通信等领域具有广阔的应用前景。

稀土元素的发光通常属于反斯托克斯发光,即吸收光的波长大于发射光的波长,因此这种发光也称为上转换发光。目前人们已经根据上转换发光的发光过程,对上转换发光进行了分类,大致分为激发态吸收、能量转移上转换、交叉弛豫、合作敏化上转换、合作上转换以及光子雪崩,下面对这六种上转换发光分别加以介绍。

(1) 激发态吸收。

激发态吸收(excited state absorption, ESA)由布隆贝根(Bloembergen)提出,是上转换发光的最基本过程。其过程是一个处于基态的离子通过吸收光子(通常是两个以上,对应的波长相对较长,通常是红外波段)到达激发态,然后从激发态辐射光子(一个光子,对应的波长相对较短,通常是可见光波段)直接跃迁回基态。其具体过程如图 7-11 所示。首先,处于基态(用 E_1 表示)的稀土元素离子吸收一个光子(能量为 $h\nu_1$)从基态跃迁到中间激发态(用 E_2 表示),并在其发生跃迁(包括辐射和无辐射跃迁)失去能量之前,继续吸收另外一个光子(能量为 $h\nu_2$),从中间激发态跃迁到能量更高的激发态(用 E_3 表示),最后通过辐射跃迁回基态,同时发射出一个光子(能量为 $h\nu$)。在连续激光激发下,上转换发光(来自 E_3 能级)的强度通常正比于激发光的强度 I_1 和 I_2。如果 $h\nu_1 = h\nu_2$,其发光强度将会正比于 I^2,I 为激发光的强度。更一般地,如果在激发态吸收过程中需要发生 n 次吸收,那么上转换发光强度将正比于 I^n,不过这种情况没有太大利用价值,实际上很少采用。对于激发态吸收过程,其整个过程都只在某一具体的掺杂离子中发生,因此不受发光离子浓度影响。需要注意的是,激发态吸收过程需要泵浦光的光子能量与两能级间能量差能够较好地匹配,这样才能较好地完成跃迁。但是由于稀土离子能级存在一定的展宽效应,并且在基质材料中声子能够在一定范围内辅助调节光子能量和能级间的失配度,所以即使泵浦光光子的能量和稀土元素离子的能级有一定的失配,也能够产生激发态吸收。比如 Er^{3+},处于基态的离子能够被 1 520 nm、980 nm 和 800 nm 的泵浦光光子激发,从而通过激发态吸收过程实现上转换发光。

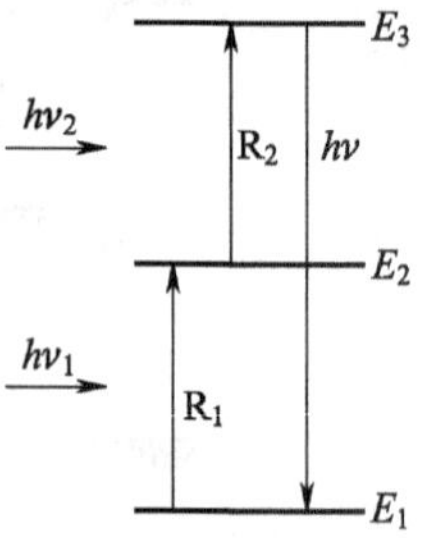

图 7-11 激发态吸收过程示意图

(2) 能量转移上转换。

能量转移上转换(energy transfer upconversion, ETU)发生在至少两个离子之间,其激发态能级与基态能级之间的能量差基本相等,其原理如图 7-12 所示。发光材料中掺杂两种稀土离子,当外界入射光照射到发光材料上时,其中掺杂的一种稀土离子(作为施主离子,一般用 S

表示)吸收外界入射光能量后,从基态能级跃迁到激发态能级,然后与另外一种离子(作为受主离子,一般用 A 表示)发生相互作用,将能量传递给它,使其从基态能级 E_1 跃迁至激发态能级 E_2,自身则由于失去能量从激发态能级 E_2' 返回基态能级 E_1'。位于激发态能级的受主离子在发生跃迁(包括辐射和无辐射跃迁)失去能量之前,通过第二次能量转移而跃迁至更高的激发态能级,这种能量转移方式称为连续能量转移。因为能量传递过程是发生在两个掺杂稀土离子之间的,所以由这种机制引起的上转换发光,其发光强度与所掺杂的稀土离子浓度之间成平方比例关系。

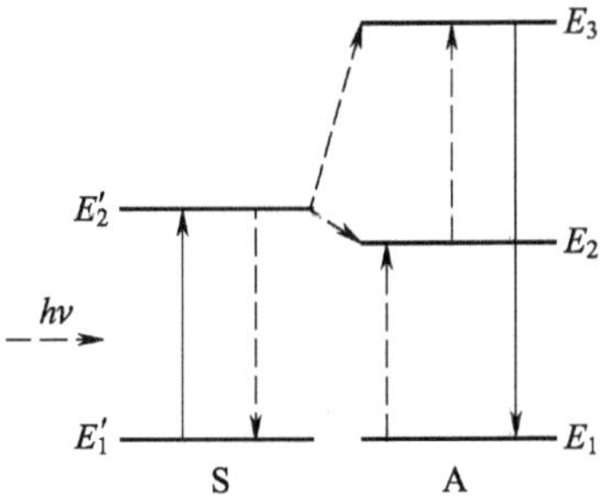

图 7-12 能量转移上转换

(3) 交叉弛豫。

交叉弛豫(cross relaxation,CR)是在相同或不同元素的掺杂稀土离子之间发生的一种能量传递过程。其原理如图 7-13 所示。两种同时处于激发态的稀土离子之间发生相互作用,其中一种稀土离子(施主离子)通过相互作用将能量传递给另外一种离子(受主离子),后者获得能量后跃迁至更高能级,而前者自身失去能量回到能量更低的能级。与连续能量转移过程的区别是,交叉弛豫过程中施主离子是从激发态到激发态的跃迁(高激发态能级向较低激发态能级的跃迁),而不是从激发态到基态的跃迁,同时将受主离子激发到更高的激发态能级。交叉弛豫过程多发生在能量差较小的两能级之间,因此通过交叉弛豫过程能够比较精细地调节稀土掺杂离子的激发态能级,从而改变上转换发光的波长。稀土离子浓度会影响交叉弛豫发生概率,稀土离子浓度越高,交叉弛豫发生概率越大,这是因为浓度越高,离子之间的相互作用越容易发生,根据这一特点,可以利用稀土离子的掺杂浓度控制调节交叉弛豫过程的发生概率。

(4) 合作敏化上转换。

合作敏化上转换(cooperative sensitization upconversion,CSU)与能量转移上转换过程类似,所不同的是合作敏化上转换中需要敏化离子和激活离子共同完成上转换过程。如图 7-14 所示,在此过程中激活离子不需要经过中间激发态,而是直接“同时”吸收两个或者两个以上敏化离子释放的能量,直接跃迁到高能级的激发态,然后从此激发态直接辐射跃迁回基态,产生上转换发光,失去能量的两个敏化离子直接返回基态能级。由于不需要经过中间激发态,所以合作敏化上转换在发光过程中发生的可能性很小,目前只在 Yb^{3+}/Eu^{3+}、Yb^{3+}/Tb^{3+} 和 $Yb^{3+}/Er^{3+}/Tb^{3+}$ 系统中被观察到,且发光效率较低,因此这种发光机制只有理论意义,无太大实际应用价值。

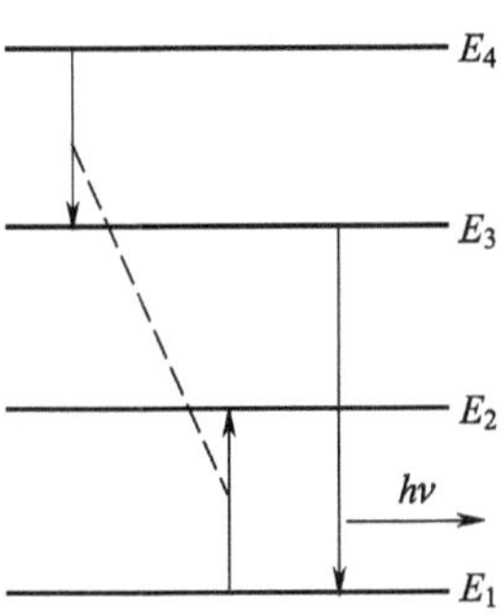

图 7-13 交叉弛豫

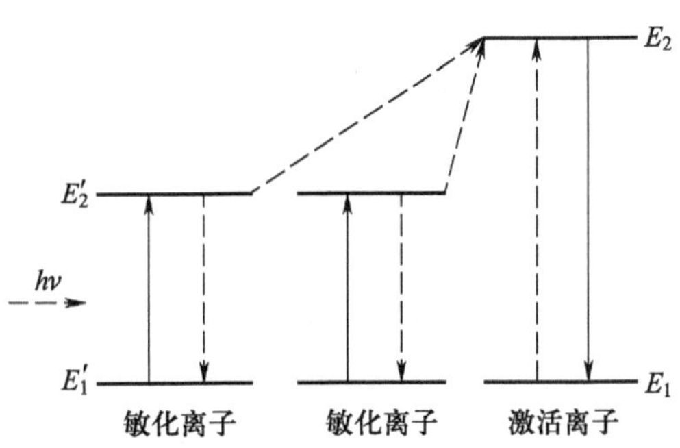

图 7-14 合作敏化上转换

(5) 合作上转换。

合作上转换(cooperative upconversion,CU)与合作敏化上转换发光非常类似,两者的区别只是合作上转换发光过程中不存在激活离子,至少需要两个或两个以上处于激发态的敏化离子将能量释放出,并将能量叠加从而产生上转换发光。因此合作上转换与合作敏化上转换真正的区别是,合作上转换过程中需要引入一个“虚拟能级”将敏化离子所释放的能量累加到一起。由此可以看出,合作上转换的转换效率更低,这种发光机制主要出现在单掺 Yb^{3+} 体系之中。

(6) 光子雪崩。

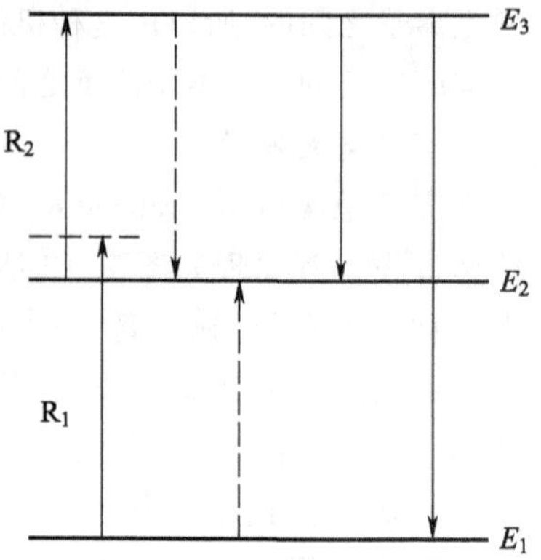

图 7-15　光子雪崩过程示意图

光子雪崩(photon avalanche,PA)也是上转换发光的一种。在此过程中发光能级上的离子数密度会像雪崩一样增加,由此机制产生的上转换发光强度也会像雪崩一样增加,其具体过程如图 7-15 所示。处于激发态 E_2 能级上的一个稀土离子吸收一个泵浦光的光子跃迁到 E_3 能级,这个稀土离子与一个处于基态 E_1 能级的稀土离子发生交叉弛豫作用,经过能量交换后,两个离子都处于激发态能级 E_2 之上,然后它们可以通过激发态吸收再次被激发到高能状态 E_3 能级。如此,激发态吸收和交叉弛豫过程不断地交替进行,最终导致处于基态的离子数不断减少,处于中间能级 E_2 和高能级 E_3 的离子数增多,从而形成了光子雪崩过程。在光子雪崩过程中,泵浦光光子能量需要同发光离子的某一个中间能级 E_2 和能级 E_3 间的能级差相匹配。对于光子雪崩上转换发光来说,发光强度对泵浦光强度有强烈的依赖,而且它有一个泵浦光强度阈值限制,只有泵浦光强度大于这个阈值的时候才会产生较强的上转换发光。如果泵浦光的强度低于这个阈值,泵浦光就无法在材料中引起光子雪崩过程,并且由于过程中需要离子之间的相互作用,光子雪崩过程对材料中稀土离子掺杂浓度要求较高。目前人们已经在 Pr^{3+}、Tm^{3+}、Er^{3+}、Nd^{3+} 和 Sm^{3+} 等稀土离子掺杂的发光材料中观察到光子雪崩过程。

1962 年,贾德(Judd)和奥费尔特(Ofelt)分别将镧系稀土离子掺杂在基质材料中,发现稀土离子会受到基质材料晶体场的影响而产生相反宇称组态之间的混合,这种混合会引入“强制”的电偶极跃迁。为了对实验现象进行理论解释,他们引入了三个相应的强度参量 Ω_t(其中 t 可取 2、4、6),并在此基础上提出了对镧系稀土离子的谱带发光强度进行理论解释的 Judd-Ofelt(J-O)理论。这个理论是目前使用最广泛的稀土离子发光理论。该理论利用实验测得的吸收光谱,通过理论计算给出掺杂稀土离子电偶极跃迁过程中的振子强度、荧光寿命、荧光分支比、积分发射截面以及自发发射跃迁概率等重要光学参量。该理论还可以通过三个相应的强度参量 Ω_t 定性分析出掺杂稀土离子所处位置的配位信息,因此该理论对人们研究和理解稀土掺杂发光以及利用这种发光意义重大。J-O 理论从提出到现在已经有 60 年的历史,经过不断丰富和发展,J-O 理论已经可以定量计算出发光材料中掺杂稀土离子 $4f^N$ 组态能级之间的跃迁强度,并且目前是唯一的可用理论,被广泛用于发光材料的研究之中。

在 J-O 理论中,可以用球谐级数对掺杂稀土离子中晶体场的势能函数进行相应展开:

$$V=V_{偶}+V_{奇}=\sum_{k,p}\left(\frac{4\pi}{2k+1}\right)^{1/2}A_{k,p}Y_{k,p}(\theta_j\Phi_j) \tag{7-14}$$

这里,k 为从 1 开始的奇数 1,3,5,…;p 为 $k,k-1,\cdots$;j 为电子标号;$A_{k,p}$ 为晶体场强度参量;$Y_{k,p}(\theta_j\Phi_j)$ 为电偶极张量算子。

把自由离子哈密顿量与势能 $V_{偶}$ 同时对角化得到的波函数作为理论计算时的零级近似波函数,再把加进势能 $V_{奇}$ 微扰后的波函数作为掺杂材料的本征波函数,这样电偶极张量算子 $Y_{k,p}$ 在材料本征函数之间的矩阵元就会有不为零的取值。在一阶微扰近似下,外场奇次项使相反宇称的组态 $4f^{N-1}n^1l^1$ 混入组态 $4f^N$ 中,得到

$$\langle\Psi|=\sum_{M}\langle f^N\phi JM|a_M+\sum_{K}\langle f^{N-1}(n'l')\phi''J''M''|b(n'l',\phi''J''M'') \tag{7-15}$$

$$|\Psi'\rangle=\sum_{M'}a'_{M'}|f^N\phi'J'M'\rangle+\sum_{K}b'(n'l',\phi''J''M'')|f^{N-1}(n'l')\phi''J''M''\rangle \tag{7-16}$$

$$b(n'l',\phi''J''M'')=\sum_{M}a_M\langle f^N\phi JM|V|f^{N-1}(n'l')\phi''J''M''\rangle\times[E(\phi J)-E(n'l',\phi''J'')]^{-1} \tag{7-17}$$

$$b'(n'l',\phi''J''M'')=\sum_{M'}a'_{M'}\langle f^{N-1}(n'l')\phi''J''M''|V|f^N\phi'J'M'\rangle\times[E(\phi'J')-E(n'l',\phi''J'')]^{-1} \tag{7-18}$$

$\sum\limits_{M}$ 是对所有 ϕ''、J''、M''和所有使 $4f^{N-1}n^1l^1$ 相对于 $4f^N$ 成为激发态的 n'值加和。$E(\phi J)$、$E(\phi'J')$ 和 $E(n'l',\phi''J'')$ 分别为能级的能量。则初态$\langle\Psi|$和末态$|\Psi'\rangle$之间的跃迁矩阵元可以表示为$\langle\Psi|V|\Psi'\rangle$,这便是处于外场环境中稀土离子 $4f^N$ 组态两能级间电偶极跃迁矩阵元。

经过简化模型推导的跃迁矩阵元可以表示为

$$\langle\Psi|V|\Psi'\rangle=2\sum(2t+1)(-1)^{p+q}A_{k,p}\begin{pmatrix}1 & t & k\\ q & -q-p & p\end{pmatrix}\times\langle\psi|U^t_{p+q}|\psi'\rangle\Xi(k,t) \tag{7-19}$$

其中,

$$\langle\psi|=\sum_{\alpha,S,L,J,M}A(\alpha SLJM)\langle f^N\alpha SLJM| \tag{7-20}$$

$$|\psi'\rangle=\sum_{\alpha',S',L',J',M'}A'(\alpha'S'L'J'M')|f^N\alpha'S'L'J'M'\rangle \tag{7-21}$$

$$\Xi(k,t)=2\sum(2l+1)(2l'+1)(-1)^{l+l'}\begin{pmatrix}1 & t & k\\ l & l' & l\end{pmatrix}\begin{pmatrix}l & 1 & l'\\ 0 & 0 & 0\end{pmatrix}\begin{pmatrix}l' & k & l\\ 0 & 0 & 0\end{pmatrix}\langle nl|r|n'l'\rangle\langle nl|r'|n'l'\rangle/\Delta(n'l') \tag{7-22}$$

公式(7-19)也称为全参量的 J-O 公式,利用它可以将对晶体斯托克斯能级间的电偶极矩阵元的求解变为对零级近似态间张量算子 U^t 矩阵元的求解,这样问题得到了一定的解决。在一般情况下,J-O 理论可以用于计算三价稀土离子的光谱线强度。

光谱学中通常会引入两个物理量,电偶极谱线跃迁强度 S_{ed} 和电偶极振子强度 f_{ed},并用这两个物理量来给出各能级间的跃迁强度。三价掺杂稀土离子从初始态能级$\langle i|$到末态能级$|j\rangle$之间的电偶极跃迁,其谱线跃迁强度和振子强度一般用下式表示:

$$S_{ed}=\frac{8\pi}{9}\left|\langle i|\sum_{j}r_jY_{1,q}(\theta_j\Phi_j)|j\rangle\right|^2 \tag{7-23}$$

$$f_{ed}=\chi\frac{32\pi^3 m_e\nu}{9h}\left|\langle i|\sum_j r_j Y_{1,q}(\theta_j\Phi_j)|j\rangle\right|^2 \tag{7-24}$$

这里,χ 为折射率修正因子,ν 为跃迁频率,m_e 为电子质量,h 为普朗克常量。

利用 J-O 公式经推导得

$$S_{ed}=e^2\sum_{t=2,4,6}\Omega_t|\langle i|U^t|j\rangle|^2 \tag{7-25}$$

$$f_{ed}=\frac{8\pi^2 m_e c}{3h(2i+1)\bar{\lambda}}X_{ed}\sum_{t=2,4,6}\Omega_t|\langle i|U^t|j\rangle|^2=\frac{8\pi^2 m_e c}{3h(2i+1)\bar{\lambda}}\frac{X_{ed}S_{ed}}{e^2} \tag{7-26}$$

这里,$\bar{\lambda}$ 为吸收带的中心波长(单位为 nm),X_{ed} 为局域电偶极校正因子,Ω_t 为 J-O 强度参量(单位为 cm^2)。

Ω_t 可以表达为

$$\Omega_t=(2t+1)\sum|A_{k,p}|^2\Xi^2(k,t)/(2k+1) \tag{7-27}$$

由于在通常情况下,人们并不知道掺杂稀土离子能级的详细结构以及其所处位置的晶体场强度,所以无法从理论上给出 J-O 强度参量的具体值,这时就需要从实验上测量吸收光谱谱线强度,然后通过拟合给出 J-O 强度参量。

稀土离子各能级间的跃迁除了常见的电偶极跃迁,还有电四极跃迁以及磁偶极跃迁,但在通常情况下,电四极跃迁对跃迁强度产生的影响非常小,因此在计算时通常会将其忽略。而磁偶极跃迁的谱线强度为

$$S_{md}=\left(\frac{eh}{4\pi m_e c}\right)^2|\langle i\|\vec{L}+2\vec{S}\|j\rangle|^2 \tag{7-28}$$

这里,$\vec{L}+2\vec{S}$ 为磁偶极算符。

因此,各能级之间跃迁时,其理论振子强度 f_{cal} 可以写为

$$f_{cal}(i\to j)=\frac{8\pi^2 m_e c}{3h(2i+1)\bar{\lambda}}\left(X_{ed}\frac{S_{ed}}{e^2}+X_{md}\frac{S_{md}}{e^2}\right) \tag{7-29}$$

电偶极跃迁和磁偶极跃迁的谱线强度都有面积量纲。

掺杂基质材料对电偶极张量算子 U^t 与磁偶极算符 $\vec{L}+2\vec{S}$ 的影响非常小。公式(7-29)中的 X_{ed} 和 X_{md} 分别为

$$X_{ed}=[n^2(\lambda)+2]^2/9n(\lambda),\quad X_{md}=n(\lambda) \tag{7-30}$$

这里,$n(\lambda)$为实测晶体的折射率。

从室温吸收光谱可以求得各吸收带对应的能级跃迁的实验振子强度 f_{exp},将其表示为

$$f_{exp}(i\to j)=\frac{4m_e\varepsilon_0 c^2}{Ne^2 l(\bar{\lambda})^2}\int\ln(10)OD(\lambda)\,d\lambda=\frac{4m_e\varepsilon_0 c^2}{Ne^2(\bar{\lambda})^2}\int\alpha(\lambda)\,d\lambda \tag{7-31}$$

这里,N 为稀土离子发光中心的浓度,$\alpha(\lambda)$为稀土离子光谱带的吸收系数。

如果令理论振子强度 f_{cal} 等于实验振子强度 f_{exp},再用最小二乘法进行拟合,便可得到 J-O 强度参量 Ω_t。将 Ω_t 代入公式(7-25)、公式(7-28)和公式(7-29),就可以从理论上求解出任意两能级间的电偶极跃迁谱线强度 S_{ed}、磁偶极跃迁谱线强度 S_{md} 以及振子强度 f_{cal}。

利用均方根偏差量 δ_{rms} 可以对拟合的结果进行评估:

$$\delta_{rms}=\left[\frac{\sum_{j=1}^{L}(f_{i,j}^{exp}-f_{i,j}^{cal})}{L-3}\right]^{\frac{1}{2}} \tag{7-32}$$

这里,$f_{i,j}^{exp}$为实验振子强度,$f_{i,j}^{cal}$为拟合之后的理论振子强度,L为拟合时用到的光谱带个数。

测量拟合所需要的吸收光谱时,测得的光谱实际上由两部分组成,稀土离子的吸收光谱与基质的吸收光谱,而真正需要的只有前者,这就需要再次测量一下无掺杂的纯基质材料的吸收光谱,然后在掺杂稀土离子样品的吸收光谱中减去基质的吸收光谱。对于稀土离子来说,其部分相邻能级的能量差很小,由于不确定关系的影响,相邻能级的吸收带会发生相互重叠,例如Er^{3+}:KLTN晶体中的$^4F_{5/2}$和$^4F_{3/2}$能级对应的吸收带(图7-16中的8和9)。这时是没有测量方法能将其分开的。为了解决这个问题,人们退而求其次,拟合时会将它们看成一个整体吸收带,计算中心波长与吸收系数,并且将它们对应的约化矩阵元求和,利用求和后的矩阵元拟合。

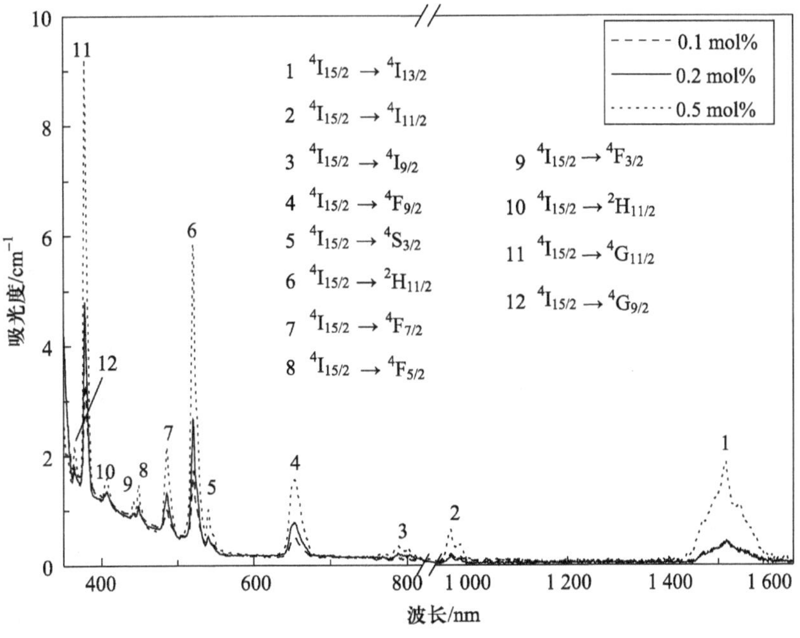

图7-16 Er^{3+}:KLTN(x=0.1,0.2,0.5)单晶样品紫外-可见-近红外吸收光谱,图中标出各Er^{3+}吸收峰对应的能级跃迁

强度参量Ω_t与在哪两个能级之间的跃迁无关,只由基底决定,这样就可以通过强度参量Ω_t,给出与任意两个能级之间跃迁有关联的一些辐射参量。这些辐射参量包括荧光分支比β_{ij}、荧光量子效率η、能级辐射寿命τ_i、爱因斯坦自发辐射系数A_{ij}以及发光能级对应的发射截面σ_e,它们分别由以下关系式给出:

$$\beta_{ij}=\tau_i A_{ij} \tag{7-33}$$

$$\eta=\frac{\tau_{exp}}{\tau_i} \tag{7-34}$$

$$\tau_i = \left(\sum_j A_{ij} \right)^{-1} \tag{7-35}$$

$$A_{ij} = \frac{16\pi^3 n^2}{3h\varepsilon_0(2i+1)(\bar{\lambda})^3}(X_{ed}S_{ed} + X_{md}S_{md}) \tag{7-36}$$

$$\sigma_e = \frac{(\bar{\lambda})^4 A_{ij}}{4\pi^2 cn^2 \Delta\lambda} \tag{7-37}$$

这里,$\Delta\lambda$ 为发射光谱带的波长半高宽(单位为 nm)。

7.3 晶体中的色心

对于晶体材料来说,掺杂可以改变其发光性质,与之类似,晶体中的缺陷也会使其光学性质发生改变。在 20 世纪人们就发现一些纯净的卤化碱晶体是无色透明的,但可以通过一些方法使之变色。比如日常生活中常见的无色食盐(NaCl),用钠蒸气对其加热后就会呈现黄色;无色的 KCl,用钾蒸气对其加热后就会呈现红色。并且人们发现用 X 射线、γ 射线、中子、电子等照射也可以使之变色。进一步研究表明,这种颜色上的改变是由于晶体在处理过程中引入的缺陷引起的,即在晶体的周期性结构中某一晶格位置缺少了本该出现的某种原子,这种原子的缺失会使以缺陷点为中心,一定范围内的波函数、能带结构、光学性质发生变化。由于这种缺陷会带来晶体颜色上的变化,所以这种缺陷称为色心(color center),如图 7-17 所示。

色心依然可以用位形坐标图来描述。当空位上的电子处于基态时,空位上的电子有稳定的电子云分布,即有稳定的波函数分布,空位周围的阳离子有稳定的平衡位置。当电子处于激发态时,空位上的电子也有稳定的电子云分布,通常电子云会更大一些,电子的波函数也不同于基态的波函数。空位周围的阳离子也有稳定的平衡位置,但平衡位置会发生一定的变化。当空位的电子吸收一个光子,从基态 A 跃迁到激发态 B 时,由于这个时间很短(10^{-16} s),阳离子较重来不及反应(10^{-12} s),所以晶体要在电子跃迁后经过一段弛豫时间才能达到稳定的平衡状态。同理,电子从激发态辐射光子,回到基态的过程也需要弛豫时间。

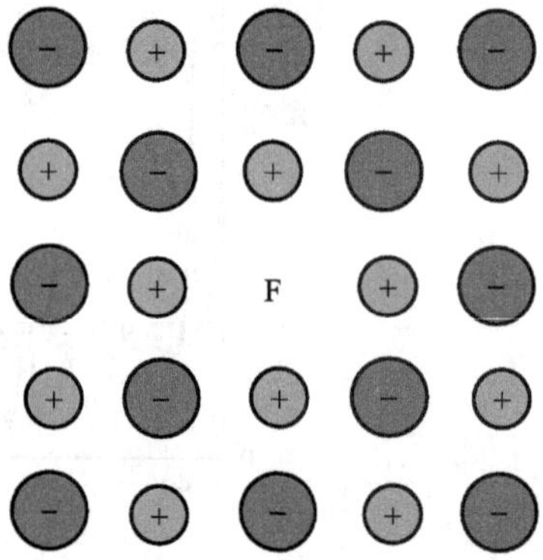

图 7-17　色心的结构示意图

当晶体温度升高时,无论电子在基态还是在激发态,电子在振动能级上的分布会更宽,这样就会使更多电子并不是从最小振动能级开始跃迁的,在光谱上的表现就是谱线变宽。图 7-18 给出了 KBr 晶体的吸收与发射谱,从图中可以看到,随着温度的升高,吸收谱和发射谱的宽度都变大,这与上面的理论一致。由于吸收光子的能量大于发射光子的能量,所以吸收谱的频率要高于发射谱的频率。

对于色心来说,其吸收谱的峰值频率正比于其中正离子与负离子的距离平方 d^2 的倒数,即与 $1/d^2$ 成正比,这可以用无限深方势阱模型进行解释。色心中的电子可以认为是被限制在边长为 $2d$ 的立方体内的,其能量满足量子化形式:

$$E=E_n=\frac{3\hbar^2\pi^2}{2m(2d)^2}(n_x^2+n_y^2+n_z^2) \tag{7-38}$$

这里，n_x、n_y、n_z 是从 1 开始的整数，当其中一个为 2 时就是第一激发态。

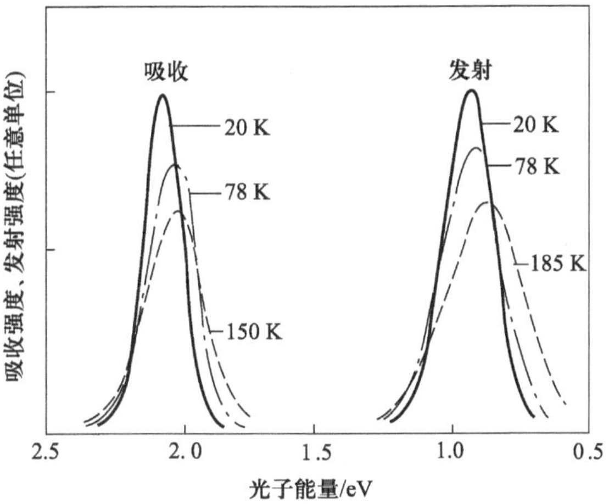

图 7-18　KBr 晶体的吸收与发射谱

图 7-19 给出了吸收谱峰值位置与正负离子中心距离的关系，从图中可以看出，测量结果与上面的理论分析是一致的。利用公式(7-38)还能够解释图 7-19 中随着温度的升高谱线峰值位置向能量小的方向移动的现象。这是因为随着温度的升高，晶体的体积会膨胀，正负离子中心距离 d 会随之变大，相应的电子能量就会变小，谱线峰值位置就会向能量小的方向移动。

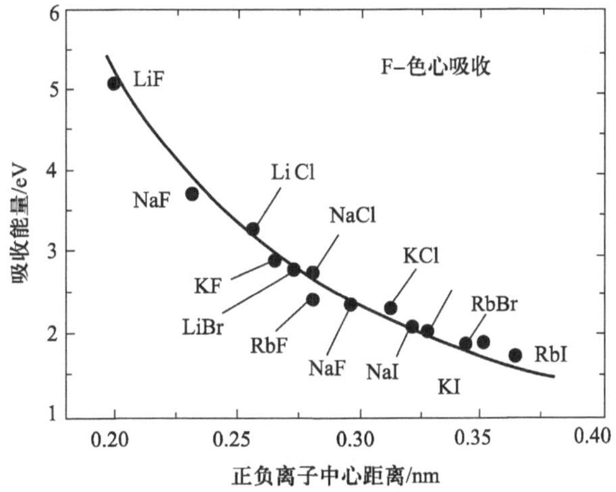

图 7-19　吸收谱峰值位置与正负离子中心距离的关系

第七章参考文献

第八章　电致发光

电致发光(electroluminescence,EL)是指发光材料在外电场作用下,从外电场中获得能量并将其转化成光能的发光现象。一般认为,在外电场作用下,电子从外电场获得能量成为"热电子","热电子"在运动过程中会与晶格发生相互碰撞,使晶格发生离化现象,形成电子-空穴对或被激发的发光中心。当这些被离化的电子-空穴对发生复合或被激发的发光中心重新回到基态时,就会有能量释放,如果释放的能量是以光子的形式完成的,这个过程就是电致发光,在整个发光过程中电能被转化为光能。

电致发光现象发现得较早,在 20 世纪初期,卢瑟福(Rutherford)就已经发现 SiC 晶体在高电场作用下会出现发光现象。而后在 1936 年,狄斯特瑞奥(Destriau)发现 ZnS 在加上电压的时候也可以发出光,但是当时该材料的发光亮度非常低,只能在暗室里分辨出来,没有实际应用价值。EL 显示的应用研究是从 1950 年左右正式开始的,当时是将 ZnS 和有机介质涂敷在导电玻璃上,再在其上制备金属电极,从而制备成发光器件。当这样的器件两端加上交流电时,可以实现稳定的电致发光,但是发光效率一直没有得到太大提高。直到 1974 年 5 月,夏普(Sharp)公司提出了采用双绝缘夹层结构的薄膜电致发光(thin film electroluminescence,TFEL)器件,即将发光层夹在两层绝缘层中间(图 8-1)。他们使用的均匀薄膜电致发光材料,其寿命在当时已经超过 20 000 h,亮度可达 8 000 cd/m^2。同年秋天,夏普公司还提出这样的显示器件具有某种记忆功能,这为 TFEL 显示走向实用奠定了坚实的基础,但是彩色化困难、驱动电压高等缺点严重阻碍了 TFEL 器件的发展。

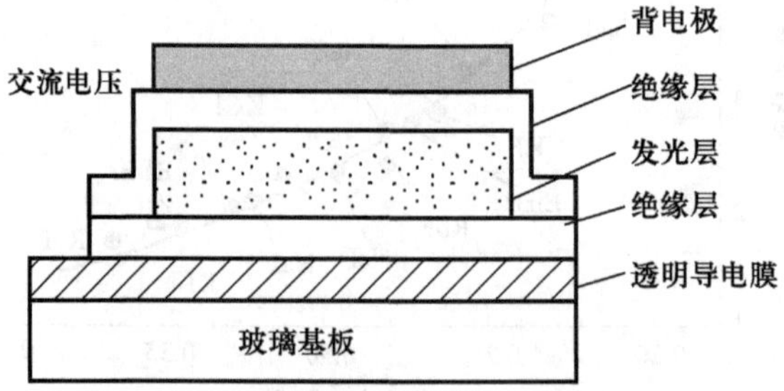

图 8-1　双绝缘层 EL 器件的基本结构

1985 年,日本电气股份有限公司(NEC)首先研制成功了用陶瓷厚膜作为绝缘介质的电致发光(thick dielectric electroluminescence,TDEL)器件。随后加拿大 iFire 公司看到了这种技术的前景,他们迅速发展了这种 TDEL 器件,采用这种显示技术的单色有源矩阵显示器的分辨率可达视频图形阵列技术(video graphics array,VGA,640×480)或扩展图形阵列技术(extended graphics array,XGA,1 280×1 024)水平。在性能方面,薄膜电致发光显示具有视角宽(大于 160°)、亮度高(即使在比较明亮的环境下也容易阅读)、寿命长(平均无故障时间达 10^5 h)、分辨率高(最高可到 32 级灰度和扩展图形阵列的显示效果)、响应快速(小于 1 ms)、工作温度范围宽(在-25~65 ℃时图像质量保持不变)、不需要背光源、电磁干扰低等优点,这使其胜过液晶显示或等离子体显示。

随着科技的发展,电致发光技术已经深入我们生活的方方面面,并且各种新材料如雨后春笋一样不断出现。

从发光原理角度进行划分,电致发光可分为高场电致发光与低场电致发光。高场电致发光是一种体内发光效应,其发光原理是材料内部的电子(包括荧光材料中的电子以及从所用电极注入的电子)在外加强电场的作用下被加速,然后与材料内的发光中心发生碰撞,并使其被激发以及离化,并且发光中心中的电子从激发态通过辐射跃迁的方式重新回到基态的过程。高场电致发光通常不易做成两种导电类型材料的结构,因此人们在实现高场发光时,通常借助金属-半导体界面结构或金属-绝缘体-半导体界面结构来实现固体发光。低场电致发光又称为注入式发光,其发光原理是施加外电场的电极直接将电子和空穴注入发光材料,电子与空穴在发光材料内通过发光的形式失去能量,完成复合。典型的低场电致发光器件就是发光二极管(light emitting diode,LED)。当满足一定条件时,两种电致发光会相互转化,低场电致发光可转化为高场电致发光,高场电致发光也可能同时伴随着低场电致发光。

下面分别对高场电致发光和低场电致发光加以详细介绍。

8.1 高场电致发光

当施加在材料上的电场足够强时($>10^5$ V/cm),由于电子带负电,处于导带中的电子在电场作用下会被加速,在加速过程中电场的能量直接转化成材料中电子的能量。在一般情况下,电子在电场作用下会被加速,其能量达到较高的数值(大约 $100kT$),这时的电子成为“过热电子”。“过热电子”和晶格上的原子发生相互碰撞,碰撞会使基态能级上的一部分电子跃迁到激发态能级,并在基态中留下一个空穴。处于激发态能级中的电子是不稳定的,当电子从能量较高的激发态能级回到基态能级时,如果采取的是辐射跃迁的方式,就会发光。如果发光材料中存在掺杂的原子(即激活中心或发光中心),“过热电子”也可以与掺杂的原子发生相互碰撞,碰撞同样会使掺杂原子发生电离,把掺杂原子的电子电离到发光材料的导带。接下来,在碰撞电离过程中产生的电子与原来的“过热电子”再次被电场加速,又会与晶格上的原子和掺杂的原子碰撞,产生更多的电子与空穴。从上面的过程可以看出,高场电致发光是一个雪崩过程。碰撞电离示意图如图 8-2 所示。这种碰撞电离是电致发光的一种重要的过程,正是由于这种碰撞电离才会使材料内更多的电子被激发到激发态能级,从而大大提高发光效率。从上面的讨论可以看出,在雪崩式的碰撞电离过程中既要有加速电子的高场,又要有初始电子,因此分析清楚材料内高场和初始电子的来源是研究电致发光的一个重要内容,具有重要的理论意义和实际应用价值。

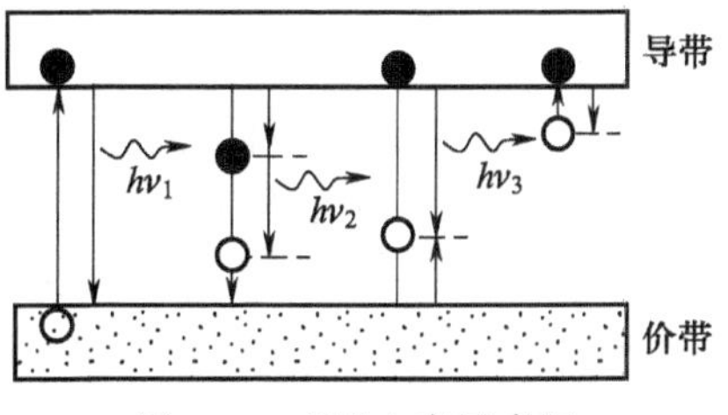

图 8-2　碰撞电离示意图

为了在材料中获得高场,不但要在材料上施加激发电场,而且要进行一定的结构设计,并考虑电场的方向。

(1) 通过反向电场在 PN 结中获得高场。

PN 结由 P 型半导体材料和 N 型半导体材料紧密连接制作而成。其中 N 型半导体内电子浓度较高,其导电性主要是因为这些电子导电。P 型半导体内有较高浓度的空穴(相当于"正电荷"),空穴在材料内运动使材料能够导电。在 P 型和 N 型半导体的交界面附近,由于浓度梯度的存在,N 型半导体内带负电荷的自由电子会向空穴浓度高而电子浓度低的 P 型半导体内扩散。与电子运动相反,空穴会由浓度高的 P 型半导体一侧扩散到 N 型半导体一侧。扩散的结果是 N 型半导体靠近交界面一侧因空穴较多而带正电,P 型半导体靠近交界面一侧因电子较多而带负电,从而形成一个小范围的电场,其方向由 N 型半导体指向 P 型半导体,即 PN 结的内电场。内电场的存在将会阻碍自由电子由 N 型半导体向 P 型半导体的进一步扩散,因此这一区域又称为阻挡层。当 PN 结上施加与内电场方向相反的电场时,阻挡层内的 PN 结内电场将会得到进一步加强,当电场达到可以引起碰撞电离所需要的高场阈值时,在阻挡层内将会发生电子加速、碰撞、离化,并在最后通过复合的方式实现电致发光。

(2) 通过反向电场在金属-半导体界面获得高场。

每种材料都有自己的微观结构和晶格常量,当两种不同的材料结合时,在两种材料的交界面处由于微观结构和晶格常量的不同,会产生类似晶体内有缺陷时的悬键,这些悬键可束缚电子(或空穴),使接触区附近发生电荷重新分布,因而造成材料交界面处的定域能级,形成局域电子波函数或能级结构,并且从交界面一侧到另一侧的势能分布是不均匀的,这会在交界面处形成势垒,势垒的高度由交界面两侧材料的逸出功(功函数)的差决定,即

$$\Delta\psi = |\psi_2 - \psi_1| \tag{8-1}$$

这里,ψ_1 和 ψ_2 分别为交界面两侧材料的逸出功。

当交界面两侧的材料分别为金属和半导体时,通常会形成势垒。当金属的逸出功大于半导体的逸出功时,这时的势垒称为肖特基势垒(这时的材料接触称为肖特基接触)。当金属的逸出功大于半导体的逸出功时,在交界面处就会形成金属端为正、半导体端为负的高场,并且这种界面处的高场可以通过在两种材料上施加反向电场(金属端为负、半导体端为正)来加强。这种通过施加反向电场来加强内电场的方式可以被用来做包括电致发光在内的很多事情。

(3) 通过金属-绝缘体-半导体界面获得高场。

在前面金属-半导体界面结构的基础上,人们又提出了更复杂的金属-绝缘体-半导体界面结构,其原理依然是利用材料结构和晶格常量的不同实现电场强度不均匀分布。这时无论沿哪个方向施加电场,在金属-绝缘体-半导体界面结构上,夹在金属与半导体之间的绝缘层内都可能形成高场,从而产生高场电致发光。这种结构在产生高场电致发光的同时也可以产生低场电致发光。

材料中有了高场之后,还需要有初始电子,这样才能实现高场电致发光。在高场区,初始电子可以通过以下几种方式获得。

(1) 通过电子能量的热涨落产生初始电子。

电子是微观粒子之一,所有微观粒子都处于不停的热运动之中,根据量子力学相关理论,热运动中的微观粒子的能量并不是一个确定值,而是按照统计概率在一定的能量范围内分布,这样微观粒子就有一定概率拥有很高的能量,这时在电场的帮助下,高能电子就可能从金属电极中跨

过电极和材料之间的势垒进入半导体材料,或者从金属材料中的势阱中跑出来进入半导体材料。

(2) 通过高场引起势场分布变化产生初始电子。

在高场的作用下,金属-半导体界面处的势场分布势必会发生相应变化,一般情况下势垒的上部会变窄(约为 5 nm),根据量子力学中势垒穿透系数和势垒形状之间的关系,电子穿过势垒从金属进入半导体材料的概率将会增加。对于金属-绝缘体-半导体界面,一般情况下绝缘层厚度为 5 nm 左右,因此电子有一定概率穿过势垒进入半导体。如果形成的电场特别强($>10^5$ V/cm),电子还可以通过齐纳效应(Zner effect)直接从金属材料价带通过隧道效应到达半导体材料的导带。在高场作用下,交界面处的势垒宽度变窄,因此通过隧道效应进入半导体区域的电子数量增加的这一物理过程很多时候也称为“内场发射”。

(3) 通过激发态无辐射弛豫产生初始电子。

在高场区域总会有处于较高能量状态的局域态或非局域态系统,这些系统在较高能量状态时是不稳定的,一段时间后会通过辐射跃迁或无辐射跃迁回到能量较低的状态,自由电子会在无辐射跃迁过程中产生,成为高场区域内可以自由移动的电子。

8.2 低场电致发光

由于低场电致发光主要就是发光二极管发光,因此本节只讨论发光二极管的发光情况。

发光二极管自从被发明以来,其应用领域不断拓展,其发光材料也由 GaAs 这种禁带较窄的半导体材料,不断发展为 GaP、GaInP、GaAlAs、GaN 等禁带较宽的半导体材料,光谱范围也从红外逐渐拓展到可见甚至紫外。其在实际应用领域的地位不断加强,因此有必要对其进行讨论。

8.2.1 发光二极管原理

发光二极管的核心是 PN 结,PN 结由 P 型半导体材料同 N 型半导体材料相连而成,且两端连有导线。当 PN 结两端不施加电压时,N 型材料中的电子会扩散到 P 型材料中,填充 P 型材料中的空穴,这样就会在两种材料之间形成一个耗尽区。在耗尽区内,半导体材料回到它原来的绝缘态,即所有的空穴都被填充,因此耗尽区内既没有自由电子,也没有供电子移动的空间,电荷不能流动(图 8-3)。在耗尽区内,P 型材料和 N 型材料的费米能是一样的。

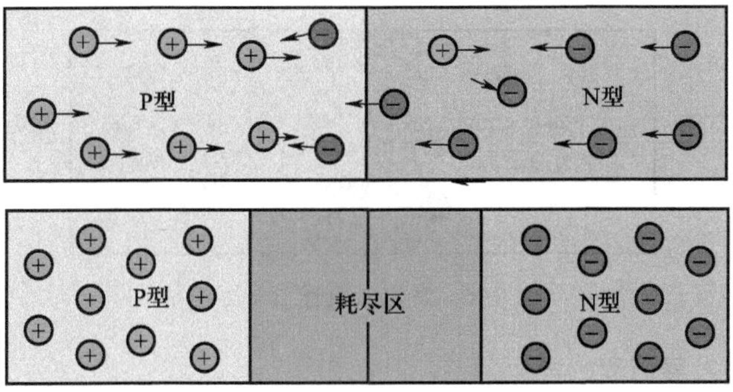

图 8-3　二极管两端不施加电压时

当外接电源使N型材料为负极,P型材料为正极时,在外电场作用下电子将从N型材料流向P型材料,同时空穴沿相反的方向移动。如果P型材料与N型材料之间的电压足够高,耗尽区内的电子就会被推出空穴,再次成为自由电子。这时,耗尽区就会消失,二极管变为导通状态(图8-4)。

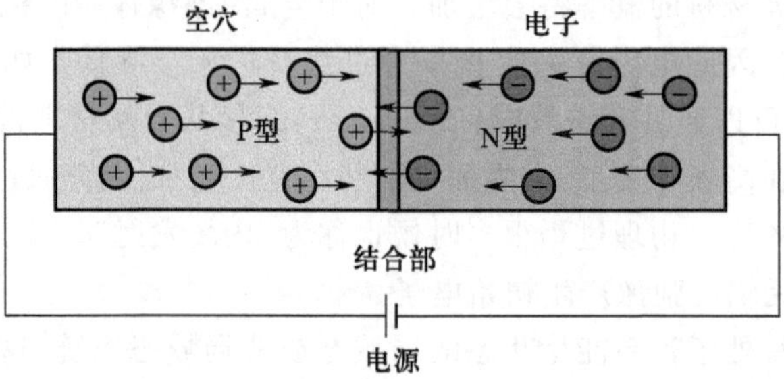

图8-4 N型材料为负极,P型材料为正极时,耗尽区将消失

当外接电源使N型材料为正极,P型材料为负极时,电流将沿反方向流动,N型材料中带负电的电子会被吸引到正极上,P型材料中带正电的空穴则会被吸引到负极上,耗尽区也会扩大,二极管变为关闭状态(图8-5)。

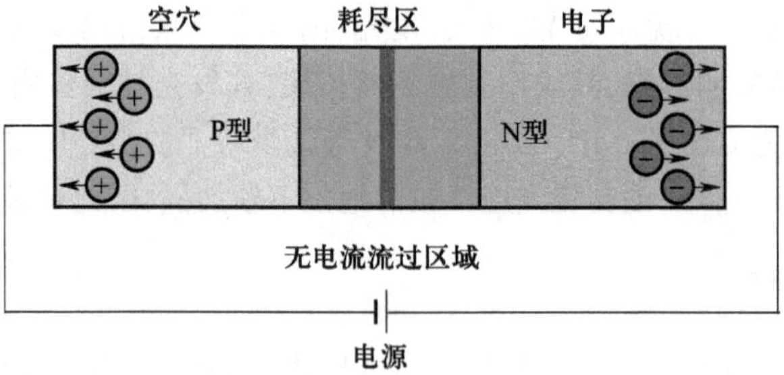

图8-5 N型材料为正极,P型材料为负极时,耗尽区将扩大

发光二极管工作原理如图8-6所示。当注入P型材料的电子与P型材料内的空穴复合时,就会失去一些能量,若这些能量以光辐射的形式出现,二极管就会发光(图8-6左侧);同理,当注入N型材料的空穴与N型材料内的电子复合时,也会失去一部分能量,当这部分能量以光辐射的形式出现时,二极管也会发光(图8-6右侧)。

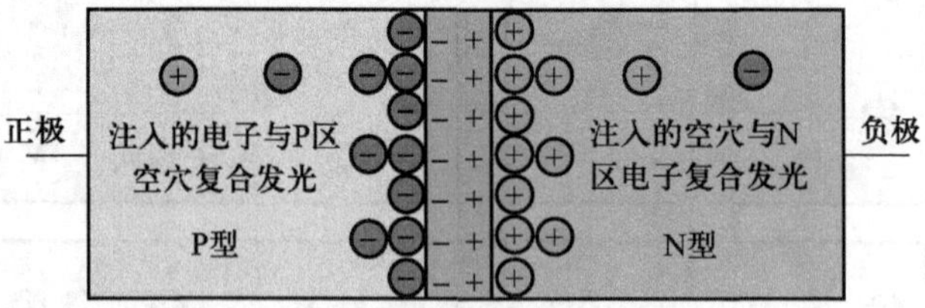

图8-6 发光二极管工作原理

8.2.2 发光二极管发展历程

在20世纪初,发光二极管的研究就已经开始了。1907年,英国马可尼(Marconi)实验室的

朗德(Round)在实验过程中发现,碳化硅晶体在外场作用下会发光,这个发现为发光二极管(LED)的发明奠定了基础。1927 年,苏联的洛塞夫(Losev)观察到电流通过由氧化锌和碳化硅制成的整流二极管时,二极管会发光,虽然发光很弱,但这是实验上第一次真正制备了发光二极管。1955 年,美国无线电公司(Radio Corporation of America,RCA)的布朗斯坦(Braunstein)首次发现砷化镓、锑化镓、磷化锌和半导体合金的红外辐射。1961 年,德州仪器公司(Texas Instruments,TI)的比亚德(Biard)和皮特曼(Pittman)发现砷化镓通电时会产生红外线,他们率先生产出了用于商业的红外 LED。很快,红外 LED 被广泛应用。1962 年,美国通用电气公司(General Electric Company,GE)的霍洛尼亚克(Holonyak)发明了可以发出红光的 LED。1972 年,霍洛尼亚克的学生克拉福德(Craford)发明了橙黄光 LED,其发光亮度也比先前的红光 LED 有了大幅度的提高,这标志着 LED 向着提高发光效率的方向迈出了重要的一步。随后黄光、绿光 LED 也相继出现,发光强度和发光效率也得到了极大的提升。但作为三原色之一的蓝色 LED 一直没有被研制出来。直到 1993 年,日本日亚化学工业株式会社的中村修二利用半导体材料氮化镓和铟氮化镓发明了蓝光 LED,并在 1998 年利用红、蓝、绿三种颜色的 LED 制成白光 LED,这使 LED 正式进入照明领域。1996 年,日本日亚化学工业株式会社在能发出蓝光的 LED 芯片上涂覆了一层 YAG:Ce 荧光粉,荧光粉被蓝光激活后,发射黄光,两种光混合形成白光。蓝光和白光 LED 的出现拓宽了 LED 的应用领域,使 LED 全彩色显示、LED 照明等走向实际应用(图 8-7)。

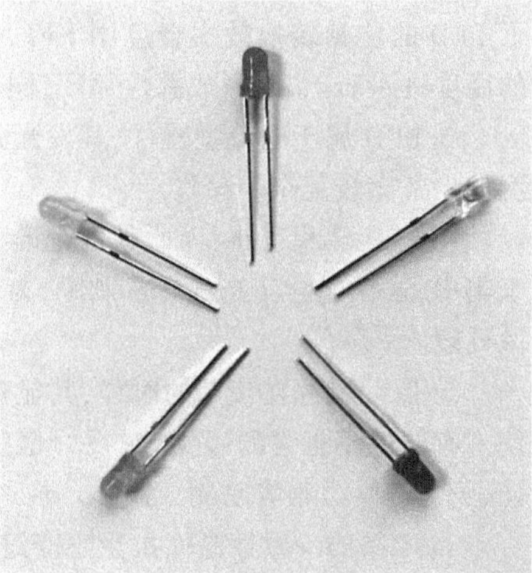

图 8-7　发光二极管

进入 21 世纪,随着技术的进步和生产工艺的改进,无论是应用领域还是光谱范围,LED 都有了极大的发展,LED 发光产品已经在科研生产和日常生活领域中占有重要的地位。

8.2.3　发光二极管的优点和缺点

LED 作为光源使用已经有几十年的历史,进入 21 世纪后,LED 光源已经被大规模使用,大有替代传统光源之势,下面对其优缺点进行详细介绍。

(1) LED 的优点。

① LED 的能量转换效率可以超过 20%,这样的转换效率使 LED 比白炽灯节能 80%以上,比节能灯节能 50%以上。因此采用 LED 照明可以节省大量的能源。

② LED 可以做得很小,因此其重量也很轻,这就带来了极大的方便。体积小也容易以透镜等方式对其进行会聚调节,其发光角度从大角度的散射至小角度的聚焦都能够轻易做到。并且其为全固态结构,没有灯丝,所以在使用过程中不怕剧烈振动。

③ LED 的发光角度可调,并且具有很好的方向性,这就使其在使用过程中不需要太多的附属设备来调整出射方向。

④ LED 所发出的光的单色性较好,并且可以根据实际需要对出射光的颜色进行调节,这

为使用带来了极大的方便。而且由于其单色性好,可以做到辐射光中无红外线和紫外线成分,没有热量放出,也没有对人体有害的紫外线放出。

⑤ LED 在制备过程中不需要汞等在白炽灯中常使用的有害元素,因此对环境的污染较小。

⑥ LED 的寿命为 $5\times10^4\sim10^5$ h,比传统光源的寿命长 10~50 倍,这大大降低了其使用成本。

⑦ LED 的响应时间极短,可以达到纳秒量级,这极大地拓展了其应用领域。

(2) LED 的缺点。

① LED 一般在高光度下能量转换效率较低,因此在一般照明用途上耗电仍大于荧光灯,有些 LED 灯甚至比一些电灯泡还要耗电。为了解决这个问题,有些照明设备中使用多个 LED,这样每个 LED 都能工作在低光度下而总的出光度又可以得到提高,但这样又使制造成本大为提高。

② LED 在使用过程中或多或少会产生热量,如果不能及时散热,其温度会很高,而在高温下 LED 的能量转换效率会急剧下降,浪费能量的同时会产生更多热量,这些热量又会使 LED 的温度进一步上升,形成恶性循环,同时高温会严重缩短 LED 的寿命。

③ LED 属于电流型器件,其发光强度需要通过施加的电流进行调节,因此调节其发光亮度的设备比较复杂和昂贵。

④ LED 体积很小,因此其发光模型可以认为是点光源模型,将其用于照明时,光源发光过于集中,这样就会使光源异常刺眼,为了使光源发光柔和一些,经常需要附属光学设备进行分散处理。

⑤ 照明光源在使用的时候,其显色性是一个很重要的指标。显色性低的照明光源不但会使人有颜色不正常的感觉,对视力也是有害的。传统灯泡、卤素灯等照明光源的显色性都极佳,荧光灯管也很容易制成高显色性的产品。相比来说,LED 的显色性还有待进一步提高。

⑥ 产品的一致性是大批量生产过程中一个很重要的要求。但对于 LED 来说,即使是同一批次的单颗 LED 之间也存在光通量、颜色和正向电压的差别,其一致性通常较差,需要进一步改进。

⑦ LED 的防水性能差。作为光源时,LED 内部如果吸水就会产生内应力、荧光粉吸潮变色和光色漂移等现象,这是 LED 在户外使用中的一个致命弱点。

⑧ LED 作为半导体器件,对静电比较敏感,很容易被静电击穿其 PN 结导致漏电流的出现,因此其对环境的静电要求较高。

8.2.4 发光二极管的种类

LED 的分类方式有很多,下面介绍一些主要的 LED 分类方式。

(1) 按 LED 发光颜色进行分类。

在可见光范围内,LED 可分为红色、橙色、黄色、绿色、青色、蓝色和紫色等。

(2) 按 LED 发光位置处掺或不掺散射剂,以及散射剂是否有颜色进行分类。

LED 可分为无色透明型、有色透明型、有色散射型和无色散射型等。

(3) 按 LED 出光面特征进行分类。

LED 可分为圆型、方型、矩型、面型、侧向型、微管型等。

(4) 按 LED 发光角分布进行分类。

① 高指向型。这种 LED 一般带有环氧树脂制作的球面顶端结构，从而能对其发出的光起到会聚作用，或者是在制作过程中加入金属反射镜结构，并且封装材料中不添加散射剂。光强半值角通常被设定在 5°~20°，这种 LED 常作局部照明光源使用，或与光探测器组成自动探测系统使用。② 标准型。这时 LED 的光强半值角通常被设定在 20°~45°，这种 LED 通常作为指示灯使用。③ 散射型。这时 LED 的光强半值角通常被设定在 45°~90°甚至更大，为了尽量增大散射，封装材料中的散射剂含量通常较高，这种 LED 常用来制作视角较大的指示灯。

(5) 按 LED 封装结构进行分类。

LED 可分为全玻璃封装、全环氧树脂封装、金属底座环氧树脂封装、陶瓷底座环氧树脂封装等。其中全环氧树脂封装是最常见的封装结构。

(6) 按 LED 功率大小进行分类。

① 大功率型，是指发光强度较高的 LED。LED 行业一般把功率为 1 W 以上的 LED 称为大功率 LED。这类 LED 的尺寸较大，发光效率较高，常作照明 LED 使用，比如常见的 LED 灯管。② 小功率型，是指发光强度较低的 LED。这类 LED 的尺寸较小，发光效率较低，常作道路指示灯、手机背光灯等使用。

(7) 按 LED 封装方式进行分类。

① 直插式。这种 LED 有管脚，可以直接插入电源。直插式 LED 封装时通常采用灌封，灌封的流程是：先在 LED 成型模腔内注入液态封装材料，然后将焊好的 LED 支架插入其中，最后将液体的封装材料固化。这种 LED 的成本低，工艺简单，因此其市场占有率较高。由于直插式 LED 容易做防水处理，所以其一般作为户外 LED 显示屏的光源。② 贴片式。这种 LED 是贴于电路板表面然后封装的。这种封装方式很好地解决了视角、亮度、平整性、可靠性、一致性等问题，并且可轻易地通过设计将产品重量减少一半，从而使应用更加完美。贴片式 LED 一般用于室内 LED 大屏幕的光源。随着技术上的突破，贴片式 LED 的亮度得到大幅度提高，LED 的防水处理也很好地得到解决，因此，贴片式 LED 在户外 LED 显示屏上的应用也越来越多。

8.2.5 发光二极管的性能评价

评价 LED 性能的参量有很多，其中主要的有内/外量子效率、发光强度、亮度、寿命，下面对这几个参量加以介绍。

(1) 内/外量子效率。

LED 的量子效率是衡量电子向光子转化的重要参量。内/外量子效率的定义公式为

$$\mu_{\mathrm{IQE}}=\frac{\text{从活性层出射的光子数}}{\text{注入的光子数}} \tag{8-2}$$

$$\mu_{\mathrm{EQE}}=\frac{\text{从器件出光面出射的光子数}}{\text{注入的光子数}} \tag{8-3}$$

这里，μ_{IQE} 为内量子效率，μ_{EQE} 为外量子效率。

公式(8-2)定义的内量子效率反映的是载流子在发光区域有效辐射复合的效率，而公式(8-3)定义的外量子效率则反映的是发光器件产生的光子出射到环境中的效率。图 8-8 给出

了 LED 器件中的发光损耗机制，可以看到通过波导模式损耗和玻璃基板损耗之后，出射到环境中的光子数会大大衰减，这导致了内/外量子效率的巨大差异。

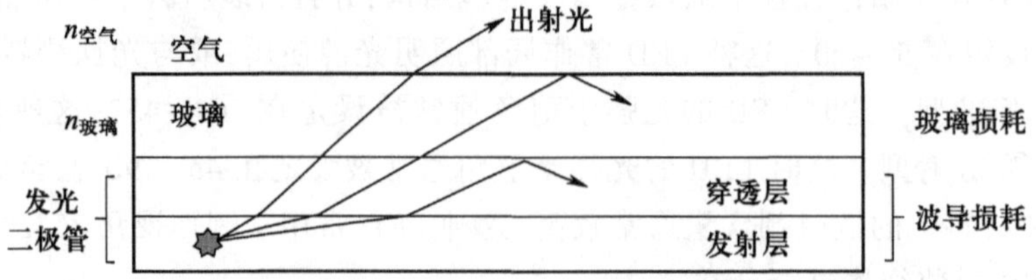

图 8-8　LED 器件中的发光损耗机制

(2) 发光强度和亮度。

器件的发光强度是衡量其性能的另一个重要参量，具体指的是 555 nm 的单色辐射源在给定方向上辐射强度为(1/683) W/sr 时的发光强度，其单位用坎德拉(cd)表示。

对于发出可见光的器件，亮度表示的是人眼对发光器件的发光感受的物理量，一般用 cd/m^2 或 nit 表示。对于不同波长的可见光，人眼的视觉感知函数是不同的，因此在计算器件的亮度时，需要引入人眼视觉函数 $F_{\nu is}$(图 8-9)，公式如下：

$$亮度=\frac{辐射强度\bigg/\dfrac{1}{683}F_{\nu is}}{辐射面积} \tag{8-4}$$

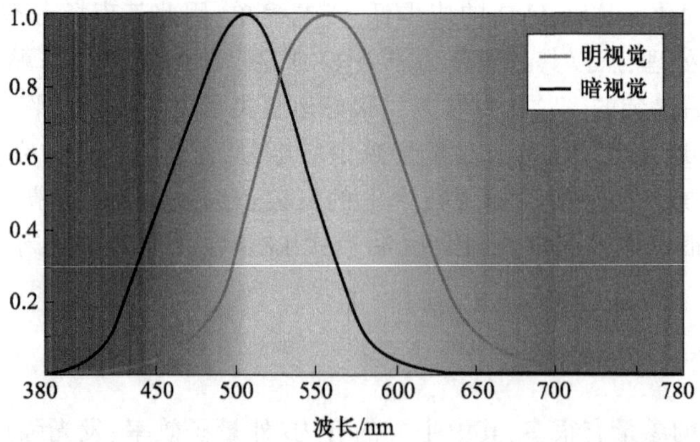

图 8-9　人眼视觉函数，在实际计算中使用明视觉函数

(3) 寿命。

LED 亮度一般会随着使用时间的增加而下降，通常把亮度降到初始亮度的一半所需要的时间定义为发光二极管的寿命。由于通常 LED 寿命很长，要直接测量其常温下的寿命并不现实，因此需要对其寿命进行加速，再进行测量。一种方法是将 LED 的温度升高，根据高温会加速器件老化的原理，再利用阿伦尼乌斯(Arrhenius)模型推导出 LED 的寿命。阿伦尼乌斯模型是最常用的加速模型，其表达式为

$$\frac{\partial M}{\partial t}=A_0\exp\left(-\frac{E_a}{kT}\right) \tag{8-5}$$

这里,A_0 为常量,t 为时间,k 为玻耳兹曼常量,M 为固定特性值的退化量,$\partial M/\partial t$ 为退化速率(时间 t 的线性函数),T 为热力学温度,E_a 为激活能(LED 从正常进入劣化的过程中,会有能量势垒存在,这个能量势垒就是激活能)。

如果用 M_1 表示 LED 初状态的退化量,t_1 表示其对应的时间,M_2 表示末状态的退化量,t_2 表示其对应的时间,那么当温度 T 恒定时,从初状态到末状态退化量的累积为

$$M_2-M_1=\int_{t_1}^{t_2}A_0\exp\left(-\frac{E_a}{kT}\right)\mathrm{d}t \tag{8-6}$$

时间间隔 t_2-t_1 较小时,公式(8-6)可写为

$$M_2-M_1=A_0\exp\left(-\frac{E_a}{kT}\right)(t_2-t_1) \tag{8-7}$$

假设从 t_1 时刻开始升温到某一温度 T,随着时间的流逝,退化量逐渐发生变化,当退化量达到某个值时,LED 失效,此时的时间差 t_2-t_1 就是产品的使用寿命 L。利用公式(8-7)可以解出

$$\ln L=\frac{M_2-M_1}{A_0}+\frac{E_a}{kT} \tag{8-8}$$

若令 $A=(M_2-M_1)/A_0$,则有

$$\ln L=A+\frac{E_a}{kT} \tag{8-9}$$

测量出两个不同温度时的使用寿命,且使退化量改变量相同,就可以通过公式(8-9)计算出激活能 E_a,这样就可以算出常温时的使用寿命 L。

造成发光二极管器件使用寿命减少的因素可概括如下:

① 器件内量子效率太低。注入活性层的载流子不能有效地以辐射的方式复合,大量的非辐射复合导致器件区域焦耳热的积累,产生不可逆的破坏作用。

② 活性层分解。对于有机 LED 器件和量子点 LED 器件来说,活性层分解的现象尤其明显。在强电场或高电流的作用下,活性层中的有机分子极易发生性质变化。

③ 界面层的破坏。长时间工作的器件中不同层间的接触界面容易老化,这会引起器件串联电阻的增加。

8.3 半导体激光器

半导体激光器是指工作物质为半导体材料的激光器,有时也称为半导体激光二极管,其工作原理要比发光二极管复杂一些。半导体激光器拥有能够产生激光振荡的谐振器,因此其输出效率、光束质量、响应时间、谱线宽度等性能更加优异。

大多数高功率半导体激光器都是利用半导体材料 GaAs 和 GaAlAs 制成的。这里以最具代表性的 GaAs 制备的双异质结半导体激光器为例进行讨论。如图 8-10 所示,半导体激光器主要包括衬底、有源层、限制层、波导层、电极等。在图 8-10 的直角坐标系中:y 轴方向通常称为横向(transverse direction),这个方向为逐层淀积形成外延结构的方向;x 轴方向通常称为侧向(lateral direction),这个方向为后期制备过程中限制电流注入的方向;z 轴方向通常称为纵向

(longitudinal direction),这个方向为光传播和往返振荡的方向。图 8-10 中的衬底通常为用液相外延等方法拉制的单晶,厚度一般在 100 μm 以上,有源层、波导层、限制层是在衬底上外延生长而成的。

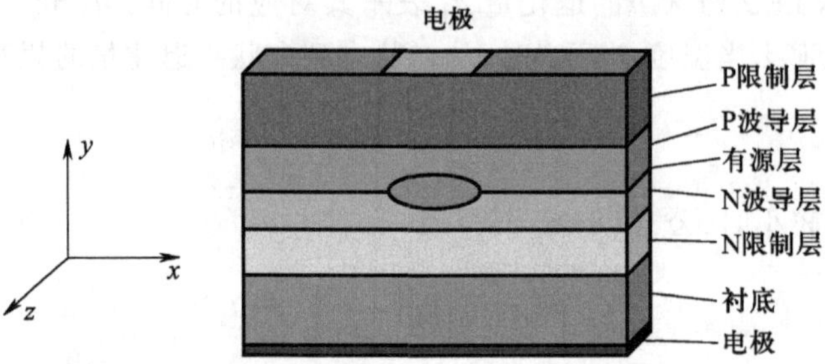

图 8-10 半导体激光器的结构示意图

由于限制层的带隙比有源层宽,所以在施加正向偏压后,P 层的空穴和 N 层的电子在电场作用下将会注入有源层。P 层的带隙较宽,并且导带中的能级比有源层中的高,这将形成势垒,使有源层内的注入电子无法通过扩散进入 P 层。同理,有源层内的注入空穴也无法通过扩散进入 N 层。结果就是,有源层的注入电子和空穴被限制在有源层内。这时只需要很小的外加电流,就可以使电子和空穴浓度增大,实现粒子数反转,如图 8-11 所示。

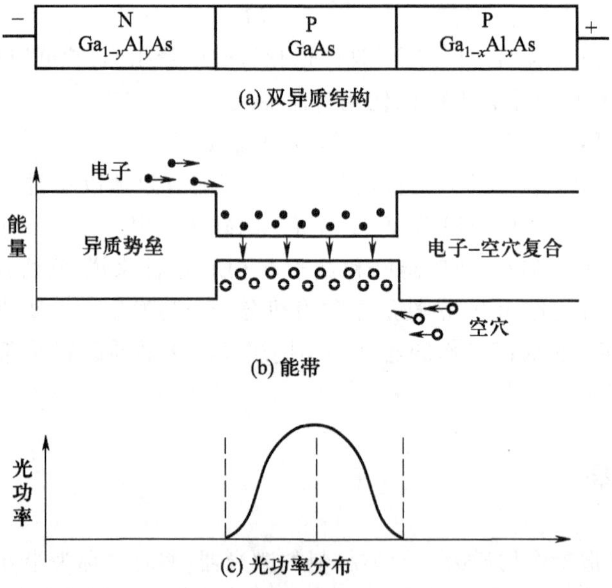

图 8-11 半导体激光器的工作原理

考虑到有源层内的电子有基态和激发态两个能级,其能量分别为低能级 E_1 和高能级 E_2,两能级原子数密度分别为 n_1 和 n_2,如果入射光子的能量正好等于高低两能级之间的能量差,那么入射光照射到有源层上时,在入射光扰动下,处于激发态的电子将会从高能级 E_2 跃迁到低能级 E_1,同时辐射能量为 $h\nu=E_2-E_1$ 的光子。这个过程就是受激辐射,如图 8-12 所示。单位时间内从高能级跃迁到低能级的原子数满足

$$\frac{\mathrm{d}n_2}{\mathrm{d}t}=W_{21}n_2 \tag{8-10}$$

这里,W_{21} 为电子从激发态能级通过受激辐射跃迁到基态能级的概率,$W_{21}=\rho_\nu B_{21}$,B_{21} 为受激辐射跃迁系数,后来被称为爱因斯坦受激辐射系数,ρ_ν 为入射光能量密度。

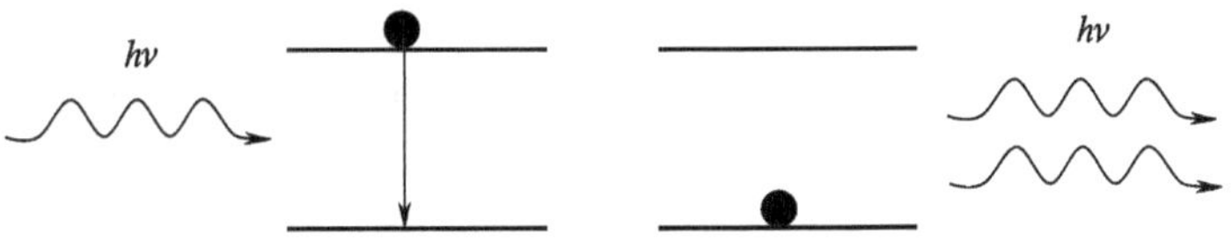

图 8-12　受激辐射

与受激辐射相对应的是受激吸收。处于基态的电子在入射光扰动下,吸收能量为 $h\nu=E_2-E_1$ 的光子,从低能级 E_1 跃迁到高能级 E_2。这个过程即受激吸收,如图 8-13 所示。

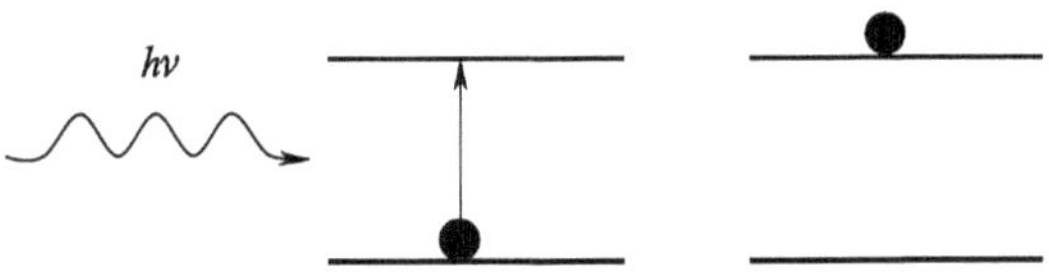

图 8-13　受激吸收

单位时间内从低能级跃迁到高能级的原子数为

$$\frac{\mathrm{d}n_2}{\mathrm{d}t}=W_{12}n_1 \tag{8-11}$$

这里,W_{12} 为电子从基态能级通过受激吸收跃迁到激发态能级的概率,$W_{12}=\rho_\nu B_{12}$,B_{12} 为受激吸收跃迁系数,也被称为爱因斯坦受激吸收系数。

在热平衡情况下,能级 E_1 和 E_2 上的电子数满足玻耳兹曼分布:

$$\frac{n_2}{n_1}=\frac{g_2}{g_1}\exp\left(-\frac{E_2-E_1}{k_\mathrm{B}T}\right) \tag{8-12}$$

这里,g_1、g_2 分别为两能级的简并度。

电子在两能级之间通过自发辐射、受激辐射和受激吸收跃迁时,两能级上的电子数应不随时间变化,因此有

$$\left(\frac{\mathrm{d}n_2}{\mathrm{d}t}\right)_{\mathrm{spe}}+\left(\frac{\mathrm{d}n_2}{\mathrm{d}t}\right)_{\mathrm{ste}}=\left(\frac{\mathrm{d}n_1}{\mathrm{d}t}\right)_{\mathrm{sta}} \tag{8-13}$$

这里,spe 为自发辐射(spontaneous emission),ste 为受激辐射(stimulated emission),sta 为受激吸收(stimulated absorption)。

联立公式(6-1)、公式(8-12)和公式(8-13),可得

$$\rho_\nu=\frac{A_{21}}{B_{21}}\cdot\frac{1}{(B_{21}g_2/B_{12}g_1)\exp(h\nu/k_\mathrm{B}T)-1} \tag{8-14}$$

将公式(8-14)与普朗克黑体辐射公式对比:

$$\rho_\nu=\frac{8\pi\nu^3}{c^3}\frac{h\nu}{\mathrm{e}^{h\nu/kT}-1} \tag{8-15}$$

可以得到

$$A_{21}=B_{21}\frac{8\pi h\nu^{3}}{c^{3}} \tag{8-16}$$

$$B_{21}g_{2}=B_{12}g_{1} \tag{8-17}$$

公式(8-16)和公式(8-17)称为爱因斯坦关系式。从爱因斯坦关系式中可以知道,受激辐射与自发辐射存在一定的关联。从前面的分析可以知道,自发辐射为电子"自发地"从高能级向低能级跃迁时产生的辐射,受激辐射为电子在外界入射光"扰动"下从高能级向低能级跃迁时产生的辐射,这两个过程看起来是独立无关的,但如果公式(8-16)中的 $A_{21}=0$,那么由于 π、c、h 和 ν 均不为零,为了等式成立只能有 $B_{21}=0$;如果 $A_{21}\neq 0$,一定有 $B_{21}\neq 0$。这就表明自发辐射与受激辐射是共进退的。从公式(8-17)可以看出,当高低能级的简并度相等,即 $g_1=g_2$ 时,有 $B_{12}=B_{21}$,进一步有 $W_{12}=W_{21}$。

在热平衡情况下,两种辐射光强可以写为

$$I_{\text{spe}}=n_{2}A_{21}h\nu,\quad I_{\text{ste}}=n_{2}B_{21}\rho_{\nu}h\nu \tag{8-18}$$

将两种辐射光强相比:

$$\frac{I_{\text{ste}}}{I_{\text{spe}}}=\frac{B_{21}}{A_{21}}\rho_{\nu}=\frac{c^{3}}{8\pi h\nu^{3}}\rho_{\nu}=\frac{1}{\mathrm{e}^{h\nu/kT}-1} \tag{8-19}$$

对于 $T=1\ 500\ \text{K}$,$\lambda=500\ \text{nm}$ 的情况,该比值为 2×10^{-9},可见自发辐射占有绝对优势地位。

在热平衡情况下,单位时间内,通过受激辐射增加的光子数密度为

$$W_{21}n_{2}=B_{21}\rho_{\nu}n_{2} \tag{8-20}$$

单位时间通过受激吸收减少的光子数密度为

$$W_{12}n_{1}=B_{12}\rho_{\nu}n_{1} \tag{8-21}$$

在一般情况下,高能级的简并度 g_2 总是要比低能级的简并度 g_1 高,因此受激辐射跃迁系数 B_{21} 比受激吸收跃迁系数 B_{12} 小,并且在通常情况下,有源层处于热平衡时,低能级上的粒子数 n_1 要大于高能级上的粒子数 n_2,$n_2<n_1$,因此,当光在有源层内传输时,受激吸收占据主导地位,即有源层对入射光的吸收要大于辐射,光将因吸收而出现衰减。

当电流施加到有源层时,带隙会将 P 层注入的空穴和 N 层注入的电子限制在有源层内,从而实现粒子数的反转。这时低能级上的粒子数 n_1 要小于高能级上的粒子数 n_2。当光照射到固体材料上时,低能级上的电子跃迁到高能级上的数目将会小于高能级上的电子跃迁到低能级上的数目,即材料的辐射大于对入射光的吸收,这是产生激光的必备条件。

在通常情况下,入射光一次通过时,不足以产生很强的出射光,为了得到强度足够高的激光,还需要利用谐振腔进行正反馈,通过激光振荡实现光放大。

图 8-14 是半导体激光器谐振腔的结构示意图。整个谐振腔由增益介质(激光产生部分)和两个反射镜构成。反射镜 1 的反射率 R_1 越高越好(通常是 99.99%以上),与之对应,反射镜 2 的反射率 R_2 大约为 70%,这样的设计既能保证光波在两个反射镜之间有足够多的反射次数,又能使足够强的激光从谐振腔中出来。

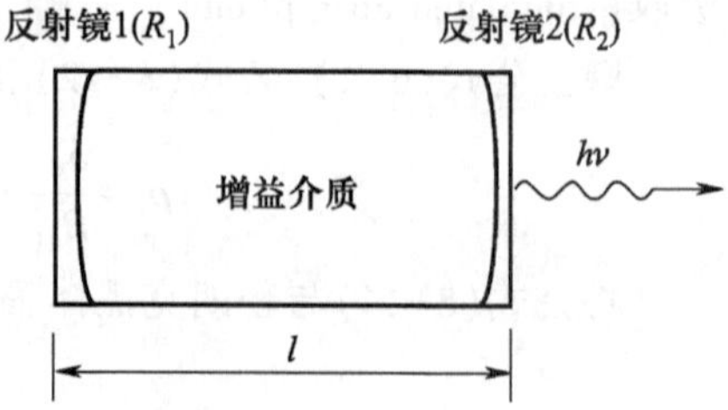

图 8-14　谐振腔的结构示意图

半导体激光器的核心部分依然是 PN 结,在半导体

激光器通电后，其伏安特性曲线如图 8-15 所示。从图中可以看到，在施加电压后，导通电流也随之产生，但是电流并不像普通电阻材料一样，与电压成正比，而是随着电压的增大而减小，当 PN 结两端电流大于某值时，电压的改变很小，这与 PN 结的伏安特性是一致的。PN 结相应的等效串联电阻可以通过求导（dV/dI）得到，图 8-15 还给出了等效串联电阻-电流曲线，该曲线可以反映激光器的运行状况。

通常，半导体激光器的电流与输出光功率之间的关系曲线如图 8-16 所示。从图中可以看出，输出光功率随电流的变化过程，大致可以分成三个阶段。第一阶段，电流很小，粒子数还没有实现反转，空穴和电子之间的复合是通过自发辐射完成的，辐射出来的光子没有固定频率、偏转方向、相位，且其运动方向杂乱无章，这时发出的光只是普通的荧光，在激光器出光方向的光子也会在谐振腔多次反射的过程中大部分被吸收。第二阶段，输出光功率与电流之间的关系依然是单调增加的，但斜率明显大于第一阶段。该阶段增益已经大于 0，但还没有达到稳定值，此时发出的并不是激光，只是亮度很高的荧光。第三阶段是激光输出阶段，此时施加在增益介质上的电流已经大到了一定程度，谐振腔内的受激辐射已经足够大，使谐振腔内的损耗和增益地位发生了对调。再经过谐振腔两侧反射镜的多次反射、工作物质的多次放大后，发出的光已经是模式明确、谱线尖锐的激光。从图中可以看出，在该阶段，输出光功率与电流呈线性关系，这样便可通过调节电流实现输出光功率的调节。

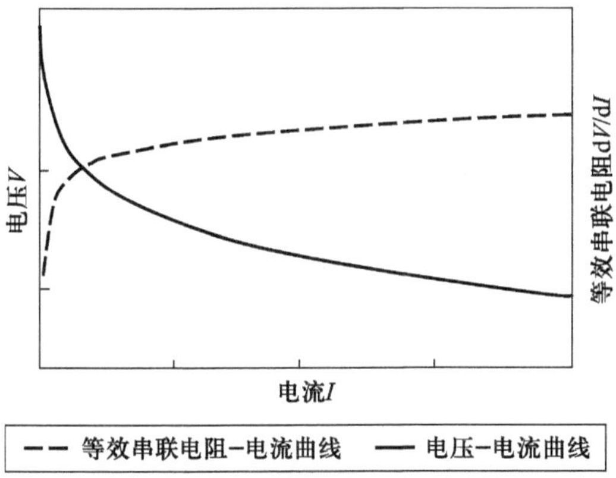

图 8-15　半导体激光器的电压（等效串联电阻）-电流曲线

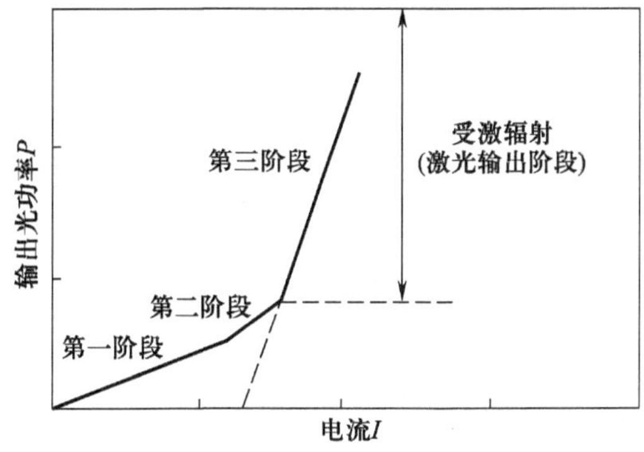

图 8-16　半导体激光器的电流-输出光功率曲线

半导体激光器通电后，通过电致发光效应，会产生频率约为 E_g/h 的激光。当激光器中有激光出射时，激光将在谐振腔内来回振荡并被不断放大，最终达到一个出射激光强度与谐振产生的激光强度相平衡的状态，激光器输出功率达到稳定。这时激光器的输出谱线将由谐振腔的共振纵模决定。即在谐振腔中产生的必须是驻波，这就要求谐振腔的长度必须是激光器出射波长一半的整数倍，这就是谐振条件：

$$l=\text{整数}\times\frac{\lambda}{2n} \tag{8-22}$$

这里，λ 为真空中的波长，n 为增益介质折射率。

满足谐振条件的是多个波长的激光，但其中只有单纵模的激光束是最好的，通常其谱线宽度在兆赫兹范围内，远小于发光二极管。

为了得到稳定的功率输出，要求谐振腔的长度、介质的增益、反射镜的形状等不随时间发生变化，这时谐振腔内的增益和损耗达到一个稳定的平衡状态。这就提供了一种算出在谐振过程中介质输出光强的方法。

激光在增益介质中振荡传播的过程中不断被放大，经过一段距离后增大的光强 dI 可以写为

$$\mathrm{d}I=\nu_\lambda I(x)\,\mathrm{d}x \tag{8-23}$$

这里，dx 为激光在增益介质内的传输距离，x 为起始位置，ν_λ 为增益系数，$I(x)$ 为 x 处光强。

由于增益系数 ν_λ 是一个正值，所以光强将随着距离的增加而增大。对其进行积分，将得到

$$I(x)=I_0\mathrm{e}^{\nu_\lambda x} \tag{8-24}$$

这里，I_0 为坐标 0 处的光强。

在激光器输出功率稳定时，激光器的增益与各种损耗之间应满足

$$R_1R_2\mathrm{e}^{2\nu_\lambda l}\mathrm{e}^{-2\alpha_\lambda l}=1 \tag{8-25}$$

这里，α_λ 为激光在谐振腔中传输时由于散射和吸收而引入的衰减系数。e 指数上的 2 是由于激光在谐振腔中往返而引入的。

为了更好地理解增益系数与吸收系数以及反射率 R_1、R_2 和谐振腔长度 l 的关系，可以将公式(8-25)变形为

$$\nu_\lambda=\alpha_\lambda-\frac{1}{2l}\ln\frac{1}{R_1R_2} \tag{8-26}$$

从公式(8-26)可以看出，当激光器稳定输出时，其增益系数与吸收系数、谐振腔长度、两个反射镜的反射率都有关。

当增益介质内通过的电流大于电流的阈值时，激光器输出功率可以写成

$$P=\eta\frac{h\nu}{e}(I-I_{\mathrm{th}}) \tag{8-27}$$

这里，η 为增益介质内电子-空穴对产生光子的量子效率，I 为施加的电流值，I_{th} 为阈值电流。η 决定了图 8-16 中的斜率值。η 是一个介于 0 和 1 之间的值，对于一个理想的激光器来说，量子效率越高越好，如果量子效率为 1，那么斜率值为 $h\nu/e$。但由于光学约束与电学约束，η 是小于 1 的。

第八章参考文献

第九章　发光材料的制备与特性

前面三章对发光光学的基础理论和具体的两种发光——光致发光和电致发光进行了分析与讨论，本章将讨论发光材料的制备与特性。

9.1　发光材料的制备

发光材料在现代科技中占有非常重要的地位，并且随着研究的不断深入，发光材料的种类也越来越多。为获得满足要求的发光材料，就要有合适的制备方法，到目前为止，已经有数千种发光材料的制备方法，由于篇幅的限制，不能一一列举，这里主要介绍一些比较典型的发光材料制备方法。

9.1.1　高温固相烧结法

高温固相烧结法是最经典、使用最广泛的一种发光材料制备方法。这种方法首先将高纯度的各种原料进行机械研磨，将其研磨成粉状，之后通过过滤筛将其过滤成所需大小的颗粒，然后进行充分混合，再经过干燥等预处理过程，除去其中水、有机物以及其他易挥发杂质，最后放入烧结炉中在一定温度下进行烧结，冷却后即得所需样品。该方法的优点是制备工艺简单、所需设备成本低廉、在一般情况下样品的发光效果较好，缺点是能耗较高、耗时较长、产品容易结块、压制粉碎以后有色衰等。但将优缺点综合考虑后，高温固相烧结法依然是制备发光材料的重要方法之一。

高温固相烧结法可以说古已有之，很难对其开始时间进行考证，但在很长时间内对这种方法的研究都停留在实践总结阶段，没有形成相应的理论，这种情况一直持续到人们对微观世界有所了解，并且发明了相应的观察设备为止。随着计算机模拟技术的普及和发展，很多过程可以通过模拟来实现，这大大提高了烧结效率。近年来，在相关理论逐渐完善和计算机模拟技术的支持下，科学家们利用高温固相烧结法制备了很多发光材料。

高温固相烧结法研究进展

下面以$(Gd,Y)BO_3:Eu^{3+}$为例简单介绍一下高温固相烧结法的主要过程。在制备样品时，需要将原料Gd_2O_3、Y_2O_3、Eu_2O_3和H_3BO_3充分研磨成粉末，筛选后均匀混合，这样反应物颗粒才能相互充分接触，将其在 1 350 ℃高温下烧结 12 h。在烧结过程中，反应物颗粒通过在旧相之间不断交换元素实现新相的合成，即新物质的合成反应是在颗粒界面上进行的，因此这个反应需要外界提供能量。由于采用高温固相烧结法制备的样品容易产生团聚现象，并且颗粒较大，所以为了能够涂覆得更好，需要对烧结后的样品进行二次研磨，但在研磨时会破坏晶粒的结构，使发光性能降低，进而影响使用效果。因此，人们一直在探索新的有效合成方法来替代高温固相烧结法。

9.1.2 燃烧法

在高温固相烧结法基础上,人们提出了燃烧法。这种方法在合成固体发光材料时利用了金属硝酸盐混合物和尿素等混合物的燃烧反应。燃烧法最大的特点就是通过自身的燃烧反应提供了合成过程中需要的大部分热量,因此,制备样品时不需要太多的外界能量,而且具有极快的反应速度。利用燃烧法制备硼酸盐基质荧光粉时,和溶胶-凝胶法类似,在溶液中开始进行反应,因此离子状态是反应过程中前驱物的存在形式。在之后的燃烧反应过程中,反应物是分子水平混合的,会有大量的气体(包括 N_2、H_2O、NH_3、CO 等)溢出,这些气体溢出时可以带走大量的热量,减少了硼酸盐在高温固相法烧结时个别新相晶粒不断增长的现象,并且可以获得泡沫状的疏松目标产物。

燃烧法具有安全、省时、节能、颗粒分散性好、不易凝聚结块、颗粒直径小且分布均匀等优点,是一种很有发展潜力的发光材料制备方法。虽然到目前为止,燃烧法合成的发光材料的发光强度和亮度还无法与高温固相烧结法合成的发光材料相比,但其依然受到人们的高度重视。

燃烧法
研究进展

9.1.3 溶胶-凝胶法

溶胶-凝胶法是 20 世纪 60 年代被提出的一种制备无机材料的工艺,它是一种很实用的制备发光材料的方法。这种方法在硼酸盐荧光体的制备中得到了广泛的应用。

溶胶-凝胶法一般包括以下几个过程。

(1) 溶胶的制备过程。溶胶的制备通常分为无机方式和有机方式两种。

在无机方式中,制备通常是通过无机盐的水解来实现的,反应过程可以表示如下:

$$M^{n+}+nH_2O \longrightarrow M(OH)_n+nH^+ \tag{9-1}$$

这里,M 为无机盐中的金属,n 为金属 M 的化合价。

在有机方式中,通常用有机醇盐作为制备原料,通过水解与缩聚两个化学反应来得到相应的溶胶,反应过程可以表示如下:

$$\text{水解:}M(OR)_n+xH_2O \longrightarrow M(OR)_{n-x}(OH)_x+xROH \tag{9-2}$$

$$\text{缩聚:}2M(OR)_{n-x}(OH)_x \longrightarrow [M(OR)_{n-x}(OH)_{x-1}]_2+H_2O \tag{9-3}$$

这里,R 为烃基或其他有机基团。

(2) 溶胶-凝胶转化过程。通过改变溶胶的 pH 值或者脱去溶胶中的水分,都可以使溶胶转化成凝胶。

(3) 凝胶的干燥过程。干燥过程中一般是先对凝胶进行加热,使其中的溶剂大部分挥发,然后将挥发剩余物置于干燥箱中,经过干燥就会得到相应的粉体材料。由于在干燥过程中,凝胶转变成了粉体,结构相差巨大,所以每一种材料的制备都需要经过反复实验总结,才能得到理想的样品。

溶胶-凝胶法
研究进展

和传统的高温固相烧结法相比,溶胶-凝胶法具有反应中的起始前驱物质活性高、反应充分、易获得小粒度产品、化学计量比可以精确控制等优点。但是,溶胶-凝胶法有时还是会需要 800 ℃以上的后处理烧结,这就与高温固相烧结法的原理一致了。同时,该法产生的样品的形貌受外界影响小，要通过控制样品的反应条件得到多种形貌的样品很难实现。

9.1.4 水热法

近些年，一种新的发光材料合成方法——水热法，逐渐发展起来。这种方法利用绝大多数材料在高压下溶解度会显著增加的特点，将反应物溶解于水（包括液相或气相水）中，让它们在水中完成反应。该方法具有水热合成温度低、含氧量小、缺陷少、体系稳定、颗粒较细、发光效率高等优点，并且合成物的发射光谱与用高温固相烧结法制得的样品相差无几。

水热法
研究进展

在利用水热法制备产品的过程中，所有反应物质都是被密封在高压反应釜中的，反应过程中物质的化学和物理等性能都与常温常压下有所不同，其活性增大，从而很容易产生一些介稳态、中间态和特殊物态，因此这种方法能够产生一些在固相反应中不易得到的物质，或者在高温下才能生成的物质。另外，利用水热法制备的发光晶体类物质具有晶面取向好、缺陷少、结晶度高、粒度和形貌可控等优点。总之，水热法具有反应温度低、粒度小、形貌可控、产物组分均匀、掺杂浓度高、相对发光强度和相对量子效率较高等优点，是一种非常好的发光材料制备方法。

9.1.5 微波法

微波法是 20 世纪末被提出的一种发光材料制备方法，该方法将制备好的原料放入微波炉中，用微波进行加热来制备产品。

微波法作为一种新的发光材料制备方法具有其他传统制备方法不具有的优点，这些优点包括：

（1）选择性加热。

每种材料对微波的吸收能力是不同的。吸收能力强的材料易被微波加热，吸收能力弱的材料不易被微波加热。利用这一特点，合理设计相关装置，可以做到只有样品被加热，其他附属设备不被加热，这样就避免了能量的浪费，而且能有效提高加热温度。

微波法
研究进展

（2）加热速度快且加热均匀。

与传统加热方法不同，通过微波炉进行加热时，原材料吸收微波能量，温度变高，而且材料内部整体同时发热，升温速度较快，从而显著缩短加热时间。另外，微波能转化为热能的效率为 80%～90%，因此微波法可以有效节约能源。

（3）可以改进合成材料的结构与性能。

由于微波加热速度快，避免了材料合成过程中晶粒的异常长大，所以能够在短时间、低温下合成纯度高、粒度细、分布均匀的材料。另外，由于试样从内部加热，被处理的材料的温度梯度和热流与传统加热方法相反，因此微波法对大小工件都能快速加热，并且可以减小处理过程中引起裂纹的热应力。

（4）热惯性小。

微波加热的一个明显特点是热惯性小，只要在微波管加上灯丝 15 s 后，就可以加高压，使物体瞬间加热。而关闭电源后，试样即可在周围的低温环境作用下快速降温。

（5）可以改善劳动环境和劳动条件。

微波法是加热物品自身，而不是靠传导或其他介质（如空气）间接加热，因此设备本身基本不辐射热量,不会造成环境高温,这样就使劳动环境和劳动条件得到极大改善,这一点对于保护环境和劳动者权益非常重要。

微波法是一种极有价值和发展前景的发光材料制备方法,目前已在很多发光材料制备中得到了应用。但这种方法诞生时间并不长,而且在加热过程中无法对原料的反应过程进行有效监控,也无法对制备过程进行实时修正。微波法制备过程中的一些反应机理还没有完全理清,这就使利用这种方法制备的材料的发光性能有时还无法与其他方法相比。而且,由于所用微波设备市场需求比较少,所以其制作成本一直居高不下,这就限制了微波法的普及。但利用微波法制备发光材料有极大的市场潜力,相信在未来人们一定会大力发展微波法。

9.1.6 共沉淀法

共沉淀法是湿化学方法中的一种。该方法利用一些物质可溶于某些溶剂(比如水)的性质,通过溶剂这个反应中间介质完成化学反应,反应的生成物为不溶于溶剂的物质,这样反应生成物就可以从溶剂中析出并沉淀,再经洗涤、过滤、加热等处理过程,最后得到高纯度发光材料。

共沉淀法研究进展

在制备一些硼酸类荧光粉时,共沉淀法经常被采用。具体过程为:首先,将固体粉末状稀土氧化物或者稀土硝酸盐原料溶解于一定比例的稀硝酸溶液中,之后按照预定的化学计量比加入尿素并通过搅拌将其溶解,溶液中的原料会与尿素反应,这样就会有反应产物(稀土氢氧化物或草酸盐)从溶液中沉淀出来;然后,经过热水洗涤、过滤、分离、研磨,再加入 5 mol%过量的硼酸,并将其置于马弗炉中在高温下烧结;最后,得到所需的产品。

用共沉淀法制备铝酸盐发光材料时,草酸、碳酸氢铵以及碳酸铵这些物质常被用作沉淀剂,制备时,通过控制实验中所采用的沉淀条件(如反应温度、反应时间、沉淀剂与金属离子的比率等),使所需的不同金属离子尽可能同时沉淀,这样就可以保证复合材料组分在制备过程中的均匀性。

总之,共沉淀法具有制备流程简单、产品活性大、颗粒细致且粒径均匀的优点,并且可以在制备过程中优化样品材料结构和降低最后环节的烧结温度。共沉淀法的缺点是对所用原料纯度要求较高,整个制备过程步骤较多,更容易引入杂质。另外,共沉淀法虽然能制备铝酸盐发光粉体,但其发光性能依然与高温固相烧结法有差距,这也是该方法的一个缺点。

9.1.7 硝酸盐热分解法

硝酸盐热分解法先将原材料溶解在某种溶液中,充分搅拌后放入烘干箱烘干,然后将其放在马弗炉中,在高温下进行烧结,最后将烧结后的产物进行研磨,得到相应的产品。在用高温固相烧结法制备发光材料的过程中,原料的局部高温很容易引起单晶粒增大,而且制备的硼酸盐荧光体更容易结晶长大。但是硝酸盐热分解法能够降低烧结温度,制备过程中的均匀混合使合成更加容易,故此法被广泛应用到了硼酸盐荧光体制备中。

硝酸盐热分解法研究进展

硝酸盐热分解法是一种很有发展潜力的发光材料制备方法,具有烧结成本和温度低、无须研磨等优点。但这种方法也有无法控制产物的形貌、在制备过程中需要有水或者酸介质等缺点。

合成发光材料的方法有很多,除以上讨论的这些方法之外,还有其他的合成方法,但通常用这些方法制备的发光材料,其性能并不优异,因此这里不做一一介绍。总之,虽然发光材料制备方法众多,但到目前为止,高温固相烧结法在工业化生产中依然占据主要地位。

9.2 发光材料的特性

前面讨论了各种发光材料的制备方法。本节进一步讨论不同发光材料的特性,这有利于了解各种发光材料的发光机制和发光规律,从而有助于更好地应用发光材料。

9.2.1 发光材料的温度特性

很多因素都会影响发光材料的发光性能,其中温度是一个很重要的因素。例如,在低温下可以观察到在室温下不能观察到的激子、浅能量杂质和缺陷的光致发光现象。图 9-1 是 ZnSe/ZnS 多层薄膜样品(ZnSe 3.5 nm,ZnS 15 nm)在 660 ℃下,N_2 氛围中退火 100 min 后,在低温环境中测得的光致发光光谱。

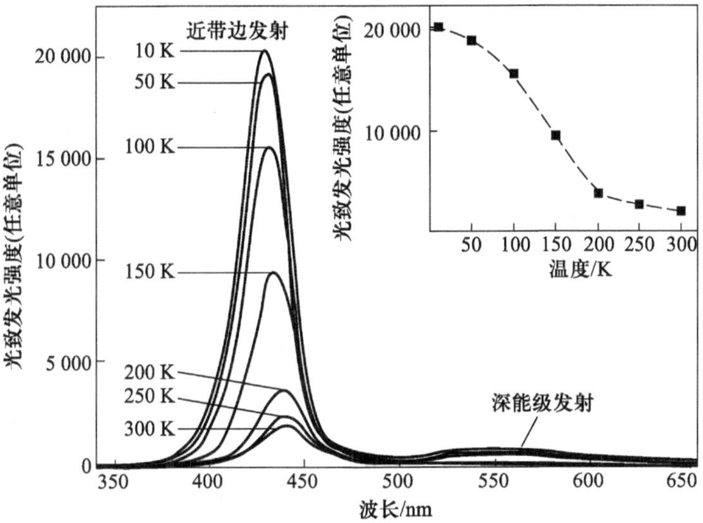

图 9-1 不同温度下薄膜的光致发光光谱

从图 9-1 中的光致发光光谱可以观察到薄膜样品的近带边(near band edge,NBE)发光强度随着温度降低而增强。近带边发光强度在 10 K 时达到最大。而深能级发光强度(550 nm 处)很弱且变化很小,在一般情况下没有实际应用价值,可不加以考虑。2013 年,科研人员在核/厚壳结构的纳米晶体中发现了和材料温度相关的非辐射俄歇复合热激活现象,进一步研究表明,俄歇效应是降低光致发光强度的主要原因。此外,尽管人们对温度与材料的导带和价带偏移之间关系的研究还不够深入,但研究发现价带偏移总是至少为 400 meV。因此,无论异质结构中的温度如何,空穴总是被局限于核心区域,这时只需要考虑电子的位置变化。如图 9-2 所示,在温度很低时,ZnSe 中的所有电子都处于基态,俄歇效应被抑制。当温度升高时，当其中一个电子在 ZnS 中离域时，俄歇效应可以发生。此外，随着材料温度的升高，缺陷的重组会变得更加强烈，并且非辐射跃迁过程将会消耗更多的光生载流子，这将导致更多的声子以热辐射的形式产生和消散。这样辐射跃迁就会出现大幅度的减少，从而降低了光致发光强度。

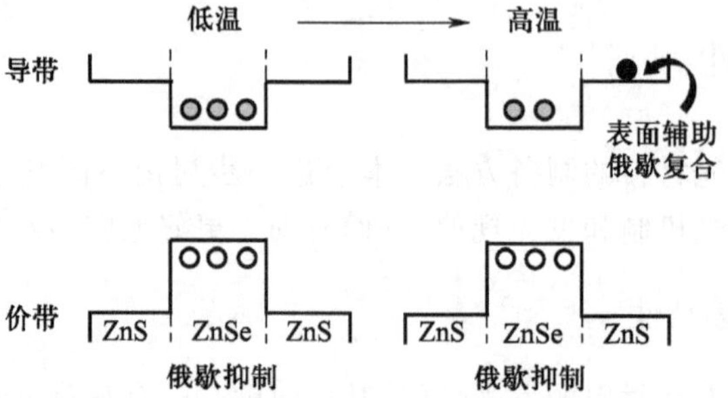

图 9-2　温度依赖的电子局域化模型

光致发光强度 $I_{PL}(T)$ 随温度 T 变化的趋势也可以用下式表示：

$$I_{PL}(T)=I_0\frac{K_r(T)}{K_r(T)+K_{nr}(T)} \tag{9-4}$$

这里，I_0 为温度为 T_0 时的光致发光强度峰值，以 10 K 温度的值作为基准，$K_r(T)$ 和 $K_{nr}(T)$ 分别为温度为 T 时的辐射和非辐射复合率。非辐射复合率 $K_{nr}(T)$ 由导带和价带中的缺陷陷阱率和电子弛豫率确定。随着温度 T 升高，$K_{nr}(T)$ 的值会有一定程度的增加。因此，公式(9-4)与图 9-1 一致。

图 9-3 给出了不同温度下，近带边辐射的归一化光致发光光谱。从图中可以看出，随着样品温度的不断升高，光谱峰值位置发生了红移，峰值从 10 K 时的 430 nm 变化到 300 K 时的 441 nm。其中，低温下的峰值波长较短可以归因于低温时的晶格收缩(由于热胀冷缩)和量子

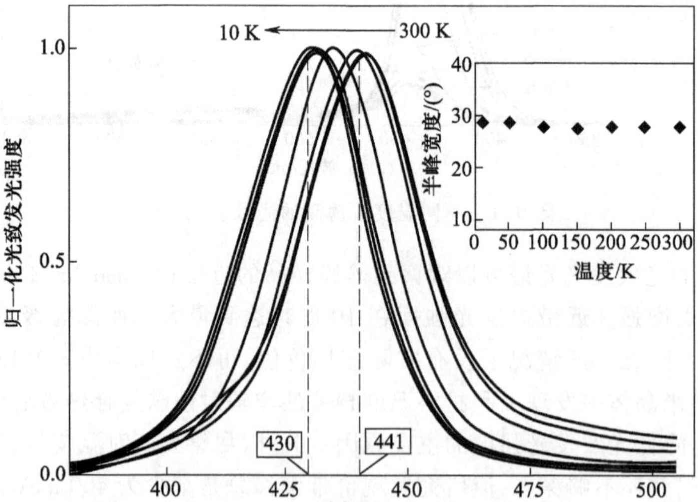

图 9-3　近带边发光强度随温度变化规律曲线

限制。从图中所示光谱的半峰宽度还可以看出，近带边辐射的半峰宽度随温度并没有太大变化，均为 28 nm 左右，而半峰宽度的微小波动可能是由于测量误差造成的。

此外，可以使用瓦尔什尼(Varshni)公式来分析随着温度降低而增加的光致发光强度和近带边辐射的红移问题：

$$E_g(T)=E_0-\frac{\alpha T^2}{\beta+T} \tag{9-5}$$

这里，$E_g(T)$ 为温度为 T 时的禁带宽度，E_0 为温度为 0 K 时的禁带宽度，α 和 β 为相关常量。

从公式(9-5)可以看出，第二项中的温度 T 在分子和分母位置均存在，但在分子位置为平方关系，因此随着温度的增加，半导体的禁带宽度会减小。

光子能量公式：

$$E=h\nu=\frac{hc}{\lambda} \tag{9-6}$$

这里，h 为普朗克常量，ν 为光的频率，c 为真空中的光速，λ 为光的波长。结合公式(9-5)和公式(9-6)可知，当温度从 10 K 升到 300 K 时，近带边辐射发射峰会发生红移现象。

9.2.2 发光材料的老化特性

发光材料在实际使用过程中会有老化问题，即随着时间的延长发光强度一般会降低。设开始发光时的强度为 I_0，当强度下降到 I_0 一半时所用的时间通常称为半发光寿命。半发光寿命是衡量发光材料老化的一个重要指标。由于各种发光材料的发光机理不同，所以其发光过程中的老化情况各不相同，半发光寿命也存在巨大的差异。下面对几种情况下的老化加以讨论。

光致发光材料在发光的同时又受到入射光的照射和相关离子的轰击，这些都会造成光致发光材料的损伤，从而引起光致发光的减弱。例如，荧光灯在使用过程中两端会发黑，这就是老化引起的。图 9-4 给出两种荧光粉在荧光灯中的老化曲线。密封的玻璃管是荧光灯的核心元件，玻璃管内壁涂有作为发光物质的卤磷酸钙荧光粉。管内含有微量水银和一些惰性气

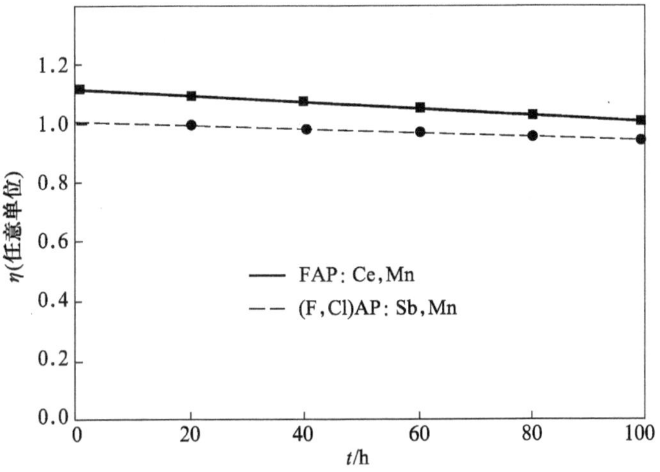

图 9-4 两种荧光粉在荧光灯中的老化曲线

体（通常是氩气）。当高压作用于灯管上时，灯丝附近的惰性气体被电离，然后被电场加速，带有一定动能的惰性气体离子与管内的汞原子发生碰撞，使汞原子的核外电子获得能量，从低能级跃迁到高能级。当汞原子的核外电子从高能级回到低能级时，会辐射出波长为 254 nm 和 185 nm 的紫外线（主峰值波长是 254 nm，占全部辐射能的 70%～80%；次峰值波长是 185 nm，约占全部辐射能的 10%）。玻璃管内壁上的荧光粉吸收这些紫外线，通过光致发光过程发出可见光。荧光粉不同，发出的可见光也不同。其中 185 nm 的紫外线会使荧光物质内形成既吸收激发光（254 nm），又吸收发射光（可见区）的"色心"。同时，荧光灯中的汞会被荧光粉层表面所吸附。荧光灯中放电离子对荧光粉层的轰击，会引起材料的结构和性质的变化，即使其老化。此外，高能光子将材料的发光中心离子氧化或还原为非发光态，玻璃管中 Na^+ 向荧光粉层扩散，这些都是老化的原因。

电致发光又可以分为交流电致发光和直流电致发光。其中，交流电致发光最为常见。影响交流电致发光寿命的一个重要原因是空气中的水分。以最典型的交流电致发光材料 ZnS：Cu 为例，水会使 ZnS：Cu 发生电解：

$$ZnS+H_2O \longrightarrow Zn^{2+}+S^{2-} \tag{9-7}$$

电解后的离子在外电场作用下加速运动，在运动过程中又可能俘获和失去电子：

$$\begin{aligned} Zn^{2+}+2e^- &\longrightarrow Zn \\ S^{2-}+2e^+ &\longrightarrow S \end{aligned} \tag{9-8}$$

这样就会有 Zn 原子从 ZnS：Cu 中析出，导致发光材料表面形成黑色斑块。因此，防止材料潮解是防止材料老化的主要方面。

引起交流电致发光材料老化的原因还有很多，比如空位密度、杂质浓度和发光材料颗粒大小等。

为了对交流电致发光的寿命进行评估，罗伯茨（Roberts）提出了一个经验公式：

$$B=\frac{B_0}{1+\frac{t}{t_h}} \tag{9-9}$$

这里，B 为发光材料的亮度，B_0 为发光材料的初始亮度，t 为工作时间，t_h 为半发光寿命，它是一个与电场频率有关的常量，通常随着电场频率的增加而减小。

直流电致发光材料的老化是由于发光层通有电流时会发热，发热的结果是促进各种离子在材料内部的迁移，使原有结构遭到了破坏。比如 ZnS：Cu 发光颗粒表面的铜离子会沿表面或向内部迁移，从而使结构发生变化，发光层电阻变大，电流减小，发光强度变低。并且发光层靠近阳极的区域会吸附水和空气中的氧气，使发光材料颗粒的表面发生电化学反应，破坏其原有结构。因此防止老化的方法就是尽量减少水和氧气的参与，减小施加的电压，使发光材料颗粒的结构变化减缓。

9.2.3 发光材料的发光效率特性

在发光材料发光过程中需要引入对发光强弱进行衡量的物理量，这个量就是发光效率，它是直接反映材料发光性能的重要指标。在一般情况下，发光效率有三种定义方式：量子效率、光度效率、功率效率。下面对这三种发光效率分别加以介绍。

（1）量子效率。

它的定义是：发光材料发光时，辐射光子数与吸收的光子（或电子）数的比值。材料中的电子在一般情况下处于能量最低的基态，材料中的电子通过吸收外界入射光子或通过碰撞等形式获得能量后被激发到激发态。由于激发态是不稳定状态，所以电子最终要失去能量回到基态，失去能量有很多种方式，发射光子只是其中一种，量子效率正是一个衡量有多少激发态电子能量转化成光子能量的参量。

（2）光度效率。

它的定义是：发光材料发光时，辐射的光通量与激发时输入功率的比值。人的眼睛对不同波长的光的敏感程度是不一样的，对可见光中 555 nm 的绿光最敏感，对其他波长的光的敏感程度会降低，当波长不在 390~760 nm 的范围内时人眼几乎不敏感。因此用眼睛来衡量时需要光度效率。

（3）功率效率。

它的定义是：发光材料发光时，辐射的光功率与激发时输入功率的比值。这里的输入功率包括入射光功率或施加的电场功率等使电子由基态跃迁到激发态所消耗的功率。

发光材料的发光效率与激发源之间有着密切的关系。图 9-5 给出光致发光光谱与激发光波长之间的关系。可以看出，光致发光光谱随着激发光波长的改变而发生明显的变化，其原因是光致发光材料确定以后，其相应的光致发光过程也就确定了，这时最佳的激发光波长实际

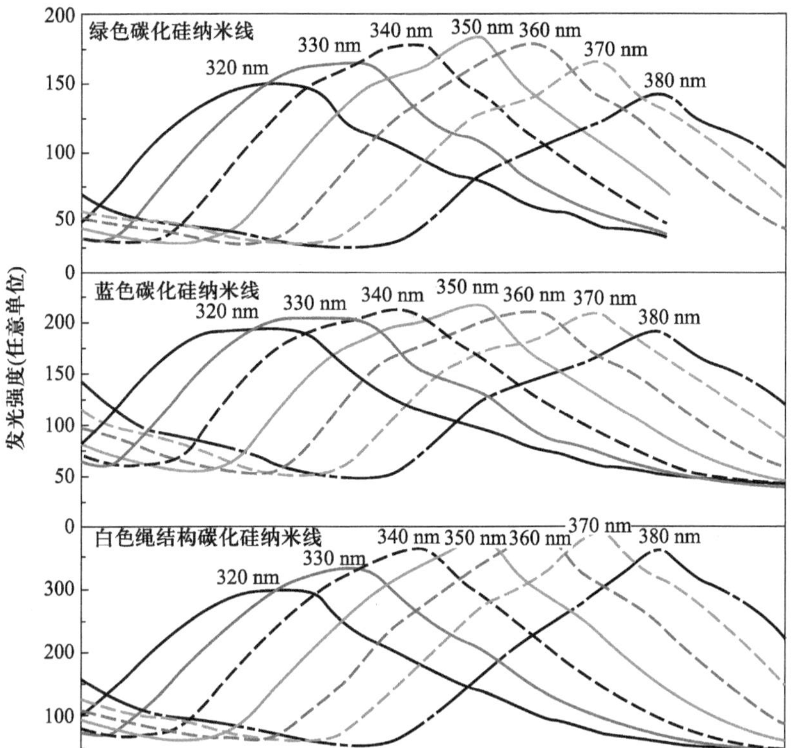

图 9-5　光致发光光谱与激发光波长之间的关系

已经确定，并且可以通过相关的量子力学理论加以计算。

对于电致发光材料，其发光强度与外加电场强度密切相关，图 9-6 给出了两种材料的发光强度与外加电场强度的关系。可以看出，发光强度会随外加电场的增强而迅速增加。人们通过大量实验总结出一个外加电场强度与材料发光强度的经验公式：

$$I=\varpi E^{\Theta} \tag{9-10}$$

这里，I 为发光强度，E 为外加电场强度，ϖ 和 Θ 为与材料有关的系数。在大多数情况下，这个经验公式和实验结果吻合得很好。

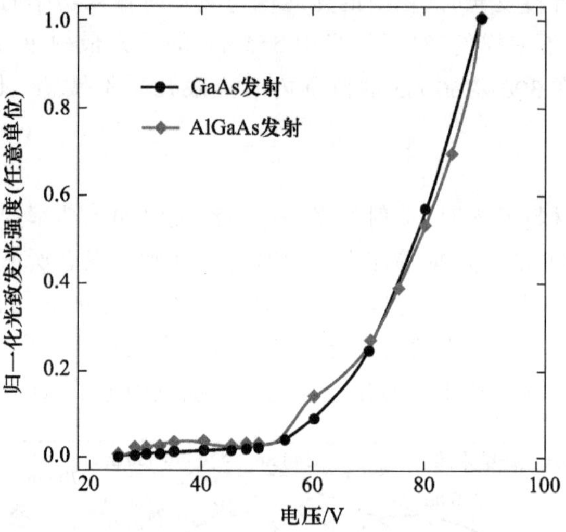

图 9-6　GaAs 和 AlGaAs 的发光强度与外加电场强度的关系

随着科学技术的飞速发展，发光材料的种类也在不断丰富，从无机到有机，从简单到复杂，影响发光材料的发光强度的因素也变得越来越多。基底材料的种类、温度、发光颗粒的大小、制备工艺等都会影响材料的发光效率，因此在实际应用过程中还需要具体问题具体分析。

第九章参考文献

第十章　固体光学中的性能检测

性能检测是固体光学研究中非常重要的一环。随着科技的进步,对固体光学材料进行性能检测的手段也在不断丰富和发展,这里介绍一些基本的固体光学材料性能检测的方法和设备。

10.1　固体材料的折射率测量原理与方法

固体材料折射率的检测原理与方法有很多,如最小偏向角法、椭圆偏振仪法、棱镜耦合法、V-棱镜法、透射谱线法等。

10.1.1　最小偏向角法

最小偏向角法是测量透明体块材料折射率的一种常用方法。为了测出透明体块材料的折射率 n,通常会将透明体块材料制备成如图 10-1 所示的三棱镜形状,顶角用 α 表示,通光面用 AB、AC 表示。当空气中一定波长的入射光以入射角 i_1 入射到棱镜的 AB 面上时,入射光会在空气与透明材料界面处发生第一次折射,由于透明体块材料的折射率 n 是大于 1 的,所以根据折射定律

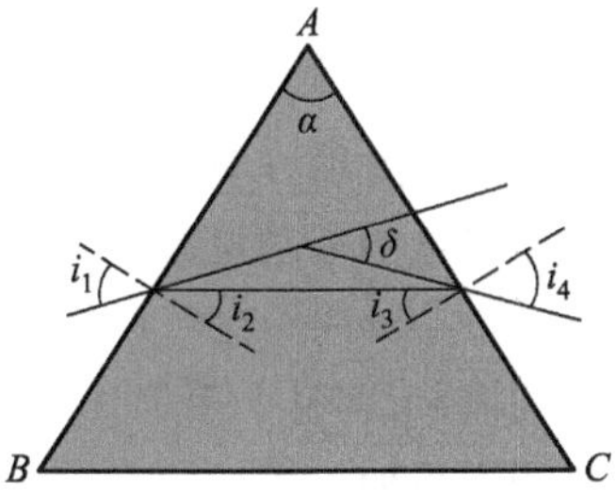

图 10-1　光在三棱镜中的折射

$$\sin i_1 = n\sin i_2 \tag{10-1}$$

可知,折射角 i_2 小于入射角 i_1。在透明体块材料内传输一段距离后,光波从透明体块材料的另一个通光面 AC 出射。在 AC 界面处,透明体块材料内的入射角 i_3 与空气中的出射角 i_4 之间也满足折射定律:

$$n\sin i_3 = \sin i_4 \tag{10-2}$$

对于三棱镜来说,还有

$$\alpha = i_2 + i_3 \tag{10-3}$$

$$\delta = i_1 + i_4 - \alpha \tag{10-4}$$

从公式(10-1)和公式(10-2)求解出 i_1 和 i_4,并将其代入公式(10-4),可得

$$\delta = \arcsin(ni_2) + \arcsin(ni_3) - \alpha \tag{10-5}$$

再利用公式(10-3)中 i_2 和 i_3 的关系,将公式(10-5)中的 i_3 用 i_2 替代,可得

$$\delta = \arcsin(ni_2) + \arcsin[n(\alpha - i_2)] - \alpha \tag{10-6}$$

从公式(10-6)可以看出,偏向角 δ 是折射角 i_2 的函数,将公式(10-6)对 i_2 求一阶导数,根据相关数学知识,让导数为 0,即可得到极值:

$$\frac{\mathrm{d}\delta}{\mathrm{d}i_2} = \frac{n(\cos i_2)\sqrt{1-n^2\sin^2(\alpha - i_2)} - n[\cos(\alpha - i_2)]\sqrt{1-n^2\sin^2 i_2}}{\sqrt{1-n^2\sin^2 i_2}\sqrt{1-n^2\sin^2(\alpha - i_2)}} = 0 \tag{10-7}$$

可得

$$(\cos i_2)\sqrt{1-n^2\sin^2(\alpha-i_2)}=[\cos(\alpha-i_2)]\sqrt{1-n^2\sin^2 i_2} \tag{10-8}$$

可得

$$i_2=\frac{\alpha}{2} \tag{10-9}$$

将公式(10-9)与公式(10-3)相比较，可知

$$i_2=i_3=\frac{\alpha}{2} \tag{10-10}$$

结合公式(10-1)和公式(10-2)可得 $i_1=i_4$。这就表明 $i_1=i_4$，$i_2=i_3$ 时，偏向角 δ 最小，用 $\delta_{\min}$ 表示这个最小偏向角。将这个结果与公式(10-1)、公式(10-3)和公式(10-4)相结合就可求出透明体块材料的折射率：

$$n=\frac{\sin i_1}{\sin i_2}=\frac{\sin\dfrac{\delta_{\min}+\alpha}{2}}{\sin\dfrac{\alpha}{2}} \tag{10-11}$$

在实验中，固定入射光的方向，转动待测材料制作的三棱镜，入射角 i_1 就会改变，光线从棱镜中出射的方向也会发生相应变化。通过测量找到最小偏向角，再通过公式(10-11)即可推导出透明体块材料的折射率。

最小偏向角法可以精确地测量透明体块材料的折射率，具有测量原理容易理解、实验设备结构简单、容易上手等优点，是测量透明体块材料折射率的一种常用方法。但这种方法需要将待测样品加工成三棱镜形状，并要精确测量出三棱镜的顶角，且通光面的平整程度要达到光学量级，否则会影响测量精度。

10.1.2 椭圆偏振仪法

椭圆偏振仪法常被用于测量薄膜材料的折射率和厚度。其测量原理是：线偏振光照射到待测样品表面，经反射后，反射光转变为椭圆偏振光，根据光从入射到反射的状态改变，获得待测样品折射率和厚度信息。椭圆偏振仪法广泛应用于半导体、固体表面、薄膜光学、集成光学、集成电路、生物医学工程等领域。

椭圆偏振仪法采用的核心器件是椭圆偏振仪(简称椭偏仪)。由于精度和用途的差别，椭偏仪的大小和形状千差万别，但其基本结构都是大致相同的。椭偏仪中常用的光学元件有以下几种：

(1) 光源。椭偏仪对光源的稳定性要求很高，一般要求在从紫外(~190 nm)到近红外的波长范围内输出功率近似为常量，目前椭偏仪的光源大多选用氙灯或汞氙灯，但是要注意的是，氙灯或汞氙灯在紫外波段(低于 260 nm)强度较弱，而在 880~1 010 nm 波段具有很强的原子辐射谱线。人们有时也会采用激光作为椭偏仪光源(比如氦氖激光器)，用其进行单色光的测量。

(2) 偏振器件。偏振器件是椭偏仪中的重要光学元件，其作用是将光源发出的任何偏振态的光变成线偏振光，为了不影响测量精度，通常椭偏仪中的偏振器件要有很高的偏振度。椭偏仪中常将格兰-泰勒(方解石)棱镜作为偏振器件使用，其出射光的偏振度可以达到 $1/10^6$，

波长范围为 230~2 200 nm,覆盖了从紫外到红外的波段。

(3) 补偿器(亦叫延滞器)。它可以精确地做 90°相位(或 1/4 波长)的延滞。补偿器可以由反折射薄片或抛光的斜方形晶体构成。该元件的精确延滞与光学调整和所用光的波长有关。有的椭偏测量系统利用了能将线偏振光变成圆偏振光的补偿器。在特殊情况下,补偿器能简单地在两垂直的线偏振器之间引入相位延滞。旋转补偿器与旋转偏振器相结合能将非偏振光变成椭圆偏振光。

(4) 光束调制器。这是对光进行调制的元件。光束调制器通常分为两类,一类是机械调制器(斩波器),可以实现光束强度的简谐调制,为随后的同步探测做准备;另一类是电光或磁光调制器,用于光束强度(电光)或偏振态(磁光)的简谐调制,这种调制器一般难以标定和维护,对温度敏感并且价格昂贵。椭偏仪还有一种光弹型调制器,但这种调制器并不常用。

(5) 探测器。通常用于椭偏仪的探测器有三种,即光电倍增管、硅光探测器和 InGaAs 探测器,前者对光的偏振态敏感,后两种则不敏感,并且后两种在很宽范围内对入射光强度具有线性响应。此外,硅光二极管阵列有时也被当成探测器使用。

图 10-2 给出了椭偏仪的工作原理示意图。光源发出的光照射到起偏器之后变成线偏振光,线偏振光照射到 1/4 波片上,从 1/4 波片出射后变为椭圆偏振光,椭圆偏振光再照射到待测薄膜表面,反射后,经过检偏器,重新变成线偏振光,再利用检偏器后的探测器进行探测,最后利用探测到的光强变化分析出待测薄膜的厚度和折射率。

下面对其具体过程进行讨论。如图 10-3 所示,设光源发出的光的入射角为 φ_1,光在界面 1 和界面 2 处会发生多次反射与折射。这里,E_i 表示线偏振光振幅,d 表示薄膜厚度,n_2 表示薄膜折射率,其上下透明介质的折射率分别用 n_1 和 n_3 表示,r_{12} 表示从介质 n_1 入射到介质 n_2 的反射系数,t_{21} 表示从介质 n_2 入射到介质 n_1 的透射系数,r_{23} 表示从介质 n_2 入射到介质 n_3 的反射系数,t_{23} 表示从介质 n_2 入射到介质 n_3 的透射系数,t_{32} 表示从介质 n_3 入射到介质 n_2 的透射系数。这样,反射波中各分波的复振幅依次可以写为

$$r_{12}E_i,t_{12}t_{21}r_{23}\exp(-i\cdot 2\delta)E_i,t_{12}t_{21}r_{21}r_{23}^2\exp(-i\cdot 4\delta)E_i,t_{12}t_{21}r_{21}^2r_{23}^3\exp(-i\cdot 6\delta)E_i \quad (10-12)$$

这里,2δ 为相邻两分波间的相位差,可以写成

$$2\delta=\frac{4\pi}{\lambda}n_2 d\cos\varphi_2 \quad (10-13)$$

这里,λ 为入射光在真空中的波长。

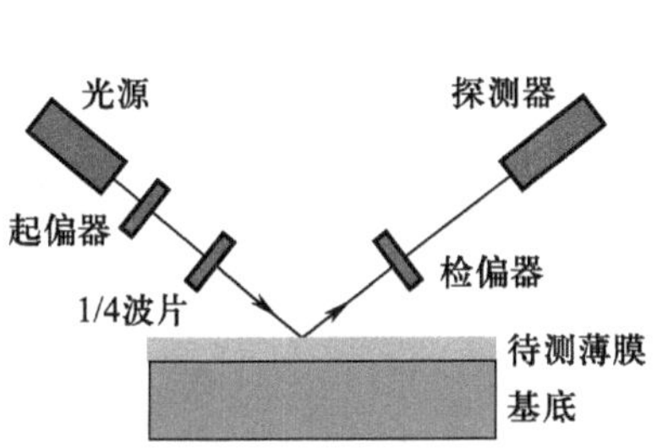

图 10-2　椭偏仪的工作原理示意图

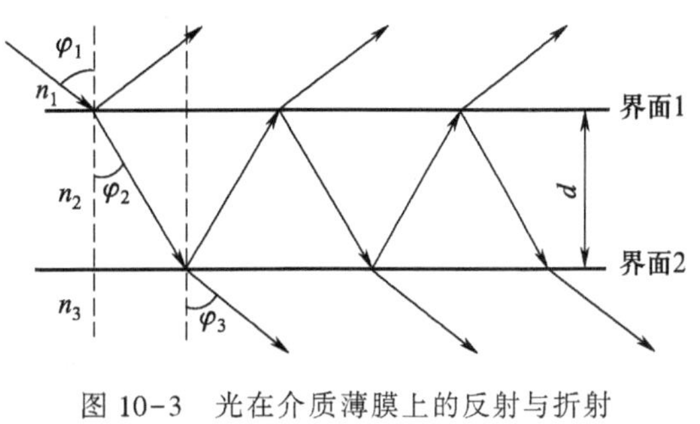

图 10-3　光在介质薄膜上的反射与折射

从各分波的复振幅表达式可以看出,当薄膜的厚度增加或者减少时,对应的相位差会以 2π 为周期发生变化。

总反射波的复振幅 E_r 可以写为

$$E_r=\left[r_{12}+\frac{t_{12}t_{21}r_{23}\exp(-i\cdot 2\delta)}{1-r_{21}r_{23}\exp(-i\cdot 2\delta)}\right]E_i \tag{10-14}$$

对于 r_{12}、r_{21} 和 t_{21}，它们之间存在如下关系：

$$r_{12}=r_{21} \tag{10-15}$$

$$t_{21}=\frac{1-r_{12}^2}{r_{12}} \tag{10-16}$$

将公式(10-15)和公式(10-16)代入总反射波的复振幅表达式(10-14)，可得

$$E_r=\frac{r_{21}+r_{23}\exp(-i\cdot 2\delta)}{1+r_{21}r_{23}\exp(-i\cdot 2\delta)}E_i \tag{10-17}$$

p 偏振光与 s 偏振光的反射率通常被定义为

$$R_p=\frac{E_{rp}}{E_{ip}} \tag{10-18}$$

$$R_s=\frac{E_{rs}}{E_{is}} \tag{10-19}$$

将公式(10-17)代入公式(10-18)和公式(10-19)，可得

$$R_p=\frac{r_{21p}+r_{23p}\exp(-i\cdot 2\delta)}{1+r_{21p}r_{23p}\exp(-i\cdot 2\delta)} \tag{10-20}$$

$$R_s=\frac{r_{21s}+r_{23s}\exp(-i\cdot 2\delta)}{1+r_{21s}r_{23s}\exp(-i\cdot 2\delta)} \tag{10-21}$$

再引入一个新的物理量，反射系数比 Γ，其定义为

$$\Gamma=\frac{R_p}{R_s}=\frac{\dfrac{E_{rp}}{E_{ip}}}{\dfrac{E_{rs}}{E_{is}}}=\frac{r_{21p}+r_{23p}\exp(-i\cdot 2\delta)}{1+r_{21p}r_{23p}\exp(-i\cdot 2\delta)}\,\frac{1+r_{21s}r_{23s}\exp(-i\cdot 2\delta)}{r_{21s}+r_{23s}\exp(-i\cdot 2\delta)} \tag{10-22}$$

从反射系数比的表达式(10-22)可以看出，它应该是一个复数，常写成

$$\Gamma=\tan\psi\exp(i\Delta) \tag{10-23}$$

公式(10-23)对于 p 偏振与 s 偏振的入射光均适用，并且对于两种介质界面处的反射与折射来说，反射系数和透射系数可以从菲涅耳公式得出：

$$r_{1p}=\frac{n_2\cos\varphi_1-n_1\cos\varphi_2}{n_2\cos\varphi_1+n_1\cos\varphi_2} \tag{10-24}$$

$$r_{2p}=\frac{n_3\cos\varphi_2-n_2\cos\varphi_3}{n_3\cos\varphi_2+n_2\cos\varphi_3} \tag{10-25}$$

$$r_{1s}=\frac{n_1\cos\varphi_1-n_2\cos\varphi_2}{n_1\cos\varphi_1+n_2\cos\varphi_2} \tag{10-26}$$

$$r_{2s}=\frac{n_2\cos\varphi_2-n_3\cos\varphi_3}{n_2\cos\varphi_2+n_3\cos\varphi_3} \tag{10-27}$$

且有

$$n_1\sin\varphi_1=n_2\sin\varphi_2=n_3\sin\varphi_3 \tag{10-28}$$

结合公式(10-13)、公式(10-22)和公式(10-24)—公式(10-28)可以发现,Γ 是变量 n_1、n_2、n_3、d、φ_1 的函数[φ_2、φ_3 可以通过公式(10-28)用 φ_1 表示],可以写为

$$\Gamma=f(n_1,n_2,n_3,d,\varphi_1) \tag{10-29}$$

再结合公式(10-23)和公式(10-29),可得

$$\psi=\arctan|f(n_1,n_2,n_3,d,\varphi_1)| \tag{10-30}$$

$$\Delta=\arg|f(n_1,n_2,n_3,d,\varphi_1)| \tag{10-31}$$

这里,ψ 与 Δ 称为椭偏参数,它们在椭圆偏振仪法的测量中占有一定地位。

在测量一个待测样品时,通常情况下 n_1、n_3、λ 和 φ_1 是已知的,若能通过实验测出 ψ 与 Δ,原则上就可以解出 n_2 与 d。

为了在实验上测出 ψ 与 Δ,需要考虑入射光和反射光的相位关系,即用复数形式表示入射光和反射光:

$$\begin{aligned}E_{ip}&=|E_{ip}|e^{i\beta_{ip}}\\E_{rp}&=|E_{rp}|e^{i\beta_{rp}}\\E_{is}&=|E_{is}|e^{i\beta_{is}}\\E_{rs}&=|E_{rs}|e^{i\beta_{rs}}\end{aligned} \tag{10-32}$$

这时,反射系数比 Γ 为

$$\begin{aligned}\Gamma&=\frac{R_p}{R_s}=\frac{\left|\frac{E_{rp}}{E_{ip}}\right|\exp[-i(\beta_{rp}-\beta_{ip})]}{\left|\frac{E_{rs}}{E_{is}}\right|\exp[-i(\beta_{rs}-\beta_{is})]}\\&=\frac{\left|\frac{E_{rp}}{E_{ip}}\right|}{\left|\frac{E_{rs}}{E_{is}}\right|}\exp\{i[(\beta_{rp}-\beta_{ip})-(\beta_{rs}-\beta_{is})]\}\end{aligned} \tag{10-33}$$

对比公式(10-33)和公式(10-23),可得

$$\tan\psi=\frac{\left|\frac{E_{rp}}{E_{ip}}\right|}{\left|\frac{E_{rs}}{E_{is}}\right|} \tag{10-34}$$

$$\Delta=(\beta_{rp}-\beta_{ip})-(\beta_{rs}-\beta_{is}) \tag{10-35}$$

从公式(10-34)和公式(10-35)可以看出,这时只需测入射光与反射光中的 p 偏振与 s 偏振的反射率 R_p、R_s 以及相位差 $\beta_{rp}-\beta_{ip}$ 和 $\beta_{rs}-\beta_{is}$ 即可求出 ψ 与 Δ,进而求出 n_2 与 d。

通过 R_p、R_s 以及相位差 $\beta_{rp}-\beta_{ip}$ 和 $\beta_{rs}-\beta_{is}$ 获得待测样品 ψ 与 Δ 的方法有两种,分别是消光法和光度法,下面对这两种方法进行讨论。

1. 消光法

利用消光法获得待测样品椭偏参数 ψ 与 Δ 的物理思想为:光源发出的自然光通过起偏器

后，变为线偏振光，线偏振光通过 1/4 波片后，又变为椭圆偏振光，椭圆偏振光经待测样品表面反射后，变为 $|E_{ip}|=|E_{is}|$ 并且 $\beta_{rp}-\beta_{rs}=0$ 或 π 的线偏振光。这时如果旋转检偏器到某一角度就会出现消光现象，由此可确定待测样品的椭偏参数 ψ 与 Δ，进而求得其光学参数。

图 10-4 是消光法实验装置示意图。为了更好地进行理论分析，在入射光和反射光两侧建立直角坐标系 (x,y) 和 (x',y')，x 轴和 x' 轴均位于 P 平面内，且两者都垂直于光束的传播方向，而 y 轴和 y' 轴则位于垂直于 P 平面的平面内。起偏器偏振化方向用 $\acute{o}$ 表示，$\acute{o}$ 与 x 轴夹角用 $\acute{\eta}$ 表示，1/4 波片快轴方向用 $\acute{v}$ 表示，$\acute{v}$ 与 x 轴夹角用 $\acute{\omega}$ 表示，检偏器偏振化方向用 $\acute{\varepsilon}$ 表示，$\acute{\varepsilon}$ 与 x' 轴夹角用 $\acute{\alpha}$ 表示。

图 10-5 为线偏振光在 1/4 波片上的分解示意图。从图 10-5 可以看出，当将 1/4 波片的快轴与 x 轴夹角调整为 $\pi/4$ 时，入射到 1/4 波片上的振幅为 E_i 的线偏振光将变为椭圆偏振光。通过 1/4 波片后，其快轴方向的振幅 E_{f1} 和慢轴方向的振幅 E_{s1} 分别为

$$E_{f1}=E_i\cos\left(\acute{\eta}-\frac{\pi}{4}\right),\quad E_{s1}=E_i\sin\left(\acute{\eta}-\frac{\pi}{4}\right) \tag{10-36}$$

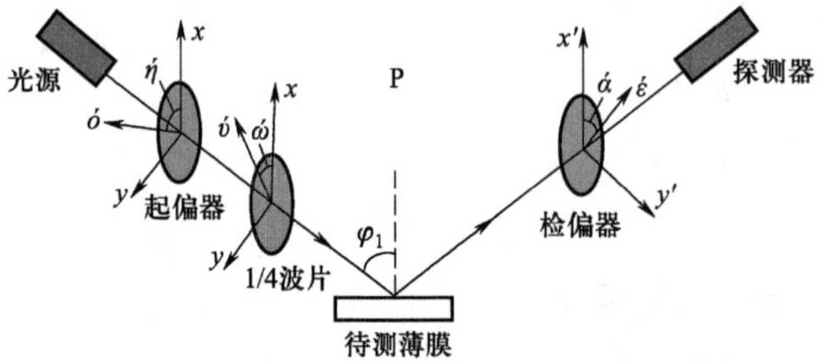

图 10-4　消光法实验装置示意图

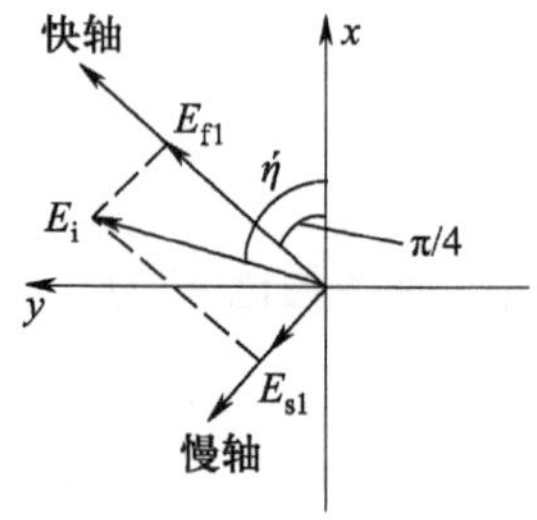

图 10-5　线偏振光在 1/4 波片上的分解示意图

通过 1/4 波片后，在相位上 E_{f1} 将比 E_{s1} 超前 $\pi/2$，于是考虑相位关系后，有

$$E_{f2}=E_i\cos\left(\acute{\eta}-\frac{\pi}{4}\right)\exp\left(i\frac{\pi}{2}\right),\quad E_{s2}=E_i\sin\left(\acute{\eta}-\frac{\pi}{4}\right) \tag{10-37}$$

把两个分量分别投影在 x 轴和 y 轴上，然后合成，可以得到

$$\begin{aligned}E_x&=E_{f2}\cos\frac{\pi}{4}-E_{s2}\sin\frac{\pi}{4}=\frac{\sqrt{2}}{2}(E_{f2}-E_{s2})\\&=\frac{\sqrt{2}}{2}E_i\left[\cos\left(\acute{\eta}-\frac{\pi}{4}\right)\exp\left(i\frac{\pi}{2}\right)-\sin\left(\acute{\eta}-\frac{\pi}{4}\right)\right]\\&=\frac{\sqrt{2}}{2}E_i\exp\left(i\frac{\pi}{2}\right)\left[\cos\left(\acute{\eta}-\frac{\pi}{4}\right)+i\sin\left(\acute{\eta}-\frac{\pi}{4}\right)\right]\\&=\frac{\sqrt{2}}{2}E_i\exp\left(i\frac{\pi}{2}\right)\exp\left[i\left(\acute{\eta}-\frac{\pi}{4}\right)\right]=\frac{\sqrt{2}}{2}E_i\exp\left[i\left(\acute{\eta}+\frac{\pi}{4}\right)\right]\end{aligned} \tag{10-38}$$

$$E_y=E_{s2}\sin\frac{\pi}{4}-E_{f2}\sin\frac{\pi}{4}=\frac{\sqrt{2}}{2}E_i\exp\left[i\left(\frac{3\pi}{4}-\acute{\eta}\right)\right] \tag{10-39}$$

显然，E_x、E_y 即待测样品表面的 E_{ip}、E_{is}，并且有 $|E_{ip}|=|E_{is}|$，其相位差为

$$\beta_{ip}-\beta_{is}=2\acute{\eta}-\frac{\pi}{2} \tag{10-40}$$

公式(10-34)和公式(10-35)也将变成

$$\tan\psi=\left|\frac{E_{rp}}{E_{rs}}\right| \tag{10-41}$$

$$\Delta=(\beta_{rp}-\beta_{ip})-\left(2\acute{\eta}-\frac{\pi}{2}\right) \tag{10-42}$$

从 1/4 波片出来的椭圆偏振光以入射角 φ_1 照射到待测样品表面时,将被其反射进入检偏器。在通常情况下反射光是椭圆偏振光。如果旋转起偏器,反射光就会发生相应变化,当起偏器旋转到某一角度时,反射光将由椭圆偏振光变为线偏振光。由图 10-6 可以看出,当反射后的线偏振光的偏振方向与检偏器的偏振化方向垂直时,将出现消光现象,并且有

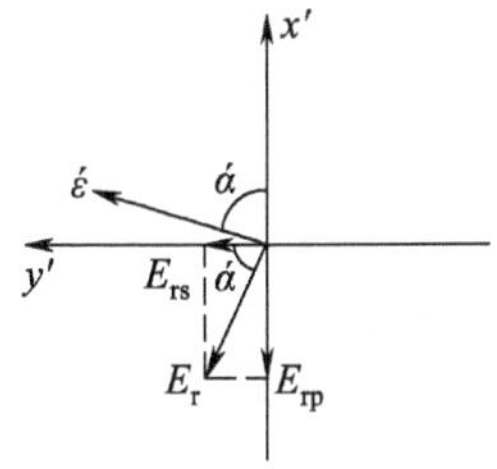

图 10-6　反射光在检偏器上的分解示意图

$$\tan\acute{\alpha}=\left|\frac{E_{rp}}{E_{rs}}\right|=\tan\psi \tag{10-43}$$

$$\beta_{rp}-\beta_{rs}=0 \text{ 或 } \pi$$

假定 $\acute{\alpha}$ 在坐标系(x',y')中的取值限定在第一、四象限内,那么对于 $\beta_{rp}-\beta_{rs}=0$ 或 π,就有两种情况需要讨论。

(1) $\beta_{rp}-\beta_{rs}=\pi$。用 $\acute{\eta}_1$ 表示此时的 $\acute{\eta}$,用 $\acute{\alpha}_1$ 表示此时的 $\acute{\alpha}$,反射线偏振光在第二、四象限内,于是 $\acute{\alpha}_1$ 在第一象限内,由公式(10-42)和公式(10-43)可得到

$$\begin{aligned}\psi&=\acute{\alpha}_1\\ \Delta&=\frac{3\pi}{2}-2\acute{\eta}_1\end{aligned} \tag{10-44}$$

(2) $\beta_{rp}-\beta_{rs}=0$。用 $\acute{\eta}_2$ 表示此时的 $\acute{\eta}$,用 $\acute{\alpha}_2$ 表示此时的 $\acute{\alpha}$,反射线偏振光在第一、三象限内,于是 $\acute{\alpha}_2$ 在第四象限内,由公式(10-42)和公式(10-43)可得到

$$\begin{aligned}\psi&=-\acute{\alpha}_2\\ \Delta&=\frac{\pi}{2}-2\acute{\eta}_2\end{aligned} \tag{10-45}$$

对比公式(10-44)与公式(10-45),可以得出$(\acute{\eta}_1,\acute{\alpha}_1)$和$(\acute{\eta}_2,\acute{\alpha}_2)$的关系:

$$\begin{aligned}\acute{\alpha}_1&=-\acute{\alpha}_2\\ \acute{\eta}_1&=\acute{\eta}_2+\frac{\pi}{2}\end{aligned} \tag{10-46}$$

综上所述,对于消光法来说,只要使 x 轴与 1/4 波片的快轴之间的夹角为 $\pi/4$,并通过实验测量消光时起偏器与检偏器的$(\acute{\eta}_1,\acute{\alpha}_1)$和$(\acute{\eta}_2,\acute{\alpha}_2)$,便可根据公式(10-44)或公式(10-45)求出参数 ψ 和 Δ,进而得出待测薄膜的厚度 d 和折射率 n_2。

2. 光度法

相对于消光法来说,光度法在实验装置上少了一个 1/4 波片,如图 10-7 所示,光源发出的光经过起偏器后变成一束线偏振光,其光振幅用 E_i 表示,该线偏振光在 p 和 s 方向的两分量为

$$
\begin{aligned}
E_{\mathrm{ip}} &= E_{\mathrm{i}}\cos\acute{\eta} \\
E_{\mathrm{is}} &= E_{\mathrm{i}}\sin\acute{\eta}
\end{aligned}
\tag{10-47}
$$

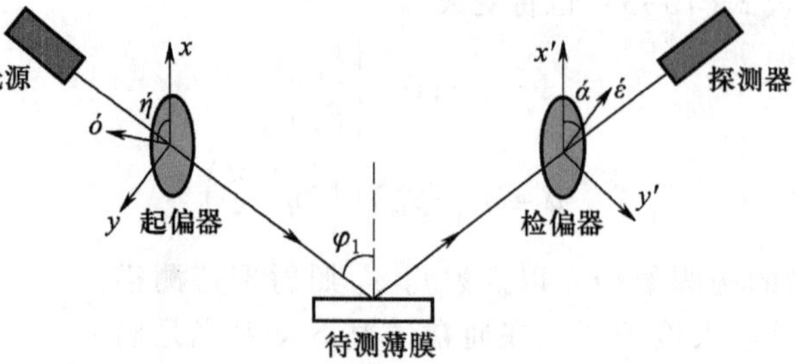

图 10-7　光度法实验装置示意图

线偏振光以 φ_1 角入射到待测薄膜上，被待测薄膜反射，在反射过程中 p 和 s 方向的两分量会产生一定的相位变化，包含相位关系的两分量记为

$$
\begin{aligned}
E_{\mathrm{rp}} &= R_{\mathrm{p}}\mathrm{e}^{\mathrm{i}\delta_{\mathrm{p}}}E_{\mathrm{ip}} = R_{\mathrm{p}}\mathrm{e}^{\mathrm{i}\delta_{\mathrm{p}}}E_0\cos\acute{\eta} \\
E_{\mathrm{rp}} &= R_{\mathrm{s}}\mathrm{e}^{\mathrm{i}\delta_{\mathrm{s}}}E_{\mathrm{is}} = R_{\mathrm{s}}\mathrm{e}^{\mathrm{i}\delta_{\mathrm{s}}}E_0\sin\acute{\eta}
\end{aligned}
\tag{10-48}
$$

线偏振光因此变成椭圆偏振光。

椭圆偏振光经检偏器后到达探测器上的光强 I 可以写为

$$
I = \left| E_{\mathrm{rp}}\cos\acute{\alpha} + E_{\mathrm{rs}}\sin\acute{\alpha} \right|^2 \tag{10-49}
$$

把公式(10-48)中的 E_{rp} 和 E_{rs} 代入公式(10-49)，可得到

$$
\begin{aligned}
I &= \frac{R_{\mathrm{s}}^2E_{\mathrm{i}}^2}{2}\left\{\begin{aligned}&(\cos^2\acute{\eta}\tan^2\psi+\sin^2\acute{\eta})+(\cos^2\acute{\eta}\tan^2\psi-\sin^2\acute{\eta})\cos[\cos(2A)]+\\&\sin[\sin(2\acute{\eta})]\tan\psi\cos\Delta\sin[\sin(2\acute{\alpha})]\end{aligned}\right\} \\
&= f_0+f_1\cos[\cos(2\acute{\alpha})]+f_2\sin(2\acute{\alpha})
\end{aligned}
\tag{10-50}
$$

这里，f_0、f_1 和 f_2 是为对光强进行简化而引入的三个系数，通常称为傅里叶系数。如果检偏角在 0°～180°区间等间隔变化，测量了 n 次，则 f_0、f_1 和 f_2 可以由下式确定：

$$
\begin{aligned}
f_0 &= \frac{1}{n}\sum_{i=1}^{n} I_i \\
f_1 &= \frac{2}{n}\sum_{i=1}^{n} I_i\cos 2\acute{\alpha}_i \\
f_2 &= \frac{2}{n}\sum_{i=1}^{n} I_i\sin 2\acute{\alpha}_i
\end{aligned}
\tag{10-51}
$$

这里，$\acute{\alpha}_i$ 为第 i 次测量时检偏器与 x 轴之间的夹角，$\acute{\alpha}_i=\dfrac{i\pi}{n}$，$i=1,2,3,\cdots,n$；$I_i$ 为夹角为 $\acute{\alpha}_i$ 时探测器采集的光强，可得到

$$
\begin{aligned}
\tan\psi &= \sqrt{\frac{f_0\sin^2\acute{\eta}+f_1\sin^2\acute{\eta}}{f_0\cos^2\acute{\eta}-f_1\cos^2\acute{\eta}}} = \sqrt{\tan^2\acute{\eta}\,\frac{f_0+f_1}{f_0-f_1}} \\
\cos\Delta &= \frac{f_2(\tan^2\psi\cos^2\acute{\eta}+\sin^2\acute{\eta})}{f_1\tan\psi\sin 2\acute{\eta}} = \frac{f_2\tan^2\acute{\eta}}{(f_0-f_1)\tan\psi}
\end{aligned}
\tag{10-52}
$$

如果将起偏器置于 $\acute{\eta}=45°$，则公式(10-52)将简化为

$$\tan\psi=\sqrt{\frac{f_0+\acute{\eta}}{f_0-P}}$$

$$\cos\Delta=\frac{f_2}{f_1\cos 2\psi}$$

综上所述，光度法的测量基本思路就是：将起偏器固定在某一角度 P（常取 45°），而旋转检偏器，同时采集检偏器旋转时的 n 个光强值，然后做傅里叶分析求得傅里叶系数 f_0、f_1 和 f_2，再通过傅里叶系数计算出椭偏参数，接着便可拟合出待求的厚度或者光学参数。

消光式椭偏仪和光度式椭偏仪各有优缺点。消光式椭偏仪虽然测量速度较慢，但是如果采取 4 个区域读数，仪器的各种系统误差可被减至最小，ψ 和 Δ 可以具有很高的准确度，适合精密测量。光度式椭偏仪虽然准确度不如消光式椭偏仪，但是测量速度很快，便于检测表面和薄膜的快速变化过程，用途越来越广泛。这两种椭偏仪的性能互相补充，能胜任各种场合下的 ψ 和 Δ 测量。

椭偏仪
研发历史

10.1.3 棱镜耦合法

棱镜耦合法也是测量折射率的一种有效方法，可以用这种方法测量薄膜材料和体块材料的折射率，测量中不需要对待测样品进行任何破坏。下面分别对如何利用棱镜耦合法测量薄膜材料和体块材料的折射率进行讨论。

1. 薄膜材料的测量

棱镜耦合法常用于薄膜材料的测量。利用棱镜耦合法测量薄膜折射率时，实验装置如图 10-8 所示。从激光器发出的激光束照射到起偏器上，偏振光从起偏器出射，傅里叶透镜将其聚焦后，照射到棱镜上，通过棱镜与待测薄膜之间的耦合，将入射光导入待测薄膜，在待测薄膜中形成共振导模，共振导模又可以通过棱镜耦合从待测薄膜中射出，照射到后面的观察屏上，在观察屏上就可以观察到多条亮线，如图 10-9 所示。不同阶数 m 的模在图中形成一条条亮线，亮斑处于棱镜直接耦合形成的亮线处，其他亮线由散射光形成。如果慢慢转动二维平台，亮斑就会在各个亮线之间移动，当亮斑处于每条亮线时，入射到棱镜上的激光入射角 θ_m 可以被读出。

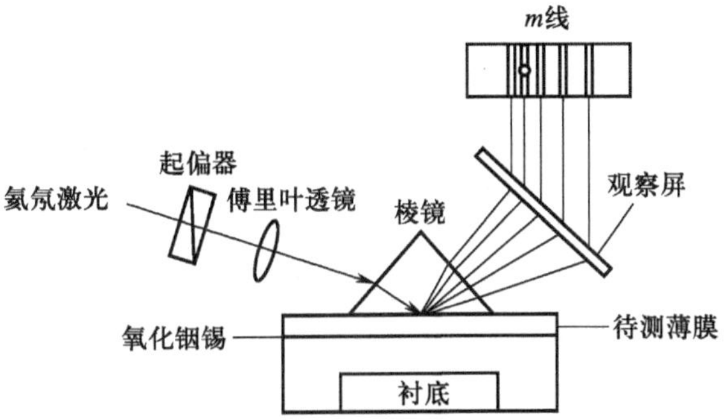

图 10-8 用棱镜耦合法测量薄膜折射率实验装置示意图

图 10-9 m 线的实验照片

实验中，耦合用棱镜通常为等腰直角棱镜，棱镜大面置于待测薄膜之上，棱镜与待测薄膜紧密接触。如果棱镜折射率 n_p 大于待测薄膜折射率 n，待测薄膜折射率 n 大于衬底折射率 n_s，棱镜-待测薄膜-衬底三者就组成了一个单侧漏波导，因此，棱镜耦合法也称为准波导法。如图 10-10 所示，光波从棱镜耦合进入待测薄膜，根据相关耦合理论，导模中的传播常数并不是连续的，只有在一定入射角 θ_m 下才能产生导模。漏模的有效折射率 N_m 可通过下式计算出来：

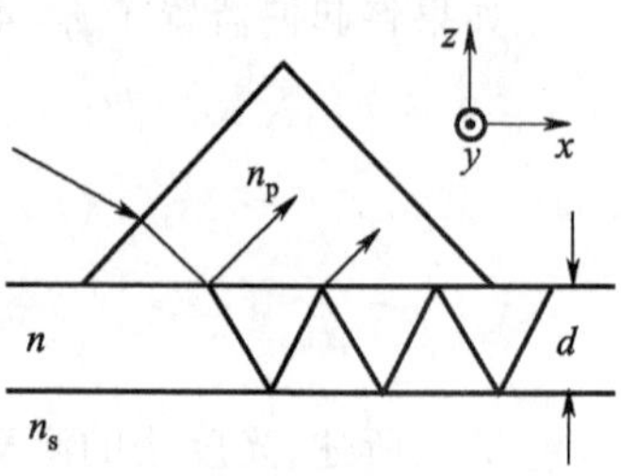

图 10-10　单侧漏波导示意图

$$N_m = \sin\theta_m \cos\varepsilon + (n_p^2 - \sin^2\theta_m)^{\frac{1}{2}} \sin\varepsilon \tag{10-53}$$

这里，ε 为棱镜底角。

光波进入待测薄膜后，被待测薄膜上下界面多次反射，经过一个周期的传播后，产生的 x 方向相移为

$$\phi = 2Kd + \varphi_{12} + \varphi_{13} \tag{10-54}$$

这里，φ_{12} 为光在棱镜与待测薄膜界面反射引起的相移，φ_{13} 为光在待测薄膜与衬底界面反射引起的相移，d 为待测薄膜厚度，K 为传播常数在 z 方向的分量。

当 $\phi = 2m\pi(m=0,1,2,\cdots)$ 时，可在 x 方向形成共振，其共振漏模方程为

$$2m\pi = 2Kd + \varphi_{12} + \varphi_{13} \tag{10-55}$$

这里，m 为模的阶数。

公式(10-55)中的 K 可表示为

$$K^2 = n^2k^2 - N^2k^2 \tag{10-56}$$

这里，k 为光在自由空间的传播常数，N 为薄膜的有效折射率，$N = n\sin\theta_1$，θ_1 为光在待测薄膜内棱镜与待测薄膜界面反射时的反射角。

若 $n_p > n > n_s$，且 $n > N > n_s$，则构成准波导，有

$$\varphi_{12} = \pi \tag{10-57}$$

$$\varphi_{13} = -2\arctan\left[(n/n_s)\rho\sqrt{N^2 - n_s^2} \cdot k/K\right] \tag{10-58}$$

这里，ρ 为入射光偏振依赖因子，在不同偏振光入射情况下其取值不同。

$$\rho = 0(\text{s 偏振}), \quad \rho = 2(\text{p 偏振}) \tag{10-59}$$

s 偏振光入射时，由公式(10-55)—公式(10-59)，可得待测薄膜折射率 n 的超越方程：

$$\sqrt{\frac{n^2 - N_i^2}{n^2 - N_j^2}} = \frac{\left(i + \dfrac{1}{2}\right)\pi + \arctan\sqrt{\dfrac{N_i^2 - n_s^2}{n^2 - N_i^2}}}{\left(j + \dfrac{1}{2}\right)\pi + \arctan\sqrt{\dfrac{N_j^2 - n_s^2}{n^2 - N_j^2}}} \tag{10-60}$$

这里，N_i 和 N_j 分别为 s 偏振光入射时，第 i 和第 j 阶模的有效折射率，可以通过实验测量出来。将 N_i 和 N_j 的测量值代入超越方程(10-60)就可以求解出待测薄膜的折射率 n，这里的 n 即各向异性待测薄膜的 n_o。待测薄膜的厚度也可以求出：

$$d = \frac{\lambda}{4\pi\sqrt{n^2 - N_m^2}}\left[(2m+1)\pi + 2\tan\sqrt{\frac{N_m^2 - n_s^2}{n^2 - N_m^2}}\right] \tag{10-61}$$

p 偏振光入射时，由公式(10-55)—公式(10-59)以及公式(10-61)，可得待测薄膜折射率 n 的超越方程：

$$\frac{4\pi}{\lambda}d\sqrt{n^2-N_m^2}-2\tan\left[\left(\frac{n}{n_s}\right)^2\sqrt{\frac{N_m^2-n_s^2}{n^2-N_m^2}}\right]=(2m+1)\pi \qquad (10-62)$$

这里的 n 即各向异性待测薄膜的 n_e，它与 n_o、N_m 之间的关系为

$$n_e=\frac{N_m n_o}{\sqrt{n_o^2-n^2+N_m^2}} \qquad (10-63)$$

将公式(10-63)代入公式(10-62)，即可求解出待测薄膜的 n_e。

利用以上理论就可以求解出待测薄膜的折射率 n_o、n_e 以及厚度 d。为了提高折射率和厚度的测量精度，这些值的计算结果经常会进行相洽修正。

2. 体块材料的测量

棱镜耦合法也可以用于体块材料的测量。测量装置与薄膜材料的测量装置很类似(图 10-11)。首先将待测体块材料的一个表面抛光成平面，将等腰直角棱镜放置于其上，并使大面与之接触。如果样品是各向异性的，那么为了简化分析过程，这里采用主轴坐标系，在主轴坐标系下，相对介电常数张量是对角化的。

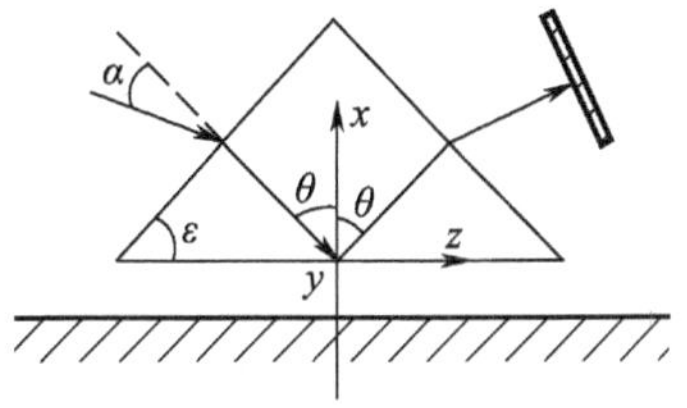

图 10-11　体块材料测量装置示意图

s 偏振光入射时，光波激发 y 方向的折射率 n_y。如果入射角 θ 足够大，使 $n_p\sin\theta\geqslant n_y$，那么光线将发生全反射，光强反射率 R_p 等于 1；如果 θ 减小，使 $n_p\sin\theta<n_y$，那么光线将会折射进入待测薄膜，光强反射率 R_p 小于 1。这时光强反射率可以写为

$$R_p=\frac{g_e^2(p_e-s_e)^2+(g_e^2+p_e s_e)^2\tanh^2 g_e d}{g_e^2(p_e+s_e)^2+(g_e^2+p_e s_e)^2\tanh^2 g_e d},\quad n_g\leqslant n_p\sin\theta\leqslant n_y \qquad (10-64)$$

其中，

$$p_e=(n_p^2k_0^2-\beta^2)^{\frac{1}{2}} \qquad (10-65)$$

$$g_e=(\beta^2-n_g^2k_0^2)^{\frac{1}{2}} \qquad (10-66)$$

$$s_e=(n_y^2k_0^2-\beta^2)^{\frac{1}{2}} \qquad (10-67)$$

这里，n_g 为体块材料与棱镜之间的介质的折射率，该介质通常为空气，d 为中间介质的厚度。如果 $n_p\sin\theta$ 只是比 n_y 略小，那么光强反射率 R_p 可以写为

$$R_p=1-\frac{4s_e}{p_e}\frac{1-\tanh^2 g_e d}{1+\frac{g_e}{p_e}\tanh^2 g_e d} \qquad (10-68)$$

在实验过程中，连续改变激光的入射角 α，这样入射角 θ 也随之改变，同时通过探测器探测光强反射率。在光强反射率发生突变时，入射角 α 达到临界角，$n_p\sin\theta=n_y$，有

$$n_y=\sin\alpha\cos\varepsilon+(n_p^2-\sin^2\alpha)^{\frac{1}{2}}\sin\varepsilon \qquad (10-69)$$

如果将体块材料在实验台上旋转 90°，就可以测量出折射率 n_z。

p 偏振光入射时，临界全反射的条件是 $n_p \sin\theta = n_x$，光强反射率可以写为

$$R_p = 1, \quad n_x \leqslant n_p \sin\theta \tag{10-70}$$

$$R_p = \frac{n_y^4 g_m^2 (n_x^2 p_e - n_p^2 s_m)^2 + (n_p^2 n_x^2 g_m^2 + n_g^4 p_m s_m)^2 \tanh^2 g_m d}{n_y^4 g_m^2 (n_x^2 p_e + n_p^2 s_m)^2 + (n_p^2 n_x^2 g_m^2 - n_g^4 p_m s_m)^2 \tanh^2 g_m d}, \quad n_g \leqslant n_p \sin\theta \leqslant n_x \tag{10-71}$$

其中，

$$p_m = (n_p^2 k_0^2 - \beta^2)^{\frac{1}{2}} \tag{10-72}$$

$$g_m = (\beta^2 - n_g^2 k_0^2)^{\frac{1}{2}} \tag{10-73}$$

$$s_m = \frac{n_z}{n_x}(n_x^2 k_0^2 - \beta^2)^{\frac{1}{2}} \tag{10-74}$$

如果 $n_p \sin\theta$ 只是比 n_x 略小，那么光强反射率 R_p 可以写为

$$R_p = 1 - \frac{4n_p^2 s_m}{n_x^2 p_m}\left(\frac{1 - \tanh^2 g_m d}{1 + \dfrac{n_p^4 g_m^2}{n_g^4 p_m^2}\tanh^2 g_m d}\right) \tag{10-75}$$

利用与 s 偏振光类似的方法，可以求得这时的折射率 n_x。

从前面的分析可以看出，用棱镜耦合法可以测量薄膜材料和体块材料的折射率，因此棱镜耦合法在无机材料、有机材料、聚合物材料以及光学波导器件等领域中有巨大的应用潜力。但是在测量薄膜材料时，入射光需在薄膜层内形成两个或两个以上波导模，因此膜厚一般应大于 300 nm，并且待测薄膜表面应平整且干净。另外，棱镜耦合法在一般情况下测量时间超过 20 s，因此不适用于实时测量。

10.1.4 V-棱镜法

V-棱镜法也是比较常用的一种折射率测量方法，这种方法可以用于测量固体材料和液体材料的折射率。实验装置如图 10-12 所示，其核心器件为一折射率为 n 的透明 V 形槽，V 形槽中装有折射率为 n_p 的材料（常为溶液）。激光束照射到 V 形槽后，将以角度 γ 偏离入射方向。由斯涅耳定律可得

$$n\sin 45° = n_p \sin(45° - \alpha) \tag{10-76}$$

$$n_p \sin(45° + \alpha) = n\sin(45° + \beta) \tag{10-77}$$

$$n\sin\beta = n_r \sin\gamma \tag{10-78}$$

利用这三个公式可得出待测材料的折射率：

$$n_p = [n^2 + \sin\gamma(n^2 - \sin^2\gamma)^{\frac{1}{2}}]^{\frac{1}{2}}$$

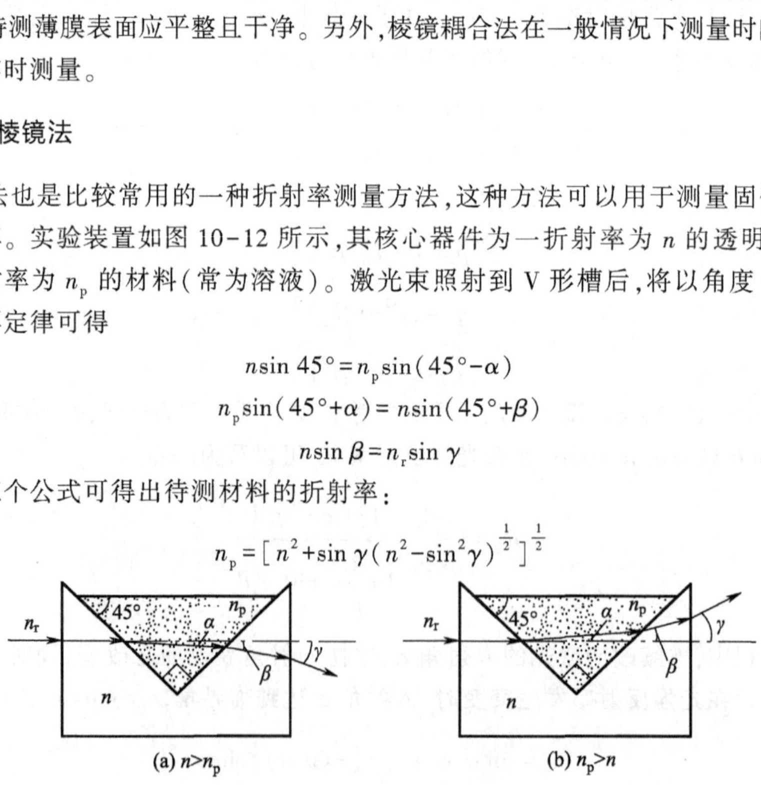

图 10-12 V-棱镜法实验装置示意图

V-棱镜法具有方法和原理简单、操作易行、可用于液体测量、数据处理不复杂的优点，因此常被人采用。

10.1.5 透射谱线法

透射谱线法也是测量薄膜折射率的一种有效方法，在测量过程中利用的是样品的透射率曲线。折射率为 n 的待测薄膜覆盖在折射率为 n_s 的衬底之上，并将薄膜和衬底置于折射率为 n_0 的外界环境之中（通常为空气），如图 10-13 所示。当 $n_s>n$ 时，入射光垂直进入待测薄膜后，由于待测薄膜表面的多次反射，相互之间会有干涉产生，当

$$2nd=\frac{m\lambda}{2},\quad m=1,2,3,\cdots \tag{10-79}$$

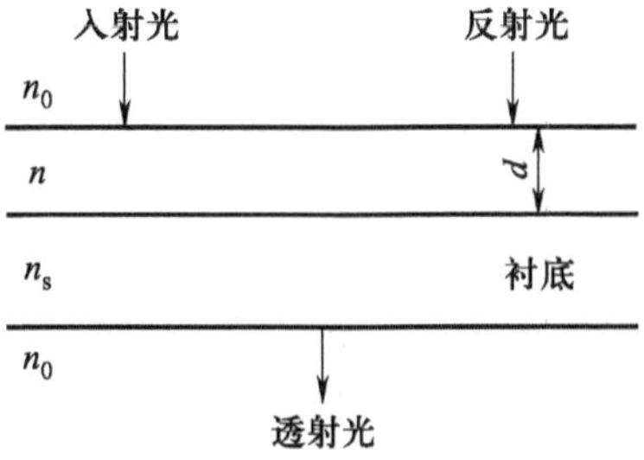

图 10-13 光在薄膜中的传播示意图

时，透过衬底的出射光强会有极值，m 为偶数时光强极大，m 为奇数时光强极小。干涉条纹的透射率的极大值 T_M 和极小值 T_m 分别为

$$T_M=\frac{A\beta}{B-C\beta+D\beta^2},\quad T_m=\frac{A\beta}{B+C\beta+D\beta^2} \tag{10-80}$$

这里，$A=16n^2n_s$，$B=(n+3)^3(n+n_s^2)$，$C=2(n^2-1)^3(n^2-n_s^2)$，$D=(n-1)^3(n-n_s^2)$，$\varphi=4\pi nd/\lambda$，$\beta=\exp(-\alpha d)$，d 为薄膜厚度，α 为薄膜吸收系数，n_s 为衬底折射率。

若忽略待测薄膜的吸收，则可认为 $\alpha=0$，将公式(10-80)中两透射率取倒数然后相减，可得

$$\frac{1}{T_m}-\frac{1}{T_M}=\frac{2C}{A} \tag{10-81}$$

将前面给出的 A 和 C 代入公式(10-81)，可解得

$$n=[N+(N^2-n_s^2)^{\frac{1}{2}}]^{\frac{1}{2}} \tag{10-82}$$

这里，$N=2n_s\dfrac{T_M-T_m}{T_MT_m}+\dfrac{n_s+1}{2}$。

已知 n_s、T_M 和 T_m，便可以求得待测薄膜的折射率 n 了。

用两束波长（λ_1 与 λ_2）不同的激光进行测量，对应的折射率分别为 $n(\lambda_1)$ 和 $n(\lambda_2)$，它们对应于相邻的两个最大透射率 T_M（或最小透射率 T_m），利用公式(10-79)，即可求得待测薄膜的厚度：

$$d=\frac{\lambda_1\lambda_2}{2[\lambda_2n(\lambda_1)-\lambda_1n(\lambda_2)]} \tag{10-83}$$

透射谱线法是一种简便的测量方法，利用透射率曲线就可得到待测薄膜的折射率 n 和厚度 d，数据采集过程可以通过计算机软件来自动完成，数据也可以通过软件处理，整个过程操作简单、分析快速并且结果准确。透射谱线法虽然有上述优点，但是从其测量原理可以看出，如果待测薄膜的厚度有轻微的起伏，或者其折射率有轻微的不均匀，相应的测量结果就会出现偏差，进而影响折射率 n 和厚度 d 的计算结果，因此这种方法对待测薄膜的质量要求很高。

10.2 固体的电光性质测量原理与方法

电光效应已经被广泛应用于科研和生产实践之中。根据第五章的内容可以知道，衡量一

种材料电光性能好坏的一个重要参数是电光系数,因此测量各种电光材料的电光系数是对电光材料进行研究和应用的前提条件。

在施加外电场时,晶体的光率体会发生相应改变。为了简单起见,假设施加到晶体上的电场只沿晶体的一个主轴方向,表示为 E_p(p 为 1,2,3 中的一个),这时其光率体方程可写为

$$\beta_{ij}(E_p)x_ix_j=\left(\frac{1}{n_1^2}+\gamma_{1p}E_p\right)x_1^2+\left(\frac{1}{n_2^2}+\gamma_{2p}E_p\right)x_2^2+\left(\frac{1}{n_3^2}+\gamma_{3p}E_p\right)+$$
$$2x_2x_3\gamma_{4p}E_p+2x_1x_3\gamma_{5p}E_p+2x_1x_2\gamma_{6p}E_p=1 \tag{10-84}$$

这里,x_i 和 x_j 为晶体未加外电场时的主轴,i 和 j 分别为 1,2,3。

从公式(10-84)可以看出,光率体各主轴的大小和方向由外电场方向和晶体的电光系数决定。需要注意的是,外电场会带来两种变化。

外电场带来的第一种变化是光率体的半轴长发生变化,逆介电常数张量可以利用电光系数张量元 γ_{mp}($m=1,2,3$,为了计算方便,下面的公式没有采用缩写形式)表示:

$$\beta_{ii}(E_p)=\frac{1}{n_i^2}-\gamma_{iip}E_p \tag{10-85a}$$

$$\beta_{jj}(E_p)=\frac{1}{n_j^2}-\gamma_{jjp}E_p \tag{10-85b}$$

外电场带来的另外一种变化是光率体的主轴方向会发生相应的旋转,这时交叉电光系数张量元 γ_{mp}($m=4,5,6$)参与其中,交叉逆介电常数张量可以写为

$$\beta_{ij}(E_p)=\gamma_{ijp}E_p \tag{10-85c}$$

当一束光沿着 x_k 轴(k 为 1,2,3 中的一个)入射时,入射光的电场方向在(x_i,x_j)平面内,且 $i\neq j\neq k$,公式(10-84)的通解可以写为

$$\beta_{ii}x_i^2+\beta_{jj}x_j^2+2\beta_{ij}x_ix_j=1 \tag{10-86}$$

为了简化分析,将公式(10-86)主轴化,引进新的主轴 x_i'、x_j' 和 x_k'(这里有 $x_k'=x_k$),新旧主轴之间的转换关系式可以写为

$$\begin{aligned}x_i&=x_i'\cos\alpha_{ij}-x_j'\sin\alpha_{ij}\\x_j&=x_i'\sin\alpha_{ij}-x_j'\cos\alpha_{ij}\end{aligned} \tag{10-87}$$

这里,α_{ij} 为光率体在(x_i,x_j)平面内的旋转角,可以由下式给出:

$$\tan 2\alpha_{ij}=\frac{2\beta_{ij}}{\beta_{ii}-\beta_{jj}} \tag{10-88}$$

将公式(10-87)中的 x_i、x_j 用公式(10-88)替代,并且让与交叉项有关的逆介电常数张量元等于 0,可以得到一个主轴化后的逆介电常数张量元表达式:

$$\beta_{ii}'=\frac{1}{(n_i')^2}=\beta_{ii}+\beta_{ij}\tan\alpha_{ij} \tag{10-89a}$$

$$\beta_{jj}'=\frac{1}{(n_j')^2}=\beta_{jj}-\beta_{ij}\tan\alpha_{ij} \tag{10-89b}$$

根据公式(10-88)和公式(10-89)可以知道,β_{ij} 和 $\beta_{ii}-\beta_{jj}$ 的绝对值或相对值取决于晶体的对称性及其光学几何结构,并且有三种可能性,由此产生了三种不同的 α_{ij} 值。

第一种情况,如果 β_{ij} 等于 0 或与 β_{ii} 和 β_{jj} 相比可以忽略,那么光率体将不会旋转,其性质

可以用公式(10-85)进行描述,并利用公式(5-33)可得到加外电场后新的主轴折射率:

$$n_i' = n_i - \frac{1}{2}n_i^3\gamma_{iip}E_p \tag{10-90}$$

$$n_j' = n_j - \frac{1}{2}n_j^3\gamma_{jjp}E_p \tag{10-91}$$

对于入射光来说,产生的双折射为

$$\Delta n = \Delta n_{ij}' = n_j' - n_i' = \Delta n_{ij} - \frac{1}{2}(n_j^3\gamma_{jjp} - n_i^3\gamma_{iip})E_p \tag{10-92}$$

这里,$\Delta n_{ij} = n_i - n_j$ 为自然双折射。公式(10-92)中右侧第二项代表与外电场有关的双折射项。

对于第一种情况,即通光方向产生的双折射现象,可以引入一个有效电光系数 γ,这个系数常常是实际应用的系数,它可以写为

$$\gamma = \gamma_{jjp} - \left(\frac{n_i^3}{n_j^3}\right)\gamma_{iip} \tag{10-93}$$

第二种情况,晶体的 β_{ii} 等于 β_{jj},从公式(10-89)可知,$\alpha_{ij} = \pi/4$。当入射光平行于单轴晶体的晶轴入射时,$n_i = n_j = n_o$,在这种情况下,利用公式(10-90)和公式(10-91),可以得出外加电场后的折射率:

$$n_i', n_j' = n_o \pm \frac{1}{2}n_o^3\gamma_{ijp}E_p \tag{10-94}$$

入射光相应的双折射可以写为

$$\Delta n = \Delta n_{ij}' = \Delta n_{ij} - n_o^3\gamma_{ijp}E_p \tag{10-95}$$

第三种情况,β_{ii} 和 β_{jj} 差别很大,公式(10-88)中 $\tan 2\alpha_{ij} \approx 2\alpha_{ij}$,即使在一定的高电场下这种近似也有效。这时,公式(10-89)可以写成

$$\beta_{ii}' = \frac{1}{(n_i')^2} = \beta_{ii} + \frac{\beta_{ij}^2}{\beta_{ii} - \beta_{jj}} \tag{10-96a}$$

$$\beta_{jj}' \frac{1}{(n_j')^2} = \beta_{jj} - \frac{\beta_{ij}^2}{\beta_{ii} - \beta_{jj}} \tag{10-96b}$$

再利用公式(5-33),可以得到新的折射率:

$$n_i' = n_i - \frac{1}{2}n_i^3\gamma_{iip}E_p + \left(\frac{n_i^3}{2}\right)\left(\frac{n_i^2 n_j^2}{n_i^2 - n_j^2}\right)\gamma_{ijp}E_p^2 \tag{10-97a}$$

$$n_j' = n_j - \frac{1}{2}n_j^3\gamma_{jjp}E_p - \left(\frac{n_j^3}{2}\right)\left(\frac{n_i^2 n_j^2}{n_i^2 - n_j^2}\right)\gamma_{ijp}E_p^2 \tag{10-97b}$$

入射光相应的双折射可以写为

$$\Delta n = \Delta n_{ij}' = \Delta n_{ij} - \frac{1}{2}n_j^3\left(\gamma_{jjp} - \frac{n_i^3}{n_j^3}\gamma_{iip}\right)E_p - \frac{1}{2}n^3\gamma_{ijp}^2E_p^2 \tag{10-98}$$

这里,

$$n^3 = (n_i^3 + n_j^3)\left(\frac{n_i^2 n_j^2}{n_i^2 - n_j^2}\right) \tag{10-99}$$

从公式(10-98)可知,即使只考虑线性电光效应,双折射现象也是与外加电场 E_p 呈线性

或二次方关系的。如果晶体的对称性使对角电光系数 γ_{jjp} 和 γ_{iip} 为零，那么折射率的变化只是 E_p 的二次方。另外，若同时存在对角项和交叉项，则 E_p 的二次方项与线性项相比非常小。由于这种情况在实际应用中几乎没有，所以这里不讨论这种复杂的情况。

此后，我们简单地用 γ 表示电光系数，而不考虑光学几何构型和晶体对称性，并且为了简化问题，在测量电光系数时，只考虑外电场使光率体各主轴大小发生改变的情况，即不考虑有旋转存在时的情况。

入射光在待测样品中传输时，其 P_i 与 P_j 方向的分量之间的相位差 δ_{ij} 由下式给出：

$$\delta_{ij}=\left(\frac{2\pi L}{\lambda_0}\right)\Delta n'_{ij} \tag{10-100}$$

$\Delta n'_{ij}$ 根据具体情况由公式(10-92)、公式(10-95)和公式(10-98)给出，可以看出其是有效电光系数的函数。这里没有考虑晶体的几何构型和对称性。λ_0 是光在真空中的波长。

当在待测样品上施加电场 E 时，只考虑线性电光效应时，双折射表现为

$$\Delta n=\Delta n_{ij}(0)+\Delta n_{ij}(E_p) \tag{10-101}$$

这里，$\Delta n_{ij}(0)$ 为自发(或自然)双折射，而 $\Delta n_{ij}(E_p)$ 为场诱导(或电光效应)双折射。根据公式(10-92)、公式(10-95)和公式(10-98)[如果用公式(10-98)则忽略二次方项]，公式(10-101)右侧第二项与外电场的关系可以统一用一个线性关系进行表示：

$$\Delta n(E)=\frac{1}{2}n^3\gamma E_p \tag{10-102}$$

将待测样品置于外部电场 E 中的总相位差 δ 可根据公式(10-100)和公式(10-101)表示为

$$\delta=\delta(0)+\delta(E_p) \tag{10-103}$$

这里，$\delta(0)$ 为自然双折射引起的相位差，$\delta(E_p)$ 为外电场诱导的相位差。

在一般情况下，外电场 E 是通过在待测样品两个面上的两个电极施加到待测样品上的，如果电极间距用 d 表示，施加在电极上的电压用 V 表示，那么有 $E=V/d$。利用公式(10-100)和公式(10-103)，可以得到

$$\delta(E)=\left(\frac{\pi}{\lambda_0}\right)ln^3\gamma E_p=\pi\left(\frac{V}{V_\pi}\right) \tag{10-104}$$

这里，l 为晶体通光长度，V_π 为半波电压。由于半波电压的存在，待测样品中产生 $\delta(E)=\pi$ 的相位差。从公式(10-104)可知，$V_\pi=\left(\frac{\lambda_0}{n^3\gamma}\right)\left(\frac{d}{l}\right)$。

在实际应用时，还会引入一个新的物理概念“降低的半波电压”，常用 V_π^* 表示。它是指 $d=l$ 时的电压，$V_\pi^*=\lambda_0/(n^3\gamma)$。显然，$V_\pi^*$ 给出的是材料在通光方向上的特性，与样品的尺寸无关。

另一个有用的参量是辅助常量 A，它的定义为

$$A=\gamma\left(\frac{V_\pi}{V}\right)=\frac{\lambda_0}{\pi n^3}\frac{d}{l} \tag{10-105}$$

这里，公式(10-103)和公式(10-104)都被考虑在内。从公式(10-104)右侧部分可以看出，常量 A 是与样品折射率和尺寸有关的特征量，但其与电光特性无关。

从公式(10-105)可以直接推导出样品的电光系数：

$$\gamma=A\pi/V_\pi=\frac{A\delta(E_p)}{V} \tag{10-106}$$

对材料的电光系数进行测量的方法有两种，单光束法和双光束法。此外，需要注意的是，这两种方法也可用于制造基于电光效应的光调制器或光电器件。下面对这两种测量方法进行讨论。

10.2.1 单光束法

单光束法是一种非常普遍的测量电光系数的方法，整个测量装置由起偏器、待测样品、检偏器和探测系统（分析仪）构成。其测量原理是通过调节起偏器和检偏器之间插入的待测样品（电光晶体）上的电场来改变出射光强，因此这种实验装置常称为偏振器样品分析仪（polarizer sample analyzer，PSA）系统或调制器。测量中，将起偏器的偏振化方向与待测样品的晶轴方向成 $\pi/4$ 角摆放，并且预先设定检偏器的偏振化方向与待测晶体的快轴之间成 β 角。这样从激光器出来的光束经过起偏器后，变成线偏振光。线偏振光照射到待测样品上，由于样品内的电光效应，从待测样品中出来后一般情况下变为椭圆偏振光，再经过检偏器后，变成线偏振光照射到探测器上。如果在待测样品上施加外电场，那么由于电光效应，探测器接收到的光强将随外电场发生相应的变化，通过探测到的光强变化就可以计算出相应的电光系数。

在这种条件下，通过检偏器的相对透射率 T 为

$$T=\frac{I}{I_0}=\frac{T_0}{2}(1+\sin 2\beta\cos\delta) \tag{10-107}$$

这里，I 为从待测样品出射的光强，I_0 为经过起偏器后入射到待测样品的光强，T_0 为用于表示因反射和吸收而有所损失的透射系数。

当起偏器的偏振化方向和检偏器的偏振化方向平行（即 $\beta=\pi/4$）时，公式（10-107）变为

$$T=\frac{I}{I_0}=T_0\cos^2\frac{\delta}{2} \tag{10-108}$$

当起偏器的偏振化方向和检偏器的偏振化方向正交（即 $\beta=-\pi/4$ 或 $3\pi/4$）时，公式（10-107）变为

$$T=\frac{I}{I_0}=T_0\sin^2\frac{\delta}{2} \tag{10-109}$$

图 10-14 给出了当起偏器的偏振化方向和检偏器的偏振化方向正交时，相对透射率与相位差（图 10-14 用 Γ 来表示）和外加电压的函数曲线。

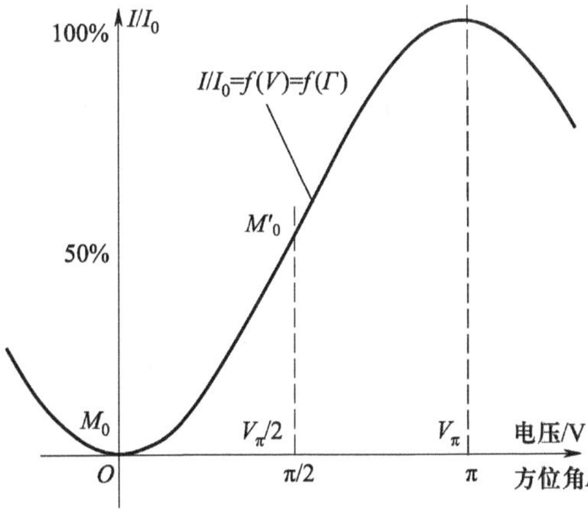

图 10-14 线性电光效应的传输特性曲线

为了使 PSA 系统的工作点达到最大的线性范围，通常在待测样品和检偏器之间插入 1/4 波片（补偿器）来引入相应的相位差，从而得到起偏器-待测样品-补偿器-检偏器构成的测量系统（polarizer-sample-compensator-analyzer，PSCA）。当波片的光轴与待测晶体样品的光轴成 $\pi/4$ 角时，获得的系统就是著名的塞纳蒙（Sénarmont）系统，这时的相对透射率 T 可以写为

$$T=\frac{I}{I_0}=T_0\sin^2\left(\frac{\delta}{2}-\beta\right) \tag{10-110}$$

可以看出，通过调整检偏器的方位角 β 可

以控制系统的输出,从而控制工作点在传输特性曲线上的位置。

如果再在起偏器和待测样品之间插入一个 1/4 波片(补偿器),并且其光轴与待测样品的光轴成 $\pi/4$ 角,那么照射到待测样品上的光将由线偏振光变成圆偏振光。这时的系统变为(polarizer-compensator-sample-compensator-analyzer,PCSCA)系统,如图 10-15 所示。在实际测量中,人们可以根据不同需要采用不同的测量系统。

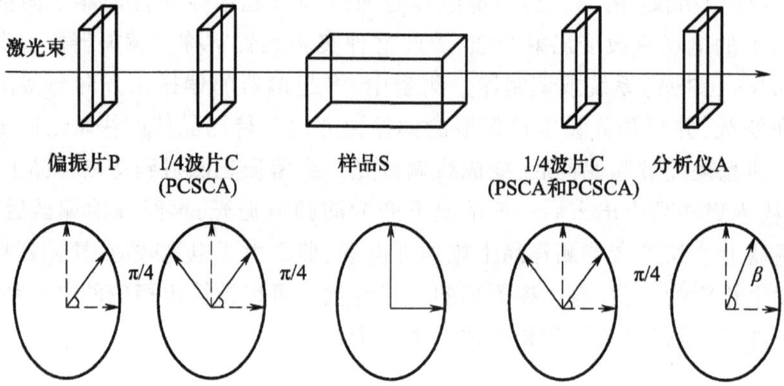

图 10-15　单光束 PCSCA 系统

10.2.2　双光束法

双光束法也是测量电光系数的一种常用方法,通常采用马赫-曾德尔(Mach-Zehnder)干涉法。图 10-16 给出了典型的马赫-曾德尔干涉仪的结构示意图。探测器摆放在两路光形成干涉条纹的位置,信号光和参考光两臂的相位差 δ 可以写为

$$\delta=2\pi(n_R l_R-n_S l_S)/\lambda_0 \qquad (10-111)$$

这里,n 和 l 分别为待测样品的折射率和光传输的距离,下标 R 和 S 分别代表参考光臂和信号光臂,λ_0 为入射光的波长。

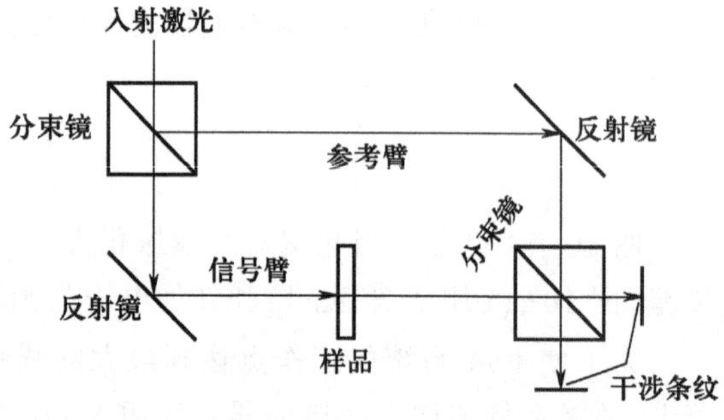

图 10-16　马赫-曾德尔干涉仪的结构示意图

根据光学干涉理论,探测器探测到的光强 I 可以写为

$$I=I_1+I_2+2\sqrt{I_1 I_2}\cos\delta \qquad (10-112)$$

这里,I_1 和 I_2 为信号光和参考光的光强。

如果 $I_1=I_2=I/2$,那么相对透射率 T 可以写为

$$T=\frac{I}{I_0}=2T_0\cos^2\frac{\delta}{2}=T_0(1+\cos\delta) \qquad (10-113)$$

如果参考光或信号光中一路的光程发生变化,那么两路光形成的干涉条纹将发生移动,并且相对透射率 T 将变为

$$T=\frac{I}{I_0}=T_0[1+\cos(\delta+2\delta')] \qquad (10-114)$$

这里,$\delta'=(2\pi/\lambda_0)x\sin\theta$,$x$ 为条纹移动距离,θ 为入射角。

对比双光束法的公式(10-114)与单光束法的公式(10-107)可以发现,双光束法的相对透射率的变化与图 10-14 类似。

无论利用哪种方法进行电光系数的测量,在测量过程中都会有相位差的存在。公式(10-103)中的相位差包括自然双折射引起的相位差和外电场诱导的相位差两部分。在测量过程中,通常要对自然双折射引起的相位差进行补偿,从而减少其对测量结果的影响。在单光束法中,可以在晶体上施加一个合适的直流电压,从而产生 $\delta=-\delta(0)$ 的相移来实现补偿;在 PSCA 配置下,可以采用方位角 $\beta=\beta_0=\delta(0)/2$ 来实现补偿;在双光束法中,可以采用偏置电压的方式来实现补偿。在测量中,人们希望尽量采用实验装置的配置来实现自然双折射引起的相位差的补偿,这样可以省去电压源,同时可以避免过高电压带来的晶体破坏和电场疲劳,并且补偿的效果通常比较理想。

在晶体上施加电场时,有两种选择,即直流电场和交流电场。当直流电场施加到晶体上时,将产生一个相应的相位差,这个相位差将在相对透射率曲线上产生一个偏移。这时的相对透射率依然可以用公式(10-108)和公式(10-114)进行计算。

当晶体上施加交流电场 $V=V_m\sin\omega_m t$ 时,有三个需要注意的位置,如图 10-17 所示,第一个位置是相对透射率的最小值位置,$T=0$,这里用 M_0 表示;第二个位置是相对透射率的中间值位置,$T=T_0/2$(最大线性位置),这里用 M'_0 表示;第三个位置是相对透射率的最大值位置,$T=T_0$,这里用 M''_0表示。

当交流电场施加到晶体上时,它将导致一个相应的交流相位差 $\delta=\delta_m\sin\omega_m t$。在 $\delta_m<0.1$ 时,利用贝塞尔函数对相对透射率进行处理,可以知道,在最小相对透射率位置 M_0 处,被调制的光强输出信号的频率为 $2\omega_m$,幅值为 $\tilde{I}_m=\tilde{I}_{2\omega}\approx(T_0I_0/8)\delta_m^2$;在最大线性位置 M'_0 处,被调制的光强输出信号的频率为 ω_m,幅值为 $\tilde{I}_m=\tilde{I}_\omega\approx(T_0I_0/2)\delta_m$。对于这两个位置 M_0 和 M'_0,可以引入振幅或光强调整深度 m,有

$$m=\frac{2\tilde{I}_m}{T_0I_0} \tag{10-115}$$

可以证明,在 M_0 处,有

$$m\approx\frac{\delta_m^2}{4} \tag{10-116}$$

在 M'_0 处,有

$$m\approx\delta_m \tag{10-117}$$

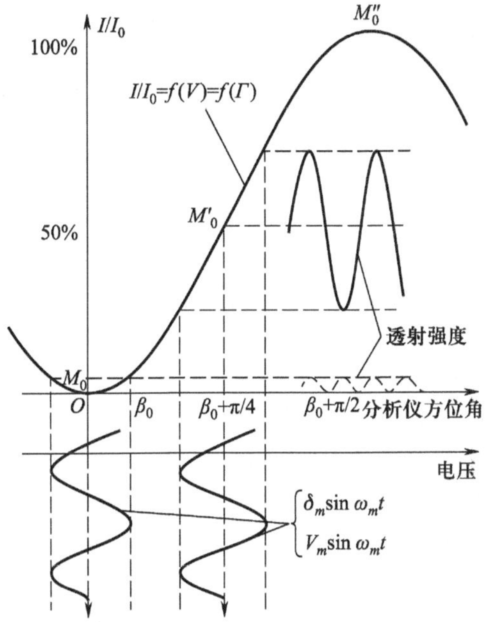

图 10-17　相对透射率随外电场(方位角)变化的曲线

从上面的分析可以看出,利用交流电场进行电光系数测量时,测量位置的选择非常重要,可以通过调节波片的光轴方向和外加直流电场来实现测量位置的选择。需要注意的是,通常在测量电光系数时,几种方法是联合使用的,比如直流电场和交流电场的联合使用。

在利用单光束法进行测量时,又可以根据实际情况将其分为静态测量(dc)和动态测量(ac)。其中,静态测量是指在有电场和无静电场(非交流场)时测量与电光效应相关的物理

量，进而给出电光系数。与电光效应相关的物理量有很多，包括出射光的光强、半波电压、最小透射方位角等。下面对主要的几种方法加以讨论。

(1) 直接测光强法。

这种方法使用 PSA 调制光路，并将偏振片和待测样品成 45°摆放。测试中，在待测样品上加一直流电场 E，施加的直流电场 E 补偿了自然双折射引起的相位差 $\delta(0)$，在起偏器、检偏器垂直时，公式(10-109)可以写为

$$T=\frac{I}{I_0}=T_0\sin^2\frac{\delta(E)}{2} \tag{10-118}$$

联合公式(10-104)，可求出线性电光系数：

$$\gamma=2\frac{A}{V}\arcsin\sqrt{\frac{I}{T_0 I_0}} \tag{10-119}$$

在实际测量中，输出光强 I 由光电检测系统测量，光电检测系统通常由一个光电二极管(其作用是将接收到的光信号转换为电信号)和一个信号放大器组成。为了使实验数据更加准确，有时会在起偏器后放置一个分光镜(或者分光片)，这样就可以分出一部分光，对激光器的功率稳定性进行监控，从而对实验数据进行修正。

(2) 直接测 V_π 法。

这种方法是通过测量半波电压 V_π 来得到电光系数的。联合公式(10-105)和公式(10-106)可以得到

$$\gamma=A(\pi/V_\pi)=(\lambda_0/n^3)(d/L)/V_\pi \tag{10-120}$$

在测量中给待测样品施加连续可变的直流电场，通过改变其电场强度，使光波相位差改变 π，将相位差改变 π 前后所加电压值做差，就可以得到半波电压，$V_\pi=V_{后}-V_{前}$。在实际测量中，采用的光强变化是从最小输出点到最大输出点，这样会使测量更加精确。要注意的是，对于这种以测量光强为基础的方法，自然双折射引起的相位差 $\delta(0)$ 被补偿后才可以应用。

(3) 最小传输点(零传输点)测量法。

从图 10-17 所示的曲线可以看出，与其他工作点相比，最小传输点 M_0 对应的是相对透射率为零的情况，因此最小传输点 M_0 能更精确地定位。如果工作在 M_0 这个最小传输点位置，电光系数就可以通过测量检偏器的方位角的改变量给出。需要注意的是，在单光束 PSCA 系统中，外加电场引起的相位差 $\delta(E)$ 要进行补偿。通常使用图 10-15 所示的 PSCA 系统并联合公式(10-110)进行测量，通过旋转波片 $\Delta\beta=\beta_E=\beta_0-\beta_{00}$ 的方法直接补偿场致相位差 $\delta(E)$(在施加电场前，通过旋转检偏器使输出最小或消光)。在这种情况下，有

$$\delta(E)=2(\beta_0-\beta_{00})=2\beta_E \tag{10-121}$$

这里，β_0 为初始的方位角，β_{00} 为补偿 $\delta(0)$ 时检偏器的方位角。通过联合公式(10-121)和公式(10-106)可以求得电光系数：

$$\gamma=\frac{2A\beta_E}{V_{dc}} \tag{10-122}$$

单光束法的动态测量是在待测样品上施加一个交流电场来实现的，并且通常需要一个附加直流电场来实现自然双折射补偿。可以测量的参量包括光强调整深度、半波电压、最小透射率时的空间角等。下面对两种方法加以讨论。

(1) 光强调整深度法。

利用该法测量时，采用的是 PSA 或者 PSCA 系统，待测样品在这里起到调制晶体的作用。在测量中，通常采用 $u_m = U_m \sin \omega_m t$ 的交流电场，并且将波片调整到使操作系统处于图 10-17 中的最小相对透射率位置 M_0 或者最大线性位置 M_0'。通过测量交流电压的调制解调幅度输出、调制电压和光强调整深度，然后利用前面介绍的公式，就可以求出相应的电光系数。

需要重点注意的是，最小相对透射率位置比最大线性位置更容易确定，并且得出的结果更精确，而且在 M_0 位置处，可以很容易探测到输出频率翻倍。与最小相对透射率位置形成对比的是，越接近最大线性位置处，曲线越平滑，因此很难通过最大调制解调输出来确定最大线性位置。并且在最小相对透射率位置处，由于光强远低于最大线性位置处，所以其光子(量子)噪声更小。综合考虑之后，利用最小相对透射率位置进行电光系数的测量是一个更好的选择。

在实际测量中，由于方法简单，π/4 的 PSA 系统是最常见的系统，在系统中偏振片和波片正交摆放，并且相位差 $\delta(0)$ 被补偿。利用公式(10-109)和公式(10-115)可以给出在最小相对透射率位置 M_0 处的光强调整深度：

$$m = \frac{2\tilde{I}_{2\omega}}{T_0 I_0} = \sin^2 \frac{\delta_m}{2} \tag{10-123}$$

再借助公式(10-104)，可得

$$m = \sin^2 \frac{\delta_m}{2} \frac{U_m}{V_\pi} \tag{10-124}$$

用 V_π 求解公式(10-124)，然后将 m 代入公式(10-106)，可以推导出电光系数的表达式：

$$\gamma = \frac{2A}{U_m} \arcsin \sqrt{m} \tag{10-125}$$

这样，测量出 $\tilde{I}_{2\omega}$、T_0 和 I_0，就可以利用公式(10-123)求出 m，再将其代入公式(10-125)求出电光系数。

从上面的分析可以看出，通过光强调整深度 m 来测量电光系数时，最大线性位置 M_0' 有缺点，因此不是最佳选择。然而，当解调输出很小(例如电光系数 γ 很小，或者半波电压很高，或者输出放大效率不够)时，由于最大线性位置 M_0' 处可以产生比最小相对透射率位置 M_0 处更大的输出幅度，所以其更受偏爱。

当在塞纳蒙 PSCA 系统中利用最大线性位置 M_0' 时，所用的公式相对于最小相对透射率位置 M_0 所用的公式来说，很明显要更复杂，而且需要利用复杂的泰勒展开或者贝塞尔函数进行分析。然而，在这个位置，可以采用得出公式(10-117)的类似方法，联合公式(10-115)和公式(10-104)，得

$$m = \frac{2\tilde{I}_m}{T_0 I_0} \approx \delta_m = \pi \frac{U_m}{V_\pi} \tag{10-126}$$

从公式(10-126)中求解出 V_π，然后将其代入公式(10-125)，即可得出电光系数的表达式：

$$\gamma = \frac{A}{U_m} m \tag{10-127}$$

(2) 频率加倍电光调制法。

在最小相对透射率位置处，透射光强非常小，因此光(量子)噪声几乎没有，噪声大部分都是测量系统产生的。然而，在这个位置处，当交流调制电压 $u_m = U_m \sin \omega_m t$ 施加到样品上时，相

应的电光调制也很弱，只有很小幅度的解调输出，因此任何的交流信号测量都将出现失真现象。但是，在该位置处，输出频率却存在加倍现象。这种加倍现象对于位置特别敏感，即使有微小的位置偏离都会产生波形的畸变。利用这个特性，人们提出了频率加倍电光调制法（frequency-doubling electro-optic modulation method，FDEOM）来测量电光系数。

这种测量方法使用的是典型的塞纳蒙 PSCA 系统，如图 10-18 所示，直流电压 V_{dc} 和交流电压 $u_m = U_m \sin \omega_m t$ 共同作用于待测样品之上，旋转待测样品后的波片的同时，仔细观察光电探测设备上的信号，当波片旋转到角度 $\beta_{2\omega}$ 时，即可观察到频率加倍，这时达到了最小相对透射率位置 M_0。

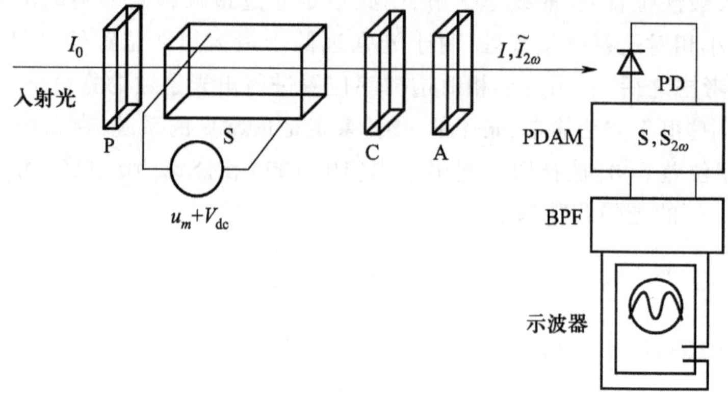

图 10-18　测量电光系数的塞纳蒙 PSCA 系统

由于电光效应，直流电场会在待测样品上产生一个整体的相位差 δ_{dc}，这会使操作点在 M_0 位置的基础上产生一个偏移。δ_{dc} 可以通过旋转波片进行补偿的方法测得，利用的关系式为

$$\beta_{dc} = \beta_{2\omega} - \beta_{2\omega,0} = \frac{\delta_{dc}}{2} \tag{10-128}$$

这里，$\beta_{2\omega,0}$ 为补偿自然双折射的初始角度，$\beta_{2\omega}$ 为实现频率加倍时的角度。电光系数可以利用公式（10-106）计算得出。利用公式（10-128），电光系数还可以写为

$$\gamma = \frac{2A\beta_{dc}}{V_{dc}} \tag{10-129}$$

可以很容易地看出，在给出位置 M_0 和利用 FDEOM 的过程中，并没有任何的光强测量要求，对光电探测系统也没有过多的限制。为了提高该方法的灵敏度，可以使用高增益有源带通滤波器或将锁定放大器调谐到调制频率的两倍位置。通过观察这些设备的输出波形（图 10-19），可以很容易地确定最小相对透射率位置 M_0。图 10-19（a）为施加的交流电压波形，其为正弦或余弦形式。图 10-19（b）为正好处于 M_0 点时的输出光强波形，可以看出其频率加倍，并具有很好的对称性。当位置偏离 M_0 点很小时，输出光强波形也将发生不规则变化，如图 10-19（c）所示。正是由于这些优点，该方法在测量电光系数时比其他方法更具有优势。

通过上面的分析可以知道，单光束法是通过在待测样品上施加直流（或交流）电压来产生干涉的变化从而测量电光系数的。这种干涉方法的主要问题是很难获得超过噪声的有效光学信号，这些噪声可能由机械、光学、空气和两个干涉臂的振动产生。因此，双光束法更加常用。该方法通过改变外加电场方向和晶体中光的偏振方向，可以测量出电光系数张量的各个张量元幅值及它们的正负号。双光束法具有精度高、系统不复杂的优点，因此非常适用于单晶电光系数的测量。

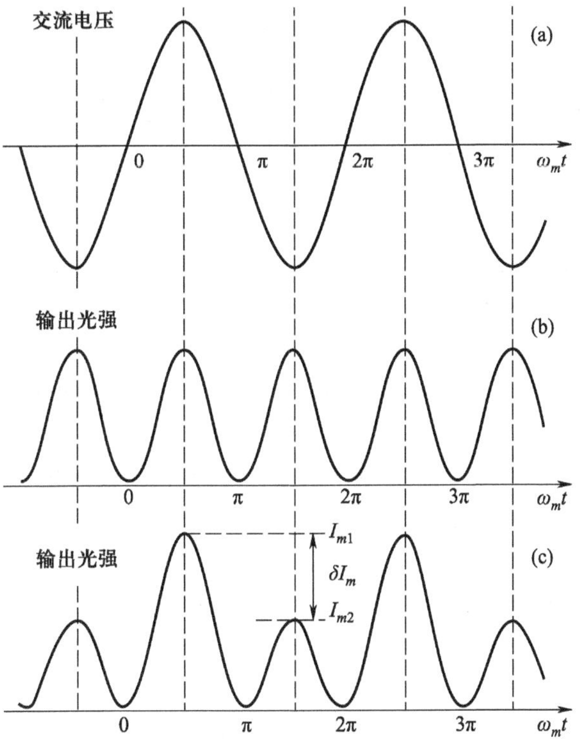

图 10-19　FDEOM 的信号波形

图(a)为施加到晶体上的交流电压波形;图(b)为正好处于 M_0 点时的输出光强波形;图(c)为偏离 M_0 点时的输出光强波形

在利用双光束法进行测量时,也可以根据实际情况将其分为静态测量(dc)和动态测量(ac)。在一般情况下,静态测量用于确定电光系数的正负号,动态测量用于测量电光系数的大小。

(1) 静态测量。

电光系数的正负号是由所用晶体的主轴性质决定的。为了给出这个正负号,首先要确定晶轴的方向。将待测晶体按主轴方向进行切割和抛光后,插入马赫-曾德尔干涉仪中,并将入射光的偏振方向与晶体的一个光轴保持一致。插入晶体后,参考臂和信号臂之间就会产生新的相位差,因此,插入晶体后的干涉条纹与插入晶体前的干涉条纹相比会移动,依次改变插入晶体的晶轴方向,从而引起条纹移动,通过对条纹移动的观察,就可以判断出晶轴的大致方向。之后,在电光晶体上施加外电场 E,就会产生因电光效应引起的晶体折射率的变化,从而产生干涉条纹的再次移动,通过观察条纹的移动方向,并结合公式就可以给出电光系数的正负号。

(2) 动态测量。

确定电光系数的正负号之后,就需要具体测量电光系数的大小了,这就需要进行动态测量。

公式(10-112)可以写为

$$\begin{aligned} I &= I_1+I_2+2\sqrt{I_1 I_2}\cos\delta \\ &= \frac{1}{2}(I_{\max}+I_{\min})+\frac{1}{2}(I_{\max}-I_{\min})\cos\delta \end{aligned} \tag{10-130}$$

这里，$I_{max}=(\sqrt{I_1}+\sqrt{I_2})^2$ 和 $I_{min}=(\sqrt{I_1}-\sqrt{I_2})^2$ 分别为干涉光强的最大值和最小值。由公式(10-130)可以看出，当相位差 δ 在 $\delta_0=(m+1/2)\pi(m=0,\pm1,\cdots)$ 附近有微小变化时，$\cos(\delta_0+\Delta\delta)\approx\pm\Delta\delta$，其中±号与 m 的值有关，探测器探测到的光强变化量为

$$\Delta I=I-\frac{1}{2}(I_{max}+I_{min})=\pm\frac{1}{2}(I_{max}-I_{min})\Delta\delta \tag{10-131}$$

因此，把系统稳定在 δ_0 位置处，干涉条纹强度的变化将会和相位差的数值呈线性关系。当用光电探测器采集数据时，公式(10-131)可以写成最终的电压表达式：

$$\Delta\delta=\frac{V_{out}}{(V_{max}-V_{min})/2}=\frac{V_{out}}{V_{p-p}/2} \tag{10-132}$$

这里，V_{out}、V_{max} 和 V_{min} 分别为对应于光强 ΔI、I_{max} 和 I_{min} 的电压输出信号，$V_{p-p}=V_{max}-V_{min}$ 为最大电压和最小电压的差。而 $\Delta\delta$ 与折射率变化量的关系满足 $\Delta\delta=2\pi\Delta(nl)/\lambda_0$。在频率为 f_0 的交流电场施加在晶体上时，为了提高测量精度，可以由锁相放大器测量 V_{out}。

图 10-20 为实际应用的马赫-曾德尔干涉电光系数测量系统示意图，这时在参考臂中加入了一个电致位移器，它的加入是为了解决由于激光器输出功率的不稳定性和其他因素(空气扰动以及样品对光的吸收等)而引起的系统工作点的漂移问题，这种漂移会导致实验结果有很大的误差。加入电致位移器后，可以通过外加电信号来控制反射镜的移动，从而改变参考臂的长度，进而产生一定的相位改变，干涉条纹也会随之移动，探测到的光强也会发生相应改变，并且可以测量出 I_{max} 和 I_{min}。同时，将频率为 f_0 的交流电场施加在待测样品上，由于电光效应，信号臂上将产生微小的相位改变。于是，式(10-130)可以写成

$$I=\frac{1}{2}(I_{max}+I_{min})+\frac{1}{2}(I_{max}-I_{min})\cos(\delta_{ref}+\Delta\delta) \tag{10-133}$$

这里，δ_{ref} 为相位改变量，包括参考臂上电致位移器引起的相位改变量和信号臂的低频噪声引起的相位改变量，$\Delta\delta$ 为待测样品上施加的交流电场引起的相位改变量。由于 $\Delta\delta$ 很小，所以可以利用三角函数公式将公式(10-133)中的 $\cos(\delta_{ref}+\Delta\delta)$ 近似化为

$$\begin{aligned}\cos(\delta_{ref}+\Delta\delta)&=\cos\delta_{ref}\cos\Delta\delta-\sin\delta_{ref}\sin\Delta\delta\\&\approx\cos\delta_{ref}-\sin\delta_{ref}\Delta\delta\end{aligned} \tag{10-134}$$

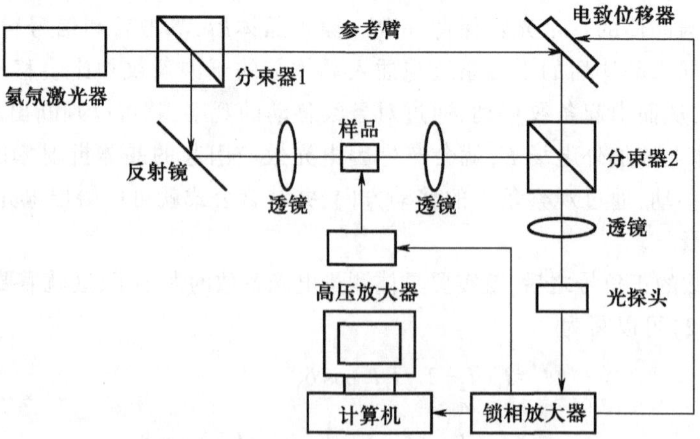

图 10-20 实际应用的马赫-曾德尔干涉电光系数测量系统示意图

这样公式(10-133)可以写为

$$I=\frac{1}{2}(I_{max}+I_{min})+\frac{1}{2}(I_{max}-I_{min})\cos\delta_{ref}-\frac{1}{2}(I_{max}-I_{min})\sin\delta_{ref}\Delta\delta \tag{10-135}$$

当 $\delta_{ref}=(m+1/2)\pi$ 时,公式(10-135)简化为公式(10-131)的形式;当 $\delta_{ref}=m\pi$ 时,公式(10-135)右侧的第二项为零,从第一项可以得到 $I_{max}-I_{min}$,即可以得到 $V_{p-p}/2$。通过在电致位移器上施加电信号,使参考臂发生相位改变,在相位改变的一个周期内,可以测量出公式(10-132)中的所有相关参量,进而计算出 $\Delta\delta$,最后计算出相应的电光系数。从公式(10-132)中可以发现,虽然 V_{out}、V_{max} 和 V_{min} 都会因为各种各样的噪声发生改变,但它们的比值的改变却很小。通过增加数据采集量,然后对所有数据进行平均处理,还可以使数据准确性得到进一步提高,相应光程差的分辨率可达到 $10^{-4}\lambda$。

10.3 固体的反射率、透射率以及吸收系数的测量原理与方法

如图 10-21 所示,当光入射到厚度为 d 的固体材料上时,在界面处,一部分光会反射,另一部分光会透射到待测样品内部,在透射的过程中,由于固体材料对光的吸收,其强度会逐渐减弱,最终透射的光的强度要小于进入固体材料内部的光的强度。对于固体材料来说,其对光的反射、透射和吸收能够反映材料的很多性质,因此测量固体材料对光的反射、透射和吸收具有很重要的意义。下面将分别对反射率、透射率以及吸收系数的测量原理与方法进行讨论。

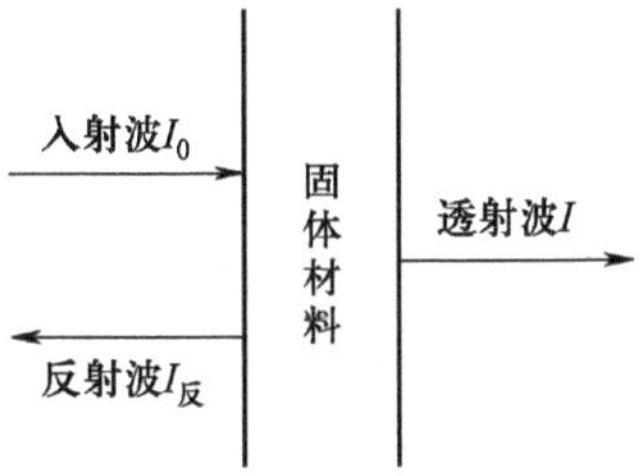

图 10-21 固体材料的反射、透射和吸收示意图

10.3.1 固体的反射率的测量原理与方法

对于固体材料来说,反射率 R 定义为入射到固体材料上的光强与反射光的光强的比值,根据菲涅耳公式,可知

$$R=\left(\frac{n_1-n_2}{n_1+n_2}\right)^2 \tag{10-136}$$

其中,n_1 通常为空气折射率($n_1=1.000\ 3$),n_2 为待测固体材料的折射率。

在通常情况下,待测固体材料的折射率是未知的,因此不能通过公式(10-136)直接计算出其反射率,需要通过实验测量出固体材料的反射率。实验中,通常会根据反射率的大小将固体材料分成高反射率材料和低反射率材料来进行测量,对这两种材料的测量方法略有不同。

1. 低反射率材料的测量

对于低反射率材料来说,其测量系统如图 10-22 所示。从光源发出的光经过透镜准直和光阑滤波后照射到反射镜上,反射镜改变光的传播方向,使其照射到待测样品上,再经过待测样品反射后,最后经过反射镜进入单色仪,不同的波长的光经单色仪进行自动光谱扫描后进入探测器,探测器给出相应光强参量。然后,将待测样品替换成反射率已知的标准样品,测量反

射光的光强，再利用待测样品和标准样品反射光的光强的关系给出待测样品的反射率：

$$R=\frac{I_{待}}{I_0}R_0 \tag{10-137}$$

这里，R_0 为标准样品的反射率，$I_{待}$ 为有待测样品时探测到的光强，I_0 为有标准样品时探测到的光强。标准样品在使用过程中会有污染、老化和机械损伤等情况，这将导致产生反射率误差 ΔR_0，因此待测样品的反射率可以写为

$$R=\frac{I_{待}}{I_0}R_0+\frac{I_{待}}{I_0}\Delta R_0 \tag{10-138}$$

从公式(10-138)可以看出，$I_{待}$ 相对于 I_0 越大，即待测样品的反射率越高，引入的误差越大。因此这种测量方式只适用于低反射率材料的测量。

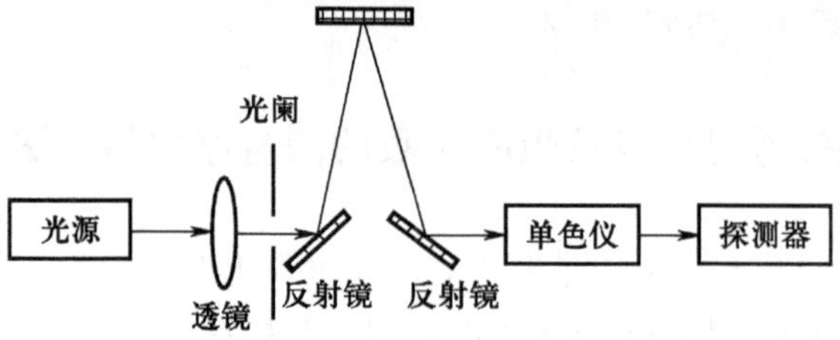

图 10-22　低反射率材料测量系统示意图

2. 高反射率材料的测量

对于高反射率材料，通常会采用二次反射法来进行测量，其测量系统如图 10-23 所示。从光源发出的光经过第一个反射镜反射后，照射到标准样品表面，再经过标准样品和第二个反射镜反射后，被单色仪分成单色光，最后被探测器探测，如图 10-23(a)所示。标准样品反射后的光强 I_1 可以写为

$$I_1=R_0I \tag{10-139}$$

这里，R_0 为标准样品的反射率，I 为入射到标准样品上的光强，I_1 为标准样品反射后的光强。

测试完标准样品后，将待测样品和标准样品放置于如图 10-23(b)所示的位置。入射光经过待测样品二次反射和标准样品一次反射后被单色仪分成单色光，最后被探测器探测。经待测样品反射后的光强 I_2 可以写为

$$I_2=R_0R^2I \tag{10-140}$$

这里，R 为待测样品的反射率。

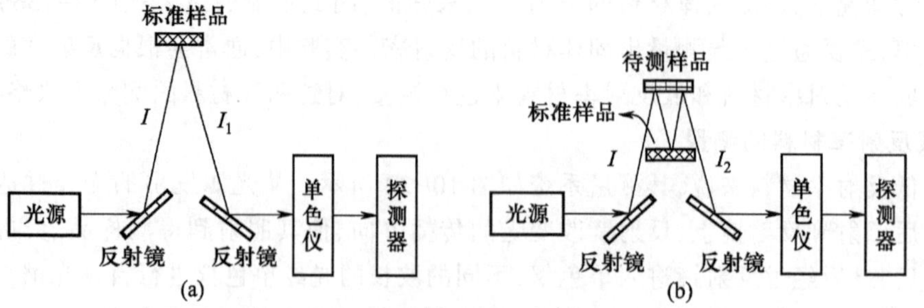

图 10-23　高反射率材料测量系统示意图

利用公式(10-139)和公式(10-140),可以将待测样品的反射率写为

$$R=\sqrt{\frac{I_2}{I_1}} \tag{10-141}$$

从公式(10-141)可以看出,通过测量 I_1 和 I_2 就可以得到待测样品的反射率。由于在测量 I_1 和 I_2 时,其值会出现一定的误差 ΔI_1 和 ΔI_2,所以待测样品的反射率也会有一定的误差 ΔR,其相对误差可以写为

$$\left|\frac{\Delta R}{R}\right|=\frac{1}{2}\left|\frac{\Delta I_1}{I_1}\right|+\frac{1}{2}\left|\frac{\Delta I_2}{I_2}\right| \tag{10-142}$$

从公式(10-142)可知,I_1 和 I_2 的值越大,测量误差越小,因此这种测量方法适用于高反射率材料的测量。

10.3.2 固体的透射率的测量原理与方法

透射率定义为入射到待测样品上的光强与透射出待测样品的光强的比值。根据透射率的定义,实验上可以采用单光束法和双光束法测量待测样品的透射率。

图 10-24 给出单光束法透射率测量系统。从光源发出的光经过单色仪后分解成单色光,单色光依次照射到待测样品上,再利用探测器探测透射光的光强,最后将其与没有待测样品存在时探测到的光强进行比较就可以得出待测样品的透射率。单光束法的优点是结构简单,测量准确度高,所以常被人们采用,但单光束法需要测量两次,即测量有待测样品和无待测样品两种情况下的光强,所以测量起来比较麻烦。

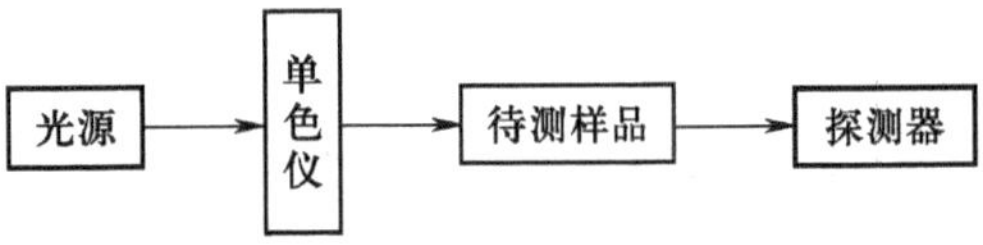

图 10-24　单光束法透射率测量系统

在单光束法的基础上,人们设计了双光束法,如图 10-25 所示。从光源发出的光经过双面反射镜分别反射到上下两个反射镜上,再经过反射镜反射后,被透镜进一步准直。在整个测量系统的中部有一个由电机带动的斩波器,在旋转过程中斩波器可以周期性地挡住两束光中的一束,只允许另一束通过。两束光再经过反射镜反射后进入单色仪,经过单色仪后两束光变成不同波长的单色光,最后照射到探测器上。由于两束光不能同时进入探测器,所以探测器探测到的光强分别为无待测样品和有待测样品两种情况下的光强,经过计算机处理数据后,就可以得到待测样品的透射率。这种测量方法的优点是只需要一个探测器,分时段对两束光进行探测并进行数据处

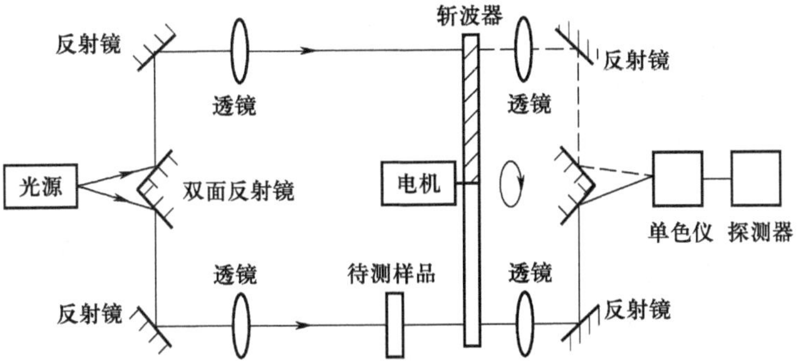

图 10-25　双光束法透射率测量系统

理,即可获得透射率。再对不同入射波长的光进行测量,就可以给出透射率随波长变化的光谱透射率曲线。双光束法避免了单光束法需要测量两次的麻烦,使测量过程更加简化。

10.3.3 固体的吸收系数的测量原理与方法

用 I 来表示入射到待测样品上的光强,用 α 来表示待测样品的吸收系数,用 R 来表示反射率,当入射光照射到待测样品上时,在待测样品的两个界面处都会因折射率的突变而发生反射与透射现象。第一个界面上的反射光强为 RI,进入待测样品的透射光强为 $(1-R)I$;待测样品内第二个界面的反射光强为 $(1-R)Ie^{-\alpha d}$,透过第二个界面的透射光强为 $(1-R)^2Ie^{-\alpha d}$。再根据定义,透射率 T 可以写为

$$T=\frac{透射光强}{入射光强}=(1-R)^2e^{-\alpha d} \tag{10-143}$$

若实验上测量出待测样品厚度 d 和透射率 T,并计算或测量出反射率 R,就可计算出吸收系数 α。

还可以取两块表面性质相同(R 相同)但厚度不同的待测样品。设待测样品的厚度分别为 d_1 和 d_2,且 $d_2>d_1$,探测器探测到的光强分别为 I_1 和 I_2,待测样品透射率分别为 T_1 和 T_2,由公式(10-143)可得

$$\frac{T_2}{T_1}=\frac{e^{-\alpha d_2}}{e^{-\alpha d_1}} \tag{10-144}$$

因此,吸收系数可以写为

$$\alpha=\frac{\ln T_1-\ln T_2}{d_2-d_1} \tag{10-145}$$

在一般情况下,透射率与照射到探测器上的光强成正比,即 $T_2/T_1=I_2/I_1$,因此可以根据两种情况下的光强来给出吸收系数:

$$\alpha=\frac{\ln\dfrac{I_1}{I_2}}{d_2-d_1} \tag{10-146}$$

10.4 固体材料荧光光谱的测量原理与方法

在实际应用和研究工作中,常常需要测量发光材料的荧光光谱,即给出发光材料发射光谱随激发光波长(或频率)的变化关系。荧光光谱对于发光材料很重要,它能反映材料的很多特征。

通常荧光光谱可以通过图 10-26 所示的荧光光谱仪进行观测。荧光光谱仪主要由激发光源、单色仪(滤光片或光栅)、探测器、恒温箱组成。

1. 激发光源

激发光源用于激发待测样品。理想的激发光源应满足以下条件:(1) 有足够强的发光强度。荧光强度通常较弱,为了使荧光强度可以探测到并且误差较小,就要求光源的发光强度不能小。常见的激发光源有氙灯、汞灯、氙

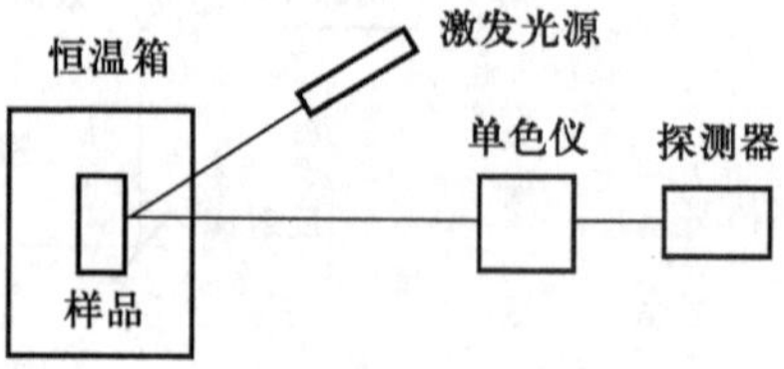

图 10-26 荧光光谱仪

汞灯、激光器以及闪光灯。(2) 在所需光谱范围内有连续的发射光谱。这就可以保证能用所需波长的单色光激发待测样品从而产生相应的荧光光谱。高压氙灯是荧光光谱仪中应用最广泛的一种激发光源。这种光源是一种短弧气体放电灯,考虑到耐高温等问题一般采用石英作灯罩,内部充氙气。激光器开机时,在相距几毫米的钨电极间施加高压,从而在灯内击穿氙气形成一强的电子流(电弧)。氙原子与电子流相撞后会被离解为氙正离子和电子,如果氙正离子与电子再次复合就会以发光的形式释放能量。氙原子的离解能在 250~800 nm 范围内发射连续光谱,而处于激发态的氙原子发射的线状光谱集中于 450 nm 附近。因为氙灯的发射光谱强度在紫外区域会存在快速降低现象,同时作为光源外罩的石英罩也对紫外线(波长小于 250 nm)不透明,所以氙灯无法作短波激发光源使用。氙灯光强很强,又有紫外成分,因此其射线会损伤视网膜,使用时应避免直视。(3) 其光强分布与波长无关。光源的输出应是连续平滑等光强的辐射,这样可以保证在需要测量的谱线范围内有相同的测量精度。(4) 光强要稳定。由于最后探测的是光强情况,所以光强的稳定性是影响数据精度的一个重要因素。

在现实中同时满足这些要求的激发光源并不存在,因此要根据实际情况进行相应的取舍来使测量结果更加符合要求。

2. 单色仪

单色仪是能将入射光分成不同波长单色光的实验设备。单色仪是利用光栅能够将不同波长入射光衍射到不同方向的原理制作而成的。单色仪有两个主要性能指标,即色散本领和杂散光水平。色散本领通常以 nm/mm 表示,其中 mm 为单色仪的狭缝宽度。对于单色仪来说,人们希望其色散本领越高越好,这样就能将光谱分得更细。单色仪的杂散光水平是另一个非常重要的参量。杂散光是指除所需要波长的光以外,通过单色仪的其他所有光。杂散光水平的高低严重影响探测精度,因此为减少杂散光的干扰,人们总是选用杂散光水平低的单色仪。为了消除杂散光,在单色仪中还会使用滤光片,常用的有玻璃滤光片、胶膜滤光片和干涉滤光片。滤光片具有便宜、简单等优点,在荧光光谱仪中被广泛应用。

3. 探测器

从单色仪出射的单色光最终照射到探测器上,通过探测器进行数据采集。探测器通常为光电倍增管(photomultiplier,PMT)、视像管(vidicon)、电子微分器(electronic differentiator)和电荷耦合器件(charge coupled device,CCD)阵列探测器等。目前,出于成本考虑,普通荧光光谱仪的探测器通常为光电倍增管。在一定的条件下,光电倍增管对每个入射光子都会有脉冲响应,因此其探测到的是单位时间内所有光子在探测器上产生的脉冲响应的平均效果。光电倍增管产生的电流与入射光强成正比。视像管也是探测器的一种,常被用来作为光学多道分析器(optical multichannel analyzer,OMA)的探测器,这种探测器具有检测效率高、动态范围宽、线性响应好、坚固耐用和寿命长等优点。其检测灵敏度虽然逊于光电倍增管,但它的优点是能同时接收荧光体的整个发射光谱,这有利于对光敏性荧光体和复杂样品的分析,且检测系统容易实现自动化。电子微分器也是荧光光谱仪的常见探测器之一,利用它可以对光谱信号的输出进行微分处理,包括电子微分、数字微分、机械转速微分。电荷耦合器件阵列探测器是一种近些年发展出来的探测器,具有噪声低、灵敏度高、暗电流小、光谱范围宽、量子效率高、线性范围宽以及同时可获取彩色三维图像等特点,是探测器的重点发展方向,随着科技的进步,其发展更新速度很快。

4. 恒温箱

荧光材料的光谱很多时候与温度有很大关系,因此测量时需要对荧光材料进行恒温保存,这就需要恒温箱。对于荧光光谱仪来说,需要采用特殊的透明材料将激发光源的光引入恒温箱,并要使用透镜等光学元件将激发光束聚焦至待测材料上,而且需要能够透射荧光光谱的窗口材料。针对不同波长的激发光源,需要使用不同的窗口材料和透镜。

可以采用的荧光光谱测量方法有很多,其中最简单、最基本的就是直接进行光谱测定的方法,这种方法适用于单一成分的荧光材料。如果待测样品是由几种物质混合而成的,就可以利用混合物中每种物质的荧光激发光谱和发射光谱的不同,选取不同的激发光源和探测波长进行成分测定。若这样还无法测量混合物组分,而且实验设备有限,则可以进行联合测定,然后再求解联立方程来得到一些相关结果。也可以采用校正图法,对发射光谱相互重叠的双组分或三组分待测样品同时测定,或采用多波段激发光源的方法进行相关测试。虽然这样的测量方法能够对待测样品进行测量,从而得到一定的实验结果,但这种测量方法毕竟是一种无奈之举,不但费时费力,而且精度也受到限制。近些年,随着技术的进步,先后出现了同步荧光法、三维荧光法、时间分辨荧光法等新的荧光光谱测量方法。

同步荧光法是同时扫描激发光源光谱和荧光光谱,给出相应对比光谱图的测量方法。同步荧光法的优点是图谱简单、选择性强、对比性强、散射光小,同步荧光法常用于多组分样品的分析。根据激发和发射两种波长的光在同时扫描过程中彼此间的关系,同步荧光法可分为固定入射光能量同步荧光法、固定入射光波长同步荧光法、可变入射角(探测角)同步荧光法、可变入射光波长(探测光波长)同步荧光法以及固定基体同步荧光法等。

三维荧光法是一种可以获得更多荧光信息的测量方法。普通荧光测量获得的信息很少。比如固定激发光波长而扫描探测发射光(即荧光)波长,或者固定荧光波长而扫描探测激发光波长,这样只能得到两个信息参量,因此将这样的光谱称为二维光谱。但是,实际上荧光光谱的强度是随激发光波长和荧光波长而发生变化的,这样就有三个信息参量,因此这样的光谱称为三维光谱。三维光谱能更好地反映待测样品的发光信息。

时间分辨荧光法是利用脉冲宽度很窄的激光照射样品,然后在某一时刻利用探测系统进行光谱探测,得到相应光谱的方法。随着激光技术的发展,激光的脉冲宽度已经可以达到 fs 量级,因此整个探测过程中的时间分辨率是由探测系统决定的,探测系统的分辨率是时间分辨光谱的决定因素。如果采用光电倍增管,其时间分辨率大约为 100 ps;如果采用高速扫描相机或上转换发光,其时间分辨率可以达到 1 ps。得到了光谱曲线随时间的演化关系就可以得到载流子释放、辐射寿命、电子-空穴复合等很多有用的信息。图 10-27 中的曲线就是通过这种方法获得的。

如果待测样品并不发射荧光或者荧光很弱,但又需要对其相关性质进行研究,就需要采用间接测量,间接测量的方法也有很多种,可根据需求进行选择。如果待测样品本身不能产生荧光,但是通过一些处理方法可以将其转变为另外一种荧光材料,就可以通过测定该荧光材料的荧光强度,间接测量待测样品。比如一些无机金属离子,它们在正常情况下是不发出荧光的,让它们与金属螯合剂发生反应,生成的螯合物具有荧光特性,对其进行测试就可以得到一些相关信息。如果待测样品本身不能产生荧光,但是与一些荧光化合物相遇时,其发生荧光猝灭反应,就可以对待测样品进行间接分析。比如大多数过渡金属离子,它们在正常情况下是不发出荧光的,如果将能发出荧光的芳香族物质配合反应,就会使芳香族物质发生荧光猝灭,这样就

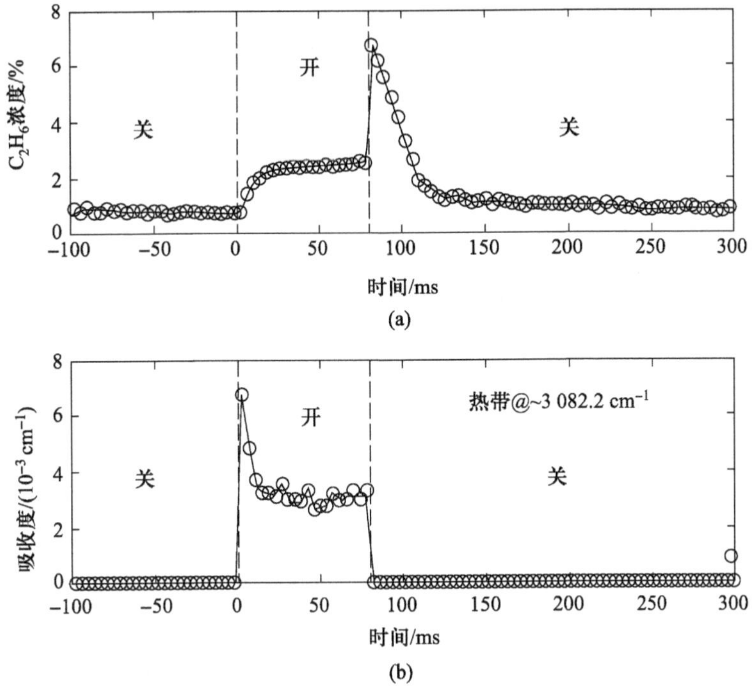

图 10-27 CH_4 在毫秒时间尺度的时间分辨光谱

可以间接测定这些金属离子。如果待测样品本身产生的荧光很弱，但可以利用能量转移的方式，将能量转移到一种能发出荧光的物质之中，就可以通过测量荧光物质的发光情况，间接测量待测样品。比如为了提高测量的灵敏度，常会用萘来测量蒽、菲等物质的浓度，这种间接测量可以使待测物质的可测量浓度提高三个数量级。

在采用仪器测出荧光光谱后，可以通过荧光光谱的几个特征初步判断一下测量数据的可靠性。荧光光谱有如下特征。

(1) 荧光光谱与吸收光谱之间存在“镜像对称”。对于某些荧光化合物来说，其荧光吸收光谱与发射光谱的关系就像镜面反射一样，具有对称性。这种关系是由于荧光光谱中反跃迁的概率相比于吸收光谱中跃迁的概率差不多。通常来说，固体材料内电子的第一激发单重态的振动能级分布类似于基态的振动能级分布，而荧光与吸收光谱正是这种能级分布的光学表现，因此两种光谱之间具有“镜像对称”的关系。

(2) 荧光光谱中存在斯托克斯位移。由于激发态分子通过振动松弛和内转化过程而快速衰变到 S_1 电子态的最低振动能级，荧光产生过程中就损失一定的能量，这就会导致材料的荧光光谱与激发光谱相比，其波长出现了偏差，荧光波长大于激发光波长，这种现象称为斯托克斯位移。

(3) 荧光光谱的包络线形态不受激发光波长改变的影响。这是因为不论用什么波长的光进行激发，被激发的电子都会在极短的时间内(10^{-14} ~ 10^{-12} s)失去能量(通过振动松弛和内转化)，到达最低振动能级，然后从这个振动能级跃迁回基态振动能级，这时发出的光才是荧光。

与其他化学分析法，例如分光度法、比色法等相比，荧光光谱法有以下优点。

(1) 荧光光谱法具有非常高的绝对灵敏度。荧光光谱法的最低检出限的质量分数在 $10^{-9}\sim10^{-6}$ 数量级之间,当检测荧光效率高的材料时质量分数甚至可以达到 10^{-11} 数量级。由此可见,荧光光谱法的灵敏度在一定的条件下是其他方法所不及的。

(2) 荧光光谱法选择性高。在待测样品分子吸收激发光的能量后,由于激发态能级是不稳定能级,所以待测样品分子很快就会从激发态能级重新回到基态能级,同时发射出荧光。但是待测样品分子在不同波长光的激发下,所产生的荧光波长是不相同的,而且不是所有的物质在光的激发下都能发射荧光。因此,荧光光谱法通过前后两次波长(控制激发光的波长和荧光的波长)的选择,得到的选择性比吸收光度法更高,这样就可以解决其他测量方法解决不了的困难。

(3) 荧光光谱法使用试样量少,快速简便。校准曲线法是经常被采用的荧光定量分析方法,许多分光光度计配有改装为光电荧光计的配件,并且实验仪器简单。因为具有很高的灵敏度,为实现分析的目的只需取微量试样,例如只需几微升就能测定血液中的葡萄糖含量,所以该方法特别适用于微量分析。

荧光光谱法不仅具有上述优点,而且能提供很多物理参量信息,例如荧光强度、荧光寿命、荧光效率等,这对研究具有十分重要的意义。荧光光谱法虽然有很多优点,但是相对于紫外-可见吸收分光光度法,其应用范围还不够广泛,在一些实际应用中存在的问题还需要更好的解决方案,比如化合物的分子结构与荧光光谱之间的关系,以及需要添加什么试剂才能对本身不发射荧光的物质进行荧光分析。此外,荧光光谱法对温度、酸度、溶解氧及污染物等环境因素极为敏感,这些因素的影响也限制了荧光光谱法的应用。因此在实际过程中要正确地看待这种研究方法。

10.5 固体材料傅里叶光谱的测量原理与方法

材料的光谱能够反映材料的很多信息。人类眼睛能看到的光只是电磁辐射光谱的小部分,可见光谱之外的高能侧是紫外光谱,低能侧是红外光谱。其中,红外光谱可用于分析化合物。通常化合物分子中存在共价键,共价键有相应的振动能级结构和不同的偶极矩,它们可以用可拉伸和弯曲的刚性弹簧来进行比喻。当红外线(其波长范围为 2 500~16 000 nm,相应的频率范围为 $1.9\times10^{13}\sim1.2\times10^{14}$ Hz)照射到化合物上时,由于红外光子能量较低,所以不足以将电子激发,但可能会引起原子和基团共价键合的振动能级跃迁,因此,红外光谱可以提供化学结构和化学键的很多信息。

傅里叶变换红外光谱仪(Fourier transform infrared spectrometer,FTIR spectrometer)是测试固体材料信息的一种实用仪器,也是获得相关红外光谱信息的重要测量仪器,简称为傅里叶红外光谱仪。它通过测量固体、液体或气体的红外吸收光谱来检测分子中的化学键。傅里叶变换红外光谱仪的基本组件和光路示意图如图 10-28 所示。它主要由光源(硅碳棒、高压汞灯)、干涉仪(大

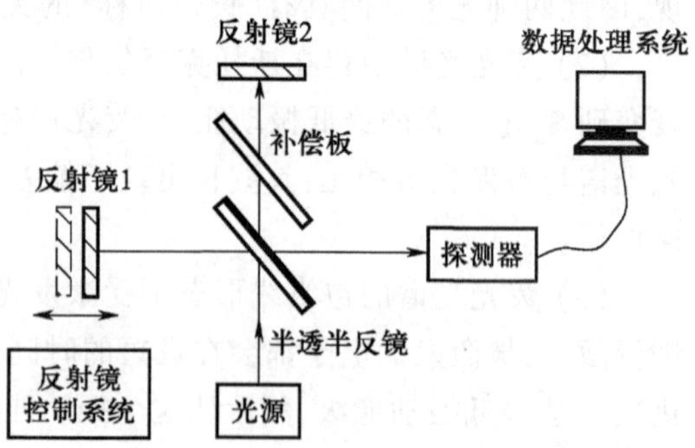

图 10-28　傅里叶变换红外光谱仪示意图

多数傅里叶变换红外光谱仪使用了迈克耳孙干涉仪)、探测器、数据处理系统以及反射镜控制系统组成。傅里叶红外光谱仪的基本工作原理是两路光的干涉,因此迈克耳孙干涉仪是其核心。光源发出的光被45°角摆放的半透半反镜分成两路,一路照射到可移动的反射镜1上,再沿原路反射回来,经过半透半反镜,最后照射到探测器上;另一路透过补偿板,照射到固定的反射镜2上,经反射镜2反射后,再次经过补偿板,并再次被半透半反镜反射,照射到探测器上。这时两束光如果满足相干条件,干涉结果就会投射到探测器上,从而得到带有光谱信息的干涉图样。从半透半反镜分光开始,到两束光照射到探测器上结束,两束光的光程差 Δ 可以写为

$$\Delta = 2\mid L_2 - L_1 \mid \tag{10-147}$$

这里,L_1 为从半透半反镜到反射镜1的光程,L_2 为从半透半反镜到反射镜2的光程。

当 $L_2 = L_1$ 时,两束光的光程差为零($\Delta = 0$),此时,两束光的相位完全相同,探测器探测到的光强等于这两束光的光强之和,达到最大值。

当反射镜1移动1/4波长时,由于光束来回折返两次,所以两路光的光程差为 $\Delta = 2\mid L_2 - L_1 \mid = \lambda/2$。也就是说,它们的相位差为 π,此时两束光的相位正好相反,干涉的结果是光强为零,探测器探测到的光强达到最小值。

当反射镜1再次沿同一方向移动1/4波长时,光程差扩大为 $\Delta = 2\mid L_2 - L_1 \mid = \lambda$。两束光的相位差为 2π。这种情况与光程差为零时完全一样。

在测量过程中通过反射镜控制系统(一般为步进电机控制系统)连续匀速移动反射镜1时,从反射镜1和反射镜2反射到探测器上的两束光将会有一系列不同的光程差,从而得到一系列在最大值和最小值之间变化的探测结果。通过模数转换和相关通信电路将探测器得到的数据送入计算机,计算机再对这些数据进行存储和处理就可以得到相关频谱信息。

任意形式的信号在数学上都可以利用完备正交函数集进行展开,也就是说,可将其表示成基本时间函数的线性求和(积分)的形式。若把纯虚数的指数信号看成基本时间函数,则可以用复指数函数 $e^{i\omega t}$ 求和(积分)的形式来表示信号函数 $f(t)$,即

$$f(t) = \frac{1}{2\pi}\int_{-\infty}^{+\infty} F(\omega)\, e^{i\omega t} d\omega \tag{10-148}$$

公式(10-148)就是信号函数 $f(t)$ 的傅里叶变换。根据相关数学知识可知,其傅里叶逆变换为

$$F(\omega) = \int_{-\infty}^{+\infty} f(t)\, e^{-i\omega t} dt \tag{10-149}$$

再根据欧拉公式 $e^{i\omega t} = \cos \omega t + i\sin \omega t$,可以看出,傅里叶变换的实质就是在零到无穷大的时间范围内,以三角函数为基函数展开信号。如果信号是一个时变信号,那么它的统计性质就不是确定值,其在不同时刻是不同的。在时刻 t,信号的频率分量就不能通过傅里叶变换给出,但可以利用另一个思路解决这个问题。首先,在时刻 t 前后的一定的时间范围 Δt 内截取相应的信号,并在这个时间范围内完成傅里叶变换,再将时间范围 Δt 压缩,让其无限接近于0,这样就可以求出时刻 t 的频率分量。

设光源发出的是单色光,其波数为 ν,并且两束光的光强都为 I_0。在测量中随着反射镜1的移动,两束光的光程差将不断变化,探测到的光强也将周期性地改变,根据相关光学理论,干涉光强可以表示为

$$I=4I_0\cos^2(\pi\nu\Delta)=2I_0+2I_0\cos(2\pi\nu\Delta) \tag{10-150}$$

从公式(10-150)可以知道,探测器探测到的光强可以分解为一个直流分量和一个余弦函数分量,而且余弦函数分量的频率由单色光的波数决定。

如果光源发出的不是单色光,而是含有多个波数的混合光,并且两束光在不同波数的光强均相等,那么可以用函数 $I(\nu)$ 来表示不同波数所对应的光强,在波数间隔 $\mathrm{d}\nu$ 内的光强是 $I(\nu)\mathrm{d}\nu$。这两束光在探测器上相遇,相互干涉后的光强为

$$\mathrm{d}I=2I(\nu)\mathrm{d}\nu+2I(\nu)\mathrm{d}\nu\cos(2\pi\nu\Delta) \tag{10-151}$$

对波数积分,可得到两束混合光在整个光谱范围内的相干光强:

$$I=2\int_0^{\infty}I(\nu)\mathrm{d}\nu+2\int_0^{\infty}I(\nu)\cos(2\pi\nu\Delta)\mathrm{d}\nu \tag{10-152}$$

从公式(10-151)可以看出,探测器探测到的光强可以分解为一个与光程差无关的项和一个与光程差有关的项之和。

公式(10-151)中与光程差有关的项可以写成 $I(\Delta)$,它是函数 $I(\nu)$ 的傅里叶余弦变换。由于傅里叶余弦变换是可逆的,可得

$$I(\nu)=c\int_0^{\infty}I(\Delta)\cos(2\pi\nu\Delta)\mathrm{d}\Delta \tag{10-153}$$

这里,c 为常量。从公式(10-153)可以看出,只要通过探测器测出两束相干光的干涉光强随光程差变化的函数曲线 $I(\Delta)$,然后对其进行傅里叶变换,就可以得到两束光的光谱分布。

将公式(10-153)用于光谱测量之前,仍然有一些问题需要进行深入探讨。第一点,从公式(10-153)可以看到,为了测量得到入射光的光谱,光程差的积分范围为零到无穷大,然而任何光源的相干长度都是有限的,无法实现无穷大的光程差,这样在实际应用时,光程差的大小是一个有限值。第二点,通过相干理论,可以证明两路光的光程差决定了傅里叶变换光谱的分辨率,也就是傅里叶变换光谱仪能实现的光谱分辨率是由所用光谱仪两臂所能达到的最大光程差决定的。若用 S 来表示光程差测量范围的大小,则变化后傅里叶变换光谱的波数分辨率为 $1/2S$,因此要想提高傅里叶变换光谱的分辨率,增加 S 就可以了。但随着 S 的不断增加,测量所用时间会成倍增加,同时对仪器的测量精度和计算机硬件的要求也会成倍增加,因此不能盲目地增加光程差测量范围。第三点,从公式(10-152)可以看到,如果想得到光谱分布,就需要测量干涉光强随光程差变化的连续曲线。但在实际测量中,由于探测器工作原理的限制,探测到的数据是一段时间内的积分结果,相当于离散点采集数据,干涉光强随光程差变化的连续曲线只能通过数据拟合得到。数据点间隔越小,拟合的结果越好,但由于瑞利判据的限制,采样间隔应小于或等于最小波长的二分之一。由于傅里叶光谱仪测量的光谱范围主要在可见光和近红外波段,所以反射镜 1 移动距离的采样间隔通常为几十纳米。

通过以上介绍并结合傅里叶变换红外光谱仪的实际使用注意事项,可以得出傅里叶变换红外光谱仪的特点。

(1) 信噪比高。

由于傅里叶变换红外光谱仪从原理上来说,利用的是光的干涉,实现的设备是迈克耳孙干涉仪,所以其使用的光学元件较少,这就极大地降低了光在传播过程中的损耗和由每个光学元件前后表面的反射带来的噪声,并且迈克耳孙干涉仪的干涉光强极小值是零,极大值是干涉结果的最

大值，因此干涉条纹的引入增强了光强极大值与极小值的差，这些都有利于信噪比的提高。

(2) 重复性好。

傅里叶变换红外光谱仪是通过将干涉的结果进行傅里叶变换的方式对入射光信号进行处理的，这样就避免了传统光谱仪需要利用电机驱动光栅来实现分光所带来的误差，因此重复性好。

(3) 扫描速度快。

傅里叶红外光谱仪的数据采集方式是全波段数据采集，在一般情况下，几秒内即可完成一次完整的数据采集，而通常的色散型光谱仪在数据采集之前，要先用光栅对入射光分光，然后才能进行数据采集，这就大大延长了测量时间，一次完整的数据采集需要 10~20 min，速度较慢。

(4) 分辨率高。

分辨率是评价红外光谱仪的重要性能参量，分辨率指的是光谱仪能够将两个不同波长(频率)的谱线分辨开来的极限能力。红外光谱仪的分辨率可以达到很高的指标，如德国布鲁克(Bruker)公司的 IFS 系列红外光谱仪的最佳分辨率为 0.000 8 cm^{-1}，加拿大鲍曼(Bomen)公司的 DA 系列红外光谱仪的分辨率可达 0.002 6 cm^{-1}。

(5) 波数精度高。

从前面的分析可知，波数是红外光谱的一个重要参量。为了得到较高的波数测量精度，要求干涉仪的反射镜 1 可以很精确地驱动(常常通过辅助激光束进行监控)，因此干涉结果能够很精确地控制，通过计算获得的光谱具有很高的波数精度，波数精度通常可达 0.01 cm^{-1}。

(6) 灵敏度高。

对于常用的色散型红外分光光度计，其大部分的光源能量都会被狭缝挡住，因此能量损失很大，而傅里叶变换红外光谱仪没有狭缝的限制，能量损失小。与色散型红外分光光度计相比，当两者分辨率相同时，傅里叶变换红外光谱仪的辐射通量要大得多，从而使探测器接收的信号的信噪比较大，因此傅里叶变换红外光谱仪具有很高的灵敏度，特别适合于对弱光谱进行测量。

(7) 光谱范围广。

随着技术的进步，现有的傅里叶变换光谱仪的使用波段已从最初的红外波段拓展到紫外和可见光波段。如德国布鲁克公司生产的傅里叶变换光谱仪测量范围为 50 000~4 cm^{-1}，加拿大鲍曼公司生产的傅里叶变换光谱仪测量范围为 50 000~5 cm^{-1}，美国尼科莱特(Nicolet)公司生产的傅里叶变换光谱仪测量范围为 25 000~20 cm^{-1}。

傅里叶变换光谱仪的这些优点使其广泛应用于科研、生产以及检测等领域。

10.6 固体的光折变性质测量原理与方法

光折变效应是一种重要的光学效应，因此测量材料的光折变性能具有重要的意义。下面对描述光折变效应的主要性能参量加以介绍。

10.6.1 衍射效率

衍射效率定义为从材料内衍射出的光强与入射光强之比。二波耦合是测量光折变材料的衍射效率的常用方法,测量系统如图 10-29 所示。从光源发出的激光被分束器分成两路,分别是信号光与参考光;两路光被反射镜反射后在待测样品中相交,在相交处就会形成明暗相间的干涉条纹,进而在材料中通过光折变效应形成折射率调制。若通过快门关闭信号光或参考光中的一束,就会在折射率调制光栅的作用下衍射出另一束,其方向与被挡住的一束完全相同。如果挡住信号光,用探测器探测到的衍射光强与参考光强的比值就是衍射效率。

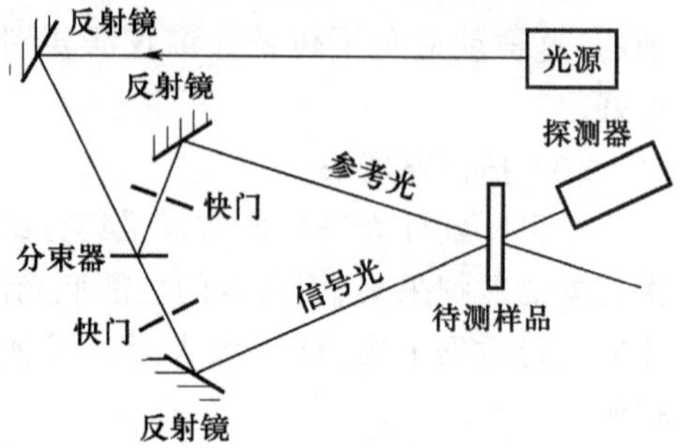

图 10-29　二波耦合测量系统

根据科格尔尼克(Kogelnik)的体全息耦合波理论,在图 10-29 配置下,若将材料界面的反射和材料对激光的吸收都考虑其中,则衍射效率 $\eta(t)$ 的表达式为

$$\eta(t)=(1-R)^2\exp\left(-\frac{\alpha d}{\cos\theta}\right)\sin^2\left[\frac{\Delta n(t)\pi d}{\lambda\cos\theta}\right] \tag{10-154}$$

这里,θ 为光在晶体内的入射角,R 为材料的表面反射率,$\Delta n(t)$ 为晶体的折射率调制度,α 为吸收系数,λ 为真空中入射光的波长,d 为晶体的有效作用长度。若忽略材料界面的反射和材料对激光的吸收,则衍射效率 $\eta(t)$ 的表达式为

$$\eta(t)=\sin^2\left[\frac{\Delta n(t)\pi d}{\lambda\cos\theta}\right] \tag{10-155}$$

在实际测量中,由于反射和吸收通常都比较小,对衍射效率的影响可以忽略,所以为了简化测量过程,在一般情况下都不测量它们,而采用公式(10-155)计算衍射效率。

从公式(10-154)和公式(10-155)可以看出,在装置固定之后(R、α、d、λ 都是确定值),衍射效率是折射率调制度 $\Delta n(t)$ 的函数,而 $\Delta n(t)$ 又是时间的函数,所以衍射效率也是时间的函数,可以写为

$$\sqrt{\eta}=\sqrt{\eta_{\max}}\left[1-\exp\left(\frac{-t}{\tau_w}\right)\right] \tag{10-156}$$

$$\sqrt{\eta}=\sqrt{\eta_{\max}}\exp\left(\frac{-t}{\tau_e}\right) \tag{10-157}$$

这里,$\eta_{\max}$ 为饱和衍射效率,τ_w 为写入时间(也称为响应时间),是指在信号光和参考光同时照射下,光折变材料从开始记录光栅到衍射效率达到饱和值 $\eta_{\max}$ 所需要的时间。它是建立折射率光栅所需的时间,描述了光栅建立的快慢,τ_w 越小意味着信息存储的速度越快。τ_e 为擦除时间,是指当衍射效率 η 达到饱和值 $\eta_{\max}$,只保留两路光中的参考光进行折射率光栅的擦除时,衍射效率从 $\eta_{\max}$ 衰减到 0 所用的时间。也有人将擦除时间定义为衍射效率衰减到最大衍射效率的 1/e 时所耗的时间,它描述了光栅擦除的快慢,τ_e 越大意味着信息存储时间越长,对光折变材料在体全息存储中的应用越有利。

10.6.2　动态范围

光折变效应在体全息存储应用中的另外一个很重要的参数是动态范围 $M^{\#}$,它描述的是全

息存储体系的最大存储能力，也就是存储介质单位体积所能存储的全息图的数目，并可以通过下式计算：

$$M^{\#}=\sum_{i=1}^{M}\sqrt{\eta_i} \tag{10-158}$$

这里，η_i 为存储的第 i 个全息图的衍射效率，M 为复用时存储的全息图总数。

在全息图记录过程中，可以通过调整各个全息图的曝光时间，对全息图的衍射效率进行均匀化处理，使读出时每个全息图的衍射效率接近相等。这时，i 幅全息图的写入时间 t_i 满足 $t_i=t_1\tau_w/(\tau_w+N\tau_e-\tau_e)$，衍射效率可以写为

$$\eta=\left(\frac{A_0\tau_e}{M\tau_w}\right)^2=\left(\frac{M^{\#}}{M}\right)^2 \tag{10-159}$$

这里，M 为复用全息图的数目，A_0 为饱和光栅强度，t_1 为第一幅全息图记录时间，N 为全息图总数。

其动态范围可以写为

$$M^{\#}=\frac{A_0}{\tau_w}\tau_e\approx\frac{\tau_e\sqrt{\eta_{max}}}{\tau_w} \tag{10-160}$$

由公式(10-160)可见，动态范围 $M^{\#}$ 与写入时间 τ_w 和擦除时间 τ_e 成比例。

在实际测量过程中，通过单幅全息图的记录和擦除过程中时间和衍射效率的关系曲线来得到擦除时间 τ_e 和饱和衍射效率 η_{max}，再通过公式(10-160)就可以得到动态范围 $M^{\#}$。

10.6.3 灵敏度

光折变效应中还有一个重要的参量是灵敏度 S，它指的是入射光照射到单位体积材料内，材料吸收单位入射光的能量后，通过光折变效应产生的折射率改变量。它是衡量材料利用入射光能力的一个参量，可以用下式给出：

$$S=\frac{\left.\frac{\mathrm{d}\sqrt{\eta}}{\mathrm{d}t}\right|_{t\approx0}}{I_0 d}\approx\frac{\sqrt{\eta_{max}}}{I_0\tau_w} \tag{10-161}$$

这里，I_0 为入射光的光强，d 为光折变材料的通光厚度。与前面的动态范围 $M^{\#}$ 的获得方法类似，可通过探测器测量入射光的光强以及衍射效率随时间变化的关系曲线来得到 η_{max} 和 τ_w，进而利用公式(10-161)算出灵敏度。

10.7 非线性系数的测量

材料非线性系数的测量在非线性光学领域非常重要。在实际测量中，根据材料的不同会采用不同的测量方法，下面根据待测样品的形态分别进行介绍。

10.7.1 粉末样品的测量

当待测样品是粉末时，通常会采用库尔茨(Kurtz)粉末法进行测量。这是确定粉末样品非线性系数的一个粗略方法。具体过程是用基频的脉冲激光对压制成薄片的粉末进行照射，基

频光通过粉末薄片时,由于非线性效应而产生相应的二次谐波,将粉末薄片产生的二次谐波的强度跟标准晶体粉末(如 α-SiO_3 或 KDP 晶体粉末)薄片产生的二次谐波的强度相比,即可对其非线性效应进行大致估算。由于粉末薄片中各个晶粒是随机排列的,所以由晶粒构成的薄片总体表现为各向同性。薄片每个方向的非线性效应都是每个晶粒非线性效应的一个平均,因此其非线性效应必然小于宏观单晶,所产生的倍频光的强度无法与宏观单晶相比,并且误差较大,只能有限地反映粉末样品的倍频效应。作为初步判断粉末样品的非线性系数大小的一个判据,该方法并不能用于准确测量粉末样品的二阶非线性系数,精确测量还需采用其他方法。

10.7.2 液体样品的测量

当待测样品是液体时,通常会采用电场诱导二次谐波法(electric fields induced second harmonic generation,EFISHG)来测量其非线性性能。这种方法是测量溶液中发色团分子材料的非线性效应重要参量——二阶极化率的常用方法。具体过程是用基频光照射已施加直流电场的待测溶液样品,然后在相同实验条件下对石英晶体进行测量,以石英晶体为参考,将两次测量结果相比较,通过相应的非线性理论计算出待测液体样品的二阶极化率。

10.7.3 固体样品的测量

当待测样品是固体时,测量方法较多,常用的有两种。第一种方法是通过基频光和倍频光之间的相位匹配来实现的。这种方法已经研究得非常详细,并且用于测量 ADP 晶体的 $d_{36}^{2\omega}$,其精度可达 10%。第二种方法是利用马克尔条纹。这种条纹可以通过改变入射到非线性材料(如石英晶体)表面的入射角,然后通过其内部产生的束缚谐波与自由谐波的干涉,将二次谐波的强度以周期性振荡的方式展示出来。这种方法可应用于测量所有非线性材料,无论是否能实现相位匹配。这种方法的另外一个优点是其不但可以用于测量吸收系数小的非线性材料,而且对于吸收系数大的非线性材料,虽然透射的二次谐波会被吸收掉,也可以通过测量材料界面反射的二次谐波推导出其非线性系数。下面对这两种方法进行具体分析。

1. 二次谐波法

二次谐波法(second harmonic generation,SHG)是一种常见的非线性系数的测量方法,使用该方法时要求待测材料满足相位匹配条件。负单轴晶体在大多数情况下都可以实现相位匹配,而正单轴晶体在一般情况下很难实现相位匹配。下面以负单轴 ADP 晶体为例进行讨论。

对于负单轴 ADP 晶体,在第一类相位匹配时,倍频光的功率可以写为

$$P_{2\omega}=P_{\omega}^{2}\frac{128\pi^{2}\omega^{2}l^{2}}{\varpi^{2}c^{3}n_{\omega}^{3}}\chi_{36}^{2}\sin\theta_{\mathrm{m}} \tag{10-162}$$

这里,$P_{2\omega}$ 为倍频光功率,P_{ω} 为基频光功率,l 为沿通光方向的晶体厚度,c 为光速,ϖ为高斯激光束的光斑半径(孔径),χ_{36} 为 ADP 晶体二阶非线性光学系数,n_{ω} 为基频光折射率,θ_{m} 为相位匹配角。

从公式(10-162)可知,只要实验上测出基频光功率 P_{ω}、倍频光功率 $P_{2\omega}$、高斯激光束的光斑半径 ϖ,基频光折射率 n_{ω}、相位匹配角 θ_{m},就可以推导出χ_{36}。

对于其他负单轴晶体,通常会以 ADP 或 KDP 晶体的χ_{36} 作为参考,用同样的实验设备对

待测样品和已知非线性系数的标准样品进行先后测量，给出基频光照射到两种晶体上产生的倍频光功率 $P_{2\omega}$、基频光折射率 n_{ω}、相位匹配角 θ_{m}、晶体厚度 l 等参量，就可以通过公式(10-162)给出待测样品的非线性系数：

$$\chi^{2}_{36(\text{待测样品})}=\frac{l^{2}_{(\text{ADP})}\sin\theta_{m(\text{ADP})}n^{3}_{\omega(\text{待测样品})}P_{2\omega(\text{待测样品})}}{l^{2}_{\text{待测样品}}\sin\theta_{m(\text{待测样品})}n^{3}_{\omega(\text{ADP})}P_{2\omega(\text{ADP})}}\chi^{2}_{36(\text{ADP})} \tag{10-163}$$

测量装置如图 10-30 所示。待测晶体被切割成了两界面平行的晶体片，晶体厚度 l 不宜过大。测量时，入射光与晶体界面保持垂直，入射光在晶体中传输时，能够实现相位匹配。

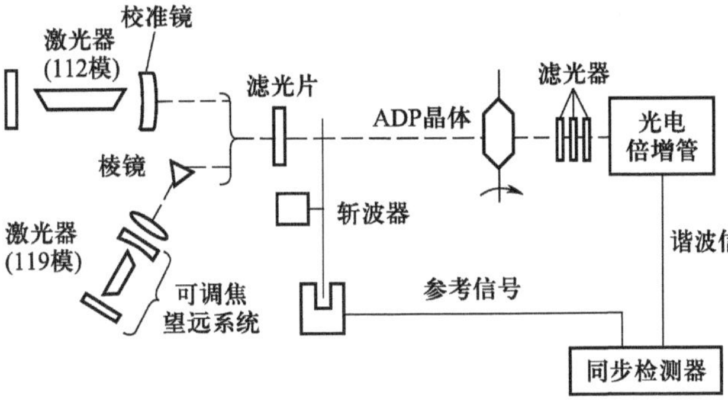

图 10-30　测量装置示意图(SHG)

2. 马克尔条纹法

公式(4-175)可以写为相干长度的形式：

$$\mathscr{P}''_{2\omega}=\frac{512\pi^{3}}{c\varpi^{2}}[\chi^{(2)}]^{2}t'^{4}_{\omega}T''_{2\omega}\mathscr{R}(\theta)p(\theta)^{2}\mathscr{P}^{2}_{\omega}[1/(n^{2}_{\omega}-n^{2}_{2\omega})^{2}]\mathscr{B}(\theta)\sin^{2}\frac{\pi l}{2l_{c}(\theta)} \tag{10-164}$$

公式中的 t'_{ω} 和 $T''_{2\omega}$ 分别由公式(4-103)、公式(4-104)、公式(4-171)和公式(4-173)给出，$\mathscr{B}(\theta)$ 由公式(4-176)给出。

测量时，通常采用基频光垂直入射样品，这时的多次反射校正系数 $\mathscr{R}(0)$ 为

$$\mathscr{R}(0)=\frac{1+r^{2}_{2\omega}r^{4}_{\omega}}{(1-r^{4}_{2\omega})(1-r^{8}_{\omega})} \tag{10-165}$$

这里，r 为反射率，$r_{\omega}=(n_{\omega}-1)/(n_{\omega}+1)$，$r_{2\omega}=(n_{2\omega}-1)/(n_{2\omega}+1)$。

从公式(10-165)可以看出，对于折射率较小的非线性材料，$\mathscr{R}(0)\rightarrow 1$，因此通常可以将其忽略。

从第四章对马克尔条纹的分析中可以知道，入射基频光垂直入射时，有

$$t'_{\omega}=\frac{2}{n_{\omega}+1} \tag{10-166}$$

$$T''_{2\omega}=2n_{\omega}\frac{(1+n_{\omega})(n_{\omega}+n_{2\omega})}{(n_{2\omega}+1)^{3}} \tag{10-167}$$

$$\psi=\frac{2\pi L}{\lambda}(n_{\omega}-n_{2\omega})^{2} \tag{10-168}$$

$$p(0)=1 \tag{10-169}$$

$$\mathscr{B}(0)=1 \tag{10-170}$$

将 $\sin\psi=1$ 的点用线连接起来,得到的曲线就是马克尔条纹的包络线。再将各参量代入公式(10-164)可得,入射基频光垂直入射时,包络线出现的最大值为

$$\mathcal{P}''_{2\omega\mathrm{m}}(0)=\frac{512\pi^3}{c\varpi^2}[\chi^{(2)}]^2\left[\frac{32n_{2\omega}}{(n_\omega+1)^3(n_{2\omega}+1)^3}\right]\left[\frac{n_\omega+n_{2\omega}}{(n_\omega^2-n_{2\omega}^2)^2}\right]\mathcal{R}(0)\mathcal{P}_\omega(0) \quad (10-171)$$

因此可得

$$[\chi^{(2)}]^2=\frac{c\varpi^2}{512\pi^3}\frac{(n_\omega+1)^3(n_{2\omega}+1)^3(n_\omega^2-n_{2\omega}^2)^2}{32n_{2\omega}(n_\omega+n_{2\omega})\mathcal{R}(0)}\frac{\mathcal{P}''_{2\omega\mathrm{m}}(0)}{\mathcal{P}_\omega(0)} \quad (10-172)$$

由于 KDP 晶体的 $\chi_{36}^{(2)}$ 人们研究得比较透彻,且测量得较为精确,因此通常将 KDP 晶体的 $\chi_{36}^{(2)}$ 作为参考:

$$[\chi_{\text{比较}}^{(2)}]^2=\frac{[\chi^{(2)}]^2}{[\chi_{36}^{(2)}]^2} \quad (10-173)$$

可以看出,只要在实验中测量出 n_ω、$n_{2\omega}$、马克尔条纹包络线的极大值 $\mathcal{P}''_{2\omega\mathrm{m}}(0)$,即可求出 $\chi^{(2)}$。

实验采用的光电设备如图 10-31 所示,通过这样的设备将待测样品和 KDP 晶体分别放置于样品旋转台上进行测量,对比两次测量的结果即可得到待测样品的非线性系数。

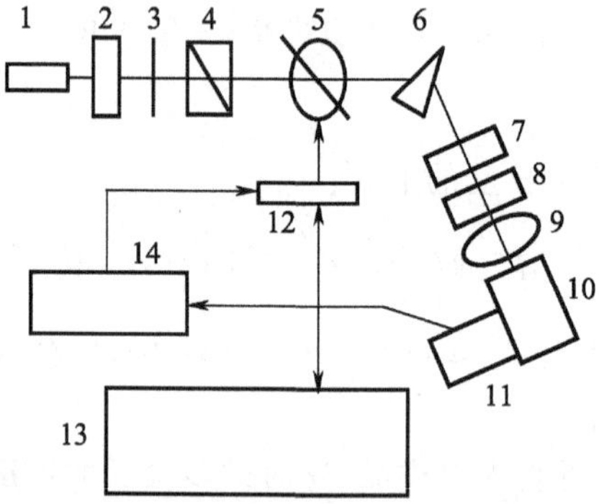

图 10-31　采集马克尔条纹的光电设备原理图

1—Nd:YAG 激光器;2—ND 滤波器;3—光阑;4—偏振片;5—样品旋转台;6—棱镜;7—红外截止滤光片;8—偏振片;9—透镜;10—532 nm 单色仪;11—光电倍增管;12—样品旋转与模数转换控制器;13—计算机;14—积分器

第十章参考文献